古兜山植物

何碧胜 余家荣 黄观赟 汪惠峰 主 编

中国林业出版社
China Forestry Publishing House

图书在版编目（ＣＩＰ）数据

古兜山植物 / 何碧胜等主编 . -- 北京 : 中国林业
出版社 , 2021.2
　（华南植物多样性丛书）
　ISBN 978-7-5219-0870-1

　Ⅰ . ①古… Ⅱ . ①何… Ⅲ . ①自然保护区—维管植物
—江门—图谱 Ⅳ . ① Q949.408-64

　中国版本图书馆 CIP 数据核字 (2020) 第 208140 号

中国林业出版社·自然保护分社 / 国家公园分社
策划与责任编辑：肖　静
出版发行　中国林业出版社（100009 北京市西城区德内大街刘海胡同 7 号）
　　　　　http://lycb.forestry.gov.cn　　　　电话：（010）83143577
印　　刷　河北京平诚乾印刷有限公司
排　　版　广州林芳生态科技有限公司
版　　次　2021 年 2 月第 1 版
印　　次　2021 年 2 月第 1 次
开　　本　635mm × 965mm　1/8
印　　张　38.5
字　　数　325 千字
定　　价　400.00 元

编 委 会

前　言

　　古兜山因多峰，古称百峰，又因位于台山之北，亦称北峰。其主峰因三面环山，一面平坦，中间抱着一湖泊，似篓状如兜，故得现名古兜山。作为江门五邑第一高峰所在地，古兜山在广东省内素与粤北丹霞山齐名，是新会与台山的界山，绵亘数百里，南部濒临南海，依傍广东四大出海口之一的崖门，群峰峥嵘，峰峦层叠，风景秀丽。

　　为维护珠江三角洲的自然生态平衡，强化区域内濒危野生动植物的保护，1999 年，江门市政府批准建立古兜山市级保护区，2001 年，广东省人民政府批准晋升为省级自然保护区（以下简称"保护区"）。保护区位于全国著名侨乡——江门市下辖的台山市与新会区之间，地理坐标为东经 112°53′11″~113°03′25″、北纬 22°05′00″~22°21′5″。保护区总面积为 11000 多公顷，为珠江三角洲面积最大的自然保护区。

　　保护区位于罗浮山余脉，由耸立于珠江三角洲平原西南侧的低山、丘陵地貌构成，由于常被溪流下切成峡谷，故裸露基岩和岩块多呈球状剥落，造就了保护区内悬崖绝壁及石蛋地貌颇为普遍的绝景。该区域的地势高低悬殊，峡谷峻峭，沟壑纵横，以青石坑水库为最低，海拔仅有 27m，而最高峰狮子头则高达 982m。

　　保护区地处北回归线以南，属南亚热带温暖湿润的海洋气候，呈现出光照充足、热量丰富、降水充沛、空气湿润、有干湿之分的特征；年平均气温 21.7℃~21.8℃，年降水量为 1790~2250mm。因位于珠江三角洲潭江流域，该区存在着较为明显的丰水期与枯水期之分。

　　作为综合型自然保护区，保护区地貌丰富、生态环境复杂、植被保存完整。从优势种组成看，保护区森林植被以樟科、壳斗科、山茶科、金缕梅科为主。保护区主要的自然植被类型有：南亚热带季风常绿阔叶林、南亚热带山地常绿阔叶林、暖性常绿针阔叶混交林、南亚热带山顶灌草丛及人工湿地松林。其中，南亚热带季风常绿阔叶林是本地区地带性植被的典型代表，主要分布在海拔 700m 以下的低山丘陵；南亚热带山地常绿阔叶林是本地区植被外貌和结构保存最完整的植被类型，主要分布在海拔 700m 以上的区域；暖性常绿针阔叶混交林为本地区主要先锋群落类型，正朝向常绿阔叶林方向演替；南亚热带山顶灌草丛是本地区一种偏途顶极群落类型，主要分布于山顶区域；同时本区域也分布着一定量的人工湿地松林群落。这些森林群落为物种生存繁殖提供了良好的条件，使得保护区成为全球"回归荒漠带"上不可多得的绿洲，堪称岭南物种宝库。

近年来，随着植物科学考察的不断深入，保护区范围内不断有台山耳草、江门冬青、陈氏天南星等极小种群新物种及华仙茅属、封怀木属这些植物新属的发表。除新发现的极小种群野生植物新分类群外，保护区还探明有绣球茜草、腺叶琼楠、广东女贞、广东常山、细裂玉凤花、大苞耳草、香港过路黄、南粤黄芩等15种广东省（含香港地区）特有植物的分布。这些极小种群对深入研究本地区植物区系起源、演化等方面有着不容忽视的重要科研作用。

本书共收录保护区及周边常见维管束植物185科659属1328种，含有野生维管束植物163科621属1199种、栽培植物57科86属129种（书中以＊表示）。其中，金毛狗、黑桫椤、苏铁蕨、厚叶木莲、四药门花、花榈木、华南锥、紫荆木、绣球茜草、苦梓为国家二级重点保护野生植物，穗花杉、巴戟天为广东省重点保护野生植物（第一批）。为适应目前分子进化与系统发育学发展趋势，本书科的系统排列采用基于分子数据建立的现代流行分类系统，即蕨类植物采用PPG I系统（2016），裸子植物采用GPG I系统（Christenhusz，2011），被子植物采用APG IV系统（2016）。内容上，本书除对植物科、属、种特征进行精简的文字描述外，还为大部分物种配有精美图片，并加之以生境及分布描述；同时书后附有中文名及拉丁名索引，以便于读者查询。

本书在编写和出版过程中，得到了广东省林业局、江门市林业局、华南农业大学等单位的支持和帮助。谨向在本书调查及编写过程中作贡献的单位和个人表示衷心的感谢。

本书的出版将为我国南亚热带地区植物学研究、生物多样性保护与植物资源可持续利用提供基础资料，并供植物学、林学、生态学研究人员及广大植物爱好者参考。由于水平有限，时间仓促，疏漏及错误之处在所难免，恳请读者、专家和朋友们提出宝贵意见。

编委会

2021 年 1 月

目 录

蕨类植物门 PTERIDOPHYTA

裸子植物门 GYMNOSPERMAE

被子植物门 ANGIOSPERMAE

蕨类植物门
PTERIDOPHYTA

P1. 石松科 Huperziaceae

土生小至大型蕨类。茎长而水平匍匐，以一定的间隔生出直立或斜升的短侧枝；常为不等位的二歧分枝，稀不分枝。能育叶与不育叶不同形，不为绿色。孢子囊集生于枝顶成明显的囊穗。本科共5属约400种[①]。中国5属66种。保护区3属4种。

1. 石杉属 Huperzia Bernh.

植株较小，土生或附生。茎直立。能育叶仅比不育叶略小。叶片草质，边缘或前端具锯齿或全缘。本属约100种。中国25种。保护区1种。

1. 蛇足石杉 Huperzia serrata (Thunb.) Trev.

多年生土生蕨类。茎直立或斜生。枝二至四回二歧分枝。叶螺旋状排列，薄革质，叶缘有锯齿。能育叶与不育叶同形。孢子囊肾形，黄色。

除西北部分地区、华北地区外均偶见。生于林下、灌丛下、路旁。保护区三牙石、串珠龙偶见。

2. 藤石松属 Lycopodiastrum Holub ex R. D. Dixit

大型土生植物。主茎呈攀援状；地下茎长而匍匐。叶螺旋状排列，卵状披针形至钻形。孢子囊穗每6~26个一组生于多回二叉分枝的孢子枝顶端，排列成圆锥形，具直立总柄和小柄。单种属。保护区有分布。

1. 藤石松 Lycopodiastrum casuarinoides (Spring) Holub ex R. D. Dixit

种的形态特征与属相同。

分布华东、华南、华中及西南大部分地区。生于林下、林缘、灌丛下或沟边。保护区水保偶见。

3. 垂穗石松属 Palhinhaea Vasc. & Franco

中型至大型土生植物。主茎直立。叶螺旋状排列，钻形至线形。孢子囊穗单生于小枝顶端，短圆柱形，成熟时通常下垂，淡黄色，无柄；孢子叶卵状菱形，覆瓦状排列，先端急尖，尾状，边缘膜质，具不规则锯齿；孢子囊生于孢子叶腋，内藏，圆肾形，黄色。本属约15种。中国2种。保护区2种。

1. 垂穗石松 Palhinhaea cernua (L.) Vasc. & Franco

中型至大型土生植物。主茎直立，高达60cm。主茎上的叶螺旋状排列，稀疏，钻形至线形。侧枝上斜，多回不等位二叉分枝。孢子囊穗单生于小枝顶端，短圆柱形。

分布华南、华东、西南地区。生于林下、林缘。保护区八仙仔、古兜山林场偶见。

2. 海南垂穗石松 Palhinhaea hainanensis C. Y. Yang

中型至大型土生植物。主茎上的叶螺旋状排列，稀疏，钻形，基部圆形，先端渐尖。侧枝上斜，多回不等位二叉分枝。孢子囊穗单生于小枝顶端，短圆柱形；孢子囊生于孢子叶腋，黄色。

分布华南地区。生于林下、林缘。保护区山麻坑偶见。

P3. 卷柏科 Selaginellaceae

土生或石生草本。主茎直立或匍匐。横走，有背腹之分，二歧分枝或总状分枝，根系着生于根托上。叶常异形，单叶小；有叶脉，螺旋状互生，常排列成4行，每叶向轴面的基部具叶

注①：全书中世界与中国范围内种的数量统计包括种下等级。

舌；能育叶在枝顶聚生成穗，不育叶常二型，主茎叶排列稀疏；孢子叶穗生于茎或枝顶，孢子叶二型。孢子囊生叶腋。单属科，600多种。中国1属64种。保护区1属9种。

1. 卷柏属 Selaginella P. Beauv.

属的形态特征与科相同。本属600多种。中国64种。保护区8种。

1. 蔓出卷柏 Selaginella davidii Franch.

土生或石生。长5~15cm。无横走根状茎或游走茎。茎羽状分枝，无关节，茎直立具沟槽，无毛。叶交互排列，一型，草质，光滑，叶边缘具细锯齿，具明显白边，中叶基部心形。孢子叶一型，卵状三角形，边缘有细齿。

分布西北、华南地区。生于灌丛中阴处，潮湿地或干旱山坡。保护区八仙仔、山麻坑偶见。

2. 深绿卷柏 Selaginella doederleinii Hieron.

多年生常绿草本。高约40cm。主茎斜升，枝光滑，常在分枝处生不定根。茎生叶两侧不对称。能育叶一型，侧叶大而阔，近平展，光滑；中间的较小，贴生于茎、枝上，互相毗连。孢子叶一型，卵状三角形，边缘有细齿。

分布华东、华南、西南地区。生于林下。保护区青石坑水库常见。

3. 异穗卷柏 Selaginella heterostachys Baker

土生或石生，直立或匍匐。根托沿匍匐茎断续抱生，但只生直立茎下部。茎连叶小于5mm，叶全部交互排列，二型，光滑，侧叶边缘具细锯齿，中叶基部楔形。大孢子橘黄色；小孢子橘黄色。

分布华南、西南地区。生于林下岩石上。保护区客家行仔等地偶见。

4. 细叶卷柏 Selaginella labordei Hieron. ex Christ

土生或石生。高15~20 cm。直立或基部横卧。主茎自中下部开始羽状分枝，无关节。叶交互排列，二型，光滑，具白边，茎连叶小于5mm，侧叶边缘具细锯齿，中叶基部心形。

分布华南、西南地区。生于林下或岩石上。保护区三牙石等地偶见。

5. 耳基卷柏 Selaginella limbata Alston

土生匍匐草本。主茎分枝，不呈"之"字形，无关节。叶交互排列，一型，具白边，主茎匍匐，不育叶上面光滑，中叶全缘；孢子叶一型，具白边。大孢子深褐色；小孢子浅黄色。

分布华南地区。生于林下或山坡阳面。保护区螺塘水库等地偶见。

6. 糙叶卷柏 Selaginella scabrifolia Ching & Chu H. Wang

土生。高30~60cm。直立偶匍匐。主茎自近基部羽状分枝，不呈"之"字形，无关节。叶交互排列，一型，不育叶上面具小突刺；孢子叶一型，卵状三角形。大孢子白色；小孢子淡黄色。

分布华南地区。生于林下溪边。保护区螺塘水库等地偶见。

7. 粗叶卷柏 Selaginella trachyphylla A. Braun ex Hieron.

土生。无匍匐根状茎或游走茎，主茎自下部羽状分枝。叶表面有刺突，一型；能育叶主茎斜升，枝光滑；茎生叶两侧不对称，侧叶粗糙具刺状毛。大孢子白色；小孢子淡黄色。

分布华南地区。生于林下。保护区串珠龙、蒸狗坑偶见。

8 翠云草 Selaginella uncinata (Desv. ex Poir.) Spring Baker

植株整体呈翠绿色。主茎自近基部羽状分枝。叶交互排列，草质，表面光滑，具虹彩，边缘明显具白边。大孢子灰白色或暗褐色；小孢子淡黄色。

分布黄河以南地区。生于林下。保护区客家仔行、八仙仔偶见。

9. 剑叶卷柏 Selaginella xipholepis Baker

土生或石生，匍匐。直立茎通体分枝，侧枝 2~3 对，1~2 次分叉，分枝稀疏。叶交互排列，二型，光滑，茎连叶小于

5mm，侧叶边缘纤毛状，下部叶边缘细锯齿。孢子叶二型或略二型，倒置。

分布华南地区。生于山坡或岩石上。保护区古斗林场、蒸狗坑等地偶见。

P4. 木贼科 Equisetaceae

根茎长而横行，黑色，分枝，有节，节上生根，被绒毛。表皮常有矽质小瘤，单生或在节上有轮生的分枝。叶鳞片状，轮生，在每个节上合生成筒状的叶鞘包围在节间基部，前段分裂呈齿状。孢子囊穗顶生，圆柱形或椭圆形，有的具长柄；孢子叶轮生，盾状。单属科，约 25 种。中国 13 种。保护区有分布。

1. 木贼属 Equisetum L.

属的形态特征与科相同。

1.节节草 Equisetum ramosissimum Desf.

枝一型，高 20~60cm，节间长 2~6cm；主枝鞘筒较长；侧枝较硬，圆柱状，有脊 5~8 条。孢子囊穗短棒状，长 0.5~2.5cm，中部直径 0.4~0.7cm，顶端有小尖凸。

全国各地均有分布。生于林下或路边杂草地上。保护区三牙石、瓶尖等地偶见。

P5. 松叶蕨科 Psilotaceae

小型蕨类，附生或土生。地上茎直立或下垂，绿色，多回二叉分枝；枝有棱或为扁压状。叶为小型叶，仅具中脉或无脉，散生，二型；不育叶钻状，鳞片状或披针形。本科 2 属 17 种。中国 1 属 1 种。保护区有分布。

1. 松叶蕨属 Psilotum Sw.

通常附生。根状茎长匍匐，多数二歧分枝。茎直立到有点下垂，无毛，重复二重分枝；分枝脊状或扁平。叶退化，二型，鳞片状，钻形三角形。孢子体深裂，孢子囊 3 裂，附着在孢子体的基部，极观的长圆形孢子。本属 2 种。中国 1 种。保护区有分布。

1. 松叶蕨 Psilotum nudum (L.) P. Beauv.

小型蕨类。附生树干上或岩缝中。地上茎直立，下部不分枝，上部多回二叉分枝。枝三棱形，密生白色气孔。叶片松针状，二型；孢子叶二叉形。孢子囊单生在孢子叶腋，球形；孢子肾形。

分布西南、东南地区。生于乔木或岩石缝。保护区瓶尖、蒸狗坑等地偶见。

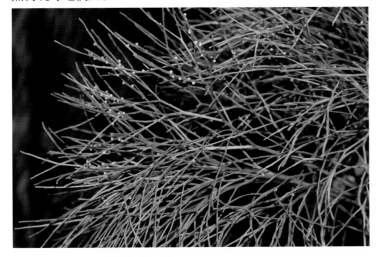

P7. 合囊蕨科 Angiopteridaceae

土生。茎直立。叶片二至四回羽状；叶脉分离。孢子囊群两排汇合成聚合囊群，沿叶脉着生，成熟后两瓣开裂，露出孢子囊群；孢子椭圆形，单裂缝。本科 6 属 100 种。中国 3 属 30 种。保护区有 1 属 1 种。

1. 观音座莲属 Angiopteris Hoffm.

大型陆生植物。高 1~2m。根状茎肥大，肉质圆球形，辐射对称。叶大，二回羽状（偶为一回羽状），有粗长柄，基部有肉质托叶状的附属物；末回小羽片概为披针形，有短小柄或几无柄；叶脉分离，二叉分枝或单一，自叶边往往生出倒行假脉，长短不一。孢子囊群靠近叶边，以 2 列生于叶脉上，通常由 7~30 个孢子囊组成，概无夹丝。本属 30~40 种。中国 28 余种。保护区有分布。

1. 福建观音座莲 Angiopteris fokiensis Hieron.

植株高大。高 1.5m。根状茎块状，直立。羽片 5~7 对，互生，基部不变狭，奇数羽状；小羽片 35~40 对，基部圆形。无倒行假脉。叶为草质，光滑。孢子囊群长圆形，由 8~10 个孢子囊组成。

分布华南、西南地区。生于林下溪沟边。保护区山麻坑偶见。

P8. 紫萁科 Osmundaceae

植株无鳞片，也无真正的毛，仅有黏质腺状长绒毛。叶二型或同一叶片的羽片为二型。叶脉分离，二叉分歧。孢子囊大，圆球形，裸露，着生于强度收缩变质的孢子叶的羽片边缘，孢子囊有不发育的环带；孢子为球圆四面形。本科 4 属 20 种。中国 2 属 8 种。保护区 1 属 2 种。

1. 紫萁属 Osmunda L.

陆生植物。叶柄基部膨大。叶大，簇生，二型或同一叶的羽片为二型，一至二回羽状；能育叶或羽片紧缩，不具叶缘质。孢子囊球圆形；孢子为球圆四面形。本属 10 种。中国 7 种。保护区 2 种。

1. 狭叶紫萁 Osmunda angustifolia Ching

草本。根状茎粗大而直立。叶簇生，直立，柄暗棕色或为淡禾秆色；不育叶一回，羽片狭小，宽小于 10mm，能育叶生于羽轴中上部。孢囊群内有红棕色的绒毛混生。

分布华南地区。生于潮湿山谷或溪沟边。保护区青石坑水库偶见。

2. 华南紫萁 Osmunda vachellii Hook.

草本。根状茎直立。叶簇生于顶部；叶厚纸质，光滑，一回；羽片宽大于 10mm，15~20 对，二型，能育叶生于羽轴下部；小羽片基部大部分与叶轴合生。中肋两侧密生圆形的分开的孢子囊穗。

分布华南、西南地区。生于草坡上和溪边阴处酸性土上。保护区螺塘水库偶见。

P9. 膜蕨科 Hymenophyllaceae

多附生少土生。根茎横走。叶常细小，形状多种，叶片膜质，叶脉分离，二歧分枝或羽状分枝，或具假脉。孢子囊近球形。孢子四面体形，具3裂缝。本科9属600种。中国7属50种。保护区2属2种。

1. 长片蕨属 Abrodictyum C. Presl

附生植物。根状茎短小，直立，密被多细胞的节状毛。叶细小，下垂，二回或略为三回羽裂；裂片长狭线形，全缘。叶脉叉状，末回裂片有小脉1条。孢子囊群生在向轴的短裂片的顶端；囊苞漏斗状或管状，口部膨大，全缘。本属10种。中国3种。保护区1种。

1. 广西长筒蕨 Abrodictyum obscurum (Blume) Ebihara & K. Iwats. var. **siamense** (Christ) K. Iwats.

高10~12cm。根状茎短，横走。叶片长圆状卵形，三回；羽片互生或几对生。孢子囊群顶生于向轴的末回裂片上；囊苞圆柱形，不分裂为2瓣；囊群托长而突出，粗大，黑褐色。

分布华南、西南地区。生于密林溪流附近的潮湿岩石上。保护区瓶尖大龙等地偶见。

2. 假脉蕨属 Crepidomanes C. Presl

附生植物。根状茎细长横走。叶小，多回羽状裂，末回裂片1条叶脉，沿边缘有1条假脉，边内假脉与叶脉之间有断续的假脉不整齐地散布于叶肉中。孢苞倒圆锥形、钟形或漏斗形，口部浅裂为两唇瓣，囊托伸出。本属有30种。中国16种。保护区1种。

1. 南洋假脉蕨 Crepidomanes bipunctatum (Poir.) Copel.

植株高4~8cm。根茎横走，粗丝状，分枝，密被黑褐色短毛。叶疏生；叶缘有一条连续不断的假脉，叶片二至三回。孢子囊群生在叶片上部；囊苞狭椭圆形。

分布华南地区。生于阴湿的岩石上。保护区斑鱼咀等地偶见。

P11. 双扇蕨科 Dipteridaceae

通常生长于石缝中的蕨类。根状茎粗壮而横走，密被锈棕色长柔毛。叶疏生，二型，单叶；不育叶片卵形至圆形，顶端二裂或不裂；能育叶片阔线形，全缘。孢子囊满布能育叶片下面，具长柄。孢子具3裂缝。本科2属11种。中国2属5种。保护区1属1种。

1. 燕尾蕨属 Cheiropleuria C. Presl

通常生长于石缝中。根状茎粗壮而横走，有原生中柱或管状中柱。叶疏生，二型，单叶；叶柄直立，与根状茎联结处无关节；小脉联结成网状，内藏小脉单一或分叉。孢子囊满布能育叶片下面，具长柄。孢子具3裂缝。单种属。保护区有分布。

1. 全缘燕尾蕨 Cheiropleuria integrifolia (D. C. Eaton ex Hook.) M. Kato, Y. Yatabe, Sahashi & N. Murak.

种的形态特征与属相同。

分布华南地区。生于森林中。保护区车桶坑、蒸狗坑等地偶见。

P12. 里白科 Gleicheniaceae

土生。根茎长而横走。叶疏生，一型，叶片一回羽状或一至多回二叉分枝，每回分枝处腋间具一休眠芽，末回裂片线形。孢子囊群小；孢子囊陀螺形。本科6属150多种。中国3属24种。保护区3属9种。

1. 芒萁属 Dicranopteris Bernh.

根茎细长横走。叶疏生，主轴常多回二叉或假二叉分枝，每回主轴分叉处常有一对篦齿状托叶，每回叶轴分叉处有一个休眠小腋芽。孢子囊群圆形；孢子椭圆形。本属10余种。中国6种。保护区3种。

1. 大芒萁 Dicranopteris ampla Ching & P. S. Chiu

高1~1.5m。根状茎横走。叶远生，叶轴三至四回二叉分枝，末回羽片披针形或长圆形，篦齿状深裂几达羽轴；叶近革质，下面灰绿色，无毛。孢子囊群圆形，由7~15个孢子囊组成。

分布华南、西南地区。生于疏林中或林缘。保护区客家仔行等地偶见。

2. 芒萁 Dicranopteris pedata (Houtt.) Nakaike

多年生草本。叶远生，棕禾秆色；叶轴分叉较少，一至三回，各回分叉处有一对托叶状的羽片；裂片宽 2~4mm，主轴有限生长。孢子囊群圆形，沿羽片下部中脉两侧各 1 列。

分布华东、华南、西南地区。生于强酸性土的荒坡或林缘。保护区山麻坑等地常见。

3. 大羽芒萁 Dicranopteris splendida (Hand.-Mazz.) Tagawa

植株高 70~100cm。根状茎横走，和根同被锈毛；叶轴二至四回假两叉分枝；末回羽片长圆状披针形，裂片宽 8~10mm；叶为坚纸质，无毛。孢子囊群圆形，生于每组基部上侧小脉上。

分布西南地区。生于疏林下或林边。保护区山麻坑等地常见。

2. 里白属 Diplopterygium (Diels) Nakai

根状茎长而横走。叶疏生，单一，分叉点腋间具休眠芽。顶生一对羽片长 1m 以上，披针形，羽状深裂到小羽轴。孢子囊群小，圆形。孢子四面形，透明。本属 20 种。中国 9 种。保护区 5 种。

1. 阔片里白 Diplopterygium blotianum (C. Chr.) Nakai

植株高 2~3m。叶二回羽状；小羽片互生，具明显的柄，羽状深裂几达小羽轴；叶草质或纸质，上面无毛，下面疏被棕色星状毛。孢子囊群圆形，1 列，着生于基部上侧小脉。

分布华南地区。生于山脉。保护区鹅公鬃等地偶见。

2. 广东里白 Diplopterygium cantonense (Ching) Nakai

高约 3m。根状茎横走。一回羽片对生，长圆形，线状披针形，裂片互生，线形，叶纸质。孢子囊群中生，由 2~4 个孢子囊组成。

特产广东地区。生于林中。保护区蒸狗坑等地偶见。

3. 中华里白 Diplopterygium chinense (Ros.) De Vol

多年生草本。根状茎横走。叶片巨大，坚纸质，二回羽状；羽片长约 1m，小羽片互生，全缘；羽轴、小羽轴密被流苏状鳞片。孢子囊群圆形，生叶背中脉和叶缘之间各 1 列。

分布华南、西南地区。生于山谷溪边或林中。保护区八仙仔等地偶见。

4. 里白 Diplopterygium glaucum (Thunb. ex Houtt.) Nakai

植株高 1.5m。根状茎横走，被鳞片。一回羽片对生，具短柄；小羽片 22~35 对，近对生或互生，几无柄。叶草质。羽轴、小羽轴无鳞片，羽轴、小羽轴成直角。孢子囊群圆形，中生。

分布华南、西南地区。生于林下阴处。保护区长塘尾常见。

5. 光里白 Diplopterygium laevissimum (Christ) Nakai

植株高 1~1.5m。根状茎横走，被鳞片，暗棕色。叶柄有沟；一回羽片对生，具短柄；羽轴、小羽轴无鳞片，羽轴、小羽轴成 45~60 度角，小羽片全裂至小羽轴。孢子囊群圆形。

分布华东、华南地区。生于山谷中阴湿处。保护区八仙仔等地常见。

3. 假芒萁属 Sticherus C. Presl

根状茎横走，被鳞片。叶远生，有柄，叶轴为假二叉分枝式，如同芒萁属，但在各回分叉处不具一对篦齿状的托叶，并且末回和其以下几回的主轴两侧通体生有线状裂片，形同顶生羽片上的裂片。本属 100 种。中国 1 种。保护区有分布。

1. 假芒萁 Sticherus truncatus (Willd.) Nakai

根状茎长而横走，顶端被鳞片。顶生一对分叉的羽片阔披针形。叶脉斜出，二叉，主轴无限生长，多回二歧分支。叶为纸质。孢子囊群位于主脉与叶边之间，由 4~5 个孢子囊组成。

分布华南地区。生于灌木丛中或疏林下或林缘。保护区罗塘水库、林场附近偶见。

P13. 海金沙科 Lygodiaceae

根茎长而横走，被毛，无鳞片。叶疏生或近生，一至二回二叉掌状或为一至二回羽状复叶，偶有三回羽状，近二型；能育羽片边缘有流苏状孢子囊穗，孢子囊大。孢子四面体。单属科，45 种。中国 1 属 10 种。保护区 1 属 4 种。

1. 海金沙属 Lygodium Sw.

属的形态特征与科相同。本属 45 种。中国 10 种。保护区 4 种。

1. 海南海金沙 Lygodium circinatum (Burm. f.) Sw.

植株高攀达 5~6m。叶轴羽片多数。羽片二型；能育叶二歧掌状；不育羽片生于叶轴下部，顶端两侧稍有狭边，能育羽片常为二叉掌状深裂。孢子穗囊穗排列较紧密，线形。

分布华南地区。生于原生林或次生林阴影处。保护区八仙仔偶见。

2. 曲轴海金沙 Lygodium flexuosum (L.) Sw.

高达 7m。叶三回羽状，羽片长三角形。末回裂片 1~3 对。叶草质，小羽轴两侧有狭翅和棕色短毛。末回羽片基部无关节，小羽片基部不 3 裂。孢子囊穗线形。

分布华南、西南地区。生于疏林中。保护区客家仔行、蒸狗坑偶见。

3. 海金沙 Lygodium japonicum (Thunb.) Sw.

高达 7m。二回羽状，羽片长三角形。末回裂片 1~3 对，基部一对三角状卵形或阔披针形。小羽轴两侧有狭翅和棕色短毛。末回羽片基部无关节，小羽片基部 3 裂。孢子囊穗线形。

分布华东、华南、西南地区。生于次生林被中。保护区各地常见。

4. 小叶海金沙 Lygodium microphyllum (Cav.) R. Br.

草质藤本。叶薄草质，二回奇数羽状；顶端密生红棕色毛，小羽片 4 对；末回小羽片基部有关节，能育叶长 1.5~3cm。孢子囊穗排列于叶缘，黄褐色。

分布华南地区。生于溪边灌木丛中。保护区串珠龙、三牙石偶见。

P21. 瘤足蕨科 Plagiogyriaceae

陆生中型蕨类植物。根状茎短粗直立。叶簇生顶端，二型，叶柄基部膨大，三角形，呈托叶状，两侧面各有 1~2 个或成一纵列的几个疣状凸起的气囊体，叶柄基部横切面有一个 "V" 字形的维管束，两侧反向张开，或者分裂为 3 个维管束；叶片一回羽状或羽状深裂达叶轴，顶部羽裂合生；羽片多对，有时基部上延，全缘或至少顶部有锯齿。叶脉分离，单脉或分叉；能育叶直立于植株的中央，具较长的柄，常为三角形，羽片强度收缩成线形。单属科，10 种。中国 8 种。保护区 2 种。

1. 瘤足蕨属 Plagiogyria (Kunze) Mett.

属的形态特征与科相同。本属 10 种。中国 8 种。保护区 2 种。

1. 瘤足蕨 Plagiogyria adnata (Blume) Bedd.

不育叶一回羽状，顶部羽裂合生，下部羽片基部下侧分离；

能育叶柄长 28~34cm；羽片长 8~10cm，线形，有短柄。孢子囊四面型，具 4 个凸出的棱角。

分布华南、华东、西南地区。生于山坡林中或阴湿地。保护区蒸狗坑等地偶见。

2. 镰羽瘤足蕨 Plagiogyria falcata Copel.

小型植物。高达 25cm。根状茎矮小或瘦长而直立。不育叶一回羽状，顶部羽裂合生，下部羽片基部下侧分离，上侧上延。孢子黄色。

分布华南地区。生于峡谷岩石中。保护区螺塘水库、玄潭坑等地偶见。

P22. 金毛狗科 Cibotiaceae

大型蕨类。主干短而平卧，密被长柔毛。叶具粗壮长柄，叶片大型，二至四回羽状，被毛。孢子囊群圆形，生于小脉背上。单属科，11 种。中国 1 种。保护区有分布。

1. 金毛狗属 Cibotium Kaulf.

属的形态特征与科相同。

1. 金毛狗 Cibotium barometz (L.) J. Sm.

大型草本。根状茎横卧粗大，棕褐色，基部被有一大丛垫状的金黄色茸毛。叶片大，革质，三回羽状分裂；叶脉两面隆起，斜出，但在不育羽片为二叉。孢子囊群生叶边，囊群盖如蚌壳。

分布华南、西南地区。生于山麓沟边及林下阴处酸性土上。保护区斑鱼咀等地偶见。国家 II 级重点保护野生植物。

P25. 桫椤科 Cyatheaceae

土生，乔木或灌木状。叶大型，簇生茎干顶端，叶片通常二至四回羽状，被毛或鳞片混生。孢子囊群圆形，囊群盖形状不一，孢子囊卵形。孢子四面体形。本科 5 属 600 种。中国 2 属 14 种。保护区 1 属 1 种。

1. 桫椤属 Alsophila R. Br.

乔木或灌木状，主茎短，顶端被鳞片。叶大型，叶片一回羽状至多回羽裂，羽轴常被柔毛，叶脉分离。孢子囊群圆形，背生于叶脉；孢子钝三角形。本属 230 种。中国 12 种。保护区有分布。

1. 黑桫椤 Alsophila podophylla Hook.

高 1~3m。叶柄被褐棕色厚鳞片；叶片沿叶轴和羽轴上面有棕色鳞片，非平展鳞片，小羽片裂片较浅，深不超过 1/2；叶一型。孢子囊群圆形，着生于小脉背面近基部处，无囊群盖。

分布华南、西南地区。生于溪流和峡谷旁森林。保护区串珠龙、山麻坑偶见。国家 II 级重点保护野生植物。

P29. 鳞始蕨科 Lindsaeaceae

土生蕨类。根状茎横走，被钻形鳞片。叶近生或远生，一型，有柄，羽状分裂。孢子囊群为叶缘生的汇生囊群；囊群盖 2 层；孢子三角形。本科 6~9 属 200 多种。中国 4 属 18 种。保护区 2 属 5 种。

1. 鳞始蕨属 Lindsaea Dryand. ex Sm.

根状茎横走，被钻状鳞片。叶近生或远生，叶片一至二回羽状，羽片或小羽片对开式，近圆形或扇形，基部不对称，不具主脉。孢子囊群沿上缘及外缘着生，囊群盖线形或圆形；孢子长圆形或四面形。本属200种。中国13种。保护区4种。

1. 钱氏陵齿蕨 Lindsaea chienii Ching

高30~45cm。根状茎密被红棕色小鳞片。叶近生，叶片三角形，二回羽状，羽片或小羽片对开式，无主脉，基部不对称，羽片2~5对。叶薄草质。孢子囊群长圆线形，囊群盖膜质。

分布华南、西南地区。生于林中。保护区山麻坑、蒸狗坑等地偶见。

4. 团叶陵齿蕨 Lindsaea orbiculata (Lam.) Mett. ex Kuhn

高约30cm。根状茎短，密生褐色披针形鳞片。叶近生，叶片线状披针形，二回羽状，羽片或小羽片对开式，无主脉，基部不对称，羽片近圆形、扇形、圆肾形或椭圆形。孢子囊群长线形。

分布华南、西南地区。生于陆地森林。保护区串珠龙、八仙仔偶见。

2. 剑叶鳞始蕨 Lindsaea ensifolia Sw.

高约35cm。根状茎密被褐色鳞片。叶近生，一回羽状，羽片4~5对；羽片或小羽片非对开式，有主脉，基部对称，羽片上部的与下部的近相等；中脉显著，细脉沿中脉联结成2行网眼。孢子囊群线形。

分布华南、西南地区。生于陆地、森林。保护区客家仔行等地偶见。

2. 乌蕨属 Odontosoria Fee

根状茎短而横走。密被深褐色钻状鳞片。叶近生，三至五回羽状，羽片或小羽片非对开式，末回羽片楔形或线形。孢子囊群近叶缘生，近圆形，囊群盖卵形；孢子椭圆形。本属20种。中国2种。保护区1种。

1. 乌蕨 Odontosoria chinensis (L.) J. Sm.

土生草本。根状茎短而横走，密被褐色钻状鳞片。叶近生，叶片披针形，三至四回羽状细裂；羽片15~20对，卵状披针形。孢子囊群常顶生一小脉上。

分布华南地区。生于陆地，沿着路旁、林缘。保护区串珠龙等地偶见。

3. 异叶鳞始蕨 Lindsaea heterophylla Dryand.

高约30cm。根状茎密被褐色鳞片。叶近生，羽片约10对，羽片或小羽片非对开式；有主脉，基部对称，羽片上部的与下部的不相等，主脉两侧小脉形成1行网眼。孢子囊群线形。

分布华南地区。生于林下溪边湿地。保护区斑鱼咀等地偶见。

P30. 凤尾蕨科 Pteridaceae

土生。根状茎短。叶多一型，疏生或簇生；叶片长圆形或三角形，一回羽状或二至三回羽裂；叶脉分离，稀网状。孢子囊群线形；孢子四面形。本科50属950种。中国20属233种。保护区5属15种。

1. 铁线蕨属 Adiantum L.

中小型蕨类，体形变异很大。叶一型，螺旋状簇生、2列散生或聚生。假囊群盖形状变化很大，一般有圆形、肾形等；孢子囊为球圆形。本属200多种。中国34种。保护区2种。

1. 鞭叶铁线蕨 Adiantum caudatum L.

叶柄密被长硬毛；叶一回羽状，披针形，羽片分裂，基部1对羽片最小；叶轴延伸呈鞭形，密被毛。孢子囊群盖圆形，褐色，被毛，宿存。

分布华南、华中、华东、西南地区。生于林下或山谷石上及石缝中。保护区山麻坑等地偶见。

2. 扇叶铁线蕨 Adiantum flabellulatum L.

高20~50cm。根茎直立，密被棕色披针形鳞片。叶簇生，叶片扇形，二至三回二叉分枝；小羽片8~15对，与毛叶铁线蕨相似，但羽片无毛。囊群盖半圆或圆形，黑褐色。

分布华南、西南地区。生于酸性红、黄壤上。保护区百足行仔山等地偶见。

2. 水蕨属 Ceratopteris Brongn.

根状茎短而直立。顶端疏被鳞片；鳞片为阔卵形，基部多少呈心脏形，质薄，全缘，透明。叶簇生；叶柄绿色，多少膨胀，肉质，光滑，下面圆形并有许多纵脊；叶二型，单叶或羽状复叶，末回裂片为阔披针形或带状，全缘，尖头，主脉两侧的小脉为网状。在羽片基部上侧的叶腋间常有一个圆卵形棕色的小芽孢，成熟后脱落，行无性繁殖。孢子囊群沿主脉两侧生，形大，几无柄，幼时完全为反卷的叶边所覆盖。本属约7种。中国2种。保护区1种。

1. 水蕨 Ceratopteris thalictroides (L.) Brongn.

根状茎短而直立。叶簇生，二型；不育叶狭长圆形，长6~30cm，宽3~15cm；能育叶长15~40cm，宽10~22cm。孢子囊沿能育叶主脉两侧着生。

分布华南、华东、西南地区。生于池沼或水沟的淤泥中，有时漂浮于深水面上。保护区笔架山等地偶见。

3. 碎米蕨属 Cheilanthes Sw.

叶柄栗色，叶片椭圆形或披针形，二至三回细裂，末回能育裂片非荚果状。叶片背面无白色或黄色蜡质粉末。孢子囊群生于小脉顶端，有盖。本属10种。中国7种。保护区1种。

1. 薄叶碎米蕨 Cheilanthes tenuifolia (Burm. f.) Sw.

植株高10~40cm。根状茎短而直立，叶片三角形或阔卵状披针形，渐尖头，三回羽状。孢子囊群生裂片上半部的叶脉顶端；囊群盖连续或断裂。

分布华南地区。生于溪旁、田边或林下石上。保护区蒸狗坑等地偶见。

4. 粉叶蕨属 Pityrogramma Link

陆生中等大的植物。根茎短而直立，被红棕色的钻状全缘薄鳞片，遍体无毛。叶簇生，柄紫黑色，有光泽，向顶部上面直到叶轴有浅沟、基部以上光滑；叶片渐尖头，二至三回羽状复叶；叶脉分离。叶草质至近革质，两面光滑，但下面密被白色至黄色的蜡质粉末，叶背面被白粉。孢子囊群沿叶脉着生，不到顶部，无盖。本属 40 种。保护区 1 种。

1. 粉叶蕨 Pityrogramma calomelanos (L.) Link

高 25~90cm。根茎短，直立或斜升，被红棕色窄披针形全缘薄鳞片。叶背被白粉；下部略被和根茎同样鳞片，上面有纵沟；一至二回羽状复叶。孢子囊群沿主脉两侧小脉着生，不达叶缘。

分布华南地区。生于林缘、溪边。保护区客家仔行等地偶见。

5. 凤尾蕨属 Pteris L.

土生。根茎短，被鳞片。叶簇生，基部羽片下侧常分叉，不细裂，羽轴或主脉上有纵沟，沟两侧有窄翅，羽片基部无一对托叶状小羽片，叶脉分离或仅沿羽轴两侧联结成 1 行狭长的网眼。孢子囊群线形；囊群盖为反卷膜质叶缘形成。本属 250 种。中国 78 种。保护区 10 种。

1. 井栏边草 Pteris multifida Poir.

根状茎先端被黑褐色鳞片。叶密而簇生，一回羽状；羽片常分叉，基部下延呈翅状；叶脉分离。囊群盖线形，灰棕色，膜质。

分布华北、华东、华南、西南地区。生于建筑墙壁、井边及石灰岩缝隙或灌丛下。保护区玄潭坑偶见。

2. 线羽凤尾蕨 Pteris arisanensis Tagawa

高 1~1.5m。根状茎短而直立。叶脉分离，二回或三回羽状，羽片不育边全缘，与傅氏凤尾蕨相似，但相邻裂片基部楔相对的 2 条小脉向外斜行全缺刻底部，形成一个高三角形。

分布华南地区。生于密林下或溪边阴湿处。保护区罗塘水库偶见。

3. 狭眼凤尾蕨 Pteris biaurita L.

高 70~110cm。根状茎直立，粗壮，先端密被褐色鳞片。柄浅褐色并被鳞片，顶端不分叉，禾秆色，无毛，上面有狭纵沟；叶片二回或三回羽状；侧生羽片 8~10 对；叶脉多少网结。

分布华南地区。生于干燥疏阴地。保护区螺塘水库、斑鱼咀偶见。

4 刺齿半边旗 Pteris dispar Kunze

高 30~90cm。根茎斜生，黑褐色鳞片。叶近二型；叶脉分离，二回羽状，侧生羽片于羽轴两侧不对称，小羽片宽 3~5mm。

分布华南地区。生于山谷疏林下。保护区玄潭坑、蒸狗坑偶见。

5. 剑叶凤尾蕨 Pteris ensiformis Burm. f.

高 30~50 cm。根茎短，被黑褐色鳞片。叶密生，二型，叶柄、叶轴禾杆色，叶片长圆状卵形，叶脉分离，一回羽状，与井栏边草相似，但基部不下延；羽片 2~4 对，小羽片 1~4 对。

分布华南地区。生于林下或溪边潮湿的酸性土壤上。保护区山麻坑等地偶见。

6. 傅氏凤尾蕨 Pteris fauriei Hieron.

高达 1m。根状茎短而斜升。叶脉分离，二回或基部三回羽状，基部一对羽片与上方的不同形，裂片不育边全缘，与线羽凤尾蕨相似，相邻裂片基部楔相对的 2 条小脉向外斜行至缺刻之上，形成一个三角形，羽片裂还达羽轴，侧生羽片中部宽 3~4mm。

分布华南地区。生于林下沟旁的酸性土壤上。保护区客家仔行等地常见。

7. 全缘凤尾蕨 Pteris insignis Mett. ex Kuhn

高 1~1.5m。叶族生；叶片长卵形，叶脉分离，一回羽状；羽片 6~14 对，线状披针形，先端渐尖，基部楔形，羽片常分叉，全缘，下部羽片不育，中部以上能育。

分布华东、华南、西南地区。生于山谷中阴湿密林下或水沟旁。保护区斑鱼咀偶见。

8. 华中凤尾蕨 Pteris kiuschiuensis Hieron. var. centro-chinensis Ching & S. H. Wu

高 60~80cm。根状茎短而直立。叶脉分离，基部一对羽片与上方的不同形，裂片不育边全缘，相邻裂片基部相对的 2 条小脉向外斜行至缺刻以上，侧生羽片 60° 开展，羽片宽达 3.7cm。

分布华南地区。生于河缘。保护区客家仔行等地偶见。

9. 半边旗 Pteris semipinnata L.

高 30~80cm。根茎长而横走。叶簇生，近一型，叶片不育裂片有尖锯齿，能育裂片顶端有尖刺或具 2~3 尖齿；叶脉分离，二回羽状；侧生羽片于羽轴两侧不对称，小羽片宽约 7mm。

分布华南、西南地区。生于开阔森林中的酸性土壤中或溪流岩石。保护区串珠龙等地偶见。

10. 蜈蚣凤尾蕨 Pteris vittata L.

高 30~100cm。根茎短而直立。叶簇生，一型；叶片倒披针状长圆形，叶脉分离，一回羽状，不育叶叶缘有细锯齿；侧生羽片 30~40 对，不分叉。孢子囊群线形；囊群盖同形。

分布华南地区。生于石灰石上或石质和墙壁上。保护区瓶尖水龙等地偶见。

P31. 碗蕨科 Dennstaedtiaceae

陆生中型草本。根状茎横走，被灰白色刚毛。叶一型，一至四回羽状细裂，叶草质或厚纸质。孢子囊群圆形；孢子囊梨形；孢子四面形，疣状突起。本科 10~15 属 170~300 种。中国 7 属 52 种。保护区 3 属 5 种。

1. 鳞盖蕨属 Microlepia C. Presl

陆生中型草本。根状茎横走。叶片长圆形至长圆状卵形，

13

一至四回羽状复叶，小羽片或裂片偏斜。孢子囊群圆形，叶边内生；囊群盖半杯形或肾圆形；孢子四面形。本属 60 余种。中国 25 种。保护区 2 种。

1. 华南鳞盖蕨 Microlepia hancei Prantl

高达 1.5m。根茎横走，密被茸毛。叶疏生，叶片卵状长圆形，三回羽状，叶背的毛生于叶脉上，末回小羽片渐尖，羽状深裂几达小羽轴；叶草质。孢子囊群圆形，囊群盖近肾形。

分布华南地区。生于林中或溪边湿地。保护区玄潭坑偶见。

2. 边缘鳞盖蕨 Microlepia marginata (Panz.) C. Chr.

高 0.6~1m。根茎长而横走，密被锈色长柔毛；叶疏生，叶柄深禾秆色，叶片长圆状三角形，一回羽状，叶纸质，叶下面灰绿色。囊群盖被短毛。

分布华南地区。生于林下或溪边。保护区山茶寮坑偶见。

2. 稀子蕨属 Monachosorum Kunze

陆生。根状茎短粗而平卧，斜升，有易落的锈棕色的黏质腺状毛或腺体。叶簇生；叶片一回至四回羽状分裂，叶脉不达叶边。孢子囊群小，圆形；孢子囊梨形。本属 6 种。中国 3 种。保护区有分布。

1. 稀子蕨 Monachosorum henryi Christ

植株高 50~90cm。叶簇生，直立；叶柄长 30~50cm；叶片长 30~40cm，四回羽状深裂；羽片约 15 对。孢子囊群小，每小裂片 1 个，近顶生。

分布华南、西南及中国台湾等地。生于密林下。保护区百足行仔山偶见。

3. 蕨属 Pteridium Gled. ex Scop.

陆生。根状茎粗壮，黑褐色，密被浅黄色柔毛，无鳞片。叶片大，常卵形或卵状三角形，三回羽状；孢子囊群沿叶边呈线形分布；囊群盖双层。本属 13 种。中国 6 种。保护区 2 种。

1. 蕨 Pteridium aquilinum (L.) Kuhn var. latiusculum (Desv.) Underw. ex A. Heller

高达 1m 以上。根茎长而横走，密被锈黄色柔毛。叶三回羽状；羽片 4~6 对，裂片 10~15 对。各回羽轴上面纵沟内无毛，末回羽片椭圆形，彼此接近。孢子囊群沿边缘着生。

分布全国多个地区。生于山地阳坡及森林边缘阳光充足的地方。保护区三牙石等地偶见。

2. 毛轴蕨 Pteridium revolutum (Blume) Nakai

中型草本。叶远生，近革质；三回羽状，末回小羽片披针形；各回羽轴上面纵沟内均密被毛。孢子囊群沿叶边成线形分布，无隔丝；孢子四面形。

分布华南、西南地区。生于山坡阳处或山谷疏林中的林间空地。保护区长塘尾偶见。

P37. 铁角蕨科 Aspleniaceae

石生或附生草本。根状茎被透明披针形小鳞片。叶形变异大，单一或一至四回羽状细裂。孢子囊群线形，囊群盖厚膜质或薄纸质；孢子椭圆形或肾形。本科 2 属 700 余种。中国 2 属 108 种。保护区 1 属 4 种。

1. 铁角蕨属 Asplenium L.

根状茎横走、斜卧或直立，密被披针形小鳞片。单叶或一至三回羽状或羽裂，末回小羽片变异大。叶为单叶或深羽裂或羽状；叶边缘有缺刻或锯齿，偶为全缘；叶脉分离，从不在近叶缘处联结。孢子囊群线形，囊群盖厚膜质或纸质。孢子椭圆形。本属 700 种。中国 90 种。保护区 4 种。

1. 胎生铁角蕨 Asplenium indicum Sledge

高 20~45cm。根状茎短而直立。一回羽状；羽片主两侧各有多行孢子囊，叶轴和叶柄被棕色鳞片，在羽片腋间的一鳞片的芽孢，羽片长 1~3.5cm。叶脉隆起呈沟脊状。孢子囊群线形。

分布华南、西南地区。生于密林下潮湿岩石上或树干上。保护区八仙仔、瓶尖水龙偶见。

2. 倒挂铁角蕨 Asplenium normale D. Don

高 15~40cm。根状茎直立或斜升。叶簇生，一回羽状，羽片主轴两侧各有 1 行孢子囊，叶柄和叶轴栗褐或黑褐色，侧生羽片钝头。孢子囊群椭圆形；囊群盖椭圆形。

分布华东、华南、西南地区。生于密林下或溪旁石上。保护区林场、青石坑偶见。

3. 假大羽铁角蕨 Asplenium pseudolaserpitiifolium Ching

高可达 1m。根状茎斜升，粗壮，先端密被鳞片。三回羽状，羽片较小而尖，叶片长达 70cm，末回小羽片舌形或倒三角形，长为宽的 2 倍。孢子囊群狭线形，棕色；囊群盖狭线形，淡棕色，膜质。

分布华南地区。生于林下溪边岩石上。保护区客家仔行、斑鱼咀偶见。

4. 石生铁角蕨 Asplenium saxicola Rosenst.

植株高 20~50cm。根茎短而直立，密被褐色有小齿牙线状披针形鳞片。叶近簇生，奇数一回羽状；羽片主两侧各有多行孢子囊，顶生羽片三叉形，与下部羽片变化不大。

分布华南、西南地区。生于密林下潮湿岩石上。保护区扫管塘偶见。

P40. 乌毛蕨科 Blechnaceae

土生中型附生蕨类。根状茎横走或直立，被红棕色鳞片。叶一型或二型，一至二回羽裂，稀单叶。孢子囊群椭圆形；囊群盖同形，孢子囊大；孢子椭圆形。本科 14 属 250 种。中国 8 属 14 种。保护区 4 属 4 种。

1. 乌毛蕨属 Blechnum L.

土生。根状茎粗短直立，被深棕色披针形鳞片。叶簇生，一型，叶片革质，无毛，一回羽状，羽片线状披针形。孢子囊群线形；囊群盖线形；孢子椭圆形。本属 35 种。中国 1 种。保护区有分布。

1. 乌毛蕨 Blechnum orientale L.

高 1~2m。根状茎短粗直立，木质，黑褐色。叶二型，簇生，叶片卵状披针形，一回羽状，羽片非鸡冠状，羽片互生，无柄。孢子囊群线形；囊群盖线形；孢子囊群于紧贴羽片中脉而生。

分布华南、西南地区。生于阴湿的水沟旁及坑穴边缘，也生于山坡灌丛中或疏林下。保护区青石坑水库偶见。

2. 苏铁蕨属 Brainea J. Sm.

土生大型草本。根状茎粗短，有树干状的直立主轴，植株近似苏铁。叶簇生，革质，一回羽状，有细密锯齿，叶脉沿主脉两侧各有 1 行三角形网眼。孢子囊群着生于小脉，无囊群盖。单种属。保护区有分布。

1. 苏铁蕨 Brainea insignis (Hook.) J. Sm.

种的形态特征与属相同。

分布华南、云南地区。生于山坡向阳地方。保护区车桶坑偶见。国家 II 级重点保护野生植物。

3. 崇澍蕨属 Chieniopteris Ching

土生草本。根状茎长而横走，褐黑色。叶散生，有长柄，叶片较叶柄短，单叶，羽片披针形；主脉两面隆起，小脉网状。孢子囊群粗线形。本属 2 种。中国 2 种。保护区 1 种。

1. 崇澍蕨 Chieniopteris harlandii (Hook.) Ching

陆生蕨类。根状茎细长横走，密被鳞片。叶厚纸质，无毛；主脉两面均隆起，小脉结网；侧生羽片基部与叶轴合生成翅，小羽片 1~4 对。孢子囊群粗线形；囊群盖粗线形，红棕色。

分布华南地区。生于山谷湿地。保护区五指山、笔架山、蒸狗坑偶见。

4. 狗脊属 Woodwardia Sm.

土生草本。根状茎粗短，密被披针形鳞片。叶片椭圆形，二回深羽裂，侧生羽片多对，披针形，分离，裂片有细、锯齿。孢子囊群粗线形或椭圆形。本属 12 种。中国 5 种。保护区 1 种。

1. 狗脊 Woodwardia japonica (L. f.) Sm.

草本。根状茎粗壮，横卧，与叶柄基部密被鳞片。叶近生，近革质；叶片二回羽裂；小羽片有密细齿；上部羽片的腋间有被红色鳞片的大芽孢；叶脉两面隆起。孢子囊群线形；囊群盖

线形。

分布长江流域以南各省份。生于疏林下。保护区蒸狗坑偶见。

P41. 蹄盖蕨科 Athyriaceae

土生。根茎短而直立或长而横走，被鳞片。叶簇生或疏生，叶片二至三回羽状，末回小羽片或裂片有锯齿。孢子囊群圆形、线形；孢子两面形或肾形。本科 20 属 500 种。中国 20 属 400 种。保护区 2 属 5 种。

1. 对囊蕨属 Deparia Hook. & Grev.

土生，中型植物。根茎较粗壮，长匍匐状。叶片远生或近生。叶片羽状或二回羽状，叶多形；叶片草质、纸质或亚革质。孢子囊群圆形。本属 25 种。中国 15 种。保护区 2 种。

1. 东洋对囊蕨 Deparia japonica (Thunb.) M. Kato

中型夏绿草本。能育叶长可达 1m；叶片矩圆形至矩圆状阔披针形；侧生分离羽片 4~8 对，羽状半裂至深裂，裂片 5~18 对。孢子囊群短线形；囊群盖浅褐色。

分布华东、华南、西南等地区。生于林下湿地及山谷溪沟边。保护区鹅公髻等地偶见。

2. 单叶对囊蕨 Deparia lancea (Thunb.) Fraser-Jenk.

根状茎细长，横走，被黑色或褐色披针形鳞片；叶远生。叶片披针形或线状披针形，两端渐狭。孢子囊群线形；囊群盖膜质。

分布华南地区。生于溪旁林下酸性土或岩石上。保护区玄潭坑等地偶见。

2. 双盖蕨属 Diplazium Sw.

中型陆生植物。根状茎横走，被鳞片。叶一回羽状，稀三出或二回羽状，顶生羽片的下部偶为波状或分裂，叶片无毛；叶脉分离，主脉明显。孢子囊群线形，单生或双生，着生于每组小脉的上侧一脉的侧边，或同时着生于下侧一脉或中间的小脉，线形，有盖。本属 30 种。中国 11 种。保护区 3 种。

1. 边生双盖蕨 Diplazium conterminum Christ

常绿中大型林下植物。根状茎横走至横卧或斜升。叶先端及叶柄基部密被鳞片；叶片三角形，二回羽状；侧生羽片 5~10 对；侧生小羽片约 13 对。囊群盖薄膜质，灰白色，由外侧张开，易破碎。

分布华南地区。生于山谷密林下或林缘溪边。保护区客家

仔行等地偶见。

2. 江南双盖蕨 Diplazium mettenianum (Miq.) C. Chr.

常绿中型林下植物。根状茎长而横走，黑褐色。叶远生。叶柄基部褐色，向上有浅纵沟；侧生羽片约 10 对，边缘有浅钝锯齿；叶脉羽状，小脉单一或基部的偶有二叉。孢子近肾形。

分布华东、华南、西南地区。生于山谷林下。保护区青石坑水库偶见。

3. 毛轴双盖蕨 Diplazium pullingeri (Baker) J. Sm.

根状茎短而直立或略斜升。叶簇生；叶柄密被浅褐色有光泽的卷曲节状长柔毛，上面有浅纵沟，下面圆形；侧生分离羽片达 15 对，互生或对生；叶脉两面均明显，侧脉大多二叉。

分布华南、西南地区。生于常绿阔叶密林中石壁脚下或沟谷溪边潮湿岩石上。保护区螺塘水库偶见。

P42. 金星蕨科 Thelypteridaceae

土生蕨类。根茎粗壮，顶端被鳞片。叶常一型，二回羽裂，密生灰白色针状毛，羽片基部常有瘤状气囊体；羽片小脉有橙或橙红色腺体。孢子囊群圆形或线形。本科 20 余属 1000 种。中国 18 属 200 种。保护区 6 属 10 种。

1. 星毛蕨属 Ampelopteris Kunze

土生蕨类。根状横走。叶簇生或近生，柄坚硬，光滑，禾秆色；叶片无限生长（羽片腋间的鳞芽生出小叶片），一回羽状，叶轴上部伸长成鞭状；叶脉为星毛蕨型；叶轴或叶腋被有少数星状毛。孢子囊群圆形，无盖。单种属。保护区有分布。

1. 星毛蕨 Ampelopteris prolifera (Retz.) Copel.

种的形态特征与属相同。

分布华南、西南地区。生于阳光充足的溪边河滩沙地上。保护区螺塘水库偶见。

2. 毛蕨属 Cyclosorus Link

中、小型土生蕨类。根茎细长横走。叶疏生、近生或簇生，叶片二回深羽裂；叶背常被橙黄色或红紫色腺体。孢子囊群圆形；囊群盖肾形；孢子肾形。本属 250 种。中国 40 种。保护区 3 种。

1. 渐尖毛蕨 Cyclosorus acuminatus (Houtt.) Nakai

高 70~80cm。根状茎长而横走，密被鳞片。二回羽裂，裂片 1 对小脉联结，下部羽片不缩短，少有缩短，但与上部的同形；羽片 13~18 对；羽片上面被极短的糙毛。孢子囊群圆形。

分布华南地区。生于灌丛、草地、田边、路边、沟旁湿地或山谷乱石中。保护区斑鱼咀等地偶见。

2. 毛蕨 Cyclosorus interruptus (Willd.) H. Itô

高达 130cm。根状茎横走。二回羽裂，裂片 1 对小脉联结，第二对小脉达缺刻边缘，基部一对羽片不缩短。孢子囊群圆形，生于侧脉中部；囊群盖小，淡棕色。

分布华南地区。生于山谷溪旁湿处。保护区青石坑水库、蒸狗坑偶见。

3. 华南毛蕨 Cyclosorus parasiticus (L.) Farw.

叶近生，草质；叶片二回羽裂，羽片 12~16 对，无柄。裂片 1 对小脉联结，第二对小脉达缺刻边缘，基部不缩短，叶背被橙色腺体。孢子囊群圆形；囊群盖小。

分布华南、西南地区。生于山谷密林下或溪边湿地。保护区螺塘水库常见。

3. 针毛蕨属 Macrothelypteris (H. Itô) Ching

根状茎直立，被鳞片。叶簇生，柄光滑或被鳞片，叶三至四回羽状，叶脉分离，两面被羽轴被针状毛。孢子囊群圆形，无盖。本属约 10 种。中国 8 种。保护区 1 种。

1. 普通针毛蕨 Macrothelypteris torresiana (Gaudich) Ching

高 0.6~1.5m。根茎直立或斜生，顶端密被红棕色毛鳞片。叶簇生；叶片长 30~80cm，三角状卵形；三回羽状，羽片 15 对。孢子囊群圆形；囊群盖圆肾形。

分布华南地区。生于山谷潮湿处。保护区螺塘水库、蒸狗坑偶见。

4. 金星蕨属 Parathelypteris (H. Itô) Ching

根状茎细长横走或短而直立。叶远生、近生或簇生，常有橙黄色腺体，叶柄基部无毛或具灰白色针状毛；叶片长圆状披针形，二回深羽裂。孢子囊群圆形；囊群盖圆肾形。本属 60 种。中国 24 种。保护区 2 种。

1. 钝角金星蕨 Parathelypteris angulariloba (Ching) Ching

高 30~60cm。根状茎短，横卧或斜升，近黑色。叶近簇生；叶柄栗色，二回羽状深裂；叶背无或稀有橙色腺体。孢子囊群生于小脉中部。

分布华南地区。生于山谷林下水边或灌丛阴湿处。保护区螺塘水库偶见。

2. 大羽金星蕨 Parathelypteris chingii K. H. Shing & J. F. Cheng var. major (Ching) K. H. Shing

高达 75cm。下部羽片具柄，羽轴和叶脉下面疏被长针毛外，还密被短毛；叶轴上面密生刚毛，下面疏被灰白色的细长针状毛。

分布华南地区。生于山脚林下阴湿处。保护区斑鱼咀偶见。

5. 新月蕨属 Pronephrium C. Presl

土生。根状茎长而横走，略被鳞片。叶疏生或近生，叶片奇数一回羽状；羽片大，顶生羽片分离。孢子囊群圆形；孢子囊光滑或有针状毛。本属 61 种。中国 18 种。保护区 1 种。

1. 单叶新月蕨 Pronephrium simplex (Hook.) Holttum

高 30~40cm。根状茎横走。叶疏生，单叶，二型；叶片长 15~20cm，椭圆状披针形；侧脉基部有一近长方形网眼；不育叶基部心形或戟形。孢子囊群圆形。

分布华南地区。生于溪边林下或山谷林下。保护区扫管塘偶见。

6. 假毛蕨属 Pseudocyclosorus Ching

根状茎顶部被柔毛和鳞片。叶片二回深裂近羽轴，羽片近无柄，下部的缩短成耳形或退化成瘤状，羽轴和叶轴着生点有1瘤状气囊体。孢子囊群圆形。本属50种。中国40种。保护区2种。

1. 溪边假毛蕨 Pseudocyclosorus ciliatus (Wall. ex Benth.) Ching

高25~40cm。根状茎直立。叶簇生，柄与叶轴密被柔毛；叶片椭圆状披针形，一回羽状，下部羽片稍缩短，但不变形，羽片7~10对，无柄。孢子囊群生小脉中部，囊群盖被毛。

分布华南、西南地区。生于谷湿地或溪边石缝。保护区玄潭坑偶见。

2. 镰片假毛蕨 Pseudocyclosorus falcilobus (Hook.) Ching

高65~80cm。根状茎直立。叶簇生；叶片披针形，二回深羽裂，下部羽片突然缩成耳形，中部正常羽片36~38对，基部有明显的瘤状气囊体，无柄。孢子囊群生于小脉中上部。

分布华东、华南地区。生于山谷水边石砾土中。保护区客家仔行的当地偶见。

P45. 鳞毛蕨科 Dryopteridaceae

根状茎粗短而直立或斜升。叶一型，一至多回羽状或羽裂，叶柄、叶轴及羽轴被鳞片；叶常有锯齿或芒刺，叶脉网状。孢子囊群圆形，囊群盖膜质，圆肾形。本科14属1200余种。中国13属472种。保护区3属14种。

1. 复叶耳蕨属 Arachniodes Blume

根状茎长而横走。叶远生或近生，叶片三角形或五角形，多回羽状，末回小羽片刺尖头，具芒齿状锯齿。孢子囊群生于小脉。本属约60种。中国40种。保护区4种。

1. 斜方复叶耳蕨 Arachniodes amabilis (Blume) Tindale

高40~80cm。根状茎横卧。叶疏生，叶片顶端突然收狭，叶柄基部被线状披针形鳞片，末回羽片斜方形，边缘具芒状粗齿；侧生羽片5~7对，与顶生羽片同形，互生，小羽片菱状斜方形。

分布华东、华南、西南地区。生于山林下岩缝或泥土上。保护区蒸狗坑等地偶见。

2. 大片复叶耳蕨 Arachniodes cavaleriei (Christ) Ohwi

高60~70cm。叶革质，无毛；叶柄基部疏被鳞片；叶片三角形，二回羽状；羽片3~7对，互生，有柄；小羽片3~6对，互生。孢子囊群圆形；囊群盖棕色。

分布华南地区。生于高山林下。保护区三牙石等地偶见。

3. 中华复叶耳蕨 Arachniodes chinensis (Rosenst.) Ching

高40~65cm。三回羽状，羽片8对；小羽片约25对，末回小羽片边缘有芒刺状齿，叶柄与叶轴被黑色鳞片，基部羽片的基部下侧小羽片不伸长。孢子囊群每小羽片5~8对；囊群盖棕色。

分布华东、华南、西南地区。生于山地杂木林下。保护区玄潭坑偶见。

4. 粗裂复叶耳蕨 Arachniodes grossa (Tardieu & C. Chr.) Ching

高达1m。叶片卵状三角形，顶部渐尖并羽裂，四回羽状，叶柄和叶轴被棕色鳞片，羽片6~8对，小羽片镰状披针形。孢子囊群生于小脉上；囊群盖早落。

分布华南地区。生于山地林下。保护区青石坑水库、三牙石偶见。

2. 实蕨属 Bolbitis Schott

根状茎横走，被黑色鳞片。叶近生，叶片多一回羽状，具钝锯齿至深裂，缺刻处偶有一小脉延伸成小刺；叶脉明显，常有内藏小脉。本属 85 种。中国 13 种。保护区 2 种。

1. 刺蕨 Bolbitis appendiculata (Willd.) K. Iwats.

高 20~40cm。根状茎短而横走。不育叶披针形，顶端渐尖而延长，通常有芽孢能萌芽生根，一回羽状。孢子囊群满布于能育羽片下面。

分布华南地区。生于山谷溪边林下岩石旁。保护区螺塘水库偶见。

2. 华南实蕨 Bolbitis subcordata (Copel.) Ching

根状茎粗而横走，密被鳞片。叶簇生，草质，光滑；不育叶一回羽状；侧生羽片阔披针形，叶缘有深波状裂片，缺刻内有 1 尖刺。孢子囊群满布能育羽片下面。

分布华南地区。生于山谷水边密林下石上。保护区串珠龙等地常见。

3. 鳞毛蕨属 Dryopteris Adans.

根状茎短而粗，直立或斜升，顶端密被鳞片。叶簇生，叶片常有鳞片，形态多样，一至四回羽状复叶，叶脉分离，羽状。囊群盖圆肾形，稀无盖。本属 400 余种。中国 167 种。保护区 8 种。

1. 阔鳞鳞毛蕨 Dryopteris championii (Benth.) C. Chr. ex Ching

高 50~80m。根状茎横卧或斜升。叶草质；二回羽状，叶轴密被阔鳞片，羽片有柄，羽轴密被泡鳞。孢子囊群大；孢子囊群着生于小脉中部，排成 1 行；囊群盖圆肾形，全缘。

分布华东、华南、华中、西南地区。生于亚热带或温带森林。保护区鹅公髻等地偶见。

2. 迷人鳞毛蕨 Dryopteris decipiens (Hook.) Kuntze

植株高达 60cm。一回羽状；羽轴和小羽轴被泡状鳞片，羽片有柄，下部羽片全缘或波状。羽片与羽轴成 90° 角，与平行鳞毛蕨相似，但较矮小。孢子囊群圆形；囊群盖圆肾形。

分布华东、华南、西南地区。生于林下。保护区偶见。

3. 红盖鳞毛蕨 Dryopteris erythrosora (D. C. Eaton) Kuntze

高约 40~80cm。根状茎横卧或斜升。叶簇生；二回羽状；羽片 10~15 对。叶片上面无毛，下面疏被淡棕色毛状小鳞片。孢子囊群较小，靠近中脉着生；囊群盖圆肾形，中央红色。

分布华东、华南、西南地区。生于林下。保护区蒸狗坑偶见。

4. 平行鳞毛蕨 Dryopteris indusiata (Makino) Makino & Yamam.

高约 40~60cm。根状茎横卧或斜升。叶轴下部疏披鳞片，羽轴和小羽中脉两侧具泡鳞；叶片二回羽状，羽片与羽轴成 90° 角，与迷人鳞毛蕨相似，但较高大。囊群盖圆肾形。

分布华东、华南、西南地区。生于亚热带阔叶常绿林。保护区客家仔行等地偶见。

5. 柄叶鳞毛蕨 Dryopteris podophylla (Hook.) Kuntze

高 40~60cm。根状茎短而直立，密被黑褐色鳞片。叶簇生，叶片卵形，奇数一回羽状，侧生羽片 4~8 对。孢子囊群小，圆形；囊群盖圆肾形。

分布华南、西南地区。生于林下溪沟边。保护区青石坑水库偶见。

6. 奇羽鳞毛蕨 Dryopteris sieboldii (Van Houtte ex Mett.) Kuntze

高 50~100cm。根状茎粗短直立。叶簇生；奇数一回羽状，羽片 1~4 对，羽片基部下缘叶轴，与柄叶鳞毛蕨相似。囊群盖圆肾形，全缘。

分布华东、华南、西南地区。生于林下。保护区瓶尖大龙、八仙仔偶见。

7. 稀羽鳞毛蕨 Dryopteris sparsa (D. Don) Kuntze

高 50~70cm。根状茎短，直立或斜升。叶簇生；叶柄长 20~40cm；二回羽状至三回羽裂；羽轴和小羽轴鳞片平直，小羽片基部不对称；小羽片 13~15 对，互生。孢子囊群圆形，着生于小脉中部；囊群盖圆肾形，全缘。

分布华南地区。生于森林、河边。保护区百足行仔山、蒸狗坑偶见。

8. 华南鳞毛蕨 Dryopteris tenuicula C. G. Matthew & Christ

<small>古兜山植物</small>

高40~50cm。根状茎斜升；叶簇生；羽轴和小羽轴被泡状鳞片，羽片无柄，羽片平展，羽轴与叶轴垂直，与齿头鳞毛蕨相似。囊群盖圆肾形，棕色，边缘全缘。

分布华南、西南地区。生于亚热带阔叶林常绿森林。保护区笔架山等地偶见。

P46. 肾蕨科 Nephrolepidaceae

土生或附生蕨类。根状茎长而横走，辐射状并生出细长匍匐枝。叶簇生，一型，一回羽状，羽片多数。囊群盖圆肾形或肾形；孢子囊水龙骨型。单属科，20种。中国5种。保护区1种。

1. 肾蕨属 Nephrolepis Schott

属的形态特征与科相同。本属20多种。中国5种。保护区1种。

1. 肾蕨 Nephrolepis cordifolia (L.) C. Presl

高40~70cm。根状茎直立，铁丝状匍匐茎四周横走。叶簇生，暗褐色；一回羽状，羽片多数，中部羽片长约2cm，钝头，互生。孢子囊群肾形；囊群盖肾形。

分布华南、西南地区。生于森林或溪流边。保护区客家仔行等地偶见。

P48. 三叉蕨科 Aspidiaceae

根状茎直立或斜升。叶簇生，一型，一回羽状至多回羽裂，稀单叶，叶脉分离或联结成狭长网眼。孢子囊群圆形；囊群盖圆肾形或圆盾形。本科20属400种。中国8属90种。保护区1属2种。

1. 叉蕨属 Tectaria Cav.

土生蕨类。根状茎粗壮，短横走至直立，顶部被鳞片；叶一回羽状至三回羽裂；羽片或裂片通常全缘；叶脉联结为多数网眼，有单一或分叉的内藏小脉或无内藏小脉。孢子囊群通常圆形。本属240种。中国27种。保护区2种。

1. 沙皮蕨 Tectaria harlandii (Hook.) C. M. Kuo

高30~70cm。根状茎短横走至斜升。不育叶叶柄长10~25cm，能育叶叶柄长达40cm；叶二型；叶脉联结成近六角形网眼，有分叉的内藏小脉。孢子囊群沿叶脉网眼着生；囊群盖缺。

分布华南地区。生于密林卜阴湿处或岩石上。保护区蒸狗坑、瓶尖大龙等地偶见。

2. 三叉蕨 Tectaria subtriphylla (Hook. & Arn.) Copel.

高50~70cm。叶纸质；叶二型，不育叶一回羽状，叶片顶端羽状分裂，叶柄与叶轴禾秆色，无光泽。孢子囊群大，生于小脉顶端，孢子囊群圆形；囊群盖圆肾形。

分布华南地区。生于山地或河边密林下阴湿处或岩石上。保护区玄潭坑等地偶见。

P50. 骨碎补科 Davalliaceae

中型附生蕨类。根状茎多横走，常密被鳞片。叶疏生，叶片三角形，二至四回羽状分裂。孢子囊群内生或叶背生；孢子圆形或长椭圆形。本科8属100多种。中国5属30多种。保护区1属2种。

1. 骨碎补属 Davallia Sm.

中型附生蕨类。根状茎长而横走，被覆瓦状鳞片。叶疏生，叶片五角形或卵形，多回羽状细裂。孢子囊群着生于小脉顶端；孢子椭圆形。本属45种。中国8种。保护区2种。

1. 大叶骨碎补 Davallia divaricata Blume

高0.5~1.5m。根状茎粗壮横生，密被棕色鳞片。叶近生，无毛，叶片三角形，先端渐尖并为羽裂。孢子囊群生于小脉基部；囊群盖管形。

分布华南、西南地区。生于低山山谷的岩石上或树干上。保护区笔架山偶见。

<small>22</small>

2. 阔叶骨碎补 Davallia solida (G. Forst.) Sw.

高 30~50cm。根状茎长而横走，粗壮。三回羽状或基部为四回羽裂；一回小羽片 8~12 对；末回小羽片 6~8 对。孢子囊群着生于小羽片的上部，每裂片或钝齿上通常有 1 枚；囊群盖杯形。

分布华南地区。生于山谷溪流旁岩石上或附生树干上。保护区青石坑水库偶见。

P51. 水龙骨科 Polypodiaceae

附生，稀土生。根状茎长而横走，被鳞片。叶一型或二型，有柄具关节着生根茎；叶脉网状，网眼有分叉内藏小脉。孢子囊群圆形；无囊群盖。本科 50 属 1200 种。中国 39 属 267 种。保护区 8 属 11 种。

1. 连珠蕨属 Aglaomorpha Schott

附生。根状茎横卧，粗壮，肉质，密被鳞片和须根。叶大，簇生呈鸟巢状，叶上部稍宽，羽状深裂；孢子囊群着生于小脉交叉处。本属 31 种。中国 2 种。保护区 1 种。

1. 崖姜 Aglaomorpha coronans (Wall. ex Mett.) Copel.

附生。根状茎短，横生，粗壮，厚肉质，密被深褐色鳞片及须根。叶大，一型，长圆状倒披针形；裂片多数，披针形，基部扩大成翅状。孢子囊群生小脉交叉处，汇成囊群线。

分布华南、西南地区。附生于雨林或季雨林中生树干上或石上。保护区鹅公鬏等地偶见。

2. 槲蕨属 Drynaria (Bory) J. Sm.

大型或中型，附生。根状茎横走，粗肥，肉质，密被鳞片。

叶二型，偶有一型；叶片羽状或深羽裂及几达羽轴，下部裂片通常沿叶柄下延，裂片 (或羽片) 披针形，不分裂，基部扩大，以不甚明显的关节与叶轴合生。叶脉均明显隆起，有规则地多次联结成大小四方形的网眼，内有单一或二叉的内藏小脉，构成槲蕨型脉序。孢子囊群着生于叶脉交叉处，圆形，一般着生于叶表面，不具囊群盖，多无隔丝；孢子极面观为椭圆形，赤道面观为超半圆形或豆形，单裂缝。本属约 15 种。中国 10 种。保护区 1 种。

1. 槲蕨 Drynaria roosii Nakaike

植株匍匐或攀援状。叶二型；基生不育叶卵形，长达 30cm，浅裂至叶片宽度的 1/3；能育叶深羽裂，披针形。孢子囊群圆形。

分布长江以南各地区。常生于树干或石上附生，偶生于墙缝。保护区玄潭坑偶见。

3. 伏石蕨属 Lemmaphyllum C. Presl

附生蕨类。根茎细长而横走，被卵状披针形鳞片。叶疏生，二型；不育叶倒卵形或椭圆形；能育叶线形或线状倒披针形。孢子囊群线形；孢子椭圆形。本属 6 种。中国 3 种。保护区 2 种。

1. 伏石蕨 Lemmaphyllum microphyllum C. Presl

高 4~7cm。根茎细长横走，疏被鳞片。叶疏生，二型；不育叶近无柄，近圆形或卵圆形；能育叶舌状或窄披针形。孢子囊群线形。

分布华东、华南、西南地区。附生于林中树干上或岩石上。保护区扫管塘偶见。

2. 骨牌蕨 Lemmaphyllum rostratum (Bedd.) Tagawa

高达 10cm。根状茎横走。叶远生，近二型，具短柄；不育叶阔披针形,先端鸟嘴状;能育叶长而狭,近无柄。孢子囊群圆形,在主脉两侧各1行。

分布华南、西南地区。附生于林下树干上或岩石上。保护区八仙仔、鹅公鬃偶见。

叶近簇生,纸质,近无柄或具短柄;叶片线状披针形。孢子囊群小而密布叶片上部,不规则散生。

分布华南、西南地区。生于平原地区疏阴处的树干上或墙垣上。保护区扫管塘偶见。

4. 薄唇蕨属 Leptochilus Kaulf.

根状茎横走或攀援。叶远生,二型;叶柄稍长或近无柄,基部有不明显的关节;不育叶为单叶,披针形或卵形,边缘全缘,很少呈撕裂状;能育叶狭缩成线形,其宽度常与叶柄相近;侧脉稍明显,小脉联结成多数网眼,内藏小脉单一或分叉,顶端有水囊。孢子囊满布能育叶下面,形成汇生囊群。本属25种。中国13种。保护区1种。

1. 矩圆线蕨 Leptochilus henryi (Baker) X. C. Zhang

高20~70cm。根状茎横走,密生鳞片。叶一型,远生,草质或薄草质,椭圆形或卵状披针形,中部以下突然收狭,叶较厚。孢子囊群线形,着生于网脉上,无囊群盖。

分布华南西南地区。生于林下或阴湿处。保护区青石坑水库偶见。

5. 星蕨属 Microsorum Link

附生蕨类。根状茎粗壮横走,肉质,密被褐棕色鳞片。叶疏生或近生,单叶革质。孢子囊群圆形;孢子豆瓣形。本属40种。中国9种。保护区1种。

1. 星蕨 Microsorum punctatum (L.) Copel.

高40~60cm。根状茎粗短而横走,常光秃,被白粉,偶有鳞片。

6. 盾蕨属 Neolepisorus Ching

土生蕨类。根状茎长而横走。叶疏生;叶柄长;叶片单一,多形;主脉下面隆起,侧脉明显,平行开展,小脉网状,网眼内有单一或分叉的内藏小脉。孢子囊群圆形,在主脉两侧排成1至多行,或不规则地散布于叶片下面。本属11种。中国10种。保护区1种。

1. 江南星蕨 Neolepisorus fortunei (T. Moore) L. Wang

高30~100cm。根状茎长而横走,顶部被鳞片;叶片线状披针形至披针形,顶端长渐尖,基部渐狭,下延于叶柄并形成狭翅,全缘,有软骨质的边;叶厚纸质。孢子囊群沿中脉两侧各1~2行。

分布华南、西南地区。生于林下溪边岩石上或树干上。保护区客家仔行、瓶尖水龙偶见。

7. 滨禾蕨属 Oreogrammitis Copel.

根状茎近直立或短而横走。叶簇生,膜质至肉质,常被红褐色长毛,单叶,披针形或线形,主脉明显,小脉分离。孢子囊群圆形,孢子球形。本属110种。中国2种。保护区1种。

1. 短柄滨禾蕨 Oreogrammitis dorsipila (Christ) Parris

根状茎短近直立,顶部密生鳞片。叶簇生,革质,近无柄,叶片条形或条状披针形圆钝头,全缘,两面及叶柄有红棕色硬毛。

孢子囊群圆形，孢子球形。

分布华东、华南、西南地区。生于林下或溪边岩石上。保护区串珠龙、鹅公髻偶见。

8. 石韦属 Pyrrosia Mirb.

附生蕨类。根状茎长而横走，密被鳞片。叶一型或二型，基部具关节与根茎连接，叶片线形、披针形或长卵形。孢子囊群近圆形，无囊群盖。本属60种。中国32种。保护区3种。

1. 贴生石韦 Pyrrosia adnascens (Sw.) Ching

高5~12cm。根状茎细长，密被鳞片。叶疏生，二型，肉质；不育叶椭圆形或卵状披针形，关节连接处被鳞片；能育叶线状舌形，远长于不育叶，全缘。孢子囊群圆形，无囊群盖。

分布华南地区。附生于树干或岩石上。保护区清水坑、扫管塘偶见。

2. 石韦 Pyrrosia lingua (Thunb.) Farw.

高10~30cm。根状茎长而横走，密被鳞片。叶远生，近二型；不育叶近长圆形，全缘；能育叶较不育叶长、窄；叶柄长2~10cm，叶背被毛。孢子囊群近椭圆形。

分布华南地区。附生于林下树干上，或稍干的岩石上。保护区螺塘水库偶见。

3. 抱树石韦 Pyrrosia piloselloides (L.) M. G. Price

根状茎细长横走密被鳞片。叶远生或略近生，二型。不育叶近圆形或为椭圆形，多皱纹，疏被纹，疏被伏贴的星状毛；能育叶线形或长舌状。孢子囊群线形，贴近叶缘成带状分布。

分布华南、西南地区。生于林下树干上。保护区瓶尖水龙等地偶见。

裸子植物门
GYMNOSPERMAE

G2. 泽米铁科 Cycadaceae

常绿木本植物。叶螺旋状排列，有鳞叶及营养叶，二者相互成环着生；鳞叶小，密被褐色毡毛；营养叶大，深裂成羽状，稀叉状二回羽状深裂。雌雄异株，雄球花单生于树干顶端，直立。种子核果状，具3层种皮。本科10属。中国1属8种。保护区1属1种。

1. 苏铁属 Cycas L.

属的形态特征同科。本属约17种。中国8种。保护区有分布。

1.* 苏铁 Cycas revoluta Thunb.

常绿木本植物。树干高约2m。羽状叶从茎的顶部生出，下层的向下弯，上层的斜上伸展，整个羽状叶的轮廓呈倒卵状狭披针形。雄球花圆柱形，长30~70cm。有短梗，小孢子飞叶窄楔形。

分布华南地区。生于林地。保护区有栽培。

2. 泽米铁属 Zamia L.

常绿木本植物。叶一回羽状深裂；羽片基部有关节，无中脉，叶基脱落；叶柄有短刺或无刺；孢子叶外侧多少呈六棱形，具短柔毛，无刺或突起物，无角状体。单种属。保护区有分布。

1.* 泽米苏铁 Zamia furfuraceae L. f.

种的形态特征与属相同。

原产美洲，保护区有盆景栽培。

G5. 买麻藤科 Gnetaceae

常绿木质大藤本，稀灌木或乔木。单叶对生，无托叶，叶片革质或半革质，平展具羽状叶脉。花单性，雌雄异株。种子核果状。单属科，30余种。中国1属7种。保护区1属2种。

1. 买麻藤属 Gnetum L.

属的形态特征与科相同。本属30余种。中国7种。保护区2种。

1. 罗浮买麻藤 Gnetum luofuense C. Y. Cheng

藤本。茎枝紫棕色。叶片薄或稍革质，矩圆形或矩圆状卵形；侧脉9~11对；小脉网状；叶较大，宽3~8cm。成熟种子矩圆状椭圆形。花期5~7月，果熟期8~10月。

分布华南地区。生于森林。保护区丁字水库、古兜山林场水库旁偶见。

2. 小叶买麻藤 Gnetum parvifolium (Warb.) W. C. Cheng

常绿缠绕藤本。革质，椭圆形或长倒卵形，侧脉下面稍隆起；叶较小，宽约3cm。雌球花序的每总苞内有雌花5~8朵。成熟种子长椭圆形或窄矩圆状倒卵圆形。花4~7月，果熟期7~11月。

分布华南、西南地区。生于海森林。保护区百足行仔山、鹅公鬃等地偶见。

G7. 松科 Pinaceae

常绿或落叶乔木。叶螺旋状排列或枝顶簇生，线形、锥形或针形，2~5针成一束。花单性，雌雄同株。球果熟时种鳞张开；种子上端具一膜质的翅。本科11属235种。中国10属108种。

保护区 2 属 4 种。

1. 油杉属 Keteleeria Carr.

常绿乔木。小枝基部有宿存芽鳞，叶脱落后枝上留有近圆形或卵形的叶痕。叶条形或条状披针形，扁平，螺旋状着生，在侧枝上排列成 2 列，两面中脉隆起，上面无气孔线或有气孔线。叶内有 1~2 个维管束，横切面两端的下侧各有 1 个靠近皮下细胞的边生树脂道。雌雄同株，球花单性；雄球花 4~8 个簇生于侧枝顶端或叶腋。球果当年成熟，直立，圆柱形，幼时紫褐色，成熟前淡绿色或绿色，成熟时种鳞张开，淡褐色至褐色。本属 11 种。中国 9 种。保护区 1 种。

1.* 油杉 Keteleeria fortunei (Murr.) Carr.

乔木。树皮纵裂，较松软。树冠塔形。叶条形，在侧枝上排成 2 列，长 1.2~3cm，宽 2~4mm。幼枝或萌生枝的叶先端有渐尖的刺状尖头，间或果枝之叶亦有刺状尖头。球果圆柱形，成熟前绿色或淡绿色，微有白粉；种鳞斜方形，种翅中下部较宽。

分布浙江、福建、广东、广西各地区。生于山地。保护区有栽培。

2. 松属 Pinus L.

常绿乔木。枝轮生。叶二型，鳞叶（原生叶）单生，螺旋状排列；针叶常 2、3、5 针一束，生于鳞叶腋部顶端。花雌雄同株。球果种鳞木质；球果翌年秋季成熟。本属 110 余种。中国 39 种。保护区 3 种。

1.* 加勒比松 Pinus caribaea Morelet

乔木。树皮裂成扁平状，大片脱落。2~8 个树脂道。针叶 2~5 针，常 3 针一束。雄球花圆柱形，长 1.2~3.2cm，无梗，集生小枝上端。球果近顶生，弯垂，卵状圆柱形，长 5~10cm，稀达 12cm。

原产美洲。生于山地。保护区有栽培。

2.* 湿地松 Pinus elliotii Engel.

常绿乔木。树杆较通直，树形整齐，树皮纵裂成鳞状块片剥落。2~9 个树脂道。针叶 2~3 针一束并存，球果圆锥形或窄卵圆形，翌年成熟。种子卵圆形。

分布华东、华南、西南地区。南方地区常见栽培。保护区有栽培。

3.* 马尾松 Pinus massoniana Lamb.

常绿乔木。树皮裂成不规则鳞状块片。枝每年生长 1 轮。2 个树脂道。针叶 2 针一束，稀 3 针一束。球果卵圆形或圆锥状卵圆形。种子长卵圆形，具翅。花期 4~5 月，果期翌年 10~12 月。

分布华中、华东、华南、西南等地区。生于平原、丘陵、山脉。保护区有栽培。

G9. 罗汉松科 Podocarpaceae

常绿乔木或灌木。叶螺旋状排列，近对生或交互对生。球花单性，雌雄异株，穗状，单生或簇生叶腋或生枝顶。种子核果或坚果状。本科 18 属 180 余种。中国 4 属 12 种。保护区 2 属 3 种。

1. 竹柏属 Nageia Gaertner

叶两面压扁，披针形，对生或近对生，无明显的中脉。雌球花生于小枝顶端，套被与珠被合生。种子核果状，苞片不发育成肉质的种托。本属 12 种。中国 4 种。保护区 1 种。

1.* 长叶竹柏 Nageia fleuryi (Hickel) de Laub.

乔木。叶交叉对生，宽披针形，质地厚，无中脉，有多数并列的细脉，长 8~18cm，宽 2.2~5cm。雄球花穗腋生，常 3~6 个簇生于总梗上；雌球花单生叶腋，有梗，梗上具数枚苞片。

种子圆球形，熟时假种皮蓝紫色。

分布华南地区。生于常绿阔叶树林中。保护区有栽培。

2.* 竹柏 Nageia nagi (Thunb.) Kuntze

乔木。高达 20m。叶对生，长 4~9cm，宽 1.2~1.5cm，革质，有番石榴味。雄球花穗状圆柱形；雌球花单生于叶腋，基部有数枚苞片。种子圆球形，有白粉；骨质外种皮黄褐色，内种皮膜质。

分布华南地区。常见于丘陵地区。保护区有栽培。

2. 罗汉松属 Podocarpus L'Hér. ex Pers.

乔木，稀灌木。叶螺旋状排列或近对生，线形、披针形或椭圆形，具明显中脉，叶背有气孔线。花雌雄异株。种子坚果或核果状。本属 100 种。中国 7 种。保护区 2 种。

1.* 罗汉松 Podocarpus macrophyllus (Thunb.) Sw.

乔木。叶螺旋状着生，散生枝上，叶长 7~12cm，顶端尖，革质，被白粉。雄球花穗状，2~5 簇生；雌球花单生。种子直径 10mm，卵圆形或球形。花期 4~5 月，果熟期 8~9 月。

分布华东、华中、华南、西南等地区。生于森林、开阔的灌丛路旁。保护区有栽培。

2. 百日青 Podocarpus neriifolius D. Don

常绿乔木。叶螺旋状着生，散生枝上，叶长 7~15cm，披针形，有短柄。雄球花穗状，单生或 2~3 个簇生。种子长 8~16mm，熟时肉质假种皮紫红色。花期 5 月，果熟期 10~11 月。

分布中国多个地区。生于常绿阔叶林。保护区青石坑水库偶见。

G11. 柏科 Cupressaceae

常绿乔木或灌木。叶交叉对生或 3~4 叶轮生，鳞形或刺形。雌雄同株或异株，球花单生；雄球花具 2~16 枚交叉对生雄蕊；雌球花具 3~8 交叉对生或 3 枚轮生的珠鳞。球果较小，种鳞薄或厚，扁平或盾形，木质或近革质，熟时张开。本科 22 属 150 种。中国 19 属 125 种。保护区 6 属 6 种。

1. 杉木属 Cunninghamia R. Br. ex A. Rich.

常绿乔木。叶螺旋状排列，披针形或线状披针形，边缘有细锯齿，两面中脉两侧有气孔线。球果近球形或卵圆形，边缘有细锯齿。种子扁平。单种属。保护区有分布。

1.* 杉木 Cunninghamia lanceolata (Lamb.) Hook.

种的形态特征与属相同。

分布多个地区。生于山林。保护区有栽培。

2. 福建柏属 Fokienia A. Henry & H. H. Thomas

常绿乔木。生鳞形叶的小枝扁平，三出羽状分枝。鳞叶交叉对生，二型，小枝上下中央之叶紧贴，小枝下面中央之叶及两侧之叶的下（背）面有粉白色气孔带。雌雄同株。球果翌年成熟，近球形。单种属。保护区有分布。

1.* 福建柏 Fokienia hodginsii (Dunn) A. Henry & H. H. Thomas

种的形态特征与属相同。

分布多个地区。生于温暖湿润的山地森林。保护区有栽培。

3. 水松属 Glyptostrobus Endl.

落叶或半常绿乔木。叶异形，叶有鳞形、线形和锥形3种形状，冬季与侧生小枝同时脱落，和种鳞螺旋状排列。球果梨形，有长柄。每种鳞有种子2颗；种鳞椭圆形，微扁，下端有长翅。单种属。保护区有分布。

1.* 水松 Glyptostrobus pensilis (Staunton ex D. Don) K. Koch

种的形态特征与属相同。

分布华南地区。生于山地。保护区有栽培。

4. 刺柏属 Juniperus L.

常绿乔木或灌木。小枝近圆柱形或四棱形。冬芽显著。叶为刺形或鳞形，3叶轮生，基部有关节，不下延生长，腹面平或凹下，有1或2条气孔带，背面隆起具纵脊。雌雄同株或异株，球花单生叶腋。球果浆果状，近球形，二年或三年成熟。种子通常3颗，卵圆形，具棱脊，有树脂槽，无翅。本属10余种。中国3种。保护区1种。

1.* 龙柏 Juniperus chinensis L. cv. Kaizuka

常绿乔木。树冠圆柱形，分枝低，枝条常扭转上升。叶二形；鳞叶近中部具微凹腺体，3叶交互轮生，有2条白粉带。球果近圆球形，被白粉。

全国各地引种栽培。生于山地。保护区有栽培。

5. 侧柏属 Platycladus Spach

常绿乔木。生鳞叶的小枝直展或斜展，排成一平面，扁平，两面同形。叶鳞形，二形，交叉对生，排成4列，基部下延生长，背面有腺点。雌雄同株，球花单生于小枝顶端。球果当年成熟，熟时开裂；种鳞4对，木质，厚，近扁平，背部顶端的下方有一弯曲的钩状尖头。单种属。中国1种。保护区1种。

1.* 侧柏 Platycladus orientalis (L.) Fracno

乔木。枝叶排列在同一平面上。叶鳞形，背面中部有凹陷。雄球花黄色；雌球花蓝绿色，被白粉。球果成熟前近肉质，蓝绿色，熟后开裂，红褐色。

华北及长江各地均产。生于山地。保护区有栽培。

6. 落羽杉属 Taxodium Rich.

落叶或半常绿乔木。叶螺旋状排列，异形；钻形叶在主枝上斜上伸展，宿存；条形叶在侧生小枝上成2列。球果具短梗或无梗。种鳞盾形，顶部呈不规则的四边形；种子呈不规则三角形，有明显锐利的棱脊。本属2种。中国2种。保护区1种。

1.* 池杉 Taxodium distichum (L.) Rich. var. imbricatum (Nutt.) Croom

乔木。枝条向上伸展，树冠呈尖塔形。叶锥形，不呈 2 列，在枝上螺旋状伸展，每边有 2~4 条气孔线。球果圆球形或矩圆状球形。种子不规则三角形。花期 3~4 月，果期 10 月。

分布华南地区。生于沼泽地区及水湿地上。保护区有栽培。

G12. 红豆杉科 Taxaceae

常绿乔木或灌木。叶条形或披针形，螺旋状排列或交叉对生，叶背沿中脉两侧各有 1 条气孔带。球花单性，雌雄异株。种子核果状。本科 5 属 21 种。中国 4 属 11 种。保护区 1 属 1 种。

1. 穗花杉属 Amentotaxus Pilg.

小乔木或灌木。叶交叉对生，排成 2 列，厚革质，线状披针形、披针形或椭圆状线形，下面有 2 条气孔带。花雌雄异株。种子核果状，椭圆形。本属 3 种。中国 3 种。保护区 1 种。

1. 穗花杉 Amentotaxus argotaenia (Hance) Pilg.

常绿灌木或小乔木。叶基部扭转列成两列，下面白色气孔带与绿色边带等宽或较窄，叶交互对生，叶内有树脂道，背面有 2 条白色气孔带。种子椭圆形。花期 4 月，果熟期 10 月。

分布华中、华南等地区。生于阴湿溪谷两旁或林内。保护区瓶尖偶见。广东省重点保护野生植物。

被子植物门
ANGIOSPERMAE

A7. 五味子科 Schisandraceae

藤本或木本。叶纸质，稀革质，单叶互生，常有透明腺点，无托叶。花单性，雌雄异株，单生叶腋或数朵聚生。聚合果球状或穗状，成熟心皮为肉质小浆果。本科2属60种。中国2属29种。保护区2属5种。

1. 八角属 Illicium L.

乔木或灌木。芽具多枚覆瓦状排列的芽鳞。叶脉羽状；无托叶，无环状的托叶痕；叶革质或纸质。花两性，雄蕊和雌蕊轮状排列于平顶隆起的花托上；花小，成熟心皮为蓇葖，木质。本属50种。中国28种。保护区3种。

1. 红花八角 Illicium dunnianum Tutcher

灌木。叶3~8片，薄革质，线状披针形或狭倒披针形，长5~11cm。花被片12~20片，椭圆形至圆形；花红色，腋生；雄蕊19~31枚，心皮8~13枚。花期4~7月，果期7~10月。

分布华南地区。生于流沿岸、山谷水旁、山地林中、湿润山坡或岩石缝中。保护区青石坑水库偶见。

2. 红毒茴 Illicium lanceolatum A. C. Sm.

灌木或小乔木。高3~10m。叶3~4片，互生或稀疏地簇生于小枝近顶端或排成假轮生，革质。花腋生或近顶生，单生或2~3朵；花红色，雄蕊6~11枚，心皮10~13枚。果花期4~6月，果期8~10月。

分布华中、华南等地区。生于阴湿峡谷和溪流沿岸。保护区玄潭坑等地偶见。

3. 小花八角 Illicium micranthum Dunn

灌木或小乔木。叶3~4片，革质或薄革质，倒卵状至披针形；中脉在叶面凹陷。花红色，花被片14~21片，雄蕊10~12枚，心皮7~8枚；蓇葖6~8枚。花期4~6月，果期7~9月。

分布华中、华南、西南等地区。生于灌丛或混交林内、山涧、山谷疏林、密林中或峡谷溪边。保护区禾叉水坑、山麻坑等地偶见。

2. 南五味子属 Kadsura Kaempf. ex Juss.

木质藤本。叶纸质，稀革质，全缘或具锯齿，具透明或不透明油腺体。花单性，雌雄同株，单生叶腋。小浆果肉质，外果皮革质；果期花托不伸长，成熟心皮排成球状或椭圆体状的聚合果；聚合果球形或椭圆形。本属28种。中国10种。保护区2种。

1. 黑老虎 Kadsura coccinea (Lem.) A. C. Sm.

木质藤本。叶厚革质，长圆形至卵状披针形，顶端钝或短渐尖，边全缘；脉每边6~7条，网脉不明显。花单生于叶腋，雌雄异株。果大，直径6~10cm。花期4~7月，果期7~11月。

分布华南、西南等地区。生于林中。保护区瓶尖、鹅公鬓等地偶见。

2. 南五味子 Kadsura longipedunculata Finet & Gagnep.

藤本。叶纸质，边有疏齿；侧脉5~7条。花单生叶腋，雌雄异株；花被片白色或浅黄色，11~15片；花序柄长达5cm以上。聚合果球形，较小，直径1.5~3.5cm。花期6~9月，果期9~12月。

分布华南、华中、西南等地区。生于山坡、林中。保护区车桶坑偶见。

A11. 胡椒科 Piperaceae

草本、灌木或攀援藤本，稀为乔木，常有香气。叶互生，少有对生或轮生，单叶，两侧常不对称；托叶多少贴生于叶柄上或否，或无托叶。花小，两性、单性雌雄异株或间有杂性，密集成穗状花序或由穗状花序再排成伞形花序，极稀有成总状花序排列，花序与叶对生或腋生，少有顶生；苞片小，常用盾状或杯状，少有勺状；花被无；雄蕊 1~10 枚，花丝常离生，花药 2 室；雌蕊由 2~5 枚心皮所组成，连合，子房上位。浆果。本科 8 或 9 属近 3000 种。中国 4 属 70 余种。保护区 2 属 7 种。

1. 草胡椒属 Peperomia Ruiz & Pav.

一至多年生草本。叶互生、对生或轮生，稀有互生，全缘，无托叶。花极小，两性，常与苞片同着生花序轴凹陷处，柱头单枚，稀 2 裂。浆果小，不开裂。本属 1000 种。中国 7 种。保护区 2 种。

1. 圆叶椒草 Peperomia obtusifolia A. Dietr.

草本。直立性植株。高约 30cm。叶互生，长 5~6cm，宽 4~5cm，单叶互生，叶椭圆形或倒卵形，叶端钝圆，叶基渐狭至楔形，叶面光滑有光泽，质厚而硬挺，茎及叶柄均肉质粗圆。

分布华南地区。保护区笔架山、鹅公鬃偶见。

2. 草胡椒 Peperomia pellucida (L.) Kunth

一年生肉质草本。茎直立或斜生，基部或平卧，分枝。叶互生，长 2~4cm，宽 1~2cm，膜质，半透明，宽卵形或卵状三角形。穗状花序顶生或与叶对生。小坚果球形。花期 4~7 月。

分布华南等地区。生于林下湿地、石缝中或宅舍墙脚下。保护区蒸狗坑等地偶见。

2. 胡椒属 Piper L.

灌木或攀援藤本，稀草本或小乔木。茎、枝具膨大节，揉有香气。叶互生，全缘，托叶稍贴生于叶柄。花单性，雌雄异株，柱头 3~5 枚。浆果倒卵形、卵形或球形。本属约 2000 种。中国 60 余种。保护区 3 种。

1. 华南胡椒 Piper austrosinense Y. C. Tseng

木质藤本。除苞片腹面中部、花序轴和柱头外其余无毛。叶厚纸质，无腺点，长 8~11cm，宽 6~7cm，基部心形。花单性，雌雄异株，雄花序长 3~6.5cm。花序白色。浆果球形。花期 4~6 月。

分布西南、华南等地区。生于密林或疏林中，攀援于树上或石上。保护区镀盖山至斑鱼咀偶见。

2. 山蒟 Piper hancei Maxim.

藤本。叶互生，披针形，长 6~12cm，宽 2.5~4.5cm，基部楔形。穗状花序，花单性，雌雄异株，雄花序长 6~10cm。浆果球形，黄色。

分布华东、华南、西南地区。生于山地溪涧边、密林或疏林中。保护区笔架山偶见。

3. 毛蒟 Piper hongkongense C. DC.

攀援藤本。叶硬纸质，卵状披针形，长 5~11cm，宽 2~6cm，基部浅心形或半心形，两面被柔毛。花单性，雌雄异株，雄花序长约 7cm。浆果球形。花期 3~5 月。

分布华南地区。生于疏林或密林中，攀援于树上或石上。保护区长塘尾偶见。

4. 假蒟 Piper sarmentosum Roxb.

草本。叶互生，背面沿脉被毛。穗状花序与叶对生；花单性，雌雄异株。浆果近球形，具 4 角棱，与花序轴合生。

分布福建、广东、广西、云南、贵州及西藏各地区。生于林下。保护区八仙仔等地偶见。

5. 小叶爬崖香 Piper sintenense Hatus.

藤本。叶薄，膜质，有细腺点，长圆形，长 7~11cm，宽 3~4.5cm，基部偏斜半心形，两侧不对称。花单性，雌雄异株，雄花序长 5~13cm。浆果倒卵形，离生。花期 3~7 月。

分布华南、西南等地区。生于疏林或山谷密林中，常攀援于树上或石上。保护区长塘尾偶见。

A12. 马兜铃科 Aristolochiaceae

藤本、灌木或草本。单叶互生，具柄，叶片全缘或 3~5 裂，基部常心形。花两性，单生、簇生或排成总状、聚伞状或伞房花序，花色艳丽而有腐肉臭味；花瓣 1 轮，稀 2 轮，花被管钟状、瓶状、管状、球状或其他形状；檐部圆盘状、壶状或圆柱状，具整齐或不整齐 3 裂，或为向一侧延伸成 1~2 舌片，裂片镊合状排列。蒴果。本科 8 属 600 种。中国 4 属 86 种。保护区 2 属 3 种。

1. 马兜铃属 Aristolochia L.

藤本，稀亚灌木。常具块状根。叶全缘或 3~5 裂，基部常心形。花排成总状花序，稀单生；花被 1 轮，花被管基部常膨大，形状各种，中部管状，檐部展开或成各种形状，常边缘 3 裂，或一侧分裂成 1 或 2 个舌片，颜色艳丽而常有腐肉味。蒴果。本属约 400 种。中国 45 种。保护区 2 种。

1. 广防己 Aristolochia fangchi Y. C. Wu ex L. D. Chow & S. M. Hwang

木质藤本。叶长圆状卵形，长 6~16cm，宽 3.5~5.5cm，基部圆形，檐部盘状，直径 4~6cm。花单生或 3~4 朵排成总状花序，花被管中部弯曲，弯曲部分管壁不贴生。蒴果圆柱形。种子卵状三角形。花期 3~5 月，果期 7~9 月。

分布华南、西南等地区。生于山坡密林或灌木丛中。保护区百足行仔山偶见。

2. 通城虎 Aristolochia fordiana Hemsl.

草质藤本。叶革质或薄革质，叶背脉上密被绒毛，叶戟形，基部箭形。总状花序腋生，苞片和小苞片卵形或钻形，花被管直。蒴果长圆形或倒卵形，褐色。种子卵状三角形。花期 3~4 月，果期 5~7 月。

分布华南、华中等地区。生于山谷林下灌丛中和山地石隙中。保护区斑鱼咀偶见。

2. 细辛属 Asarum L.

草本。叶仅 1~2 或 4 片，基生、互生或对生，叶片心形或近心形，全缘不裂；叶柄基部常具薄膜质芽苞叶。花单生于叶腋，花被 1 轮，紫绿色或淡绿色，基部多少与子房合生，子房以上分离或形成明显的花被管，花被裂片 3。蒴果浆果状。本属约 90 种。中国 39 种。保护区 1 种。

1. 五岭细辛 Asarum wulingense C. F. Liang

多年生草本。叶片长卵形或卵状椭圆形，稀三角状卵形，先端急尖至短渐尖，基部耳形或耳状心形，叶面无毛，背被短柔毛。花绿紫色；花被被黄色柔毛。花期 12 月至翌年 4 月。

分布华南、华中、西南等地区。生于林下阴湿地。保护区丁字水库偶见。

A14. 木兰科 Magnoliaceae

乔木或灌木。常含有芳香油。单叶互生或集生枝顶,全缘有托叶,托叶脱落后小枝上有环状托叶痕。花大,单生枝顶或叶腋。聚合蓇葖果,种子熟时珠柄内抽出丝状螺纹导管悬垂于上面。本科16属约300种。中国11属约150种。保护区5属9种。

1. 长喙木兰属 Lirianthe Spach

常绿乔木或灌木。树皮通常灰色,光滑或有时粗糙和有皱纹。托叶膜质,贴生于叶柄上并在叶柄上留下点环痕。叶螺旋状排列,叶片厚纸质或革质,边缘全缘。花顶生在顶生短轴上;花被片9~12片。果实通常椭圆体,两端锐尖。本科约12种。中国8种。保护区1种。

1. 香港木兰 Lirianthe championii (Benth.) N. H. Xia & C. Y. Wu

常绿灌木或小乔木。嫩枝、叶柄内面、叶背基部、中脉及花梗,被淡褐色平伏长毛。叶革质,椭圆形,淡绿色;侧脉8~12对;叶柄托叶痕几达叶柄顶端。花直立。种子狭长圆体形或不规则卵圆形。花期5~6月,果期9~10月。

分布广东南部沿海岛屿及香港。生于山地常绿阔叶林中。保护区蛮陂头偶见。

2. 木莲属 Manglietia Blume

常绿乔木。托叶基部贴生于叶柄,叶柄具托叶痕;叶革质,幼叶于芽内对折。花顶生,花两性,心皮有4~14枚胚珠,心皮腹面与花轴合生,雌蕊群无柄。本科40余种。中国30余种。保护区2种。

1. 木莲 Manglietia fordiana Oliv.

常绿乔木。叶革质,狭椭圆状倒卵形或倒披针形,叶背被红色平伏毛;叶柄托叶痕短于1/3。花梗粗壮,不下垂,长6~18mm。蓇葖果褐色,卵球形,无毛,直立。花期5~6月,果期10月。

分布华南、西南等地区。生于花岗岩、沙质岩山地丘陵。保护区镬盖山至斑鱼咀偶见。

2. 厚叶木莲 Manglietia pachyphylla H. T. Chang

常绿乔木。芽被长柔毛。叶厚革质,坚硬,倒卵状,顶端短急尖,两面无毛;叶柄托叶痕短于1/3。花梗粗短,无毛。聚合果椭圆体形。花期5月,果期9~10月。

分布华南地区。生于林中。保护区瓶身偶见。国家Ⅱ级重点保护野生植物。

3. 含笑属 Michelia L.

常绿乔木或灌木。叶全缘,托叶膜质,盔帽状,与叶柄贴生或离生。嫩叶在芽中对折。花腋生,花两性,心皮有4~14枚胚珠,心皮仅基部与花轴合生,心皮分离,雌蕊群有显著的柄,果时形成狭长穗状聚合果。种子2至数颗。本属70余种。中国60余种。保护区5种。

1.* 白兰 Michelia alba DC.

常绿乔木。叶薄革质,长椭圆形或披针状椭圆形,仅下面被疏毛;叶柄长1.5~2cm,托叶痕短于1/2。花白色,极香;聚合果的蓇葖疏离。花期4~11月,通常不结实。

分布华南地区。常栽培于路旁。保护区有栽培。

2.* 含笑花 Michelia figo (Lour.) Spreng.

常绿灌木。芽、嫩枝,叶柄,花梗均密被黄褐色绒毛。叶革质,狭椭圆形或倒卵状椭圆形;叶柄托叶痕长不达10mm;花白色或浅黄色,生叶腋。蓇葖顶端具喙。花期3~5月,果期7~8月。

分布全国各地区。生于阴坡杂木林中,溪谷沿岸尤为茂盛。保护区有栽培。

3. 醉香含笑 Michelia macclurei Dandy

常绿乔木。叶革质，叶中部以上最宽，椭圆形或菱状椭圆形，长 7~14cm，宽 3~7cm；叶柄无托叶痕。花有时形成 2~3 朵的聚伞花序。蓇葖长圆状至倒卵圆状。花期 3~4 月，果期 9~11 月。

分布华南地区。生于密林中。保护区茶寮口、斑鱼咀等地偶见。

4. 深山含笑 Michelia maudiae Dunn

常绿乔木。各部均无毛。芽、嫩枝、叶下面、苞片均被白粉。叶革质，长圆状椭圆形，上面深绿色，有光泽，叶背无毛，被白粉；叶柄无托叶痕。花腋生。聚合果长 7~15cm；蓇葖长圆形、倒卵圆形或卵圆形。花期 2~3 月，果期 9~10 月。

分布华南、华中地区。生于密林中。保护区笔架山、斑鱼咀等地偶见。

5. 野含笑 Michelia skinneriana Dunn

乔木。树皮灰白色。芽、嫩枝、叶柄、叶背中脉及花梗均密被褐色长柔毛。叶柄托叶痕长不达 10mm；叶狭倒卵状椭圆形。花白色。蓇葖具短尖的喙。

分布浙江、福建、广东、广西、湖南、江西。生于山谷、山坡、溪边密林中。保护区瓶尖大龙偶见。

4. 拟单性木兰属 Parakmeria Dandy

常绿乔木。小枝节间密而呈竹节状。叶全缘，具骨质半透明边缘下延至叶柄；叶柄上无托叶痕；嫩叶在芽中平展。花单生枝顶；两性或杂性（雄花两性花异株）；花被片 9~12 片。聚合果椭圆形或倒卵形。种子 1~2 颗。本属约 5 种。保护区 1 种。

1.* 乐东拟单性木兰 Parakmeria lotungensis (Chun & C. H. Tsoong) Y. W. Law

常绿乔木。全株无毛；叶革质，狭倒卵状椭圆形、倒卵状椭圆形或狭椭圆形，长 6~11cm，宽 2~3.2cm。花杂性，雌蕊群有柄，花乳白色。聚合果卵状长圆形体或椭圆状卵圆形。种子椭圆形或椭圆状卵圆形。花期 4~5 月，果期 8~9 月。

分布华南、西南等地区。生于肥沃的阔叶林中。保护区有栽培。

5. 玉兰属 Yulania Spach

乔木或灌木。托叶膜质，贴生于叶柄，在小枝上留下托叶痕。叶螺旋状排列；叶片膜质或厚纸质，边缘全缘或稀先端 2 浅裂。花顶生在短轴上，单生，两性。果实成熟时通常圆柱状。本属约 25 种。中国 18 种。保护区 1 种。

1.* 玉兰 Yulania denudata (Desr.) D. L. Fu

落叶乔木。冬芽及花梗密被灰黄色长绢毛。叶纸质，倒卵形或倒卵状椭圆形，顶端宽圆、平截或稍凹。花先于叶开放；花被片 9 片，白色。聚合果圆柱形；蓇葖厚木质，具白色皮孔。种子外种皮红色。花期 2~3 月，果期 8~9 月。

分布华南、华中地区。生于林中。保护区有栽培。

A18. 番荔枝科 Annonaceae

乔木，灌木或攀援灌木。叶单叶互生，全缘。花常两性，少数单性，辐射对称；下位花；萼片 3 片；雄蕊多数，长圆形、卵圆形或楔形；心皮 1 至多枚，离生。肉质聚合果。本科约 123 属 2300 余种。中国 24 属 120 种。保护区 4 属 10 种。

1. 鹰爪花属 Artabotrys R. Br. ex Ker

攀援灌木。常借钩状的总花梗攀援于它物上。叶互生，幼时薄膜质，渐变为纸质或革质。两性花，常单生于木质钩状的总花梗上，芳香；总花梗弯曲呈钩状。成熟心皮浆果状，椭圆状倒卵形或圆球状，离生，肉质。本属约 100 种。中国 10 种。保护区 2 种。

1. 鹰爪花 Artabotrys hexapetalus (L. f.) Bhandari

攀援灌木。枝叶均无毛或近无毛。叶纸质，长圆形或阔披针形。花 1~2 朵，与叶近对生，花香。果卵圆状，数个群集于果托上。花期 5~8 月，果期 5~12 月。

分布华东、华南地区。多见栽培。保护区镬盖山至斑鱼咀偶见。

2. 香港鹰爪花 Artabotrys hongkongensis Hance

攀援灌木。小枝被黄色粗毛。叶革质，椭圆状长圆形至长圆形，叶无毛或仅背面脉上被柔毛，叶柄柔毛，叶面有光泽。花单生，着生于具钩花梗。果椭圆状。花期 4~7 月，果期 5~12 月。

分布华中、华南、西南地区。生于山地密林下或山谷阴湿处。保护区青石坑水库偶见。

2. 假鹰爪属 Desmos Lour.

攀援或直立灌木。叶互生，羽状脉，具柄。花单朵腋生或与叶对生，或 2~4 朵簇生；花瓣全部为镊合状排列，外轮花瓣与内轮近等大或较大，无明显区别，花瓣 6 片，2 轮。果多数，常在种子间缢缩成念珠状，具 1~8 节。本属约 100 种。中国 10 种。保护区 1 种。

1. 假鹰爪 Desmos chinensis Lour.

直立或攀援灌木。除花外，全株无毛。叶纸质，长圆形或椭圆形，上面有光泽，下面粉绿色。花黄白色，单朵与叶对生或互生；花瓣外轮较内轮大。果念珠状。花期夏至冬季，果期 6 月至翌年春季。

分布华南、西南地区。生于丘陵山坡、林缘灌木丛中。保护区北峰山常见。

3. 瓜馥木属 Fissistigma Griff.

攀援灌木。单叶互生，侧脉斜升至叶缘。花两性，单生或多朵组成密伞、团伞或圆锥花序；总花梗伸直；花瓣6片，2轮。果卵圆形、球形或长圆形，被短柔毛，具柄。本属约75种。中国23种。保护区3种。

1. 白叶瓜馥木 Fissistigma glaucescens (Hance) Merr.

攀援灌木。植株长达3m。叶近革质，长圆状椭圆形，背白色。总状花序顶生，被黄色绒毛；花瓣6片，2轮，均被毛。果圆球状，无毛。

分布广西、广东、福建和台湾。生于山地林中。保护区孖鬓水库偶见。

2. 瓜馥木 Fissistigma oldhamii (Hemsl.) Merr.

攀援灌木。小枝被黄褐色柔毛。叶革质，倒卵状椭圆形或长圆形，长6~13cm，宽2~5cm，叶面侧脉不凹陷，顶端圆钝。花1~3朵集成密伞花序。果圆球状。花期4~9月，果期7月至翌年2月。

分布华东、华南、华中、西南地区和中国台湾。生于山谷水旁灌木丛中。保护区镀盖山至斑鱼咀偶见。

3. 黑风藤 Fissistigma polyanthum (Hook. f. & Thoms.) Merr.

攀援灌木。根黑色，撕裂有强烈香气。枝条灰黑色或褐色。叶长圆形或倒卵状长圆形。花小，通常3~7朵集成密伞花序；外轮花瓣卵状长圆形，内轮花瓣长圆形。果圆球状，被黄色短柔毛。花期几乎全年，果期3~10月。

分布华南、西南地区。常生于山谷和路旁林下。保护区三牙石、串珠龙偶见。

4. 香港瓜馥木 Fissistigma uonicum (Dunn) Merr.

攀援灌木。小枝无毛。叶绿色，长圆形。花黄色，有香气，1~2朵聚生于叶腋；花梗长约2cm；萼片卵圆形；外轮花瓣比内轮花瓣长，无毛，卵状三角形。果圆球状，成熟时黑色，被短柔毛。花期3~6月，果期6~12月。

分布华南、华中地区。生于丘陵山地林中。保护区螺塘水库偶见。

4. 紫玉盘属 Uvaria L.

攀援或蔓状灌木。全株常被星状毛。叶被星状毛或鳞片。花瓣6片，排成2轮，每轮3片，内外轮或仅内轮为覆瓦状排列。成熟心皮多数，果长圆形或近圆球形，具长柄。本属约150种。中国8种。保护区3种。

1. 光叶紫玉盘 Uvaria boniana Finet & Gagnep.

攀援灌木。除花外全株无毛。叶纸质，长圆形至长圆状卵圆形；侧脉每边8~10条。花紫红色，1~2朵与叶对生或腋外生。果球形或椭圆状卵圆形。花期5~10月，果期6月至翌年4月。

分布华东、华南地区。生于丘陵山地疏密林中较湿润的地方。保护区山麻坑等地偶见。

2. 山椒子 Uvaria grandiflora Roxb. ex Hornem.

攀援灌木。嫩枝及叶背被毛。叶纸质或近革质，长圆状倒卵形，顶端急尖或短渐尖，基部浅心形。花单朵与叶对生，红色，直径达 9cm。果圆柱状。花期 3~11 月，果期 5~12 月。

分布华南地区。生于灌木丛中或丘陵山地疏林中。保护区丁字水库偶见。

3. 紫玉盘 Uvaria macrophylla Roxb.

直立灌木。枝蔓延，幼枝、幼叶、叶柄及花等均被星状柔毛。叶革质，长倒圆形或椭圆形。花小，直径 2.5~3.5cm，1~2 朵与叶对生。果卵形，无刺。花期 3~8 月，果期 7 月至翌年 3 月。

分布华南地区和中国台湾。生于灌木丛中或丘陵山地疏林中。保护区山麻坑偶见。

A25. 樟科 Lauraceae

常绿或落叶乔木或灌木。单叶，互生或近对生，离基三出脉或羽状脉，全缘；无托叶。花两性，稀有杂性，排成圆锥花序或聚伞花序；花被 6 片，能育雄蕊 9 枚，排成 3 轮。浆果核果状，外种皮肉质，果梗顶端多少膨大呈棒状或倒圆锥状，后增大成盘状的果托。本科约 45 属 2000~2500 种。中国 25 属 445 种。保护区 8 属 45 种。

1. 琼楠属 Beilschmiedia Nees

常绿乔木或灌木。叶对生，近对生或互生。花两性；排成圆锥花序或聚伞花序，花被 6 片，能育雄蕊 9 枚，排成 3 轮。浆果核果状，外种皮肉质，果梗顶端多少膨大呈棒状或倒圆锥状，后增大成盘状的果托。本属约 300 种。中国 39 种。保护区 4 种。

1. 美脉琼楠 Beilschmiedia delicata S. K. Lee & Y. T. Wei

灌木或乔木。树皮灰白色或灰褐色。顶芽被毛。叶互生或近对生，中脉于叶面不凹陷，叶背有时被柔毛。聚伞状圆锥花序腋生或顶生；花黄带绿色；花被裂片卵形至长圆形。果椭圆形或倒卵状椭圆形，密被明显的瘤状小凸点。花果期 6~12 月。

分布华南、西南地区。常生于山谷路旁、溪边、林中。保护区偶见。

2. 广东琼楠 Beilschmiedia fordii Dunn

乔木。树皮青绿色。顶芽无毛。叶通常对生，披针形、长椭圆形、阔椭圆形；叶脉不明显。聚伞状圆锥花序通常腋生，花密；苞片早落；花黄绿色；花被裂片卵形至长圆形。果椭圆形，长 1.4~1.8cm。花果期 6~12 月。

分布华南、华中、西南地区。常生于湿润的山地山谷密林或疏林中。保护区斑鱼咀等地偶见。

3. 腺叶琼楠 Beilschmiedia glandulosa N. H. Xia, F. N. Wei & Y. F. Deng

乔木。顶生芽被灰棕色短柔毛。叶近对生，椭圆形、狭椭圆形或倒披针形。花序腋生，总状花序或聚伞圆锥状花序；花被片 6（~8），卵形。果实成熟时带蓝色，椭圆形。花期 8 月，果期翌年 1~2 月。

华南地区及中国香港偶见。生于山坡林中。保护区猪肝吊罕见，为大陆地区首次记录种。

4. 网脉琼楠 Beilschmiedia tsangii Merr.

乔木。顶芽、幼枝被毛。叶互生或有时近对生，椭圆形至长椭圆形；中脉于叶面凹陷。圆锥花序腋生；花白色或黄绿色；花被裂片阔卵形，外面被短柔毛。果椭圆形，有瘤状小凸点。花期夏季，果期 7~12 月。

分布华南、西南地区及中国台湾。常生于山坡湿润混交林中。保护区蒸狗坑偶见。

3. 樟属 Cinnamomum Schaeff.

常绿乔木或灌木。树皮、小枝及叶芳香。叶互生或近对生。花两性，黄色或白色，排成圆锥花序或总状花序的聚伞花序。浆果肉质；果梗顶端多少膨大呈棒状或倒圆锥状，后增大成盘状的果托。本属约 250 种。中国 49 型。保护区 10 种。

1. 华南桂 Cinnamomum austrosinense H. T. Chang

乔木。顶芽密被柔毛。叶近对生或互生，椭圆形，三出脉或近离基三出脉。圆锥花序；花黄绿色；花梗密被灰褐色微柔毛；花被筒倒锥形，长约 2mm，花被裂片卵圆形。果椭圆形，果托浅杯状。花期 6~8 月，果期 8~10 月。

分布华南、华东地区。生于山坡或溪边的常绿阔叶林中或灌丛中。保护区青石坑水库偶见。

2. 无根藤属 Cassytha L.

寄生藤本。多黏质，具盘状吸根。茎线形，分枝，绿色或绿褐色。叶退化为鳞片。花小，两性；花序穗状、总状或头状。果包于花被筒内，花被片宿存。本属约 20 种。中国 1 种。保护区有分布。

1. 无根藤 Cassytha filiformis L.

寄生缠绕草本。茎线形，稍木质。叶退化为微小的鳞片。穗状花序密被锈色短柔毛；花小，白色，无梗。果小。花果期 5~12 月。

分布华东、华中、华南、西南地区及中国台湾。生于山坡灌木丛或疏林中。保护区镙盖山至斑鱼咀偶见。

2.* 阴香 Cinnamomum burmannii (Nees & T. Nees) Blume

常绿乔木。树皮光滑，内皮红色。叶互生或近对生；离基三出脉。圆锥花序腋生或近顶生，被毛；花绿白色。果卵球形。花期秋冬季，果期冬春季。

分布华南、西南地区。生于疏林、密林或灌丛中。保护区有栽培。

3.* 樟 Cinnamomum camphora (L.) Presl

乔木。高可达 30m。树皮纵裂。叶互生，离基三出脉，边缘波状，脉腋窝明显。圆锥花序腋生；花绿白色。果球形，熟时紫黑。花期 4~5 月，果期 8~11 月。

华南、西南地区有栽培。生于山坡或沟谷中，栽培种。保护区有栽培。

4. 肉桂 Cinnamomum cassia (L.) D. Don

中等大乔木。全株有肉桂香味。叶互生或近对生，长椭圆形至近披针形；离基三出脉。圆锥花序腋生或近顶生；花白色；花被筒倒锥形，花被裂片卵状长圆形。果椭圆形。花期 6~8 月，果期 10~12 月。

华东、华南、西南地区有栽培。常见栽培。保护区有栽培。

5. 野黄桂 Cinnamomum jensenianum Hand.-Mazz.

小乔木。树皮灰褐色，有桂皮香味。叶常近对生，披针形或长圆状披针形；离基三出脉；无毛。聚伞花序；花黄色或白色。果卵球形。花期 4~6 月，果期 7~8 月。

分布华中、华南地区。生于山坡常绿阔叶林或竹林中。保护区车桶坑偶见。

6. 黄樟 Cinnamomum parthenoxylon (Jack) Meisn.

常绿乔木。树皮不规则纵裂，内皮带红色。叶互生，常为椭圆状卵形；羽状脉，脉腋窝明显。圆锥花序于枝条上部腋生或近顶生。果倒卵形。花期 3~5 月，果期 4~10 月。

分布华中、华东、华南地区。生于常绿阔叶林或灌木丛中。保护区禾叉水坑偶见。

7. 少花桂 Cinnamomum pauciflorum Nees

乔木。树皮黄褐色，具白色皮孔，有香气。叶互生；叶背粉绿色；三出脉或离基三出脉，脉无腋窝，中脉上面凸起。圆锥花序腋生，花黄白色。果椭圆形。花期 3~8 月，果期 9~10 月。

分布华中、华南、西南地区。生于石灰岩或砂岩上的山地或山谷疏林或密林中。保护区青石坑水库偶见。

8. 香桂 Cinnamomum subavenium Miq.

乔木。叶在幼枝上近对生，老枝上互生，背面被平伏绢毛；三出脉。花淡黄色；花梗密被黄色平伏绢状短柔毛；花被密被短柔毛，花被筒倒锥形，短小，花被裂片6。果椭圆形。花期6~7月，果期8~10月。

分布华中、华东、华南、西南地区及中国台湾。生于山坡或山谷的常绿阔叶林中。保护区青石坑水库、客家仔行、百足行仔山偶见。

9. 粗脉桂 Cinnamomum validinerve Hance

乔木。叶椭圆形；叶背微红色；离基三出脉，脉在上面稍凹陷下面十分凸起，侧脉向叶端消失，背面横脉完全不明显，正面几乎不明显。圆锥花序；花具极短梗，被灰白细绢毛，花被裂片卵圆形。果未见。花期7月。

分布华南地区。生于林中。保护区客家仔行偶见。

10. 阳春樟 Cinnamomum yangchunensis H. G. Ye & F. G. Wang

乔木。幼枝、嫩叶浅紫红色。叶革质，光亮，离基三出脉。花两性，花被6片，能育雄蕊9枚，排成3轮。浆果核果状。花期3~5月，果期4~10月。

仅分布于广东省。生于山坡疏林中。古兜山保护区罕见。

4. 厚壳桂属 Cryptocarya R. Br.

常绿乔木或灌木。叶互生或近对生，常具羽状脉，很少离基三出脉。花两性，排圆锥花序的聚伞花序，花3基数，能育雄蕊9枚，花药2室，内轮花瓣片较大。果被增大的花被管包被，表面有纵棱，果梗顶端不膨大呈棒状果托。本属约250种。中国19种。保护区1种。

1. 厚壳桂 Cryptocarya chinensis (Hance) Hemsl.

乔木。叶革质，对生或互生，长椭圆形，离基三出脉。圆锥花序腋生及顶生，花淡黄色。果核球形或扁球形。花期4~5月，果期8~12月。

分布华中、华南地区。生于山谷荫蔽的常绿阔叶林中。保护区笔架山常见。

5. 山胡椒属 Lindera Thunb.

常绿或落叶乔木或灌木，具香气。叶互生，全缘或3裂。花单性，雌雄异株，伞形花序单生叶腋或多数簇生短枝上。浆果或核果，圆形或椭圆形；果梗顶端膨大呈棒状果托。本属约100种。中国38种。保护区4种。

1. 乌药 Lindera aggregata (Sims) Kosterm.

灌木或小乔木。叶互生，卵形、椭圆形至近圆形；叶背苍白色，密被棕色柔毛；三出脉。伞形花序腋生，常6~8花序集生短枝上。果卵形或圆形。花期3~4月，果期5~11月。

分布华中、华东、华南地区及中国台湾。生于向阳坡地、山谷或疏林灌丛中。保护区玄潭坑偶见。

2. 鼎湖钓樟 Lindera chunii Merr.

灌木或小乔木。叶互生，椭圆形至长椭圆形；叶背面被灰色贴伏毛；三出脉，侧脉直达先端。伞形花序腋生，有4~6花，具明显的总花梗；花被管几平展，花被片长圆形。果椭圆形，无毛。花期2~3月，果期8~9月。

分布华南地区。生于林中。保护区笔架山常见。

3. 滇粤山胡椒 Lindera metcalfiana C. K. Allen

灌木或小乔木。叶互生，椭圆形或长椭圆形，叶面黄绿色，叶背灰绿色；羽状脉，上面中脉突出。花序常2~5个生于短枝

上，总花序梗明显。果球形，成熟时紫黑色。花期3~5月，果期6~10月。

分布华南、西南地区。生于山坡、林缘、路旁或常绿阔叶林中。保护区螺塘水库偶见。

4. 绒毛山胡椒 Lindera nacusua (D. Don) Merr.

常绿小乔木。叶互生，宽卵形、椭圆形至长圆形，光亮；叶背密被长柔毛；羽状脉。雄花每伞花序约有8朵花；雌花每伞形花序（2~）3~6朵。果球形。花期3~5月，果期6~10月。

分布华南、华中、西南地区。生于谷地或山坡的常绿阔叶林中。保护区山茶寮坑偶见。

6. 木姜子属 Litsea Lam.

落叶或常绿乔木或灌木。叶互生，稀对生或轮生，羽状脉。花单性，雌雄异株，排伞形花序状的聚伞花序，先叶后花或花叶同放。浆果状核果，果梗顶端膨大呈棒状果托。本属约200种。中国约74种。保护区8种。

1. 尖脉木姜子 Litsea acutivena Hayata

常绿乔木。叶互生，常聚生枝顶，披针形、倒披针形或长圆状披针形，上面幼时沿中脉有毛，下面有黄褐色短柔毛。伞形花序簇生于当年生短枝上。果椭圆形；果托杯状。花期7~8月，果期12月至翌年2月。

分布华南地区及中国台湾。生于山地密林中。保护区瓶尖、螺塘水库偶见。

2. 山鸡椒 Litsea cubeba (Lour.) Pers.

落叶灌木或小乔木。叶纸质，互生，披针形或长圆形，长

4~11cm，两面无毛。伞形花序单生或簇生，花淡黄色。果近球形。花期2~3月，果期7~8月。

分布华南、华中、华东地区及中国台湾。生于山地、灌丛、疏林。保护区林场水库旁偶见。

3. 潺槁木姜子 Litsea glutinosa (Lour.) C. B. Rob.

乔木。叶互生，倒卵形或椭圆状披针形，幼叶两面被毛，羽状脉。伞形花序单生或几个簇生短枝；花被裂片无或不明显；能育雄蕊15枚。果球形，熟时黑色。花期5~6月，果期9~10月。

分布华南、西南地区。生于山地林缘、溪旁、疏林或灌丛中。保护区禾叉水坑偶见。

4. 假柿木姜子 Litsea monopetala (Roxb.) Pers

常绿乔木。叶互生，宽卵形至卵状长圆形；侧脉每边8~12条。伞形花序状的聚伞花序；花梗被毛；花被裂片6片；能育雄蕊9枚。果长卵形，果托浅碟状。花期11月至翌年6月，果期6~7月。

分布华南、西南地区。生于阳坡灌丛或疏林中。保护区林场偶见。

5. 圆叶豺皮樟 Litsea rotundifolia Ness.

灌木或小乔木。叶互生，宽卵圆形至圆形。花无梗，排成腋生头状花序状聚伞花序，无总花梗；花被裂片6片，明显。果球形。花期8~9月，果期9~11月。

分布华南地区。生于山地下部的灌木林中或疏林中。保护区猪肝吊偶见。

6. 豺皮樟 Litsea rotundifolia Nees var. oblongifolia (Nees) C. K. Allen

常绿灌木。叶薄革质，卵状长圆形，无毛。伞形花序常3个簇生叶腋，花小。果球形，熟时蓝黑色。花期8~9月，果期9~11月。

分布华南、华中、华东地区。生于丘陵地下部的灌木林中或疏林中或山地路旁。保护区林场偶见。

7. 桂北木姜子 Litsea subcoriacea Yen C. Yang & P. H. Huang

常绿乔木。叶互生，披针形或椭圆状披针形，叶面深绿色，叶背粉绿；羽状脉。伞形花序多个聚生于短枝上；苞片4片；花被裂片6片，卵形。果椭圆形，直径8mm；果托杯状。花期8~9月，果期翌年1~2月。

分布华南、西南地区。生于山谷疏林或混交林中。保护区猪肝吊偶见。

8. 轮叶木姜子 Litsea verticillata Hance

常绿灌木或小乔木。叶轮生，披针形或倒披针状长椭圆形。伞形花序 2~10 个集生于小枝顶部，花被裂片明显。果卵形或椭圆形。花期 4~11 月，果期 11 月至翌年 1 月。

分布华南、西南地区。生于山谷、溪旁、灌丛中或杂木林中。保护区客家仔行偶见。

7. 润楠属 Machilus Rumph. ex Nees

常绿乔木或灌木。叶互生，全缘，具羽状脉。圆锥花序顶生或生于新枝下部，花两性，花被片 6 枚，2 轮，常宿存。浆果状核果球形；果不被果托所承托，果时花被片宿存，向外弯曲。本属约 100 种。中国约 82 种。保护区 9 种。

1. 短序润楠 Machilus breviflora (Benth.) Hemsl.

乔木。叶小，常聚生枝顶，倒卵形至倒卵状披针形。圆锥花序顶生，无毛，常呈复伞形花序状。果球形。花期 7~8 月，果期 10~12 月。

分布华南地区。生于山地或山谷阔叶混交疏林中，或生于溪边。保护区青石坑水库偶见。

2. 华润楠 Machilus chinensis (Benth.) Hemsl.

乔木。全株无毛。叶倒卵状长椭圆形至长椭圆状倒披针形；侧脉约 8 条。圆锥花序顶生；花被外侧有毛。果球形。花期 11 月，果期翌年 2 月。

分布华南地区。生于山坡阔叶混交疏林或矮林中。保护区螺塘水库等地常见。

3. 基脉润楠 Machilus decursinervis Chun

乔木或小乔木。小枝黑褐色，有密集的纵裂槽纹。叶阔椭圆形或椭圆形，先端有圆形的，亦有短阔尖头的，基部均阔楔形。圆锥花序 3~8 个，近顶生，无毛。果球形；果梗略粗。

分布华南、西南地区。生于山地阔叶混交林中。保护区瓶尖偶见。

4. 黄心树 Machilus gamblei King ex Hook. f.

乔木。树皮褐色或黑褐色。叶互生，倒卵形或倒披针形至长圆形，顶端急尖；叶背被柔毛。聚伞状圆锥花序生于幼枝下部；花绿白色或黄色。果球形，先端具小尖头，无毛。花期 3~4 月，果期 4~6 月。

分布华南、西南地区。生于山坡或谷地疏林或密林中。保护区双孖鲤鱼坑偶见。

5. 黄绒润楠 Machilus grijsii Hance

小乔木。芽、小枝、叶柄、叶下面有黄褐色短绒毛。叶卵状长圆形，革质，上面无毛。花序密被短绒毛；花被裂片两面均被绒毛。果球形。花期 3 月，果期 4 月。

分布华南、华东地区。生于灌木丛中或密林中。保护区螺塘水库偶见。

6. 凤凰润楠 Machilus phoenicis Dunn

中等乔木。全株无毛。叶 2~3 年不脱落，椭圆形、长椭圆形至狭长椭圆形，先端渐尖，尖头钝，基部钝至近圆形，厚革质。花序多数，生于枝端。果球形，直径约 9mm；宿存的花被裂片革质，花梗增粗。

分布华南、华东地区。生于混交林中。保护区鸡嫲三坑偶见。

7. 柳叶润楠 Machilus salicina Hance

灌木。枝无毛。叶披针形，背面有时被柔毛。聚伞状圆锥花序多数；花黄色或淡黄色；花被筒倒圆锥形；花被裂片长圆形，外轮的略短小，两面被绢状小柔毛。果球形，熟时紫黑色；果梗红色。花期 2~3 月，果期 4~6 月。

分布华南、西南地区。常生于溪畔河边。保护区鸡嫲三坑偶见。

8. 红楠 Machilus thunbergii Sieb. & Zucc.

中等乔木。叶倒卵形至倒卵状披针形，顶端短突尖或短渐尖；侧脉 7~12 对；革质，较硬；无毛。花序顶生或在新枝上腋生；花被片外面无毛。果扁球形。花期 2 月，果期 7 月。

分布华东、华南地区。生于山地阔叶混交林中。保护区山茶寮坑偶见。

9. 绒毛润楠 Machilus velutina Champ. ex Benth.

乔木。枝、芽、叶下面和花序均密被锈色绒毛。叶较小，狭倒卵形、椭圆形或狭卵形；革质。花序单独顶生或数个密集在小枝顶端。果球形。花期10~12月，果期翌年2~3月。

分布华中、华东、华南地区。生于林中。保护区螺塘水库偶见。

8. 新木姜子属 Neolitsea (Benth. & Hook. f.) Merr.

常绿乔木或灌木。叶互生或簇生，离基三出脉，稀羽状脉。花单性，雌雄异株，伞形花序单生或簇生，无梗或具短梗。浆果状核果。本属约85种。中国45种。保护区8种。

1. 云和新木姜子 Neolitsea aurata (Hayata) Koidz. var. paraciculata (Nakai) Yen C. Yang & P. H. Huang

乔木。幼枝、叶柄均无毛。叶片通常略较窄，下面疏生黄色丝状毛，易脱落，近于无毛，具白粉；离基三出脉。伞形花序3~5个簇生于枝顶或节间。果椭圆形；果托浅盘状。花期2~3月，果期9~10月。

分布华东、华南地区。生于山地杂木林中。保护区斑鱼咀偶见。

2. 香港新木姜子 Neolitsea cambodiana Lecomte var. glabra C. K. Allen

乔木。幼枝有贴伏黄褐色短柔毛。叶长圆状披针形，倒卵形或椭圆形，两面无毛，下面具白粉；叶柄有贴伏黄褐色短柔毛；羽状脉。伞形花序。果圆球形。花期2~3月，果期9~10月。

分布华南地区。生于路旁、灌丛或疏林中。保护区山茶寮坑偶见。

3. 鸭公树 Neolitsea chui Merr.

常绿乔木。小枝绿黄色，除花序外，其他各部均无毛。叶互生或聚生枝顶呈轮生状；椭圆形；离基三出脉。伞形花序腋生或侧生。果椭圆形或近球形。花期9~10月，果期12月。

分布华南地区。生于山谷或丘陵地的疏林中。保护区瓶尖偶见。

4. 香果新木姜子 Neolitsea ellipsoidea C. K. Allen

乔木。树皮灰棕褐色，有浓桂皮辛香味。叶互生或在枝顶聚生呈轮生状，椭圆形或宽椭圆形，先端短尖，基部阔楔形，革质；伞形花序单生或2个簇生叶腋或枝侧；果椭圆形。花期6~7月，果期10~11月。

分布华南地区。多生于林缘、路旁、山地疏林或开敞的混交林中。保护区石排楼附近偶见。

5. 海南新木姜子 Neolitsea hainanensis Yen C. Yang & P. H. Huang

乔木或小乔木。树皮灰褐色。叶近轮生或互生，椭圆形或圆状椭圆形，先端突尖，尖头钝，基部阔楔形或近圆，革质。伞形花序1至多个簇生叶腋或枝侧。果球形。花期11月，果期7~8月。

分布华南地区。生于山坡混交林中。保护区青石坑水库等地偶见。

6. 卵叶新木姜子 Neolitsea ovatifolia Yen C. Yang & P. H. Huang

小灌木。叶互生或聚生枝顶近轮生状，卵形；离基三出脉，两面网脉蜂窝状；两面均无毛。伞形花序单生或3~4个簇生，无总梗或有极短的总梗。果球形或近球形，无毛。果期8月。

分布华南地区。生于山谷疏林中。保护区青石坑水库偶见。

A26. 金粟兰科 Chloranthaceae

草本、灌木或小乔木。单叶对生，羽状脉，具锯齿，叶柄基部合生，托叶小。花小，两性或单性，排成穗状、头状或圆锥花序。核果卵圆形或球形。本科 5 属 70 种。中国 315 种。保护区 2 属 2 种。

1. 金粟兰属 Chloranthus Swartz

多年生草本或半灌木。叶对生或呈轮生状，边缘有锯齿；叶柄基部屡相连接；托叶微小。花序穗状或分枝排成圆锥花序状，顶生或腋生；花小，两性，无花被。核果球形、倒卵形或梨形。本属 17 种。中国 13 种。保护区 1 种。

1. 金粟兰 Chloranthus spicatus (Thunb.) Makino

多枝亚灌木。直立或稍平卧。叶对生，多数，散生茎、枝上，厚纸质。穗状花序排列成圆锥花序状，通常顶生；苞片三角形；花小，黄绿色，极芳香。花期 4~7 月，果期 8~9 月。

分布华南、西南地区。生于山坡、沟谷密林下。保护区茶寮口至茶寮迳偶见。

2. 草珊瑚属 Sarcandra Gardner

常绿亚灌木。叶对生，椭圆形、卵状椭圆形或椭圆状披针形，具锯齿，齿尖有腺体，托叶小。穗状花序顶生花两性。核果球形或卵形。本属 3 种。中国 2 种。保护区 1 种。

1. 草珊瑚 Sarcandra glabra (Thunb.) Nakai

常绿亚灌木。叶革质，边缘具粗锐锯齿，齿尖有一腺体，无毛；叶柄基部合生。花黄绿色，雄蕊棒状。核果球形。花期 6 月，果期 8~10 月。

分布华中、华南、西南地区。生于山坡、沟谷林下阴湿处。保护区偶见。

7. 显脉新木姜子 Neolitsea phanerophlebia Merr.

小乔木。叶轮生或散生，长圆形至长圆状椭圆形；叶背被长柔毛；叶脉明显，离基三出脉。伞形花序腋生，无总梗；苞片 4 片，外面有贴伏短柔毛；花梗密被锈色柔毛；花被裂片 4 片。果球形。花期 10~11 月，果期 7~8 月。

分布华南、华中地区。生于山谷疏林中。保护区螺塘水库偶见。

8. 美丽新木姜子 Neolitsea pulchella (Meisn.) Merr.

常绿小乔木。小枝幼时具毛。叶互生或聚生于枝端呈轮生状，椭圆形或长圆状椭圆形，叶背被褐柔毛；离基三出脉。伞形花序腋生。果球形。花期 10~11 月，果期 8~9 月。

分布华南地区。生于混交林中或山谷中。保护区螺塘水库偶见。

A27. 菖蒲科 Acoraceae

多年生常绿草本。叶2列，基生，无柄，箭形，具叶鞘。花序腋生，柄贴生于佛焰苞鞘上；花密，两性，花被片6片。浆果长圆形，红色。单属科，2种。中国2种。保护区1种。

1. 菖蒲属 Acorus L.

属的形态特征与科相同。本属2种。中国2种。保护区1种。

1. 金钱蒲 Acorus gramineus Soland.

多年生草本。叶基对折，两侧膜质叶鞘棕色；叶线形，顶端长渐尖，宽2~5mm，无中肋，平行脉多数。花序柄长2.5~15cm；叶状佛焰苞短。浆果黄绿色。花果期2~6月。

分布华南地区。生于水旁湿地或石上。保护区帽心尖等地偶见。

A28. 天南星科 Araceae

草本，稀为攀援灌木或附生藤本。叶单生或少数，常基生，2列或螺旋状排列。叶全缘或掌状、鸟足状、羽状或放射状分裂，多具网状脉。花小，花两性或单性，花被2轮，花被片2~3片。浆果。本科105属3000余种。中国27属202种。保护区9属11种。

1. 海芋属 Alocasia (Schott) G. Don

多年生草本。茎粗厚。叶幼时盾状，成熟叶多箭状心形，叶柄长。佛焰苞管部卵形或长圆形，肉穗花序圆柱形，直立。浆果红色。本属70种。中国4种。保护区1种。

1. 海芋 Alocasia odora (Roxb.) K. Koch

大型常绿草本植物。叶多数，叶柄绿色或污紫色，螺状排列，粗厚，展开；叶片亚革质，草绿色，长0.5~1m，宽40~90cm，

箭状卵形，边缘波状。佛焰苞管部绿色。浆果红色，卵状。种子1~2颗。花期四季，但在密阴的林下常不开花。

分布华南地区。生于原生和次生热带雨林。保护区客家仔行偶见。

2. 磨芋属 Amorphophallus Blume ex Decne.

多年生草本。叶柄光滑或粗糙具疣，粗壮，具各样斑块；叶片通常3全裂，裂片羽状分裂或二次羽状分裂，或二歧分裂后再羽状分裂。花序1，通常具长柄。佛焰苞基部漏斗形或钟形；花单性，无花被。浆果。本属100种。中国19种。保护区1种。

1.* 疣柄磨芋 Amorphophallus paeoniifolius (Dennst.) Nicolson

草本。块茎扁球形。叶粗糙；叶片3全裂或羽状深裂；块茎鸡爪状，叶柄具疣状突起。佛焰苞卵形，外面绿色。肉穗花序附属器圆锥形。浆果椭圆状。种子长圆形。花期4~5月，果期10~11月。

分布华南地区。生于次生林或高度扰动地区。保护区有栽培。

3. 天南星属 Arisaema Mart.

草本。叶非盾状着生，3裂至放射状分裂。佛焰苞管喉部闭合，肉穗花序花顶端有附属体，花单性，雄蕊合生成聚药雄蕊，胚珠少数，基底胎座。本属180种。中国78种。保护区2种。

1. 灯台莲 Arisaema bockii Engler

草本。块茎扁球形。叶2片，叶片鸟足状5分裂，裂片大，边缘有细齿。肉穗花序单性，附属体有柄；佛焰苞淡绿或暗紫色，具淡紫色条纹，管部漏斗状。浆果黄色，长圆锥形。花期5月，果期8~9月。

分布华中、华南地区。生于林缘溪边岩石上。保护区玄潭坑等地偶见。

2. 陈氏天南星 Arisaema chenii Z. X. Ma & Y. J. Huang

草本。叶非盾状着生，3裂至放射状分裂。佛焰苞管喉部闭合，肉穗花序花顶端有附属体，花单性，雄蕊合生成聚药雄蕊，胚珠少数，基底胎座。

分布华南地区。生于林下。保护区特有种，斑鱼咀偶见。

4. 芋属 Colocasia Schott

多年生草本。叶柄延长，下部鞘状；叶片盾状着生，卵状心形或箭状心形，后裂片浑圆，联合部分短或达1/2。佛焰苞管喉部闭合，肉穗花序花顶端有附属体；花单性，雄蕊合生成聚药雄蕊；胚珠多数；侧膜胎座。浆果绿色。本属13种。中国8种。保护区1种。

1. 大野芋 Colocasia gigantea (Blume) Hook. f.

多年生常绿草本。植株具根状茎或直立茎。叶丛生。花序柄近圆柱形，肉穗花序顶端附属体锥形，极小；佛焰苞长12~24cm。浆果圆柱形。种子纺锤形。花期4~6月，果期9月。

分布华南、西南地区。生于山谷森林。保护区百足行仔山偶见。

5. 刺芋属 Lasia Lour.

直立草本。有刺。幼叶箭形或箭状戟形，不裂。佛焰苞环抱肉穗花序，花序长2~4cm，花两性，有花被。浆果彼此紧接。本属2种。中国1种。保护区有分布。

1. 刺芋 Lasia spinosa (L.) Thwaites

多年生有刺常绿草本。茎灰白色，圆柱形。叶箭形，叶柄有刺。肉穗花序圆柱形；佛焰苞上部螺状旋转，黄绿色。浆果倒卵圆状，顶部四角形。

分布华南地区。生于田边、沟旁、阴湿草丛、竹丛中。保护区笔架山偶见。

6. 大藻属 Pistia L.

水生草本。茎上节间十分短缩。叶螺旋状排列，淡绿色；叶脉7~13（~15），纵向；叶鞘托叶状，几丛叶的基部与叶分离。花序具极短的柄；肉穗花序短于佛焰苞，花单性同序；佛焰苞极小，叶状，白色。浆果小，卵圆形。单种属。保护区有分布。

1.* 大藻 Pistia stratiotes L.

种的形态特征与属相同。

分布华南地区。生于水田湖泊池塘。保护区有栽培。

7. 石柑属 Pothos L.

藤本。下部枝具根，上部枝披散。叶柄具宽翅，叶线状披针形至椭圆形。花序梗腋生或腋下生。浆果椭圆状，红色。种子1~3颗。本属75种。中国8种。保护区2种。

1. 石柑子 Pothos chinensis (Raf.) Merr.

附生藤本。叶纸质，椭圆形，宽1.5~5.6cm，披针状卵形至披针状长圆形，具尖头，叶柄有翅；中脉上凹下凸。肉穗状花序椭圆形，花序腋生；佛焰苞卵形苞片状。浆果红色。花果期全年。

分布华东、华南、西南地区。生于阴湿密林中。保护区玄潭坑偶见。

2. 百足藤 Pothos repens (Lour.) Druce

附生藤本；营养枝节上具气生根；花枝多披散或下垂。叶片披针形，宽 5~7mm，叶柄无翅。肉穗状花序细圆柱形，黄绿色；佛焰苞绿色，具长尖头；肉穗花序黄绿色；花被片黄绿色。浆果卵形，熟时焰红色。花期 3~4 月，果期 5~7 月。

分布华南地区。附生于林内石上及树干上。保护区青石坑水库偶见。

8. 崖角藤属 Rhaphidophora Hassk.

木质藤本。茎匍匐或攀援。叶 2 列排列，叶片披针形或长圆形，多少不等侧，全缘或羽状分裂；叶片无穿孔。花序顶生，花密集，两性，无花被。浆果黏合，红色。本属 100 种。中国 9 种。保护区 1 种。

1. 狮子尾 Rhaphidophora hongkongensis Schott

附生藤本，匍匐于地面或攀援于树上。茎稍肉质，生气生根。叶全缘，镰状披针形或镰状椭圆形，宽常在 15cm 以内。花序柄圆柱形，佛焰苞绿色至淡黄色。浆果黄绿色。花期 4~8 月，果翌年成熟。

分布华南、西南地区。生于山谷雨林、常绿森林。保护区青石坑水库偶见。

9. 犁头尖属 Typhonium Schott

多年生草本。叶多数，和花序柄同时出现。叶片箭状戟形或 3~5 浅裂、3 裂或鸟足状分裂。花序柄短，稀伸长；佛焰苞管部席卷；肉穗花序两性。浆果卵圆形。种子 1~2 颗，球形。本属 35 种。中国 13 种。保护区 1 种。

1. 犁头尖 Typhonium blumei Nicolson & Siva.

草本。块茎近球形。叶柄长 20~24cm，基部鞘状；叶片戟状三角形，2~3 片，长 5~10cm；叶脉绿色。花序柄从叶腋抽出；佛焰苞檐部伸长为卷曲长鞭状。花期 5~7 月。

分布华中、华南、西南地区。生于田头、草坡、石隙中。保护区螺塘水库偶见。

A30. 泽泻科 Alismataceae

多年生，稀一年生，沼生或水生草本。具乳汁或无。叶基生，直立，挺水、浮水或沉水；叶片多形，全缘；叶脉平行。花序总状、圆锥状或呈圆锥状聚伞花序；花两性、单性或杂性；花被片 6 片，2 轮。瘦果，或为小坚果。本科 11 属 100 种。中国 6 属 18 种。保护区 1 属 1 种。

1. 慈姑属 Sagittaria L.

沼生或水生草本。叶沉水、浮水、挺水；叶条形、披针形、深心形、箭形。花序总状、圆锥状；花和分枝轮生，每轮 1~3 数；花两性，或单性；花被片常 6 片，2 轮；花白色，稀粉红色。瘦果两侧压扁，具翅或无。全属 30 种。中国 7 种。保护区 1 种。

1. 野慈姑 Sagittaria trifolia L.

多年生沼生草本。叶箭形，飞燕状，裂片较大，宽 1.5~6cm；叶柄基部鞘状。花后萼片反折，不包裹心皮或果的一部分。花序分枝少；花单性；外轮花被片 3 片。瘦果倒卵形，具翅。花果期 5~10 月。

中国广泛分布。生于池塘、湖泊、沼泽、稻田和河道。保护区玄潭坑偶见。

A45. 薯蓣科 Dioscoreaceae

缠绕藤本。叶互生或对生,单叶或掌状复叶,叶柄扭转或基部有关节。花小,单性,花单生或簇生或排列成穗状、总状或圆锥花序。蒴果、浆果或翅果。种子有翅或无。本科 9 属 650 种。中国 1 属 49 种。保护区 1 属 6 种。

1. 薯蓣属 Dioscorea L.

缠绕藤本。具根状茎或块茎。单叶或掌状复叶,互生,或中部以上对生。花单性,多雌雄异株,排成穗状或圆锥花序,花被片 6 片。蒴果三棱形。种子具膜质翅。本属 600 多种。中国 49 种。保护区 6 种。

1. 大青薯 Dioscorea benthamii Prain & Burkill

缠绕草质藤本。茎圆柱形,块茎长圆柱形。叶下部互生,中上部对生,纸质,卵状披针形,长 2~7cm,宽 0.7~4cm。雌雄异株,穗状花序。蒴果三棱状扁圆形。花期 5~6 月,果期 7~9 月。

分布华南、华中地区及中国台湾。生于森林、山坡、山谷或河流边。保护区蛮陂头偶见。

2. 薯莨 Dioscorea cirrhosa Lour.

粗壮藤本。块茎卵形、球形,鲜时断面红色,干后黑色。单叶,叶下部互生,中上部对生,革质,卵形、椭圆形或披针形等。雌雄异株,花序穗状。蒴果三棱翅状。花期 4~6 月,果期 7 月至翌年 1 月。

分布华南、西南地区。生于山坡、路旁、河谷边的杂木林中、阔叶林中。保护区大柴堂偶见。

3.* 甘薯 Dioscorea esculenta (Lour.) Burkill

缠绕草质藤本。地下块茎顶端通常有 4~10 多个分枝。茎及叶脉被“丁”字毛,茎基部和叶柄有刺。叶互生,全缘,阔心脏形,九至十三基出脉。蒴果较少成熟,三棱形,顶端微凹,基部截形。种子圆形,具翅。花期初夏。

分布华南地区。常见栽培。保护区有栽培。

4. 山薯 Dioscorea fordii Prain & Burkill

缠绕草质藤本。单叶,在茎下部的互生,中部以上的对生;叶片纸质,宽披针形、长椭圆状卵形或椭圆状卵形。雌雄异株;穗状花序。蒴果三棱状扁圆形。花期 10 至翌年 1 月,果期 12 至翌年 1 月。

分布华南地区及中国台湾。生于混交林,山坡或山谷。保护区蛮陂头偶见。

5. 细叶日本薯蓣 Dioscorea japonica Thunb. var. oldhamii Uline ex R. Knuth

缠绕草质藤本。叶较原种小,线形、披针状线形,长 6~12cm,宽 1~3cm,基部近截形、心形至戟形。雌雄异株;穗状花序。蒴果三棱状扁圆形或三棱状圆形。花期 6 月,果期 9 月。

分布华南地区。生于山谷、溪边、路旁的灌丛中。保护区林场、青石坑偶见。

6. 五叶薯蓣 Dioscorea pentaphylla L.

缠绕草质藤本。块茎常长卵圆形,有多数细长须根。掌状复叶有 3~7 小叶。雄花序穗状组成圆锥状。果为三棱状椭圆形,薄革质,长 2~2.5cm,宽 1~1.3cm,疏被柔毛。

分布华南、华东、西南地区。生于林边或灌丛中。保护区扫管塘偶见。

A46. 霉草科 Triuridaceae

腐生草本。叶退化,鳞片状,有时甚少;互生。花小,单性;雌雄同株或异株,整齐,下位,形成顶生总状花序或近聚伞花序。果实为小而厚壁的蓇葖果。本科11属50余种。中国1属5种。保护区1属1种。

1. 喜阴草属 Sciaphila Blume

腐生草本。根具疏柔毛。茎短小。花序总状;花单性或两性,少有杂性;单性花雌雄同株或异株;花被片3~8(~10)片,顶端具髯毛或无。蓇葖果纵裂。种子梨形或椭圆形。本属30余种。中国5种。保护区1种。

1. 大柱霉草 Sciaphila secundiflora Thwaites ex Benth.

腐生草本。根多,稍具疏柔毛。茎颇坚挺,通常不分枝,少有分枝者。叶少数,鳞片状。花雌雄同株。总状花序短而直立,疏松排列花3~9朵;花梗向上略弯,苞片长1~3mm。花柱比子房大。

分布华南地区及中国台湾。生于森林。保护区古兜山林场瓶身偶见。

A48. 百部科 Stemonaceae

多年生草本或半灌木,攀援或直立。叶互生、对生或轮生,具柄或无柄。花序腋生或贴生于叶片中脉;花两性,整齐,常用花叶同期。蒴果卵圆形,稍扁。本科3属30种。中国2属6种。保护区1属1种。

1. 百部属 Stemona Lour.

块根肉质、纺锤状,成簇。茎攀援或直立。叶通常每3~4(~5)枚轮生,主脉基出,横脉细密而平行。花两性,辐射对称,单朵或数朵排成总状、聚伞状花序;花被片4片。本属27种。中国5种。保护区1种。

1. 大百部 Stemona tuberosa Lour.

多年生攀援草本。块根通常纺锤状。叶对生或轮生,卵状披针形、卵形或宽卵形。花单生或2~3朵排成总状花序。蒴果倒卵形。花果期4~8月。

分布长江流域以南地区。生于山坡丛林下、溪边、路旁以及山谷和阴湿岩石中。保护区斑鱼咀等地偶见。

A50. 露兜树科 Pandanaceae

常绿乔木,灌本或攀援藤本,稀为草本。叶狭长,呈带状,硬革质,3~4列或螺旋状排列,聚生于枝顶;叶缘和背中脉有锐刺;叶脉平行;叶基具开放的鞘。花单性,雌雄异株;花序腋生或顶生。聚花果或浆果状。本科3属800种。中国2属12种。保护区1属1种。

1. 露兜树属 Pandanus Parkinson

常绿乔木或灌木,稀为草本。直立,分枝或不分枝。茎常具气根。叶常聚生于枝顶;叶片革质,狭长呈带状,边缘及背面中脉具锐刺。花单性,雌雄异株;花序穗状、头状或圆锥状,具佛焰苞。果为圆球形或椭圆形的聚花果。本属约600种。中国8种。保护区1种。

1. 露兜草 Pandanus austrosinensis T. L. Wu

多年生常绿草本。叶近革质,带状,长达2m,基部折叠,边缘及背面中脉具锐刺。花单性,雌雄异株;雄花有5~9枚雄蕊,柱头分叉。聚花果椭圆状圆柱形或近圆球形。花期4~5月。

分布华南地区。生于林中、溪边或路旁。保护区笔架山偶见。

A53. 藜芦科 Melanthiaceae

一年生或多年生草本,自养或附生。叶互生或轮生,单叶。总状花序、圆锥花序或单花;花被片离生,2轮,辐射对称。蒴果,稀浆果。本科18属160余种。中国7属49种。保护区2属2种。

1. 白丝草属 Chionographis Maxim.

多年生草本。叶基生，近莲座状，长圆形、披针形或椭圆形。花无梗，排成密集的穗状花序，花两侧对称，花被片分离，上方 3~4 片匙形，下方 2~3 片线形。蒴果。本属 5 种。中国 3 种。保护区 1 种。

1. 中国白丝草 Chionographis chinensis K. Krause

多年生草本，叶莲座状，椭圆形。花密集成穗状花序，两侧对称，花被不等大。蒴果。花期 4~5 月，果期 6 月。

分布华南、华中地区。生于山坡或路旁的荫蔽处或潮湿处。保护区车桶坑偶见。

2. 藜芦属 Veratrum L.

多年生草本。根状茎粗短，茎圆柱形，包于叶鞘，基部残存叶鞘分裂成纤维状。叶互生，椭圆形或线形。花排成顶生扩展的圆锥花序；具花梗；花被无斑点。蒴果。本属约 40 种。中国 13 种。保护区 1 种。

1. 牯岭藜芦 Veratrum schindleri Loes.

多年生草本。基部具棕褐色纤维网眼。叶基生及茎生，宽椭圆形至带状。圆锥花序顶生，具多数侧生总状花序，花被片 6 片，伸展或反折，淡黄绿色或绿色或褐色。蒴果。花果期 8~10 月。

分布华南、华东、华中地区。生于山坡林下阴湿处。保护区车桶坑偶见。

A56. 秋水仙科 Colchicaceae

草本。具球茎。叶互生，螺旋状排列，全缘，具平行脉，基部常具鞘。花序顶生或腋生；花两性，辐射对称，花被片 6 片。蒴果。本科 15 属约 245 种。中国 3 属 17 种。保护区 1 属 3 种。

1. 万寿竹属 Disporum Salisb. ex D. Don

多年生直立草本。茎下部各节有鞘，上部通常有分枝。叶茎生，非 2 列，基部不套叠。伞形花序有花 1 至几朵；花梗无关节；花被狭钟形或近筒状，裂片分离。浆果通常近球形，熟时黑色。本属 21 种。中国 15 种。保护区 3 种。

1. 万寿竹 Disporum cantoniense (Lour.) Merr.

草本。根状茎横出，呈结节状。根粗长。叶纸质，披针形，长 5~12cm，宽 1~5cm，有明显的 3~7 脉，有乳头状突起，叶柄短。伞形花序有花 3~10 朵；花被片紫色，边缘有乳头状突起。浆果。

分布黄河以南部分地区。生于灌丛中或林下。保护区客家仔行偶见。

2. 宝铎草 Disporum sessile D. Don

草本。叶矩圆形、卵形、椭圆形至披针形；叶脉和叶缘有乳头状突起。花黄色、绿黄色或白色；花被片倒卵状披针形。浆果椭圆形或球形，具 3 颗种子。种子深棕色。花期 3~6 月，果期 6~11 月。

分布华南、华东、西南地区。生于林下或灌木丛中。保护区鹅公鬃偶见。

3. 横脉万寿竹 Disporum trabeculatum Gagnep.

草本。茎单生或分枝上部，有时丛生，高 20~80cm。叶柄 3~10mm；叶片卵状披针形到椭圆形，近革质，交叉脉明显，基部圆形到宽楔形，先端锐尖到渐尖。花序顶生，伞形，花 2~5 朵。花期 3~6 月。

分布华南、西南地区。生于林中。保护区车桶坑偶见。

A59. 菝葜科 Smilacaceae

攀援灌木或草质藤本，茎枝有刺或无刺。叶互生，具3~7条主脉和网状细脉；叶柄两侧常具翅状鞘，有卷须或无。伞形花序或组成复伞形花序。浆果球形。本科3属300余种。中国2属80余种。保护区2属12种。

1. 肖菝葜属 Heterosmilax Kunth

无刺灌木，攀援。叶有3~5条主脉和网状支脉；叶柄具或不具卷须，在上部有一脱落点，因而在叶片脱落时总是带着一段短的叶柄。伞形花序生于叶腋或鳞片腋内；雌雄异株；花被片合生成筒状。浆果球形，有1~3颗种子。本属12种。中国9种。保护区1种。

1. 肖菝葜 Heterosmilax japonica Kunth

攀援灌木。叶卵形、卵状披针形或近心形，长6~20cm，基部近心形；叶柄长1~3cm，在下部有卷须和狭鞘。伞形花序有花20~50朵，生于叶腋或褐色的苞片内。浆果球形稍扁，熟时黑色。花果期6~11月。

分布华南、华东、西南、西北地区。生于山坡密林中或路边杂木林下。保护区螺塘水库常见。

2. 菝葜属 Smilax L.

攀援或直立小灌木。有坚硬根状茎。枝圆柱形或四棱形，常有刺。叶互生，掌状脉，叶鞘上方常有1对卷须。伞形花序腋生或再组成圆锥或穗状花序。浆果常球形。本属约300种。中国60种。保护区11种。

1. 菝葜 Smilax china L.

攀援灌木。叶薄革质，圆形或卵形，长3~10cm，叶背多少粉白色或带霜。伞形花序生于小枝上，多花常呈球状。浆果熟时红色。花期2~5月，果期9~11月。

分布华南、华中、华东、西南地区。生于林下、灌丛中、路旁、河谷或山坡上。保护区蛮陂头偶见。

2. 柔毛菝葜 Smilax chingii F. T. Wang & Tang

攀援灌木。枝上有刺。叶卵状椭圆形至矩圆状披针形，叶背苍白色且多少具棕色或白色短柔毛。伞形花序生于叶尚幼嫩的小枝上，具几朵花。浆果熟时红色，果梗直。花期3~4月，果期11~12月。

分布华南、华中、西南地区。生于林下、灌丛中或山坡、河谷阴处。保护区蒸狗坑、笔架山偶见。

3. 筐条菝葜 Smilax corbularia Kunth

攀援灌木。枝茎圆形，无刺。叶卵状长圆形，叶背灰白色。伞形花序腋生，具花10~20朵；总花梗较长，长4~15mm；花绿黄色，花被片直立。浆果熟时暗红色。花期5~7月，果期12月。

分布华南、西南地区。生于林下或灌丛中。保护区青石坑水库偶见。

4. 小果菝葜 Smilax davidiana A. DC.

攀援灌木。枝生疏刺。叶通常椭圆形，先端微凸或短渐尖，基部楔形或圆形，叶背淡绿色；鞘耳状。伞形花序生于叶尚幼嫩的小枝上。浆果熟时暗红色。花期3~4月，果期10~11月。

分布华南、华东地区。生于林下、灌丛中或山坡、路边阴处。保护区禾叉坑、玄潭坑偶见。

5. 土茯苓 Smilax glabra Roxb.

攀援灌木。枝无刺。叶椭圆状披针形，长5~15cm，宽1.5~7cm，叶柄长0.5~2.5cm，背面常苍白色。伞形花序常具花10余朵，总花梗短。浆果熟时紫黑色。花期7~11月，果期11月至翌年4月。

分布长江流域以南地区。生于灌丛下、河岸、山谷、林缘或疏林中。保护区大柴堂、蛮陂头偶见。

6. 粉背菝葜 Smilax hypoglauca Benth.

攀援灌木。枝茎圆形，无刺。叶卵状长圆形，叶背灰白色，主脉5条，常有卷须。伞形花序腋生，有花10~20朵，总花梗很短，长1~5mm；花绿黄色。浆果熟时暗红色。花期7~8月，果期12月。

分布华南、华东、西南地区。生于疏林中或灌丛边缘。保护区螺塘水库偶见。

7. 马甲菝葜 Smilax lanceifolia Roxb.

攀援灌木。枝常无刺，小枝弯曲不明显。叶长圆状披针形，长6~17cm，宽2~7cm。伞形花序常单生叶腋；总花梗长1~2cm。浆果橙黄色。花期10月至翌年3月，果期10月。

分布华南、华中、西南地区。生于林下、灌丛中或山坡阴处。保护区老洲洞偶见。

8. 折枝菝葜 Smilax lanceifolia Roxb. var. elongata (Warb.) F. T. Wang & T. Tang

与原种的主要区别：小枝迥折状，曲折明显。叶厚纸质或革质。总花梗比叶柄长；花药近圆形。浆果熟时黑紫色。

分布长江以南部分地区。生于林下或山坡阴处。保护区螺塘水库偶见。

9. 暗色菝葜 Smilax lanceifolia Roxb. var. opaca A. DC.

与原种的主要区别：叶革质，表面有光泽，常具卷须。总花梗一般长于叶柄，较少稍短于叶柄。花黄绿色。浆果球形。成熟时黑色。花期9~11月，果期11月至翌年4月。

分布华南、华中、西南地区及中国台湾。生于林下、灌丛中或山坡阴处。保护区禾叉坑偶见。

10. 大花菝葜 Smilax megalantha C. H. Wright

攀援藤本。茎分枝，圆柱状。叶柄1~2.5cm，具翅。叶片背面通常白霜，椭圆形到长圆状卵形，厚革质。花序生于幼叶腋的新小枝上；花梗1~2.5cm；两性伞形花序。浆果红色，球形。花期3~4月，果期10~11月。

分布华南地区。生于林中、灌丛。保护区五指山、笔架山等地偶见。

11. 穿鞘菝葜 Smilax perfoliata Lour.

攀援藤本。枝生疏刺。叶卵形，长9~20cm，宽5~15cm；叶基部耳状叶鞘穿茎状抱茎。圆锥花序长5~17cm，常具10~30个伞形花序，花序轴常多少呈迥折。果黑色。花期4月，果期10月。

分布华南、西南地区。生于林中或灌丛下。保护区青石坑水库偶见。

A60. 百合科 Liliaceae

多年生草本。常具根状茎、块茎或鳞茎。叶基生或茎生，茎生叶多为互生；常具弧形平行脉，少网状脉。花两性，辐射对称；花被片6片，花冠状。蒴果或浆果。本科约230属3500种。中国60属约560种。保护区1属1种。

1. 百合属 Lilium L.

草本。鳞片多数，肉质，卵形或披针形，白色，少有黄色。鳞茎圆柱形。叶茎生，披针形，弧形脉。花大，单朵或数朵排成总状花序顶生，花被片长2.5~4cm或10~20cm，花药背着。蒴果，室背开裂。本属约80种。中国39种。保护区1种。

1. 野百合 Lilium brownii F. E. Br. ex Miellez

直立草本。单叶，形状变异较大，常为倒披针形或倒卵形。总状花序顶生、腋生或密生枝顶形似头状；花大，长15~20cm，花被外面淡紫色，花丝基部被毛。蒴果短圆柱形。花果期5月至翌年2月。

分布华南、华东、西南、西北地区。生于山坡、灌木林下、路边、溪旁或石缝中。保护区双孖鲤鱼坑偶见。

A61. 兰科 Orchidaceae

地生、附生或腐生草本，少藤本。具根状茎或假鳞茎。叶基生或茎生。花葶或花序顶生或侧生，总状或圆锥花序，花两性，两侧对称；花被片6片，2轮；萼片离生或不同程度的合生。蒴果，稀蓇葖果。本科约800属25000种。中国194属1388种。保护区30属46种。

1. 脆兰属 Acampe Lindl.

附生草本。茎伸长，质地坚硬。叶扁平，厚革质，2列，下部呈"V"形。花序生于叶腋或与叶对生，直立或斜立；花质地厚而脆，近直立；中裂片和侧裂片相似或不相似；唇瓣基部有囊和距，每个花粉团裂成2片；蕊柱粗短。本属约5种。中国3种。保护区1种。

1. 多花脆兰 Acampe rigida (Buch.-Ham. ex Sm.) P. F. Hunt

大型附生草本。茎粗壮，具多数2列的叶。叶近肉质，带状，斜立。花序腋生或与叶对生；花黄色带紫褐色横纹；花瓣狭倒卵形；唇瓣白色，厚肉质。蒴果近直立。花期8~9月，果期10~11月。

分布华南、西南地区。附生于林中树干上或林下岩石上。保护区猪肝吊偶见。

2. 金线兰属 Anoectochilus Blume

地生兰。叶扁平，较大，长2cm以上，无关节。花疏生，萼片分离，唇瓣位于上方或下方，囊内有隔膜，唇瓣与蕊柱贴生，花药以狭的基部与蕊柱相连，花粉团由许多小团块组成，柱头2枚。本属约30种。中国11种。保护区1种。

1. 金线兰 Anoectochilus roxburghii (Wall.) Lindl.

地生小草本。具2~4片叶，叶片卵圆形或卵形，叶面具金色带有绢丝光泽的美丽网脉，背面淡紫红色。总状花序具花2~6朵；唇瓣基部有圆锥形的距，伸出侧萼基部之外，唇瓣顶端2裂，裂片长圆形，两侧各有6~8条长4~6mm流苏状裂条。花期9~11月。

分布华南、华中、华东、西南地区。生于常绿阔叶林下或沟谷阴湿处。保护区蛮陂头偶见。

3. 牛齿兰属 Appendicula Blume

附生丛生草本。植物合轴生长，有多节的茎。叶多数，2列。花序从假鳞茎上部发出；花不扭转，唇瓣位于上方，基部平，花粉团6个，花粉块有花粉团、团柄和黏盘。本属60种，中国4种。保护区1种。

1. 牛齿兰 Appendicula cornuta Blume

附生草本。茎丛生，圆柱形。叶2列，长圆形，长2.5~3.5cm，宽6~12mm。总状花序顶生，花小，白色。

分布华南地区和中国香港。生于林中岩石上或阴湿石壁上。保护区青石坑水库偶见。

4. 竹叶兰属 Arundina Blume

地生草本。根状茎粗壮，茎直立，数个簇生。叶多片，2 列，禾叶状。花序顶生，苞片小；无萼囊，唇瓣基部无距，3 裂；花粉团 8 个，4 个簇生，有短的团柄。蒴果。本属 1~2 种。中国 1~2 种。保护区 1 种。

1. 竹叶兰 Arundina graminifolia (D. Don) Hochr.

地生草本。茎直立，形如竹秆。叶 2 列，禾叶状，薄革质或坚纸质。花序总状或圆锥状。蒴果近长圆形。花果期 9~11 月。

分布华南、华中、华东、西南地区。生于草坡、溪谷旁、灌丛下或林中。保护区林场大柴堂岩石旁偶见。

5. 石豆兰属 Bulbophyllum Thouars

附生草本。植物合轴生长。叶少数，生于假鳞茎上，长圆形或椭圆形。花从假鳞茎基部或根状茎发出，花不扭转，唇瓣位于上方，基部平，花粉团 4 个，花粉块仅有花粉团，无黏盘与黏质。本属约 1900 种。中国 103 种。保护区 3 种。

1. 芳香石豆兰 Bulbophyllum ambrosia (Hance) Schltr.

附生草本。根状茎粗 2~3mm。假鳞茎圆柱形，长 3~4cm，直径 5~8mm，顶生 1 枚叶。叶狭长圆形，长 6~26cm，宽 1~4cm。花单生。花期通常 2~5 月。

分布华南、华东、西南地区和中国香港。生于山地林中树

干上。保护区斑鱼咀等地偶见。

2. 广东石豆兰 Bulbophyllum kwangtungense Schltr.

草本。假鳞茎疏生，圆柱形，长 1~2.5cm，直径 2~5mm。茎顶生 1 叶；叶长圆形，长 2~4.7cm，宽 5~14mm。花茎长达 9cm；有花 2~7 朵。

分布长江以南部分地区。生于山坡林下岩石上。保护区笔架山偶见。

3. 密花石豆兰 Bulbophyllum odoratissimum (Sm.) Lindl.

草本。假鳞茎疏生，圆柱形，长 2.5~4cm，直径 3~9mm。茎顶生 1 叶；叶长圆形，长 4~13cm，宽 8~25mm。花茎长达 14cm；密生花 10 余朵。

分布华南、西南地区。生于林中树上或山谷岩石上。保护区蒸狗坑偶见。

6. 虾脊兰属 Calanthe R. Br.

地生草本。植物合轴生长，无根状茎。叶数片基生，长圆形或椭圆形，生于圆锥形或圆柱形假鳞茎上。花不扭转，唇瓣位于上方，有囊或距，蕊柱短，花粉团 8 个，4 个簇生，着于黏盘上。本属约 150 种。中国 51 种。保护区 3 种。

1. 棒距虾脊兰 Calanthe clavata Lindl.

地生草本。植株全体无毛。假鳞茎很短。叶狭椭圆形，长达 65cm；叶柄与鞘连接处有关节。总状花序圆柱形；花多，黄色，唇瓣中裂片近圆形，蕊喙不裂。花期 11~12 月。

分布华南、西南地区。生于山地密林下或山谷岩边。北峰山偶见。

2. 密花虾脊兰 Calanthe densiflora Lindl.

地生草本。叶披针形或狭椭圆形；叶柄与鞘连接处有关节。花密生，黄色，唇瓣中裂片近方形，蕊喙不裂。蒴果椭圆状球形。花期 8~9 月，果期 10 月。

分布华南、西南地区和中国台湾。生于混交林下和山谷溪边。保护区五指山偶见。

3. 二列叶虾脊兰 Calanthe speciosa (Blume) Lindl.

地生草本。叶 2 列，长圆状椭圆形，叶长达 95cm；叶柄与鞘连接处有关节。苞片早落，总状花序圆柱形，花多，较疏，黄色，唇瓣中裂片近扇形，蕊喙不裂。花期 4~10 月。

分布华南地区和中国香港、中国台湾。生于谷林下阴湿处。保护区螺塘水库偶见。

7. 隔距兰属 Cleisostoma Blume

附生草本。单轴生长。茎长或短，直立或下垂。叶少数至多数，质地厚，2 列，扁平，半圆柱形或细圆柱形。总状花序或圆锥花序侧生；花小，萼片离生；无蕊柱足，唇瓣基部有囊状距，每个花粉团裂成 2 片。本属约 100 种。中国 16 种。保护区 1 种。

1. 尖喙隔距兰 Cleisostoma rostratum (Lodd.) Seidenf. ex Averyanov

茎有时上部分枝，具多节。叶 2 列，革质，扁平，狭披针形，

顶端渐尖；叶鞘革质，紧抱于茎。总状花序对生于叶；花开展，萼片和花瓣黄绿色带紫红色条纹；花瓣近长圆形；唇瓣紫红色，3 裂。花期 7~8 月。

分布华南、西南地区和中国香港。生于林中。保护区青石坑水库偶见。

8. 贝母兰属 Coelogyne Lindl.

附生草本。合轴生长。根状茎长，节较密，假鳞茎粗厚，顶生 1~2 叶。叶质厚。花葶顶生于假鳞茎，总状花序具数朵花，花常白或绿黄色，唇瓣有斑纹，花粉团 4 个，花粉团有柄。本属约 200 种。中国 26 种。保护区 1 种。

1. 流苏贝母兰 Coelogyne fimbriata Lindl.

附生草本。假鳞茎狭卵形至近圆柱形；叶长圆形或长圆状披针形，长 4~10cm。花葶从假鳞茎顶端发出；仅唇瓣上有红色斑纹；中裂片顶端圆钝，边缘有流苏，花瓣丝状披针形，宽不达 2mm，唇瓣 3 裂。花期 8~10 月。

分布华南、西南地区。生于溪旁岩石上或林中、林缘树干上。保护区玄潭坑等地偶见。

9. 蛤兰属 Conchidium Griff.

附生或地生，根状茎细长。假鳞茎常包于叶鞘。叶数枚，带状，2 列，有关节。花葶生于假鳞茎基部，总状花序具数花，

萼片与花瓣离生，唇瓣 3 裂；花粉团 2 对，蜡质。本属约 10 种。中国 4 种。保护区 1 种。

1. 蛤兰 Conchidium pusillum Griff.

附生小草本，高 2~3cm。根状茎每隔 2~5cm 着生一假鳞茎，假鳞茎半球形。叶小，叶倒卵状披针形，长 7~10mm，宽 2~4mm。花序从叶内侧发出，具花 1~2 朵；花苞片较大，卵形。蒴果未见。花期 10~11 月。

分布华南、西南地区。生于密林中阴湿岩石上。保护区山麻坑偶见。

10. 毛兰属 Cryptochilus Wall.

附生草本。合轴生长。叶少数，通常生于假鳞茎顶端或近顶端的节上。花序侧生或顶生，常排列成总状；萼片多少与蕊足合生成萼囊，唇瓣基部无距，花粉团 8 个，4 个簇生，以团柄附着于黏盘上。蒴果圆柱形。保护区 1 种。

1. 玫瑰宿苞兰 Cryptochilus roseus (Lindl.) S. C. Chen & J. J. Wood

附生草本。根状茎发达，直径达 1cm。假鳞茎卵球形，仅 1 片叶。叶厚革质，披针形，长 16~40cm，宽 2~5cm。花序从假鳞茎顶端发出，中上部疏生 2~5 朵花；花苞片线形。蒴果圆柱形。花期 1~2 月，果期 3~4 月。

分布华南地区。附生于密林中、树干或岩石上。保护区双子鲤鱼坑偶见。

11. 兰属 Cymbidium Sw.

附生或地生草本。合轴生长。假鳞茎卵球形、椭圆形或梭形。叶多枚，2 列，带状，稀倒披针形至狭椭圆形。总状花序具数花或多花；萼片与花瓣离生；唇瓣无囊，无距，花粉团 2 个，附着于黏盘上，无团柄。本属 55 种。中国 49 种。保护区 2 种。

1. 建兰 Cymbidium ensifolium (L.) Sw.

地生草本。假鳞茎卵球形。叶带形，长 30~50cm，宽 10~17mm。花葶从假鳞茎基部发出；总状花序具 3~9（~13）朵花；花瓣狭椭圆形或狭卵状椭圆形；唇瓣近卵形，长 1.5~2.3cm。蒴果狭椭圆形。花期通常为 6~10 月。

分布华南、华东、西南地区。生于疏林下、灌丛中、山谷旁或草丛中。保护区管理站偶见。

2. 墨兰 Cymbidium sinense (Jackson ex Andr.) Willd.

地生草本。假鳞茎卵球形，包藏于叶基之内。叶 3~5 枚，带形，近薄革质，暗绿色。花葶从假鳞茎基部发出，直立；总状花序具 10~20 朵；花瓣近狭卵形；花淡香；苞片长 4~8mm。蒴果狭椭圆形。花期 10 月至翌年 3 月。

分布华南、华东、华中地区及中国台湾。生于林下、灌木林中或溪谷旁湿润但排水良好的荫蔽处。保护区青石坑水库偶见。

12. 无耳沼兰属 Dienia Lindl.

地生，较少为半附生或附生草本。叶通常 2~8 片，草质或膜质。花葶顶生，通常直立；总状花序具数朵或数十朵花；花苞片宿存；花瓣一般丝状或线形；唇瓣通常位于上方。蒴果较小，椭圆形至球形。全属约 300 种。中国 21 种。保护区 1 种。

1. 无耳沼兰 Dienia ophrydis (J. Koenig) Seidenf.

地生或半附生草本。肉质茎圆柱形，长 2~10（~20）cm。叶通常 4~5 片，斜立，斜卵状椭圆形、卵形或狭椭圆状披针形。总状花序长 5~15（~25）cm，具数十朵或更多的花；花紫红色至绿黄色。蒴果倒卵状椭圆形。花期 5~8 月，果期 8~12 月。

分布华南、西南地区。生于林下、灌丛中或溪谷旁荫蔽处的岩石上。保护区鹅公髻有分布。

13. 蛇舌兰属 Diploprora Hook. f.

附生草本。单轴生长。叶扁平，2 列，狭卵形至镰刀状披针形，先端具 2~3 尖裂。总状花序侧生于茎；无蕊柱足；唇瓣位于花上方，先端叉状 2 裂，基部无距；花粉团蜡质，4 个。本属约 2 种。中国仅 1 种。保护区有分布。

1. 蛇舌兰 Diploprora championi (Lindl. ex Benth.) Hook. f.

附生草本。茎扁圆柱形。叶镰状披针形或斜长圆形，扁平，2 列。总状花序与叶对生，萼片和花瓣淡黄色；无蕊柱足；唇瓣白色带玫瑰色，基部无囊无距。蒴果圆柱形。花期 2~8 月，果期 3~9 月。

分布华南、西南地区及中国台湾。生于山地林中树干上或沟谷岩石上。保护区林场偶见。

14. 美冠兰属 Eulophia R. Br. ex Lindl.

地生草本或极罕腐生。植物合轴生长。茎膨大成球茎状、块状或其他形状假鳞茎。叶数枚，基生，有长柄，叶柄常互相套叠成假茎状。花序直立，唇瓣基部凹陷成囊或距，花粉团 2 个，团柄连接在黏盘上。本属约 200 种。中国 14 种。保护区 1 种。

1. 无叶美冠兰 Eulophia zollingeri (Rchb. f.) J. J. Sm.

腐生植物。假鳞茎块状，近长圆形，淡黄色。花莛粗壮，褐红色；总状花序直立；花苞片狭披针形或近钻形；花褐黄色；中萼片椭圆状长圆形；花瓣倒卵形，先端具短尖；基部的圆锥形囊。花期 4~6 月。

分布华南、华中、西南地区及中国台湾。生于疏林下、竹林或草坡上。保护区串珠龙偶见。

15. 地宝兰属 Geodorum Jacks.

地生草本。合轴生长。茎膨大成球茎状或块状假鳞茎。叶数枚，基生，有长柄。花序下垂，唇瓣基部凹陷成囊或距，花粉团 2 个，团柄连接在黏盘上。全属约 10 种。中国 5 种。保护区 2 种。

1. 地宝兰 Geodorum densiflorum (Lam.) Schltr.

地生草本。假鳞茎椭圆形，直径 1~2cm。叶 2~3 片，椭圆形，长 16~30cm，宽 3~7cm。花莛比叶长或等于叶，长 30~40cm；总状花序俯垂；花苞片线状披针形；花瓣近倒卵状长圆形；唇瓣宽卵状长圆形。花期 6~7 月。

分布华南地区。生于林下、溪旁、草坡。保护区管理站、笔架山等地偶见。

2. 多花地宝兰 Geodorum recurvum (Roxb.) Alston

地生草本。假鳞茎块茎状，直径 1.5~2.5cm。叶 2~3 枚，椭圆状长圆形，长 13~30cm，宽 5~7cm。花莛长 15~18cm；总状花序俯垂；花苞片线状披针形，膜质；花白色，仅唇瓣中央黄色和两侧有紫条纹。花期 4~6 月。

分布华南地区。生于林下、灌丛中或林缘。保护区客家仔行偶见。

16. 斑叶兰属 Goodyera R. Br.

地生草本。叶互生，叶面常具杂色斑纹；扁平，非折扇状，无关节。总状花序顶生，唇瓣与蕊柱分离，花药以狭的基部与蕊柱相连，花粉团由许多小团块组成，柱头 1 枚。本属约 40 种。中国 29 种。保护区 3 种。

1. 多叶斑叶兰 Goodyera foliosa (Lindl.) Benth. ex C. B. Clarke

地生草本。根状茎匍匐，具节。叶卵形或长圆形，长 2.5~7cm，宽 1.6~2.5cm，叶面深绿色。总状花序多朵，侧萼片不张开，萼片背面被毛。花期 7~9 月。

分布华南、西南地区及中国台湾。生于林下或沟谷阴湿处。

保护区三牙石偶见。

2. 高斑叶兰 Goodyera procera (Ker Gawl.) Hook.

地生草本。植株高 22~80cm。叶片长圆形或狭椭圆形，长 7~15cm，宽 2~5.5cm，叶面深绿色。总状花序花多朵，侧萼片不张开，萼片背面无毛。花期 4~5 月。

分布华南、华东、西南地区及中国台湾。生于林下。保护区禾叉坑偶见。

3. 绒叶斑叶兰 Goodyera velutina Maxim. ex Regel

地生草本。植株高 8~16cm。根状茎伸长、茎状、匍匐，具节。叶片卵形至椭圆形，长 2~5cm，宽 1~2.5cm，天鹅绒状，沿中肋具 1 条白色带。花茎被柔毛；总状花序具 6~15 朵偏向一侧的花；花瓣斜长圆状菱形。花期 9~10 月。

分布华南、华东、西南地区及中国台湾。生于林下阴湿处。保护区瓶尖偶见。

17. 玉凤花属 Habenaria Willd.

地生草本。块茎肉质。叶稍肥厚，基部鞘状抱茎。总状或穗状花序顶生，中萼片常与花瓣靠合呈兜状，唇瓣常 3 裂，具长距；花粉团 2 个，粒粉质。本属约 600 种。中国 55 种。保护区 2 种。

1. 毛葶玉凤花 Habenaria ciliolaris Kraenzl.

地生草本。块茎长椭圆形。叶片椭圆状披针形，长 5~16cm，宽 2~5cm。总状花序具花 6~15 朵；花白色或绿白色；侧萼片极扁斜，花瓣于距口的前缘无横脊，中萼背面有 3 条脊状突起。花期 7~9 月。

分布华南、华中、西北、西南地区及中国台湾。生于山坡或沟边林下阴处。保护区蒸狗坑偶见。

2. 细裂玉凤兰 Habenaria leptoloba Benth.

地生草本。块茎长圆形。叶茎中部生，披针形或线形，长 6~15cm，宽 1~1.8cm。总状花序具 8~12 朵花；花莛无毛，花淡黄绿色，侧萼片稍扁斜，唇瓣 3 深裂，裂片边缘全缘。花期 8~9 月。

分布华南地区及中国香港。生于山坡林下阴湿处或草地。保护区笔架山偶见。

18. 羊耳蒜属 Liparis L. C. Rich.

地生或附生草本。合轴生长。具假鳞茎或肉质茎。叶基生或生于假鳞茎顶端，叶 1 至多枚，扁平。花序从假鳞茎上部发出，唇瓣位于下方，蕊柱长，向前弯曲，花粉团 4 个，花粉团无柄。蒴果具 3 棱。本属约 250 种。中国 52 种。保护区 4 种。

1. 镰翅羊耳蒜 Liparis bootanensis Griff.

附生草本。假鳞茎长圆形，顶生叶 1 枚，狭长圆状倒披针形，长 8~22cm，宽 1~3.3cm；叶柄有关节。总状花序具花数朵，唇瓣前缘常有细齿。蒴果倒卵状椭圆形。花期 8~10 月，果期翌年 3~5 月。

分布华南、华东、西南地区。生于林缘、林中或山谷阴处的树上或岩壁上。保护区螺塘水库偶见。

2. 黄花羊耳蒜 Liparis luteola Lindl.

附生草本。假鳞茎稍密集，近卵形。生叶 2 枚，线状披针形，长 6~14cm，宽 4~9mm，叶柄有关节。花序柄略压扁，两侧有狭翅；唇瓣长宽长圆状倒卵形。蒴果倒卵形。花果期 12 月至翌年 2 月。

分布华南地区。生于林中树上或岩石上。保护区蒸狗坑偶见。

3. 见血青 Liparis nervosa (Thunb.) Lindl.

地生草本。茎肥厚肉质，有数节。叶 2~5 枚，卵形至卵状椭圆形，无关节。花葶发自茎顶端；总状花序常具数朵至 10 余朵花。花期 2~7 月，果期 10 月。

分布华南地区。生于林下、溪谷旁、草丛阴处或岩石覆土上。保护区车桶坑偶见。

4. 长茎羊耳蒜 Liparis viridiflora (Blume) Lindl.

附生草本。假鳞茎圆柱形，长 4~18cm，直径 3~8mm。顶生 2 叶；叶线状倒披针形，纸质。花葶顶生，总状花序具花数十朵，唇瓣无胼胝体。蒴果倒卵状椭圆形。花期 9~12 月，果期翌年 1~4 月。

分布华南地区。生于林中或山谷阴处的树上或岩石上。保护区斑鱼咀偶见。

19. 血叶兰属 Ludisia A. Rich.

地生兰。根状茎肉质，肥厚。叶扁平，叶面有 5 条黄红色叶脉，无关节。总状花序顶生；花苞片膜质；花小或较小，倒置（唇瓣位于下方）；萼片离生，中萼片凹陷；花瓣较萼片狭；唇瓣扭转。本属 4 种。中国 1 种。保护区有分布。

1. 血叶兰 Ludisia discolor (Ker Gawl.) A. Rich.

地生小草本。根状茎伸长，匍匐，形似蚕虫。叶卵状长圆形，叶面有 5 条黄红色脉带，背面淡红色。总状花序顶生；花苞片卵形或卵状披针形，带淡红色；花瓣近半卵形。花期 2~4 月。

分布华南地区。生于山坡或沟谷常绿阔叶林下阴湿处。保护区百足行仔山偶见。

20. 三蕊兰属 Neuwiedia Blume

亚灌木状草本。通常具向下垂直生长的根状茎和支柱状的气生根。叶数枚至多枚，折扇状，基部有柄并抱茎。总状花序顶生；花苞片较大，绿色；萼片 3 片相似或侧萼片略斜歪。果实或为浆果状。种子成熟时黑色。本属约 10 种。中国 1 种。保护区有分布。

1. 三蕊兰 Neuwiedia singapureana (Wall. ex Baker) Rolfe

草本。根状茎向下垂直生长。叶多枚，近簇生于短的茎上；叶片披针形至长圆状披针形。总状花序具花 10 余朵；花瓣倒卵形或宽楔状倒卵形。果实未成熟时椭圆形。花期 5~6 月。

分布华南、西南地区及中国香港。生于林下。保护区车桶坑偶见。

21. 兜兰属 Paphiopedilum Pfitz.

地生、半附生或附生草本。茎短，包于叶基内。叶基生，2 列，对折，叶片狭椭圆形。花葶生于叶丛，花瓣变异大，2 侧萼片常呈合萼片，唇瓣深囊状或倒盔状；能育雄蕊 2 枚，与侧生花瓣对生。蒴果。本属约 66 种。中国 18 种。保护区 1 种。

1. 紫纹兜兰 Paphiopedilum purpuratum (Lindl.) Stein

地生或半附生草本。叶长 7~18cm，宽 2.3~4.2cm，叶面有暗绿色与浅黄绿色相间的网格斑。花瓣小于中萼片，唇瓣倒盔状，囊口边缘不内弯，两侧有直立的耳，唇瓣长圆形。花期 10 月至翌年 1 月。

分布华南、西南地区及中国香港。生于林下腐殖质丰富多石之地或溪谷旁苔藓砾石丛生之地或岩石上。保护区车桶坑、古斗林场偶见。

22. 阔蕊兰属 Peristylus Blume

地生兰。叶扁平,无关节。萼片分离,唇瓣有距,唇瓣与蕊柱贴生,蕊喙臂极短,药室并行,花药以宽阔的基部与蕊柱相连,花粉团由许多小团块组成,黏盘裸露,柱头 2 枚。本属约 60 种。中国 21 种。保护区 2 种。

1. 长须阔蕊兰 Peristylus calcaratus (Rolfe) S. Y. Hu

地生兰。植株高 20~50cm。块茎长圆形或椭圆形。叶基生,椭圆状披针形,基部收狭成鞘抱茎。总状花序具多数密生或疏生的花;唇瓣侧裂片线形,距棒状或纺锤形,末端渐尖。花期 7~10 月。

分布华南地区。生于山坡草地或林下。保护区古兜山林场、笔架山偶见。

2. 触须阔蕊兰 Peristylus tentaculatus (Lindl.) J. J. Sm.

地生兰。块茎球形。叶基生,叶卵状长椭圆形,基部收狭成鞘抱茎。总状花序具多花,花小,唇瓣侧裂片线形,距近球形,末端 2 浅裂。花期 2~4 月。

分布华南地区。生于山坡潮湿地、谷地或荒地上。北峰山偶见。

23. 鹤顶兰属 Phaius Lour.

地生草本。合轴生长。叶数片,生于长柱形假鳞茎上,长圆形或椭圆形。花不扭转,唇瓣位于上方,有囊或距,蕊柱粗而长,花粉团 8 个,4 个簇生,着于黏质物上。本属约 40 种。中国 8 种。保护区 2 种。

1. 黄花鹤顶兰 Phaius flavus (Blume) Lindl.

地生草本。假鳞茎卵状椭,长 5~6cm,直径 2.5~4cm。叶 4~6 枚,紧密互生于假鳞茎上部,通常具黄色斑块,长椭圆形或椭圆状披针形,具 5~7 条在背面隆起的脉。花茎长约 75cm,花黄色。花期 4~10 月。

分布华南、华东、西南地区及中国台湾。生于山坡林下阴湿处。保护区镀盖山至斑鱼咀偶见。

2. 鹤顶兰 Phaius tancarvilleae (L'Hér.) Blume

地生草本。假鳞茎圆锥形,长约 6cm,直径 4~6cm。叶 2~6 片,互生于假鳞茎的上部,长圆状披针形。花茎长达 1m,花暗赭色或棕色。花期 3~6 月。

分布华南地区。生于林下。保护区蛮陂头、双孖鲤鱼坑等地偶见。

24. 石仙桃属 Pholidota Lindl. ex Hook.

附生草本。合轴生长。叶少数,生于假鳞茎上,长圆形或椭圆形。花从假鳞茎基部或根状茎发出,花不扭转,唇瓣位于上方,基部凹成囊,花粉团4个。本属约30种。中国14种。保护区1种。

1. 石仙桃 Pholidota chinensis Lindl.

附生草本。叶倒卵状椭圆形,长5~22cm,宽2~6cm。总状花序常外弯,具数朵至20余朵花;苞片宿存。花期4~5月,果期9月至翌年1月。

分布华南地区。生于林中或林缘树上、岩壁上或岩石上。保护区瓶身偶见。

25. 舌唇兰属 Platanthera L. C. Rich.

地生兰。叶扁平,无关节。苞片小,萼片分离,唇瓣与蕊柱贴生,蕊喙非折叠状,花药以宽阔的基部与蕊柱相连,花粉团由许多小团块组成,柱头1枚。蒴果直立。本属约200种。中国42种。保护区1种。

1. 小舌唇兰 Platanthera minor (Miq.) Rchb. f.

地生草本。叶互生,叶片椭圆形、卵状椭圆形或长圆状披针形。总状花序具多数疏生的花;花萼片具3脉,边缘全缘;花瓣斜卵形。蒴果。花期5~7月。

分布华南、华北、华中、西南地区及中国台湾。生于山坡林下或草地。保护区笔架山偶见。

26. 柄唇兰属 Podochilus Blume

附生草本。合轴生长。叶多数,2列互生。花序从假鳞茎上部发出,花不扭转,唇瓣位于上方,基部平,花粉团4个,花粉块有花粉团、团柄和黏盘。本属约60种。中国1种。保护区有分布。

1. 柄唇兰 Podochilus khasianus Hook. f.

附生草本。合轴生长。有多节的茎。叶多数,2列。花序从假鳞茎上部发出,花不扭转,唇瓣位于上方。蒴果椭圆形。花果期7~9月。

分布华南地区。生于林中或溪谷旁树上。保护区青石坑水库偶见。

27. 菱兰属 Rhomboda Lindl.

地生草本。根状茎匍匐。叶常簇生在茎顶端,上面绿色,沿中肋具1条白色的条纹。花不倒置;中萼片于花瓣黏合呈盔状,常明显膨大;唇瓣贴生于蕊柱的腹部边缘。本属约25种。中国4种。保护区1种。

1. 小片菱兰 Rhomboda abbreviata (Lindl.) Ormerod

地生草本。根状茎匍匐,肉质,具节,节上生根。具3~5叶;叶卵形,长4~6.5cm,宽2~2.8cm。总状花序直立,具10余朵较密生的花;花白色或淡红色;中萼片与花瓣黏合呈兜状。

分布广东、香港、海南、广西。生于山坡或沟谷密林下阴处。保护区鹅公髻偶见。

28. 绶草属 Spiranthes L. C. Rich.

地生草本。根指状,肉质,簇生。叶扁平,非折扇状,2~5片,基生,无关节。花序旋转扭曲,花粉团为均匀的粒粉质。本属约50种。中国2种。保护区1种。

1. 绶草 Spiranthes sinensis (Pers.) Ames

地生小草本。叶数片近基生,线状披针形,基部抱茎。密集的总状花序,螺旋状扭曲;花小紫红色,花序轴、包片、萼片、子房无毛。花期7~8月。

分布华南地区。生于山坡林下、灌丛或草地。保护区客家仔行偶见。

兰科 Orchidaceae/ 仙茅科 Hypoxidaceae

29. 带唇兰属 Tainia Blume

地生草本。合轴生长。根状茎匍匐，先花后叶。叶1片，基部楔形，叶柄与假鳞茎明显。蕊足短于蕊柱，花粉团8个，4个簇生，着于黏质物上。本属约15种。中国11种。保护区3种。

1. 带唇兰 Tainia dunnii Rolfe

地生草本。假鳞茎暗紫色，圆柱形，直径5~10mm。顶端有1叶；叶椭圆状披针形，长12~35cm，宽0.6~4cm，折扇状脉。花茎长30~60cm；唇瓣中裂片顶端截平或短尖。

分布长江以南部分地区。生于林下或溪边。保护区螺塘水库偶见。

2. 香港带唇兰 Tainia hongkongensis Rolfe

地生草本。根状茎匍匐；假鳞茎卵球形，直径1~2cm，顶

端有1片叶。叶椭圆形，长约26cm，宽3~4cm，有折扇状脉。总状花序疏生数朵花；唇瓣不裂。花期4~5月。

分布华南地区。生于山坡林下或山间路旁。保护区螺塘水库偶见。

3. 绿花带唇兰 Tainia penangiana Hook. f.

地生草本。根状茎匍匐；假鳞茎卵球形，直径3cm，顶端有1片叶，叶长椭圆形，长约35cm，宽6~9cm，有折扇状脉。总状花序疏生少数至10余朵花；花茎长达60cm；唇瓣3裂。花期2~3月。

分布华南地区。生于常绿阔叶林下或溪边。保护区螺塘水库偶见。

30. 线柱兰属 Zeuxine Lindl.

地生草本。根状茎匍匐。叶扁平，较大，长2cm以上，无关节。总状花序顶生，萼片分离，唇瓣位于下方，囊内无隔膜，唇瓣与蕊柱贴生，花药以狭的基部与蕊柱相连，花粉团由许多小团块组成，柱头2枚。蒴果。本属50种。中国13种。保护区1种。

1. 线柱兰 Zeuxine strateumatica (L.) Schltr.

地生小草本。叶线形或线状披针形，长2~8cm，宽2~6mm，无叶柄。总状花序几乎无花序梗，具几朵至20余朵密生的花，花小，白色或黄色；唇瓣舟状，淡黄色或黄色。蒴果椭圆形。花期春天至夏天。

分布华南地区。生于沟边或河边的潮湿草地。保护区山麻坑偶见。

A66. 仙茅科 Hypoxidaceae

草本。有块状根或球茎。叶常基生，有明显纵脉。花两性或单性，辐射对称，黄色，单生或排成稠密头状花序，花被片长或缺，6裂。蒴果或肉质浆果。本科5属约130种。中国2属8种。保护区2属4种。

1. 仙茅属 Curculigo Gaertn.

草本。根茎块状。叶基生，数枚，披针形，具折扇状脉。花多数，花序总状、近头状或穗状，花黄色，两性或单性。浆果。种子小，具纵凸纹。本属20余种。中国7种。保护区3种。

1. 短葶仙茅 Curculigo breviscapa S. C. Chen

大草本。叶披针形，长60~80cm，宽达10cm。花葶长不及5cm；头状花序点垂，近球形；子房顶端无喙。花期4~5月，果期6月。

分布华南地区。生于山谷密林中近水旁。保护区百足行仔山偶见。

2. 大叶仙茅 Curculigo capitulata (Lour.) O. Kuntze

大草本。叶通常 4~7 枚，长圆状披针形或近长圆形，长 30~90cm，宽 5~14cm；具折扇状脉。总状花序强烈缩短成头状，具多数排列密集的花。浆果白色。花期 5~6 月，果期 8~9 月。

分布华南、华东、西南地区及中国台湾。生于林下或阴湿处。保护区串珠龙偶见。

3. 光叶仙茅 Curculigo glabrescens (Ridl.) Merr.

草本。根状茎短。叶披针形或长圆状披针形，通常无毛，较少在背面脉上疏生短柔毛。花茎甚短，通常长 2~4cm；总状花序缩短；苞片披针形；花直立，黄色。浆果卵形或长圆状卵形。种子表面具小疣状凸起。花果期 4~9 月。

分布华南地区。生于林下或溪边湿地。保护区五指山山谷偶见。

2. 华仙茅属 Sinocurculigo
Z. J. Liu, L. J. Chen & K. W. Liu

根状茎长。叶褶皱，基生。花序直立而短，密集多花；花近对生；花梗极短；花被片 6 片，2 轮，离生；萼片与花瓣异形；雄蕊 6 枚，着生于基部。果实包含有大量乳突种子。单种属。保护区有分布。

1. 台山华仙茅 Sinocurculigo taishanica Z. J. Liu, L. J. Chen & K. W. Liu

种的形态特征与属相同。

分布华南地区。生于林中。保护区特有种，螺塘水库偶见。

A72. 阿福花科 Asphodelaceae

多年生草本或木本。叶丛生茎顶或 2 列基生，叶鞘闭合。花序具明显花葶；花被片 6 片，离生；雄蕊 6 枚。蒴果或浆果。种子数颗。本科 41 属 910 种。中国 4 属 17 种。保护区 2 属 2 种。

1. 山菅兰属 Dianella Lam. ex Juss.

多年生草本。根状茎通常分枝。叶近基生或茎生，2 列，窄长而坚挺，基部套叠。花常排成顶生圆锥花序，花小，花被片离生。浆果常蓝色。种子黑色。本属约 20 种。中国 1 种。保护区有有分布。

1. 山菅 Dianella ensifolia (L.) DC.

多年生草本。叶狭条状披针形，长 30~80cm，基部稍收狭成鞘状，边缘和背面中脉具齿。圆锥花序顶生。浆果近球形，深蓝色。花果期 3~8 月。

分布华南、华中、西南地区。生于林下、山坡或草丛中。保护区大柴堂、蛮陂头偶见。

2. 萱草属 Hemerocallis L.

多年生草本。根状茎很短。叶基生，2 列，长线形，无柄。花葶生于叶丛中央，总状或圆锥花序顶生；花大，长 3.5~16cm；花被漏斗状。蒴果钝三棱状椭圆形，室背开裂。种子黑色，有棱角。本属 15 种。中国 11 种。保护区 1 种。

1. 黄花菜 Hemerocallis citrina Baroni

草本。叶 7~20 枚，长 50~130cm，宽 6~25mm。花葶一般稍长于叶，基部二棱形；苞片披针形；花多朵，最多可达 100 朵以上；花被淡黄色。蒴果钝三棱状椭圆形。种子黑色，有棱。

花果期 5~9 月。

分布除云南外的秦岭以南地区。生于山坡、山谷、荒地或林缘。保护区禾叉坑偶见。

A73. 石蒜科 Amaryllidaceae

多年生草本。叶基生或茎生。花两性，辐射对称，单生或多朵于花茎顶排成伞形花序，具 1 至数枚佛焰状总苞片，花被花瓣状。蒴果稀浆果。本科 68 属 1616 种。中国 6 属 161 种。保护区 2 属 2 种。

1. 葱属 Allium L.

多年生草本。具根状茎或不明显。具鳞茎。根常细长，有时肉质，呈块根状。叶中空或实心，无叶柄，具闭合叶鞘。伞形花序顶生。花两性，极稀单性。蒴果室背开裂。种子黑色。本属约 881 种。中国 137 种。保护区 1 种。

1.* 薤头 Allium chinense G. Don

多年生草本。鳞茎外皮白色或带红色。叶 2~5 枚，具 3~5 棱的圆柱状，中空，近与花葶等长。花葶侧生，圆柱状；总苞 2 裂；伞形花序近半球状，较松散；花淡紫色至暗紫色。花果期 10~11 月。

在长江流域及以南各地区广泛栽培。保护区有栽培。

2. 朱顶红属 Hippeastrum Herb.

多年生草本。植株开花时有叶。鳞茎球状。叶基生，窄长。花茎中空，伞形花序非球形，花大，数朵，漏斗状，下有 1 片小苞片；无副花冠；花被裂片 6 片；子房下位。蒴果球形。种子通常扁平。本属约 75 种。中国引种栽培 2 种。保护区 1 种。

1.* 朱顶红 Hippeastrum rutilum (Ker Gawl.) Herb.

多年生草本。鳞茎肥大，近球形。叶片两侧对生，带状，顶端渐尖，2~8 片，叶片常于花后生出。花茎中空，花序有花 2~4 朵，喇叭形，鲜红色，花被裂片洋红色带绿色。花期夏季。

原产巴西。保护区有栽培。

A74. 天门冬科 Asparagaceae

草本、灌木或攀援植物。叶互生，螺旋状排列，单生，全缘，基部具刺。花序腋生，有限花序；花被片 6 片，分离，覆瓦状排列。浆果。本科 153 属约 2500 种。中国 25 属约 258 种。保护区 5 属 12 种。

1. 天门冬属 Asparagus L.

多年生草本或亚灌木。根状茎粗厚，根稍肉质，或有纺锤状块根。小枝近叶状，扁平、锐三棱形或近圆柱形。每 1~4 朵腋生或多朵组成总状或伞形花序。浆果球形。本属约 300 种。中国 31 种。保护区 2 种。

1. 天门冬 Asparagus cochinchinensis (Lour.) Merr.

多年生草本。叶状枝通常每 3 枚成簇，线形或因中脉凸起而略呈三棱形，镰状弯曲；茎上鳞片状叶成硬刺。花单性，1~2 朵簇生于叶腋。浆果熟时红色。花期 5~6 月，果期 8~10 月。

中国广布。生于山坡、路旁、疏林下、山谷或荒地上。保护区螺塘水库偶见。

2.* 文竹 Asparagus setaceus (Kunth) Jessop

多年生草本。根稍肉质，细长。茎的分枝极多。枝圆柱形，叶针状，排成一平面，10~13 枚簇生；鳞片状叶基部稍具刺状距或距不明显。花通常每 1~3 朵腋生，白色。浆果熟时紫黑色，有 1~3 颗种子。

原产非洲。保护区有栽培。

2. 蜘蛛抱蛋属 Aspidistra Ker Gawl.

多年生草本。匍匐根状茎有密节。叶从根状茎抽出，单生或 2~4 片簇生。花无梗，花单朵生于花葶顶端，贴近地面；花被钟状或坛状，紫色或淡紫色；柱头大，盾状。浆果球形。本属约 55 种。中国 49 种。保护区 4 种。

1. 蜘蛛抱蛋 Aspidistra elatior Blume

多年生草本。叶单生，叶椭圆形至披针形，宽 8~10cm。苞片 3~4 枚；花被钟状，外面带紫色或暗紫色，内面下部淡紫色或深紫色，上部 6~8 裂，裂片内面有 4 条肉质脊状隆起；柱头盾状膨大。圆形。花期 1~4 月。

分布华南地区。生于灌丛中。保护区瓶尖偶见。

2. 海南蜘蛛抱蛋 Aspidistra hainanensis Chun & F. C. How

多年生草本。叶 2~4 片簇生，线形，先端长渐尖，边缘有时稍反卷，中部以上有疏生的细锯齿，基部逐渐收狭成不明显的柄。总花梗短；苞片 4~8 片，其中 2 片位于花的基部；花被钟形，长 2~2.5cm。花期 3~4 月。

分布华南地区。生于林中湿处。保护区笔架山偶见。

3. 九龙盘 Aspidistra lurida Ker Gawl.

草本。叶狭披针形，宽 3~8cm，花被上部 6~8 裂，裂片内面有 2~4 条不明显的隆起，花被片淡紫色或紫黑色。

分布华南、华东、华中、西南地区。生于山坡林下或沟旁。保护区帽心尖偶见。

4. 小花蜘蛛抱蛋 Aspidistra minutiflora Stapf

根状茎圆柱状，密生节和鳞片。叶 2~3 枚簇生，叶线形，宽 1~2.5cm。花单生，花被壶形，长约 5mm，青绿色具紫色细点，裂片小，三角状卵形。花期 7~10 月。

分布华南、西南地区。生于路旁或山腰石上或石壁上。保护区八仙仔偶见。

3. 吊兰属 Chlorophytum Ker Gawl.

草本。根状茎粗短或稍长。叶基生，线形或线状披针形，无柄。花葶直立或弧曲；花常白色，排成总状花序或圆锥花序；花被裂片离生；子房顶端 3 裂。蒴果锐三棱形。种子扁平，具黑色种皮。本属 100 余种。中国 4 种。保护区 2 种。

1.* 吊兰 Chlorophytum comosum (Thunb.) Jacques

多年生草本。叶基生，剑形，莲座排列，长 10~20cm，宽 5~15mm，无柄。花葶长，常变为匍枝而在近顶部具叶簇或幼小植株；花白色，常 2~4 朵簇生。蒴果三棱状扁球形。花期 5 月，果期 8 月。

各地广泛栽培。保护区有栽培。

2. 小花吊兰 Chlorophytum laxum R. Br.

草本。叶近 2 列着生，禾叶状，常弧曲。花葶从叶腋抽出，常 2~3 个，直立或弯曲；花单生或成对着生，绿白色，很小；花被片长约 2mm。蒴果三棱状扁球形，每室通常具单颗种子。花果期 10 月至翌年 4 月。

分布华南地区。生于低海拔地区山坡荫蔽处或岩石边。保护区螺塘水库偶见。

4. 山麦冬属 Liriope Lour.

多年生草本。茎短。叶基生，线形，近无柄。花葶生于叶丛中央，总状花序多花，具花梗；花小，花丝分离，子房上位。果未熟前外果皮即破裂，露出1~3颗浆果状或核果状种子。种子浆果状，熟后暗蓝色。本属约8种。中国6种。保护区3种。

1. 禾叶山麦冬 Liriope graminifolia (L.) Baker

多年生草本。根状茎短或稍长，具地下走茎。叶线形，宽2~4mm。花葶通常稍短于叶，总状花序；花通常3~5朵簇生于苞片腋内；苞片卵形。种子卵圆形或近球形。花期6~8月，果期9~11月。

分布华南地区。生于山坡、山谷林下、灌丛中。保护区大柴堂偶见。

2. 阔叶山麦冬 Liriope muscari (Decne.) L. H. Bailey

多年生草本。根细长，有时局部膨大成纺锤形的小块根。叶密集成丛，叶阔线形，宽1~3cm。花葶通常长于叶；花4~8朵簇生于苞片腋内。果球形。花果期7~11月。

分布华南、华东、华中地区。生于山地、山谷或潮湿处。保护区瓶尖偶见。

3. 山麦冬 Liriope spicata (Thunb.) Lour.

多年生草本。叶线形，宽2~4mm。总状花序，具多花，花葶短于叶，常3~5朵簇生于苞片腋内，花被片淡紫色或淡蓝色。种子近球形。花期5~7月，果期8~10月。

分布除东北、内蒙古、青海、新疆、西藏以外的地区。生于山坡、山谷林下、路旁或湿地。保护区玄潭坑偶见。

5. 沿阶草属 Ophiopogon Ker Gawl.

多年生草本。茎不分枝，匍匐或直立。叶基生成丛或散生于茎上，线形，近无柄。总状花序，花有梗，花丝分离，子房半下位。果未熟前外果皮即破裂，露出1~3颗浆果状或核果状种子。本属50余种。中国33种。保护区1种。

1. 长茎沿阶草 Ophiopogon chingii F. T. Wang & T. Tang

多年生草本。有明显的地上茎，有匍匐茎。叶散生于长茎上，线形。总状花序；花常单生或2~4朵簇生于苞片腋内；苞片卵形或披针形，白色，透明，长4~6mm，花梗长5~8mm。花期5~6月。

分布华南、西南地区。生于山坡灌丛下、林下或岩石缝中。保护区斑鱼咀偶见。

A76. 棕榈科 Arecaceae

灌木、藤本或乔木。茎干常不分枝，单生或丛生。叶互生，聚生枝顶，羽状或掌状分裂；叶柄基部常扩大成鞘。佛焰花序；花小，单性或两性，雌雄同株或异株，离生或合生。核果或硬浆果。本科约210属2800种。中国28属100余种。保护区3属7种。

1. 省藤属 Calamus L.

攀援藤本或直立灌木。有针刺或钩刺。叶鞘圆筒形，叶柄基部呈囊状凸起，叶轴具刺，顶端延伸为带爪状刺纤鞭或无，叶羽状全裂。花雌雄异株，初生佛焰苞管状或鞘状。果球形或卵形，覆盖覆瓦状排列的鳞片。本属约385种。中国28种。保护区5种。

1. 短轴省藤 Calamus compsostachys Burret

小藤本。茎连叶鞘径约5mm。叶羽状全裂，具短小纤鞭，叶长40~70cm，羽片5~6片。肉穗花序长30~60cm；小佛焰苞短管状漏斗形。果实卵球形或近球形。种子椭圆形。果期11月。

分布华、南地区。生于林中湿处。保护区林场、青石坑附近偶见。

2. 杖藤 Calamus rhabdocladus Burret

攀援藤本。丛生，茎连叶鞘直径3~4cm。叶羽状全裂，无纤鞭，裂片30~40对，叶鞘疏生针刺。肉穗花序纤鞭状，长达7m。果椭圆形，长10~15mm。

分布华南地区。生于林中。保护区孖鬓水库偶见。

3. 白藤 Calamus tetradactylus Hance

攀援藤本。茎直径约1cm。叶羽状全裂，无纤鞭，长50~90cm，裂片11~13片；叶鞘密生针刺。雌雄花序异型；小佛焰苞基部为圆筒状；花萼基部圆筒状。果实球形。花果期5~6月。

分布华南、华东地区及中国香港。生于林中湿处。保护区林场附近偶见。

4. 毛鳞省藤 Calamus thysanolepis Hance

藤本。直立灌木状。叶羽状全裂，叶背无鳞秕和针状小钩刺，常2~6片叶紧靠成束。雄花序为部分三回分枝，约有6个分枝花序；雌花序顶端不具纤鞭，二回分枝。果实阔卵状椭圆形。花期6~7月，果期9~10月。

分布华南地区。生于林中。保护区斑鱼咀偶见。

5. 多果省藤 Calamus walkeri Hance

攀援藤本。叶轴顶端无纤鞭；叶鞘和叶柄上的刺黄白色，刺散生；叶羽状全裂。一级佛焰苞部的具急尖的2个龙骨突起，基部具不整齐的刺；二级佛焰苞为短圆筒状。果实卵球形。果期春季。

分布华南地区。生于林中或路边。保护区林场部至工农兵车站路上偶见。

2. 刺葵属 Phoenix L.

灌木或乔木状；茎单生或丛生。叶羽状全裂，羽片狭披针形或线形，芽时内向折叠，基部的退化成刺状。花序生于叶间，直立或结果时下垂；佛焰苞鞘状，革质；花单性，雌雄异株。果实长圆形或近球形，外果皮肉质，内果皮薄膜质。种子1颗。本属约17种。中国5种。保护区1种。

1. 刺葵 Phoenix loureiroi Kunth

乔木。叶长达 2m；羽片线形，2~4 列，基部有 4~9 针刺。佛焰苞褐色，不开裂；雌花序分枝短而粗壮，长 7~15cm。果长圆形，长 1.5~2cm。

分布台湾、广东、海南、广西和云南。生于林中。保护区猪肝吊偶见。

3. 棕竹属 Rhapis L. f. ex W. T. Aiton

丛生灌木。叶聚生于茎顶，掌状分裂，叶柄细长，两侧无刺，叶柄腹面平，叶鞘纤维多而细密，包茎，顶端与叶片连接处有小戟突。花雌雄异株或杂性。果实通常由 1 枚心皮发育而成，球形或卵球形。种子单生，球形或近球形。本属 12 种。中国 6 种。保护区 1 种。

1. 棕竹 Rhapis excelsa (Thunb.) A. Henry

丛生灌木。高达 3m。叶掌状深裂，裂片 5~10 片，宽线形或线状椭圆形，顶端截状而具多对稍深裂的小裂片，边缘及肋脉上具稍锐利的锯齿。花序长约 30cm。果实球状倒卵形，直径 8~10mm。花期 6~7 月。

分布华南地区。生于林中。保护区玄潭坑偶见。

A78. 鸭跖草科 Commelinaceae

一至多年生草本。叶互生，叶鞘开口或闭合。蝎尾状聚伞花序或集成圆锥花序，聚伞花序单生或集成圆锥花序；顶生或腋生；花两性，萼片 3 枚，分离或仅在基部连合。果实多为室背开裂的蒴果，稀为浆果状而不裂。本科 40 属 650 种。中国 15 属 59 种。保护区 1 属 2 种。

1. 鸭跖草属 Commelina L.

一至多年生草本。叶 2 列。蝎尾状聚伞花序，花两侧对称，花瓣离生，蓝色；能育雄蕊 3 枚。蒴果包于总苞片内，2~3 室，每室有种子 1~2 颗。种子椭圆状，黑色或褐色。本属约 170 种。中国 8 种。保护区 2 种。

1. 鸭跖草 Commelina communis L.

一年生披散草本。叶披针形，总苞片边缘分离，心形，长 1.2~2.5cm。聚伞花序，下面一枝仅有花 1 朵；花瓣深蓝色。蒴果椭圆形，2 室，2 片裂，有种子 4 颗。花期较长，除冬季外其他季节都可开花。

分布华南地区。生于湿地。保护区笔架山常见。

2. 大苞鸭跖草 Commelina paludosa Blume

多年生粗壮大草本，可达 1m。叶无柄；叶片披针形至卵状披针形，两面无毛或稀被毛；叶鞘有毛或无。蝎尾状聚伞花序有花数朵；总苞片大，长达 2cm，下缘合生，鞘口无毛。蒴果 3 室。花果期 8 至翌年 4 月。

分布华南地区。生于林下及山谷溪边。保护区百足行仔山偶见。

A79. 田葱科 Philydraceae

直立多年生草本。叶基生和茎生；茎生叶互生；基生叶 2 列，线形，扁平，平行脉，基部鞘状。单或复穗状花序；花生于较大的苞腋内，两侧对称。蒴果室背开裂，稀不整齐开裂。本科 4 属 5 种。中国仅 1 种。保护区有分布。

1. 田葱属 Philydrum Banks & Sol. ex Gaertn.

多年生粗壮草本。叶剑形，2 列。穗状花序顶生；花两性，两侧对称，黄色，无花梗；花被外轮 2 片离生，内轮的在基部多少连合；胚珠多数。蒴果室背开裂。种子狭卵形呈花瓶状；种皮上有螺旋状条纹。单种属。保护区有分布。

1. 田葱 Philydrum lanuginosum Banks & Sol. ex Gaertn.

种的形态特征与属相同。

分布华南地区。生于池塘、沼泽或水田中。保护区水保等地偶见。

A80. 雨久花科 Pontederiaceae

水生或沼生草本。具根状茎或匍匐茎。叶常2列，多数具叶鞘和叶柄；叶宽线形、披针形、卵形或宽心形，平行脉明显，浮水、沉水或露出水面。总状、穗状或聚伞圆锥花序顶生；花两性，花被片6片，2轮。蒴果或小坚果。本科6属约40种，中国2属5种。保护区1属1种。

1. 雨久花属 Monochoria Presl

多年生或一年生水生或沼生草本。直立或飘浮。叶通常2列，叶片宽线形至披针形、卵形或甚至宽心形，浮水、沉水或露出水面。顶生总状、穗状或聚伞圆锥花序；花较少，只有数朵，花辐射对称，花被片离生。蒴果，室背开裂，或小坚果。本属约8种。中国4种。保护区1种。

1. 鸭舌草 Monochoria vaginalis (Burm. f.) C. Presl ex Kunth

多年生水生草本。叶披针形，长2~6cm，宽1~4cm。总状花序从叶柄中部抽出。蒴果卵形至长圆形。花期8~9月，果期9~10月。

分布华南地区。生于稻田、沟旁、浅水池塘等水湿处。保护区老洲洞偶见。

A86. 美人蕉科 Cannaceae

多年生、直立、粗壮草本。叶大，互生，有明显的羽状平行脉，具叶鞘。花两性，大而美丽，不对称，排成顶生的穗状花序、总状花序或狭圆锥花序；萼片3枚，宿存；花瓣3枚，萼状；花柱扁平或棒状。果为蒴果。种子球形。单属科，约55种。中国栽培7种。保护区1种。

1. 美人蕉属 Canna L.

属的形态特征与科相同。单种属。保护区有分布。

1.* 蕉芋 Canna edulis Ker Gawl.

种的形态特征与属相同。

分布华南地区。生于林缘。保护区有栽培。

A88. 闭鞘姜科 Costaceae

多年生草本。无芳香气味。叶片螺旋状排列，叶鞘闭合成管状。穗状花序；退化雄蕊5枚，连合成花瓣状，顶端3裂。蒴果，顶端具宿存花萼。本科7属120种。中国1属5种。保护区1属1种。

1. 闭鞘姜属 Costus L.

多年生草本。根茎块状平卧；地上茎通常很发达，且常旋扭。叶螺旋状排列，长圆形至披针形，叶鞘闭合。穗状花序密生多花，常顶生；苞片覆瓦状排列，内有花1~2朵；花萼管状，顶端3裂。蒴果球形或卵形。本属约90种。中国5种。保护区1种。

1. 闭鞘姜 Costus speciosus (Koen.) Sm.

多年生草本。叶螺旋状排列，长圆形或披针形，顶端渐尖或尾状渐尖，叶背密被绢毛。穗状花序从茎端生出。蒴果稍木质，红色。花期7~9月，果期9~11月。

分布华南地区。生于疏林下、山谷阴湿地、路边草丛。保护区山麻坑偶见。

A89. 姜科 Zingiberaceae

多年生草本。具根状茎,地上茎基部常具鞘,有香气。叶基生或茎生,有叶舌。花两性,单生或成穗状、总状或圆锥花序,两侧对称,具苞片。蒴果浆果状。种子有假种皮。本科约50属1300种。中国20属216种。保护区4属9种。

1. 山姜属 Alpinia Roxb.

多年生草本。具根状茎,地上茎发达。叶长圆形或披针形。圆锥、总状或穗状花序顶生;花较疏,总苞片佛焰苞状,侧生退化雄蕊小或无。蒴果干燥或肉质。种子有假种皮。本属约230种。中国约51种。保护区5种。

1. 红豆蔻 Alpinia galanga (L.) Willd.

多年生草本。叶长圆形或披针形,两面无毛或仅背面被长毛。圆锥花序密生多花,花序轴被毛,花绿白色,花萼筒状,花冠裂片长圆形。蒴果长圆形,棕红色或枣红色。花期5~8月,果期9~11月。

分布华南地区。生于山野沟谷阴湿林下或灌木丛中和草丛中。保护区扫管塘偶见。

2. 海南山姜 Alpinia hainanensis K. Schum.

多年生草本。叶片带形,顶端渐尖并有一旋卷的尾状尖头,基部渐狭,两面均无毛。总状花序中等粗壮,被绢毛。果为蒴果。种子有假种皮。花期4~6月,果期5~8月。

分布华南地区。生于林中。保护区蒸狗坑偶见。

3. 华山姜 Alpinia oblongifolia Hayata

多年生草本。叶披针形或卵状披针形,两面无毛;叶舌膜质狭窄圆锥花序。果球形。花期5~7月,果期6~12月。

分布华南地区。生于林中。保护区笔架山偶见。

4. 密苞山姜 Alpinia stachyodes Hance

多年生草本。叶片椭圆状披针形,顶端渐尖,边缘及顶端密被绒毛;叶柄、叶舌及叶鞘均被绒毛。穗状花序花多,密生;苞片长圆形。果球形。花果期6~8月。

分布华南、西南地区。生于山谷中密林阴处。保护区青石坑水库偶见。

5. 艳山姜 Alpinia zerumbet (Pers.) B. L. Burtt. & R. M. Sm.

草本。叶披针形,两面无毛。圆锥花序呈总状式,下垂,花黄色,有紫红色花纹。蒴果卵圆形,被粗毛。花期4~6月,果期7~10月。

分布华南地区。常作栽培。保护区斑鱼咀、笔架山偶见。

2. 豆蔻属 Amomum Roxb.

多年生草本。叶片长圆状披针形、长圆形或线形,叶舌不裂或顶端开裂，具长鞘。穗状花序，花序单生于根状茎发出的花葶上；花序无总苞片，每一苞片内均有花，侧生退化雄蕊小。蒴果具翅或柔刺。种子有辛香味。本属 150 余种。中国 39 种。保护区 1 种。

1.* 砂仁 Amomum villosum Lour.

多年生草本。株高 1.5~3m。叶披针形，长 20~30cm，宽 3~7cm，两面无毛，叶舌长 3~5mm。穗状花序椭圆形，被褐色短绒毛。果皮有长 1~1.5mm 的软刺。花期 5~6 月，果期 8~9 月。

分布华南地区。栽培或野生于山地阴湿处。保护区有少量栽培。

3. 姜黄属 Curcuma L.

多年生草本。有肉质、芳香的根茎，有时根末端膨大呈块状。叶大型，通常基生，叶片阔披针形至长圆形，稀为狭线形。穗状花序具密集的苞片，呈球果状，先于叶或与叶同出；花冠管漏斗状。蒴果球形。种子小。本属 50 余种。中国约 4 种。保护区 2 种。

1. 郁金 Curcuma aromatica Salisb.

多年生草本。根茎肉质，肥大，椭圆形或长椭圆形。叶基生，椭圆形或长椭圆形，背面被糙伏毛。花葶单独由根茎抽出，与叶同时发出或先于叶而出；花葶被疏柔毛；花冠管漏斗形。花期 4~6 月。

分布华南地区。栽培或野生于林下。保护区三牙石偶见。

2.* 姜黄 Curcuma longa L.

多年生草本。根茎很发达，成丛；根粗壮，末端膨大呈块根。叶每株 5~7 片，叶片长圆形或椭圆形，两面均无毛。花葶由叶鞘内抽出，总花梗长 12~20cm；穗状花序圆柱状；苞片卵形或

长圆形；花冠淡黄色。花期 8 月。

分布华南地区。喜生于向阳的地方。保护区有栽培。

4. 姜属 Zingiber Boehm.

多年生草本。根茎块状；地上茎直立。叶 2 列，叶片披针形至椭圆形。穗状花序球果状；小苞片佛焰苞状；侧生退化雄蕊与唇瓣合生，致使唇瓣具 3 裂片，药隔顶端有包卷着花柱的钻形附属体。蒴果开裂。本属约 100~150 种。中国 42 种。保护区 1 种。

1.* 姜 Zingiber officinale Roscoe

多年生草本。叶 2 列，线状披针形，长 15~30cm，无毛，无柄；叶舌膜质。穗状花序球果状；花冠黄绿色。花期秋季。

分布华南地区。常作栽培。保护区有栽培。

A93. 黄眼草科 Xyridaceae

草本。叶常丛生于基部，2 列或少数作螺旋状排列。头状或穗状花序，花葶直立坚挺；苞片覆瓦状排列；花瓣较大，有长爪。蒴果室背开裂。种子小，具纵条纹。本科 4 属约 270 种。中国 1 属 6 种。保护区 1 属 1 种。

1. 黄眼草属 Xyris L.

草本。叶常丛生于基部，2 列或少数作螺旋状排列，叶鞘常有膜质边缘。头状花序，花葶圆柱形至压扁，有时具翅或棱。蒴果室背开裂为 3 瓣。保护区 1 种。

1. 硬叶蔥草 Xyris complanata R. Br.

多年生草本。叶厚而坚挺，线形，叶干有明显突起的横脉。

头状花序长圆状卵形至圆柱形；花莛无明显的沟槽，扁平，两侧加厚。蒴果卵形。花期 8~9 月，果期 9~10 月。

分布华南地区。生于低海拔荒地、田野上。保护区五指山山谷偶见。

A94. 谷精草科 Eriocaulaceae

一至多年生草本。叶狭窄，质薄，常具半透明方格状"膜孔"。头状花序，花莛很少分枝，细长；花小，多数，单性，辐射对称或两侧对称，集生于光秃或具密毛的总（花）托上，常为雌花与雄花同序；花萼合成佛焰苞状。蒴果室背开裂。种子棕红色或黄色。本科约 10 属 1150 种。中国 1 属约 35 种。保护区 1 属 5 种。

1. 谷精草属 Eriocaulon L.

沼泽生或水生草本。茎常短至极短，稀伸长。叶丛生狭窄，膜质，常有"膜孔"。头状花序；雄花花萼常合生成佛焰苞状，偶离生；雌花萼片 3 或 2 片，离生或合生；花瓣离生；子房 3~1 室。蒴果，室背开裂，每室含 1 颗种子。本属约 400 种。中国约 35 种。保护区 4 种。

1. 毛谷精草 Eriocaulon australe R. Br.

大型草本。高达 1m。叶狭带形，长 10~45cm，宽 2~3mm，丛生。花序熟时近球形，直径约 6mm，灰白色，坚实，不压扁，总花托密被毛。种子卵圆形。花果期夏秋季。

分布华南地区。生于水塘、湿地。保护区古斗林场附近偶见。

2. 谷精草 Eriocaulon buergerianum Körn.

草本。高 10~35cm。叶线形，丛生，半透明，长 3~16cm，宽 2~5mm，具横格。花莛多数，长达 25（~30）cm，扭转，具 4~5 棱；鞘状苞片长 3~5cm；花序熟时近球形，禾秆色，直径 4~6mm；苞片背密被粗白毛。种子矩圆状。花果期 7~12 月。

分布华南地区。生于稻田、水边。保护区扫管塘偶见。

3. 南投谷精草 Eriocaulon nantoense Hayata

草本。植株高 15cm。叶线形，长 2.5~4cm，宽 1.2~2mm。花序球形，直径 4~5mm；总花托密被毛；雌花萼分离，舟状。蒴果，室背开裂。

分布华南、西南地区。多生于山区浅池塘或沼泽地。保护区青石坑水库偶见。

4. 华南谷精草 Eriocaulon sexangulare L.

大型草本。高 20~60cm。叶丛生，线形，叶长 10~32cm，宽 4~10mm。花莛 5~20，扭转；花序熟时近球形，直径 6.5mm。总花托被毛，雄花萼合生成佛焰苞状，顶端 3 浅裂。花果期夏秋至冬季。

分布华南地区。生于水坑、池塘、稻田。保护区五指山、林场发电站偶见。

5. 菲律宾谷精草 Eriocaulon truncatum Buch.-Ham. ex Mart.

草本。高 4~16cm。叶线形，长 3~8cm，宽 2~5mm，半透明。花莛 5~10，扭转，具棱；花序半球形，直径 3~4mm；总花托疏被毛，雄花萼合生成佛焰苞状，顶端 2~3 浅裂。花果期 5~12 月。

分布华南地区。生于溪边和草地。保护区北峰山、笔架山等地偶见。

A97. 灯芯草科 Juncaceae

一至多年生草本。茎丛生，具纵沟。叶基生或茎生，线形、圆筒形或披针形。花单生，穗状或头状花序顶生或腋生，花两性。蒴果室背开裂。种子卵球形。本科约 8 属 400 余种。中国 2 属 92 种。保护区 1 属 3 种。

1. 灯心草属 Juncus L.

草本。茎丛生，直立，具纵沟。叶基生和茎生，叶片边缘无毛；叶鞘开放，边缘稍膜质，有叶耳或无。聚伞或头状花序顶生或假侧生，花被淡绿色或褐色，花被片 6 片。蒴果 3 瓣裂，1 室或 3 室。种子卵球形。本属约 240 种。中国 76 种。保护区 2 种。

1. 灯心草 Juncus effusus L.

多年生草本。根状茎粗壮横走，茎丛生，直立。叶退化为刺芒状，仅具叶鞘包围茎基部。聚伞花序假侧生，花被片线状披针形，黄绿色。蒴果长圆形，3 室。种子卵状长圆形。花期 4~7 月，果期 6~9 月。

分布华南地区。生于河边、池旁、水沟、稻田旁、草地及沼泽湿处。保护区镇盖山至斑鱼咀偶见。

2. 笄石菖 Juncus prismatocarpus R. Br.

多年生草本。植株较高大，高 30~50cm。茎扁平。基生叶少；茎生叶 2~4 枚；叶片线形通常扁平，宽 2~3mm。花序由 5~30 个头状花序组成，排列成顶生复聚伞花序。蒴果小。花期 3~6 月，果期 7~8 月。

分布华南地区。生于田地、溪边、路旁沟边、疏林草地以及山坡湿地。保护区老洲洞偶见。

3. 圆柱叶灯心草 Juncus prismatocarpus R. Br. subsp. teretifolius K. F. Wu

与原种的主要区别：叶圆柱形，有时干后稍压扁，具明显的完全横隔膜，单管。蒴果三棱状圆锥形。

分布江苏、浙江、广东、云南、西藏。生于山坡林下、灌丛、沟谷水旁湿润处。保护区双孖鲤鱼坑偶见。

A98. 莎草科 Cyperaceae

多年生草本，较少为一年生。多具根状茎或匍匐茎，秆三棱形。叶基生或秆生，常具闭合叶鞘和狭长叶片。小穗一至多花，花两性或单性，雌雄同株。小坚果三棱状或球形。本科 106 属 5400 余种。中国 33 属 865 种。保护区 17 属 50 种。

1. 球柱草属 Bulbostylis Kunth

一年生或多年生草本。叶正常，或退化仅存叶鞘。小穗排成侧枝聚伞花序，小穗上的鳞片螺旋状排列，小穗有多数结实的两性花，花被退化，无下位刚毛；花两性，花柱基部小球状或盘状，宿存，与子房连接处有关节或缢缩。坚果。本属约 100 种。中国 3 种。保护区 1 种。

1. 球柱草 Bulbostylis barbata (Rottb.) C. B. Clarke

一年生草本。叶纸质，线形，长 4~8cm，宽 0.4~0.8mm。小穗披针形或卵状披针形，长 3~6.5mm，宽 1~1.5mm，具花 7~13 朵。小坚果倒卵形，表面细胞呈方形网纹。花果期 4~10 月。

分布华南地区。生于田边、沙田中的湿地上。保护区猪肝吊偶见。

2. 薹草属 Carex L.

多年生草本。具根状茎，秆丛生或散生，直立，三棱形，基部具无叶片的鞘。叶基生或兼具秆生叶。花单性，单朵雌雄花组成 1 个支小穗才，雌花被先出叶所形成的果囊包裹。小坚果三棱状或平凸状。本属 2000 多种。中国 527 种。保护区 10 种。

1. 广东薹草 Carex adrienii E. G. Camus

多年生草本。根状茎近木质。叶片狭椭圆形、狭椭圆状倒披针形，长 25~35cm，宽 2~3cm，叶背被粗毛。圆锥花序复出；支花序近伞房状，单生或双生；小穗雄雌顺序。小坚果卵形，三棱形。花果期 5~6 月。

分布华南地区。生于常绿阔叶林林下、水旁或阴湿地。保护区笔架山偶见。

2. 中华薹草 Carex chinensis Retz.

草本。根状茎短。秆丛生。叶长于秆，宽 3~9mm，边缘粗糙，革质。小穗 4~5 个，顶生 1 个雄性，侧生小穗雌性；雄花鳞片倒披针形，顶端具短芒。果囊长于鳞片，斜展，菱形或倒卵形。花果期 4~6 月。

分布华南地区。生于山谷阴处、溪边岩石上和草丛中。保护区串珠龙偶见。

3. 十字薹草 Carex cruciata Wahl.

多年生草本。高 40~90cm，具匍匐枝。叶基生和秆生，长于秆，扁平，下面粗糙，上面光滑，边缘具短刺毛。苞片叶状。圆锥花序复出。果囊肿胀三棱形。花果期 5~11 月。

分布华南地区。生于林边或沟边草地、路旁、火烧迹地。保护区瓶尖偶见。

4. 隐穗薹草 Carex cryptostachys Brongn.

草本。根状茎木质。秆侧生，扁三棱形，花葶状。叶长于秆，两面平滑，革质。苞片刚毛状，小穗长圆形或圆柱形，两性。果囊微三棱状。小坚果三棱状菱形。花期冬季，翌年春季结果。

分布华南地区。生于密林下湿处、溪边。保护区扫管塘等地偶见。

5. 签草 Carex doniana Spreng.

草本。根状茎短。叶稍长或近等长于秆，宽 5~12mm，有小横脉。小穗 3~6 个，顶生小穗为雄小穗，侧生小穗为雌小穗。果囊无毛，有长喙；小坚果稍松地包于果囊内。花果期 4~10 月。

分布华南地区。生于溪边、沟边、林下、灌木丛和草丛中潮湿处。保护区偶见。

6. 长梗薹草 Carex glossostigma Hand.-Mazz.

草本。根状茎较粗壮而长。小穗雄雌顺序，长 2~3cm，雄花部分长约为小穗的 1/4~1/2，大多数明显短于雌花部分。果囊三棱形，长约 3mm；小坚果紧包于果囊中，椭圆形。花果期 5~7 月。

分布华南地区。生于林下阴湿处。保护区螺塘水库、玄潭坑偶见。

7. 长囊薹草 Carex harlandii Boott

多年生草本。根状茎粗短。茎侧生。不育叶长于秆，平展，上部边缘粗糙，先端渐尖，革质。顶生小穗雄性，雌性小穗圆柱形，长 4~8cm，多花。果囊膜质，顶端的喙直，果棱中部缢缩。花果期 4~7 月。

分布华南地区。生于林下和灌木丛中、溪边。保护区客家仔行偶见。

8. 密苞叶薹草 Carex phyllocephala T. Koyama

多年生草本。秆高 20~60cm。叶宽 8~15mm，背面具明显的小横隔脉。苞片叶状，具很短的苞鞘。小穗 6~10 枚，顶生小穗为雄小穗；其余小穗为雌小穗。果囊密被短硬毛；小坚果棱上中部不缢缩。花果期 6~9 月。

分布华南地区。生于林下、路旁、沟谷等潮湿地。保护区三牙石等地偶见。

9. 花葶薹草 Carex scaposa C. B. Clarke

多年生草本。叶基生和秆生；基生叶丛状，各式椭圆状，基部渐狭成柄，有时具隔节。圆锥花序复出；枝花序为圆锥花序，小穗雌雄顺序，小穗雄花短于雌花。坚果。花果期5~11月。

分布华南地区。生于常绿阔叶林林下、水旁、山坡阴处或石灰岩山坡峭壁上。保护区长塘尾偶见。

10. 柄果薹草 Carex stipitinux C. B. Clarke ex Franch.

多年生草本。根状茎短木质。秆丛生，高65~100cm。小穗多数，最顶端1个小穗纯雄性，其余全为雄雌顺序。果囊近于直立，椭圆形，长约3mm，上部被白色短硬毛。花果期6~9月。

分布华南地区。生于山坡、山谷的疏密林下或灌木丛中或路旁阴处。保护区斑鱼咀偶见。

3. 莎草属 Cyperus L.

一年生或多年生草本。秆直立。叶具鞘。小穗几个至多数，小穗轴宿存，通常具翅；鳞片2列；花柱基部不增大，柱头3。小坚果三棱形。本属约600种。中国62种。保护区5种。

1. 砖子苗 Cyperus cyperoides (L.) Kuntze

草本。根状茎短。秆疏丛生，高10~50cm。叶状苞片5~8枚，通常长于花序；长侧枝聚伞花序简单，具6~12个或更多些辐射枝；穗状花序圆筒形或长圆形。小坚果狭长圆形，三棱形。花果期4~10月。

分布华南地区。生于山坡阳处、路旁草地、溪边以及松林下。

保护区古斗林场常见。

2. 多脉莎草 Cyperus diffusus Vahl

草本。叶片一般较宽，最宽达2cm，粗糙。长侧枝聚伞花序多次复出；小穗数目较多，轴具狭翅。小坚果长为鳞片的3/4，深褐色。

分布广东、广西和云南。生于山坡草丛中或河边潮湿处。保护区禾叉坑偶见。

3. 畦畔莎草 Cyperus haspan L.

一年生草本。根状茎短，秆丛生或散生，棱形。叶短于秆，叶状苞片2片。聚伞花序，小穗3~6个排于枝顶，放射状排列，有长短不等伞梗。小坚果宽倒卵形或三棱状。花果期几乎全年。

分布华南地区。多生于水田或浅水塘等多水的地方，山坡上亦能见到。保护区黄蜂腰偶见。

4. *风车草 Cyperus involucratus Rottb.

多年生草本。植株无叶。小穗少数，长侧枝花序疏展，有长短不等的伞梗；总苞片 10~24 片。花果期 5~12 月。

原产非洲。生于森林、草原地区的大湖、河流边缘的沼泽中。保护区有栽培。

5. 碎米莎草 Cyperus iria L.

一年生草本。秆扁三棱形。叶短于秆，宽 2~5mm。小穗具花 6~22 朵，长侧枝聚伞花序复出，穗状花序轴伸长，小穗轴无翅。小坚果倒卵或椭圆状三棱形。花果期 6~10 月。

分布华南地区。生于田间、山坡、路旁阴湿处。保护区古兜林场偶见。

4. 裂颖茅属 Diplacrum R. Br.

一年生细弱草本。叶秆生，线形，短，具鞘，不具叶舌。聚伞花序短缩成头状，从叶鞘中抽出；小穗较小，花单性，雌雄异穗；雌小穗生于分枝顶端，具 2 片鳞片和 1 朵雌花；雄小穗侧生于雌小穗下面。小坚果小，球形。本属约 6 种。中国 1 种。保护区有分布。

1. 裂颖茅 Diplacrum caricinum R. Br.

一年生草本。无根状茎。秆高 10~40cm。叶鞘具狭翅，无叶舌。秆的每节有 1~2 个小头状聚伞花序，雌花无果囊包裹；小穗全部单性。小坚果球形，基部有基盘，被 2 对鳞片包围。花果期 9~10 月。

分布华南地区。生于田边、旷野水边和庇荫山坡。保护区

大柴堂偶见。

5. 荸荠属 Eleocharis R. Br.

一至多年生草本。根状茎不发育或短，常匍匐。小穗 1 个，顶生，鳞片螺旋状排列，小穗有多数结实的两性花；花被片为下位刚毛；花两性，花柱基部膨大，与子房连接处有关节或缢缩。小坚果。本属约 150 多种。中国 20 多种。保护区 2 种。

1. 假马蹄 Eleocharis ochrostachys Steud.

多年生草本。匍匐根状茎细长。小穗圆柱状，长 2~4cm，直径 4mm，与茎宽等宽，鳞片多脉，近阔卵形，长大于宽。小穗基部的一片鳞片宽卵形。小坚果宽倒卵形。花果期 9~10 月。

分布华南地区。多半生于水田中、池塘边。保护区老洲洞偶见。

2. 牛毛毡 Eleocharis yokoscensis (Franch. & Sav.) Tang & F. T. Wang

多年生草本。匍匐根状茎非常细。秆多数，细如毫发，密丛生如牛毛毡，高 2~12cm。小穗卵形；柱头 3。小坚果狭长圆形，无棱，表面细胞包呈横矩形网纹。花果期 4~11 月。

分布华南地区。多半生于水田中、池塘边或湿黏土中。保护区客家仔行偶见。

6. 飘拂草属 Fimbristylis Vahl

一至多年生草本。秆丛生或不丛生，较细。叶基生，偶无叶片；叶正常，或退化仅存叶鞘。聚伞花序顶生，小穗上的鳞片螺旋状排列。小穗有多数结实的两性花，花柱基部小三棱状，脱落，与子房连接处有关节或缢缩。本属约 300 多种。中国 50 余种。保护区 9 种。

1. 复序飘拂草 Fimbristylis bisumbellata (Forssk.) Bubani

一年生草本。长侧枝聚伞花序复出或多次复出，松散，具

4~10个辐射枝；辐射枝纤细，最长达4cm。小穗长圆状卵形、卵形或长圆形；花柱长而扁。花果期7~9月，个别地区开花期长至11月。

分布华南地区。生于河边、沟旁、山溪边、沙地或沼地。保护区禾叉坑偶见。

2. 两歧飘拂草 Fimbristylis dichotoma (L.) Vahl

多年生草本。根状茎短，茎基部的叶鞘无叶片。叶线形，略短于秆或等长。聚伞花序，长侧枝简单，鳞片螺旋状排列；苞片3~4片；小穗卵形、椭圆形。小坚果宽倒卵形。花果期7~10月。

分布华南地区。生于稻田或空旷草地上。保护区崖南公社海边偶见。

3. 暗褐飘拂草 Fimbristylis fusca (Nees) Benth.

多年生草本。无根状茎。秆丛生，高20~40cm，具根生叶。叶线形，长5~15cm，宽1~3mm。长侧枝聚伞花序复出；小穗单生于辐射枝顶端，披针形或长圆状披针形。小坚果倒卵形。花果期6~9月。

分布华南地区。生于山顶、草坡、草地、农田中。保护区黄蜂腰、瓶尖等地偶见。

4. 水虱草 Fimbristylis littoralis Gamdich

多年生草本。无根状茎。秆丛生，高（1.5~）10~60cm，基部包着1~3个无叶片的鞘。长侧枝聚伞花序复出或多次复出，有许多小穗；辐射枝3~6个；小穗单生于辐射枝顶端，鳞片膜质。小坚果倒卵形或宽倒卵形，钝三棱形。花果期5~10月。

分布华南地区。生于稻田或空旷草地上。保护区八仙仔偶见。

5. 长穗飘拂草 Fimbristylis longispica Steud.

多年生草本。植株无毛，根状茎短。秆丛生。叶短于秆，宽1.5~2.5mm。长侧枝聚伞花序复出、多次复出或简单；长侧枝聚缴花序复出、多次复出或简单，有3~6个辐射枝；小穗单生于辐射枝顶端，长6~20mm。小坚果圆倒卵形。花果期8~9月。

分布华南地区。生于海边或坡脚湿地。保护区三牙石偶见。

6. 细叶飘拂草 Fimbristylis polytrichoides (Retz.) R. Br.

一年生或短命多年生草本。茎基部的叶鞘无叶片；叶舌为1圈短毛。长侧枝简单，鳞片螺旋状排列；1(~2)小穗，长圆形；花柱扁平，柱头2枚。

分布福建、台湾、广东、海南。生于海边湿润的盐土上或水田中。保护区玄潭坑偶见。

7. 五棱秆飘拂草 Fimbristylis quinquangularis (Vahl) Kunth

多年生草本。无根状茎或具很短根状茎。秆丛生，由叶腋抽出，具5棱，高14~70cm；鞘管状，鞘口斜，长3~17cm。叶1~3片。苞片4枚，刚毛状；长侧枝聚伞花序多次复出。花果期8~10月。

分布华南、西南地区。生于沟边、水稻田边。保护区山麻坑偶见。

8. 锈鳞飘拂草 Fimbristylis sieboldii Miq. ex Franch. & Sav.

多年生草本。秆矮，高 10~30cm，较细弱。长侧枝聚伞花序通常只有 1~2 个小穗，间有 3 个小穗，极少有 4~5 个小穗。长侧枝聚伞花序简单。小坚果倒卵形或宽倒卵形。花果期 7~9 月。

分布华南、华东地区。生于沟边。保护区玄潭坑偶见。

9. 四棱飘拂草 Fimbristylis tetragona R. Br.

多年生草本。根状茎不发达。秆密丛生，高 8~60cm，四棱形。叶鞘顶端斜截形，具棕色膜质的边。小穗单个，生于秆的顶端，具多数花；鳞片紧密地螺旋状排列。小坚果狭长圆形。花果期 9~10 月。

分布华南地区。多生于沼泽地里。保护区蒸狗坑偶见。

7. 芙兰草属 Fuirena Rottb.

一年生或多年生草本。植物体通常被毛。秆丛生或近丛生。叶狭长，鞘具膜质叶舌。长侧枝聚伞花序简单或复出，组成狭圆锥花序；小穗聚生成圆簇，具少数至多数两性花；鳞片螺旋状排列；花柱基部与子房连生。本属 30 多种。中国 3 种。保护区 1 种。

1. 芙兰草 Fuirena umbellata Rottb.

多年生草本。根状茎短。秆近丛生，近五棱形，高 60~120cm，基部膨大成长圆状卵形的球茎；球茎黄绿色。苞片叶状；小苞片刚毛状；圆锥花序狭长。小坚果倒卵形，三棱形。花果期 6~11 月。

分布华南地区。生于湿地草原、河边等处。保护区禾叉坑偶见。

8. 黑莎草属 Gahnia J. R. Forst. & G. Forst.

多年生草本。秆高而粗壮。叶席卷呈圆柱状或线形，叶有背、腹之分，有明显的中脉。圆锥花序大而疏散或呈穗状，花两性，雄蕊 3 枚，小穗有 1~3 朵能结实的两性花，花柱基部不膨大而脱落。本属 30 余种。中国 3 种。保护区 2 种。

1. 散穗黑莎草 Gahnia baniensis Benl

多年生草本。植株基部黄绿色。叶狭长，硬纸质，宽 8mm。圆锥花序松散；小穗长 4~5mm，具 7~8 鳞片。小坚果红褐色，椭圆形，长约 3mm，光滑有光泽。花期及果期 8~9 月。

分布华南地区。生于草地、水边等。保护区山麻坑偶见。

2. 黑莎草 Gahnia tristis Nees

多年生草本。秆粗壮，空心，有节。植株基部黑褐色。叶基生和秆生；叶片狭长，边缘通常内卷，边缘及背面具刺状细齿。圆锥花序紧缩成穗状。小坚果倒卵状长圆形。花果期 3~12 月。

分布华南、西南部分地区。生于干燥的荒山坡或山脚灌木丛中。保护区玄潭坑偶见。

9. 割鸡芒属 Hypolytrum L. C. Rich.

多年生草本。茎三棱柱形，无横隔。基生叶2列，叶片平展。穗状花序排成伞房状圆锥，小苞片鳞片状；花单性，雌花下无空鳞片，柱头2枚。小坚果基部无基盘。本属60余种。中国4种。保护区2种。

1. 海南割鸡芒 Hypolytrum hainanense (Merr.) Tang & F. T. Wang

多年生草本。根状茎木质。叶线形，向顶端渐狭。花苗具秆，秆三棱形，高30~40cm；穗状花序密聚成头状；鳞片螺旋状覆瓦式排列，长圆状倒卵形。小坚果宽倒卵形或卵形。花果期5~8月。

分布华南地区。生于山上干燥的地方。保护区青石坑水库偶见。

2. 割鸡芒 Hypolytrum nemorum (Vahl) Spreng

多年生草本。根状茎粗短，中生，匍匐或斜升。秆高30~90cm，具3~5片基生叶和1片秆生叶。叶线形，近革质，上部边缘具细刺。最下一片苞片远长于花序，长15~30cm。小坚果圆卵形顶。花果期4~8月。

分布华南、西南地区。生于林中湿地或灌木丛中。保护区车桶坑偶见。

10. 鳞籽莎属 Lepidosperma Labill.

多年生草本。秆圆柱状，直立粗壮。叶基生，有叶鞘，叶片圆柱状，叶无背、腹之分，无明显的中脉。圆锥花序具多数小穗，小穗鳞片螺旋状排列，花被片鳞片状，下部连合呈基盘状；花柱基部不膨大。本属约50种。中国1种。保护区1种。

1. 鳞籽莎 Lepidosperma chinense Nees & Meyen ex Kunth

多年生草本。秆丛生，茎圆柱状，长达130cm。叶圆柱状，基生，叶无背、腹之分，无明显的中脉。圆锥花序紧缩成穗状；小穗具5片鳞片，有花1~2朵。小坚果椭圆形。花果期5~12月。

分布华南地区。生于山边、山谷疏荫下、湿地和溪边。保护区大围山偶见。

11. 湖瓜草属 Lipocarpha R. Br.

一年生或多年生草本。叶基生，叶片平张。苞片叶状；穗状花序2~5个簇生呈头状；穗状花序具多数鳞片和小穗；小穗具2片小鳞片和1朵两性花；雄蕊2枚；柱头3。小坚果三棱形、双凸状或平凸状。本属10余种。中国产3种。保护区2种。

1. 华湖瓜草 Lipocarpha chinensis (Osbeck) J. Kern

丛生矮小草本。无根状茎。秆纤细，高10~20cm。叶片纸质，狭线形，长为秆的1/4或1/2，宽0.7~1.5mm。小苞片鳞片状；

穗状花序 2~3（~4）个簇生。小坚果小，长圆状倒卵形。花果期 6~10 月。

分布华南地区。生于水边和沼泽中。保护区黄蜂腰、瓶尖偶见。

2. 湖瓜草 Lipocarpha microcephala (R. Br.) Kunth

草本。叶基生，狭线形，长为秆长的 1/4~1/2，边缘内卷，先端尾状。穗状花序 2~4 个簇生，绿色或紫褐色；小总苞片淡绿色，顶端尾状尖，尖头外弯。小坚果草黄色。花果期 8~10 月。

分布华南地区。生于水边和沼泽中。保护区笔架山偶见。

12. 扁莎属 Pycreus P. Beauv.

一年生或多年生草本。小穗排列成穗状或头状；小穗基部无关节，鳞片在果熟后由下而上依次脱落。小坚果两侧压扁，棱向小穗轴，双凸状。本属 70 余种。中国 10 余种。保护区 1 种。

1. 多枝扁莎 Pycreus polystachyos (Rottb.) P. Beauv.

一年生或短命多年生草本。植株高 20~60cm。根状茎短，具许多须根。长侧枝聚伞花序简单，伞梗 5~8 枚；小穗宽 1~2mm，小穗直立，鳞片两侧无槽，顶端钝，不外弯。小坚果两面无凹槽。花果期 5~10 月。

分布华南地区。生于密荫潮湿沙土上。保护区青石坑水库偶见。

13. 刺子莞属 Rhynchospora Vahl

多年生草本。秆三棱形或圆柱状。叶基生或秆生，具合生的鞘。苞片叶状，具鞘。圆锥花序或头状花序，鳞片紧包。小坚果扁，双凸状，具花纹或刺状突起。本属 250 余种。中国 8 种。保护区 5 种。

1. 华刺子莞 Rhynchospora chinensis Nees & Meyen

多年生草本。根状茎极短。秆丛生，高 25~60cm。叶基生和秆生，狭线形，宽 1.5~2.5mm。圆锥花序由顶生和侧生伞房状长侧枝聚伞花序所组成，具多数小穗；小穗通常 2~9 个簇生成头状。花果期 5~10 月。

分布华南地区。生于沼泽或潮湿的地方。保护区扫管塘偶见。

2. 三俭草 Rhynchospora corymbosa (L.) Britton

多年生高大草本。秆直立，高 60~100cm，三棱形。叶狭长，线形，边缘粗糙。圆锥花序由顶生或侧生伞房状长侧枝聚伞花序所组成，复出。小坚果长圆倒卵形。花果期 3~12 月。

分布华南地区。生于溪旁或山谷湿草地中。保护区斑鱼咀偶见。

3. 日本刺子莞 Rhynchospora malasica C. B. Clarke

多年生高大草本。小穗的顶端或中部具一至少数两性花或单性花；下位刚毛存在或变为鳞片状。小坚果双凸状，三棱形或圆筒状，顶端一般无明显的喙，少有具明显的喙。花果期 9~10 月。

分布华南地区。生于开阔草甸、湖边。保护区青石坑水库、常见。

4. 刺子莞 Rhynchospora rubra (Lour.) Makino

多年生草本。秆丛生，无鞘。叶基生，叶片狭长，纸质。苞片 4~10 枚，不等长。头状花序单个顶生，具多数小穗；小穗有花 2~3 朵。小坚果倒卵形双凸状。花果期 5~11 月。

分布华南地区。保护区林场附近偶见。

5. 白喙刺子莞 Rhynchospora rugosa (Vahl) Gale subsp. brownii (Roem. & Schult.) T. Koyama

多年生草本。根状茎极短。秆丛生，直立，高 30~50cm。叶鞘闭合，长 2.6~6cm；叶多数基生，狭线形，宽 1.5~3mm。苞片叶状；圆锥花序由顶生和侧生伞房状长侧枝聚伞花序所组成。小坚果宽椭圆状倒卵形，淡锈色。花果期 6~10 月。

分布华南地区。生于沼泽或河边潮湿的地方。保护区青石坑水库偶见。

14. 水葱属 Schoenoplectus (Rech.) Palla

一年生或多年生草本。叶片通常退化为鞘或很少发育成舌状叶片。总苞片秆状，直立。花序一种假外花药或更频繁的头状花序。小穗卵球形到椭圆体。小坚果倒卵形，光滑，先端喙与否。本属约 77 种。中国 22 种。保护区 2 种。

1. 水毛花 Schoenoplectus mucronatus (L.) Palla subsp. robustus (Miq.) T. Koyama

草本。根状茎粗短，无匍匐根状茎，具细长须根。秆丛生，高 50~120cm。苞片 1 枚，长 2~9cm；小穗（2~）5~9（~20）聚集成头状；鳞片卵形或长圆状卵形。小坚果倒卵形或宽倒卵形。花果期 5~8 月。

分布华南地区。生于水塘边、沼泽地、溪边牧草地、湖边等地。保护区客家仔行偶见。

2. 三棱水葱 Schoenoplectus triqueter (L.) Palla

草本。根状茎长匍匐。秆单生，直立，高 20~100cm。总苞片 1 片；小穗长圆形到卵球形长圆形，密被多花，先端钝；颖片淡黄棕色；椭圆形，长圆形，或宽卵形。小坚果成熟时带褐色。

分布华南地区。多生长在河边湿地上。保护区斑鱼咀偶见。

15. 赤箭莎属 Schoenus L.

多年生丛生草本。根状茎短。秆圆柱状，鞘红棕色。叶基生和秆生，扁平或三棱状半圆柱形。苞片叶状，具鞘，鞘闭合；小穗通常具 1~4 朵两性花。小坚果无喙，表面通常具网纹。本属 70~80 种。中国 3 种。保护区 2 种。

1. 长穗赤箭莎 Schoenus calostachyus (R. Br.) Poir.

多年生草本。根状茎短。秆丛生，直立。叶线形，宽 1.5~2mm，坚硬，边缘平滑或稍粗糙。总状花序松散，每节具 1 个或 2、3 个小穗；小穗披针形或卵状披针形，长约 2cm。小坚果倒卵形。花果期 7~9 月。

分布华南地区。生于山坡、林中山顶等地。保护区螺塘水库偶见。

2. 赤箭莎 Schoenus falcatus R. Br.

疏丛生草本。具粗而长的须根。秆通常高 85cm。叶基生和秆生；叶片线形，宽 1~5mm。狭圆锥花序松散，具 6~10 个分枝；小穗直立，扁，多少具小穗柄，披针形，长 7~8mm。花果期 5~7 月。

分布华南地区。生于沼泽地中。保护区螺塘水库偶见。

16. 藨草属 Scirpus L.

草本。叶扁平，很少为半圆柱状。苞片为秆的延长或呈鳞片状或叶状；长侧枝聚伞花序简单或复出，顶生或几个组成圆锥花序，或小穗成簇而为假侧生，很少只有一个顶生的小穗；小穗具少数至多数花。小坚果三棱形或双凸状。本属约 200 种。中国约 40 种。保护区 1 种。

1.百球藨草 Scirpus rosthornii Diels

草本。茎三棱状。叶基生和茎生，高出花序，宽 6~15mm。长侧枝聚伞花序有伞梗 7~12 个；总苞片叶状；柱头 2 枚。小坚果椭圆形，双凸状。

分布华南、西南、华中、华东、华北地区。生于林中、山坡和路旁。保护区禾叉坑偶见。

17. 珍珠茅属 Scleria Bergius

一年至多年生草本。具鞘。圆锥花序顶生，花单性；雌花无果囊包裹。小坚果球形，常具 3 裂或全缘的下位盘，小坚果无鳞片包围。本属约 200 种以上。中国约 20 种。保护区 3 种。

1. 华珍珠茅 Scleria ciliaris Nees

多年生草本。根状茎木质。秆疏丛生，高 70~120cm。叶舌有延伸成长 4~8mm 的膜质附属物。圆锥花序由顶生和 1~3 个相距稍远的侧生枝圆锥花序组成。花果期 12 月至翌年 4 月。

分布华南地区。生于山沟、林中、旷野草地、山顶等地。保护区玄潭坑等地常见。

2. 小型珍珠茅 Scleria parvula Steud.

一年生草本。无根状茎，具须根。秆近丛生。叶秆生，线形。具鞘圆锥花序由 2~3 个顶生和侧生枝花序所组成。小坚果近球形，白色或淡黄色。花果期 8~9 月。

分布华南地区。生于荒地、田边或草场。保护区鹅公鬓偶见。

3. 香港珍珠茅 Scleria radula Hance

多年生草本。匍匐根状茎短而粗。叶基生和秆生，基生者仅具闭合叶鞘而无叶片；秆生者具叶片，线形。圆锥花序轮廓卵形，长 2.5~6cm；小穗披针形，长 8~10mm。小坚果宽卵形或近圆形。花果期 4~7 月。

分布华南地区。生于林中、山谷、湿地。保护区石排楼偶见。

A103. 禾本科 Poaceae

植物体木本或草本。秆草质，地下茎在多年生种类中如存在时，常为匍匐茎。叶常披针形，中脉显著，小横脉常缺，无叶柄，叶与叶鞘连接处无明显的关节，故叶不在鞘上脱落。花序多样，有圆锥花序、总状花序、指状花序或穗状花序。颖果，偶有囊果。本科 700 属 10000 种。中国 200 余属 1500 种。保护区 37 属 55 种。

1. 看麦娘属 Alopecurus L.

一年生或多年生草本。秆直立，丛生或单生。叶无横脉。圆锥花序；小穗有 1 朵能育小花，颖发育，小穗 1 朵小花，外稃无芒；小穗脱节于颖之下，小穗两侧压扁，基部无柄状基盘。本属 9 种。中国有 8 种。保护区 1 种。

1. 看麦娘 Alopecurus aequalis Sobol.

一年生草本。秆少数丛生，高 15~40cm。叶鞘光滑；叶片扁平，长 3~10cm。圆锥花序紧缩成圆柱状；小穗椭圆形或卵状长圆形，长 2~3cm；颖膜质。颖果长约 1mm。花果期 4~8 月。

分布中国大部分地区。生于田边及潮湿之地。保护区八仙仔偶见。

2. 水蔗草属 Apluda L.

多年生草本。具根茎，秆直立或基部斜卧。叶片线状披针形，基部渐狭成柄状。小穗有 2 朵小花，脱节于颖之下，能育小花具 1 膝曲的芒；小穗两性，成对着生，异形异性，一有柄，一无柄；无柄小穗能育；总状花序有佛焰苞，单生，无柄小穗第一花雄性，有柄小穗正常。单种属。保护区有分布。

1. 水蔗草 Apluda mutica L.

种的形态特征与属相同。

分布西南、华南及中国台湾等地。多生于田边、水旁湿地及山坡草丛中。保护区瓶尖有分布。

3. 野古草属 Arundinella Raddi

多年生或一年生草本。秆单生至丛生。叶片线形至披针形。圆锥花序开展或紧缩成穗状，小穗有 2 朵小花，脱节于颖之上，第二外稃顶端有芒或小尖头。颖果长卵形至长椭圆形。本属约 60 种。中国 20 种。保护区 1 种。

1. 毛秆野古草 Arundinella hirta (Thunb.) Tanaka

多年生草本。秆草质，节上密被白色毛。叶片长 15~40cm，宽约 10mm。圆锥花序长 15~40cm；小穗有 2 朵小花，脱节于颖之上，第二外稃顶端有芒或小尖头。花果期 8~10 月。

分布华南、华中等地区。多生于山坡、路旁或灌丛中。保护区百足行仔山偶见。

4. 芦竹属 Arundo L.

多年生草本。具长匍匐根状茎。叶舌纸质，背面及边缘具毛；叶片宽大，线状披针形。小穗有 2 至多朵能育小花，圆锥花序，小穗轴延伸，外稃有丝状毛或无毛，基盘有较短的柔毛。本属约 3 种。中国 2 种。保护区 1 种。

1. 芦竹 Arundo donax L.

多年生草本。秆粗大直立，常生分枝。叶鞘长于节间；叶舌顶端具短纤毛；叶片扁平。圆锥花序极大型；小穗含 2~4 小花，长 8~10mm。颖果细小黑色。花果期 9~12 月。

分布华中、华南、西南等地区。生于河岸道旁、沙质壤土上。保护区双孖鲤鱼坑偶见。

5. 簕竹属 Bambusa Schreber

灌木或乔木状，地下茎合轴型。秆丛生，节间圆筒形。秆箨早落或迟落，常具箨耳 2 枚。叶顶端渐尖，基部楔形。小穗含 2 至多朵小花。颖果圆柱状。笋期夏秋两季。本属 100 余种。中国 70 余种。保护区 2 种。

1.* 佛肚竹 Bambusa ventricosa McClure

箨耳小；箨舌高 0.5~4mm；箨片基底大于箨鞘顶宽 4/5，箨顶弧拱，箨鞘背面外侧无淡色条纹；秆有正常与畸形二类。小穗有柄；雄蕊 3 枚。

分布广东。生于林中。保护区有栽培。

2.* 黄金间碧竹 Bambusa vulgaris Schrad. ex J. C. Wendland f. vittata (Rivière & C. Rivière) T. P. Yi

丛生竹。秆高 8~15m，直径 5~10cm，下部节间有黄色与绿色的纵条纹。秆壁厚。箨鞘早落，背面绿色，具宽窄不等的黄色纵条纹；箨耳等大，边缘具弯曲刚毛。小穗含 2 至多朵小花。笋期 6~8 月。

分布华南、西南地区。常作庭园栽培种。保护区有栽培。

6. 细柄草属 Capillipedium Stapf

多年生草本。秆细弱或强壮似小竹，常丛生。圆锥花序由具1至数节的总状花序组成，总状花序有无柄小穗1~5枚；小穗两性，有2朵小花，脱节于颖之下，成对着生，一有柄，一无柄，能育小花具1膝曲的芒。本属约14种。中国5种。保护区1种。

1. 细柄草 Capillipedium parviflorum (R. Br.) Stapf

簇生草本。秆高50~100cm。秆质较柔软，单一或具直立贴生的分枝。叶片多为线形，不具白粉。有柄小穗等长或较短于无柄小穗，无柄小穗的第一颖背部具沟槽。花果期8~12月。

分布华东、华中以至西南地区。生于山坡草地、河边、灌丛中。保护区黄蜂腰、瓶尖偶见。

7. 金须茅属 Chrysopogon Trin.

大多为多年生草本。叶片通常狭窄。圆锥花序顶生，疏散；分枝细弱，简单，稀可于基部再分枝，轮生于花序的主轴上；小穗通常3枚生于每一分枝的顶端。颖果线形。本属约20种。中国3种。保护区1种。

1. 竹节草 Chrysopogon aciculatus (Retz.) Trin.

多年生草本。植株高20~50cm。叶片披针形，宽4~6mm，边缘具小刺毛。圆锥花序只由顶生3小穗组成；有柄小穗基盘被短柔毛。颖果线形。

分布广东、广西、云南、中国台湾。生于山坡草地或荒野中。保护区玄潭坑偶见。

8. 小丽草属 Coelachne R. Br.

柔弱的直立或匍匐草本。具短而扁平的披针形叶片和窄狭的圆锥花序。小穗有2朵小花，脱节于颖之上，第二外稃顶端无芒，颖片缩存，长约为小穗的1/2。颖果卵状椭圆形。本属4种。中国1种。保护区1种。

1. 小丽草 Coelachne simpliciuscula (Wight & Arn.) Munro ex Benth.

一年生草本。叶片柔软，披针形，长1~3cm，宽2~5mm。圆锥花序窄狭；小穗有2朵小花，小穗脱节于颖之上，第二外稃顶端无芒，颖片缩存。颖果棕色。花果期9~12月。

分布华南、西南地区。生于潮湿的谷中或溪旁草丛中。保护区鹅公鬓偶见。

9. 弓果黍属 Cyrtococcum Stapf

一年生或多年生草本。秆下部多平卧地面。叶片线状披针形至披针形。雌雄同株，花序不形成头状花序，圆锥花序开展或紧缩，花序中无不育小枝成形的刚毛；小穗有2朵小花，脱节于颖之下，单生，同形，单生或数枚簇生，两侧压扁，第二小花基部无附属体或凹痕，第二外稃顶端钝或尖，无芒。本属约11种。中国2种。保护区2种。

1. 弓果黍 Cyrtococcum patens (L.) A. Camus

一年生草本。秆较纤细，节上生根。叶鞘常短于节间，叶片线状披针形或披针形，长3~8cm。圆锥花序紧缩，长不超过15cm，宽不过6cm；小穗柄细长，长于小穗。花果期5~10月。

分布华中、华南、西南等地区。生于丘陵杂木林或草地较阴湿处。保护区禾叉坑偶见。

2. 散穗弓果黍 Cyrtococcum patens (L.) A. Camus var. **latifolium** (Honda) Ohwi

与原种的主要区别: 叶片常宽大而薄,线状椭圆形或披针形,长 7~15cm,宽 1~2cm,近基部边缘被疣基长纤毛。圆锥花序大而开展,长可达 30cm,宽达 15cm,分枝纤细; 小穗柄远长于小穗。花果期 5~12 月。

分布华南、华中、西南等部分地区。生于山地或丘陵林下。保护区串珠龙偶见。

10. 马唐属 Digitaria Hill.

多年生或一年生草本。雌雄同株,花序不形成头状花序,穗形总状花序或指状花序; 花序中无不育小枝成形的刚毛; 小穗有 2 朵小花,脱节于颖之下,单生或 2~3 枚,同形,排列于穗轴一侧,颖和外稃无芒,第二外稃厚纸质或骨质,不内卷。本属 300 余种。中国 24 种。保护区 1 种。

1. 升马唐 Digitaria ciliaris (Retz.) Koeler.

一年生。秆基部横卧地面,高 30~90cm。总状花序 5~8 枚,小穗孪生,同形,第一颖的脉平滑,第二外稃顶端藏于第一外稃内而不外露,小穗长 2.8~3mm,第一外稃中脉两侧距离最宽。

分布中国南北各地区。生于路旁、荒野、荒坡。保护区螺塘水库偶见。

11. 稗属 Echinochloa P. Beauv.

一年生或多年生草本。叶片扁平,线形。雌雄同株,花序不形成头状花序,圆锥花序由穗形总状花序组成,小穗含 1~2

小花,背腹压扁呈一面扁平,一面凸起,单生或 2~3 个不规则地聚集于穗轴的一侧,颖草质,颖或外稃有芒,小穗背腹压扁,第二颖边缘无毛。本属约 30 种。中国有 8 种。保护区 1 种。

1. 无芒稗 Echinochloa crusgalli (L.) P. Beauv. var. **mitis** (Pursh) Peterm.

草本。秆高 50~120cm。叶片长 20~30cm,宽 6~12mm。圆锥花序直立,长 10~20cm; 小穗卵状椭圆形,长约 3mm,无芒或具极短芒,芒长常不超过 0.5mm,脉上被疣基硬毛。

分布东北、华北、西北、华东、西南及华南等地区。多生于水边或路边草地上。保护区古兜山林场偶见。

12. 䅟属 Eleusine Gaertn.

一或多年生草本。秆簇生或具匍匐茎。叶片平展或卷折。总状或指状花序,外稃 1 至 3 脉; 小穗有 3~6 朵小花,穗轴不延伸于顶生小穗之外,外稃无芒。囊果果皮膜质透明,宽椭圆形。本属 9 种。中国 2 种。保护区 1 种。

1. 牛筋草 Eleusine indica (L.) Gaertn.

一年生草本。秆丛生。叶片平展,线形; 叶鞘两侧压扁而具脊; 叶舌长约 1mm。穗状花序 2~7 个指状着生于秆顶,穗状花序弯曲,宽 8~10mm; 颖披针形。囊果卵形。花果期 6~10 月。

分布中国南北各地区。多生于荒芜之地及道路旁。保护区古兜山林场常见。

13. 画眉草属 Eragrostis Wolf

一或多年生草本。秆常丛生。株高 20~60cm。叶线形。圆锥花序,小穗有 2 至多朵能育小花,小穗轴延伸,外稃有 3 脉,小穗单生，有柄，非排列于穗轴的一侧。颖果球形或扁，与稃体分离。本属约350种。中国约32种。保护区4种。

1. 鼠妇草 Eragrostis atrovirens (Desf.) Trin. ex Steud.

多年生草本。秆高50~100cm，第二、三节处常有分枝。叶鞘光滑，鞘口有毛；叶片扁平或内卷，上面近基部偶疏生长毛。圆锥花序开展，小花不随小穗轴脱落，小花外稃和内稃同时脱落。夏秋抽穗。

分布华南、西南等地区。多生于路边和溪旁。保护区玄潭坑偶见。

2. 大画眉草 Eragrostis cilianensis (All.) Link ex Vignolo-Lutati

一年生草本。植物体有腺体。叶片线形扁平，伸展，长6~20cm，宽2~6mm。圆锥花序长圆形或尖塔形，长5~20cm，小花不随小穗轴脱落，小花外稃与内稃迟脱落或宿存。花果期7~10月。

分布全国各地。生于荒芜草地上。保护区禾叉坑常见。

3. 画眉草 Eragrostis pilosa (L.) P. Beauv.

一年生草本。叶片线形扁平或卷缩，长6~20cm，宽2~3mm。圆锥花序开展或紧缩，小花不随小穗轴脱落，小花外稃与内稃迟脱落或宿存，第一颖无脉，花序分枝腋间有毛。花果期8~11月。

分布全国各地。多生于荒芜田野草地上。保护区斑鱼咀偶见。

4. 鲫鱼草 Eragrostis tenella (L.) P. Beauv. ex Roem. & Schult.

草本。秆具条纹。叶舌为一圈短纤毛。圆锥花序开展；小

穗柄上有腺点；内稃脊具长纤毛。颖果长圆形，深红色。

分布湖北、福建、台湾、广东、广西等地区。生于田野或荫蔽之处。保护区蒸狗坑等地偶见。

14. 蜈蚣草属 Eremochloa Buse

多年生细弱草本。总状花序单生秆顶，花序轴每节间生2个小穗；小穗两性，小穗成对着生于穗轴各节上，紧贴序轴，脱节于颖之下，一有柄，一无柄；小穗有2朵小花，能育小花具1膝曲的芒，第二外稃无芒。本属约11种。中国5种。保护区1种。

1. 蜈蚣草 Eremochloa ciliaris (L.) Merr.

多年生草本。秆密丛生，纤细直立。叶鞘压扁，互相跨生，叶片常直立。总状花序单生，常弓曲，第一颖顶端两侧无翅或有狭翅。颖果长圆形，长约2mm。花果期夏秋季。

分布华南、西南等地区。生于山坡、路旁草丛中。保护区黄蜂腰、瓶尖偶见。

15. 鹧鸪草属 Eriachne R. Br.

多年生草本。叶片纵卷如针状。顶生圆锥花序开展；小穗含2朵两性小花，小穗轴极短，并不延伸于顶生小花之后，脱节于颖之上及2小花之间；颖纸质具数脉，几相等，等长或略短于小穗；外稃背部具短糙毛，成熟时变硬，有芒或无芒；内稃无明显的脊；鳞被2；雄蕊2~3；雌蕊具分离花柱和帚刷状柱头。本属20多种。中国仅1种。保护区有分布。

1. 鹧鸪草 Eriachne pallescens R. Br.

多年生草本。秆直立，高20~60cm。叶片质地硬，多纵卷

成针状，长 2~10cm。圆锥花序稀疏开展，长 5~10cm，小穗有 2 朵小花，小穗轴不延伸。颖果长圆形，长约 2mm。花果期 5~10 月。

分布华南、西南等地区。生于干燥山坡、松林树下和潮湿草地上。保护区三牙石偶见。

16. 黄金茅属 Eulalia Kunth

多年生直立草本。叶片线形或披针形，叶片上下表皮结构同型或异型。总状花序数枚呈指状排列于秆顶，总状花序轴节间易折断；孪生小穗同形，一无柄，一有柄，其基盘常短钝；颖草质或厚纸质，第一颖背部微凹或扁平，第二颖两侧压扁，具脊；第一小花大都退化仅存一外稃，或有些种类具内稃；第二小花两性，第二外稃常较狭窄，先端多少 2 裂；芒常膝曲，伸出小穗之外。本属 30 种。中国 14 种。保护区 1 种。

1. 金茅 Eulalia speciosa (Debeaux) Kuntze

多年生直立草本。秆基部叶鞘密被毛，秆粗壮，直径 2~5mm。叶片长 25~50cm，宽 4~7mm，质硬。总状花序 5~8 枚，淡黄棕色至棕色；有柄小穗相似于无柄小穗。花果期 8~11 月。

分布华东、华中、华南以及西南等地区。常生于山坡草地。保护区猪肝吊偶见。

17. 耳稃草属 Garnotia Brongn.

多年生或一年生草本。叶片扁平或内卷，常被疣基长柔毛。圆锥花序开展或紧缩；小穗含 1 朵小花，背腹压扁，基部多具短毛，常孪生，具不等长的小穗柄，脱节于颖之下；颖几等长，具 3 脉，先端渐尖或具芒；外稃无芒；内稃透明膜质，具 2 脉，两侧边缘在中部以下具耳。本属 30 种。中国 5 种。保护区 1 种。

1. 耳稃草 Garnotia patula (Munro) Benth.

多年生草本。秆丛生，高 60~130cm。叶片线形至线状披针形，长 15~60cm，宽 4~9mm。圆锥花序疏松开展，长 15~40cm；外稃无芒，第一颖芒长 2~8mm。花果期 8~12 月。

分布华南部分地区。生于林下、山谷和湿润的田野路旁。保护区黄蜂腰、玄潭坑偶见。

18. 黄茅属 Heteropogon Pers.

一年生或多年生草本。叶鞘常压扁而具脊；叶舌短，膜质，顶端具纤毛；叶片扁平，线形。穗形总状花序，单生于主秆或分枝顶端，小穗对覆瓦状着生于花序轴各节。颖果近圆柱状。本属 10 余种。中国 3 种。保护区 1 种。

1. 黄茅 Heteropogon contortus (L.) P. Beauv. ex Roem. & schult.

秆具条纹。叶舌为一圈短纤毛。圆锥花序开展；小穗柄上有腺点；内稃脊具长纤毛。颖果长圆形，深红色。

分布湖北、福建、台湾、广东、广西等地区。生于田野或荫蔽之处。保护区青石坑水库偶见。

19. 箬竹属 Indocalamus Nakai

灌木状竹类。地下茎复轴型。秆每节 1 分枝，有次级分枝。秆箨宿存。叶片大型，具多条次脉及小横脉。花序总状或圆锥状；小穗小花多朵，小穗有柄；雄蕊 3 枚。颖果。笋期春夏。本属 23 种。中国 22 种。保护区 2 种。

1. 水银竹 Indocalamus sinicus (Hance) Nakai

灌木状竹类。竿高 1~3.8m。箨鞘短于或长于节间，革质兼纸质；箨耳不发育，秆节下无任何毛环；箨舌截形，棕红色。小枝具 7~14 叶；叶耳无，鞘口繸毛仅数根；叶片革质。圆锥花序的花序轴较长；小穗绿色带紫色，含 3 或 4 朵小花。果实未见。笋期 4 月。花期 5 月。

分布华南等地区。生于河边、山坡、山谷、岭顶密林中。保护区青石坑水库等地偶见。

2. 箬竹 Indocalamus tessellatus (Munro) Keng. f.

灌木状竹类。竿高 0.75~2m，直径 4~7.5mm。竿环较箨环略隆起；箨鞘长于节间，下部密被紫褐色伏贴疣基刺毛。圆锥花序长 10~14cm；小穗绿色带紫，长 2.3~2.5cm，含 5 或 6 朵小花。笋期 4~5 月，花期 6~7 月。

分布华南等地区。生于山坡路旁。保护区玄潭坑、三牙石等地偶见。

20. 鸭嘴草属 Ischaemum L.

一年生或多年生草本。叶片披针形至线形。总状花序通常孪生且互相贴近而呈一圆柱形；小穗孪生，一有柄，一无柄，背腹压扁，各含 2 朵小花；第一颖长圆形或披针形，第二颖舟形；第一小花雄性或中性；第二小花两性，外稃顶端常 2 齿裂。颖果长圆形。本属约 70 种。中国 13 种。保护区 3 种。

1. 有芒鸭嘴草 Ischaemum aristatum L.

多年生草本。叶片线状披针形，长可达 18cm，宽 4~8mm。总状花序互相紧贴成圆柱形；无柄小穗第一颖边缘宽，小穗对无明显的芒，或只有无柄小穗具曲膝状芒。花果期夏秋季。

分布华东、华中、华南及西南各地区。多生于山坡路旁。保护区黄蜂腰、瓶尖偶见。

2. 细毛鸭嘴草 Ischaemum ciliare Retzius

多年生草本。叶片线形，长可达 12cm。总状花序 2（偶见

3~4）个孪生于秆顶。无柄小穗第一颖边缘宽，小穗对有曲膝状芒，无柄小穗第一颖脊上有翅，无根状茎。

分布华南、华中、西南等地区。多生于山坡草丛中和路旁及旷野草地。保护区八仙仔偶见。

3. 田间鸭嘴草 Ischaemum rugosum Salisb.

一年生草本。秆直立丛生。叶片卵状披针形，长 10~15cm，宽约 1cm，中脉显著。总状花序孪生于秆顶；无柄小穗第一颖边缘狭窄或全部内弯，无柄小穗第一颖脊背无瘤。花果期夏秋季。

分布华南、华中等地区。多生于田边路旁湿润处。保护区双孖鲤鱼坑偶见。

21. 淡竹叶属 Lophatherum Brongn

多年生草本。须根中下部膨大呈纺锤形。秆直立，平滑。叶片披针形，宽大，具明显小横脉，基部收缩成柄状。圆锥花序由数枚穗状花序所组成；小穗圆柱形，含数小花，第一小花两性，其他均为中性小花；小穗轴脱节于颖之下。颖果与内、外稃分离。本属 2 种。中国 2 种。保护区 1 种。

1. 淡竹叶 Lophatherum gracile Brongn.

多年生草本。叶片披针形，长 6~20cm，宽 1.5~2.5cm。圆锥花序长 12~25cm；小穗线状披针形，长 7~12mm，宽 1.5~2mm；颖顶端钝，具 5 脉，边缘膜质。颖果长椭圆形。花果期 6~10 月。

分布华东、华南、西南地区。生于山坡、林地或林缘、道旁荫蔽处。保护区禾叉坑偶见。

22. 糖蜜草属 Melinis P. Beauv.

多年生或一年生草本。秆下部常匍匐。叶鞘短于节间；叶片常扁平。圆锥花序多分枝；小穗卵状椭圆形，脱节于颖下，含2朵小花；第一颖微小，无脉；第二颖薄膜质，顶端2裂，无芒或裂齿间生1短芒；第一小花退化至仅留1外稃；第二小花两性，其外稃较第二颖短，膜质。颖果长圆形，种脐小，基生，胚长约为颖果的1/2。本属约17种。中国1种。保护区有分布。

1. 红毛草 Melinis repens (Willd.) Zizka

多年生。根茎粗壮。秆直立，高可达1m。叶片线形，长可达20cm，宽2~5mm，两面光滑无毛。圆锥花序开展，长10~15cm；小穗长约5mm，常被粉红色绢毛。颖果长圆形。花果期6~11月。

原产非洲，已归化。保护区斑鱼咀偶见。

23. 芒属 Miscanthus Andersson

多年生高大草本。秆粗壮，中空。叶片扁平宽大。顶生圆锥花序大型，小穗两性，成对着生于穗轴各节上，不嵌入或紧贴序轴；小穗有2朵小花，脱节于颖之下，成对着生，一有柄，一无柄，能育小花具1膝曲的芒。颖果长圆形。本属约14种。中国7种。保护区3种。

1. 五节芒 Miscanthus floridulus (Labill.) Warb. ex K. Schum. & Lauterb.

多年生草本。具发达根状茎。叶片披针状线形，长25~60cm，宽1.5~3cm。花序轴长达花序的2/3以上，长于总状花序分枝，雄蕊3枚。颖果。花果期5~10月。

分布华南、华中、华东、西南等地区。生于撂荒地与丘陵潮湿谷地和山坡或草地。保护区青石坑水库偶见。

2. 尼泊尔芒 Miscanthus nepalensis (Trin.) Haek.

多年生草本。秆高60~150cm。叶片披针状线形，长20~50cm，宽6~14mm。圆锥花序伞房状，长10~18cm；小穗长2.1~2.5mm；雄蕊2枚。颖果长圆形，长约2mm。花果期6~11月。

分布西南、华南等部分地区。生于山坡或河谷漫滩草地。保护区蒸狗坑偶见。

3. 芒 Miscanthus sinensis Andersson

多年生草本。秆无毛或在花序以下疏生柔毛。叶鞘无毛，长于节间；叶舌具毛；叶片宽6~10mm，下面疏生柔毛及被白粉。圆锥花序直立，节与分枝腋间具柔毛。花果期7~12月。

分布华南、华东、华中、西南等地区。生于山地、丘陵和荒坡原野。保护区北峰山偶见。

24. 毛俭草属 Mnesithea Kunth

多年生较高大草本。秆直立，丛生。叶片扁平。总状花序圆柱状，单生于枝顶；无柄小穗2个，同形，两性；第二颖膜质，舟形；第二小花两性，内外稃膜质，雄蕊3枚；有柄小穗退化而仅存棒形小穗柄，位于无柄小穗间。本属约8种。中国仅1种。保护区有分布。

1. 毛俭草 Mnesithea mollicoma (Hance) A. Camus

多年生草本。秆直立，高可达1.5m，全体被柔毛。叶片扁平，线状披针形。无柄小穗第一颖背密布方格形凹穴和细毛。花果期秋季。

分布华南等地区。多生于草地和灌丛中。保护区玄潭坑偶见。

25. 类芦属 Neyraudia Hook. f.

多年生草本。具木质根状茎。秆苇状至中等大小。叶鞘颈部常具柔毛。圆锥花序大型、稠密。小穗含 3~8 花；外稃披针形，具 3 脉；基盘短柄状，具短柔毛；内稃狭窄，稍短于外稃；鳞被 2 枚；雄蕊 3 枚。本属含 4 种。中国 4 种。保护区 1 种。

1. 类芦 Neyraudia reynaudiana (Kunth) Keng ex Hitchc.

多年生草本。叶鞘无毛，仅沿颈部具柔毛；叶舌密生柔毛；叶片长 30~60cm，宽 5~10mm。圆锥花序长 30~60cm；小穗含 5~8 小花；外稃长约 4mm；内稃短于外稃。花果期 8~12 月。

分布华南、华中、西南等部分地区。生于河边、山坡或砾石草地。保护区黄蜂腰、瓶尖偶见。

26. 求米草属 Oplismenus P. Beauv.

一或多年生草本。叶片扁平，卵形至披针形。圆锥花序，小穗卵圆形或卵状披针形，含 2 朵小花，颖近等长；第一小花中性，外稃等长于小穗；第二小花两性。种脐椭圆形。本属约 20 种。中国 15 种。保护区 1 种。

1. 求米草 Oplismenus undulatifolius (Ard.) Roem. & Schult.

多年生草本。秆纤细，节处生根。叶、叶鞘、花序轴密被疣基毛。圆锥花序主轴密被疣基长刺柔毛，花序分枝短于 2cm；小穗卵圆形，长 3~4mm；颖草质，二颖较长。花果期 7~11 月。

分布中国南北各省份。生于疏林下阴湿处。保护区斑鱼咀偶见。

27. 露籽草属 Ottochloa Dandy

多年生草本。秆蔓生。叶片披针形，平展。圆锥花序顶生，开展；小穗有短柄，均匀着生或数枚簇生于细弱的分枝上，每小穗有 2 朵小花；颖长约为小穗的 1/2，具 3~5 脉；第二小花发育；外稃质地变硬，平滑，顶端尖，极狭的膜质边缘包裹同质的内稃；鳞被薄，折叠，具 5 脉。本属约 4 种。中国 3 种。保护区 1 种。

1. 露籽草 Ottochloa nodosa (Kunth) Dandy

多年生蔓生草本。叶鞘短于节间，边缘仅一侧具纤毛；叶舌长约 0.3mm；叶片披针形，宽 5~10mm。圆锥花序多少开展，长 10~15cm；小穗有短柄，椭圆形，长 2.8~3.2mm；颖草质，不等长。花果期 7~9 月。

分布华南、西南等部分地区。多生于疏林下或林缘。保护区玄潭坑、青石坑水库偶见。

28. 黍属 Panicum L.

一或多年生草本。秆直立或基部膝曲或匍匐。叶片线形至卵状披针形，常扁平。圆锥花序顶生，小穗单生，含 2 朵小花，第一内稃存在或退化，甚至缺；第二外稃硬纸质或革质；鳞被 2 枚。颖果。本属约 500 种。中国 21 种。保护区 3 种。

1. 短叶黍 Panicum brevifolium L.

一年生草本。秆基部常伏卧地面，节上生根。叶片卵形或卵状披针形，长 2~6cm，宽 1~2cm，两面疏被粗毛。圆锥花序分枝纤细，基部伸出叶鞘外。颖果有乳突。花果期 5~12 月。

分布华南、西南等部分地区。多生于阴湿地和林缘。保护区扫管塘偶见。

2. 大罗湾草 Panicum luzonense J. Presl

一年生草本。秆单生或丛生。植株除小穗外，多少被疣基毛。小穗椭圆形，长 2~2.5mm；第一颖宽卵形，长约为小穗的 1/2，顶端尖；第二外稃椭圆形，革质，长 1.5~1.8mm。颖果。花果期 8~10 月。

分布华南等地区。生于田间或林缘。保护区客家仔行偶见。

3. 细柄黍 Panicum sumatrense Roth ex Roem. & Schult.

一年生草本。秆直立或基部稍膝曲，高 20~60cm。叶片线形，长 8~15cm，宽 4~6mm，两面无毛。圆锥花序开展；第一颖宽卵形，顶端尖，长约为小穗的 1/3，具 3~5 脉。颖果。花果期 7~10 月。

分布东南、华南及西南地区。生于丘陵灌丛中或荒野路旁。保护区山麻坑等地偶见。

29. 雀稗属 Paspalum L.

一或多年生草本。叶片线形或狭披针形，扁平或卷折。穗形总状花序或指状花序，第二外稃坚硬，内卷，第二外稃背面在近轴一方。小穗含 1 成熟小花，第一颖常缺如；第一小花中性；长为颖果的 1/2；种脐点状。本属约 330 种。中国 16 种（含引种）。保护区 2 种。

1. 两耳草 Paspalum conjugatum P. J. Bergius.

多年生草本。叶鞘无毛或上部边缘及鞘口具柔毛；叶舌极短顶端具纤毛；叶宽 5~10mm，质薄。总状花序长 6~12cm；小穗卵形，长 1.5~1.8mm。颖果长约 1.2mm。花果期 5~9 月。

分布华南、西南等部分地区。生于田野、林缘、潮湿草地上。

保护区管理站偶见。

2. 圆果雀稗 Paspalum scrobiculatum L. var. orbiculare (G. Forst.) Hack.

多年生草本。叶长披针形至线状，长 10~20cm。总状花序长 3~8cm，小穗近圆形，长 2~2.2mm；第二颖与第一颖外稃等长，第二外稃等长于小穗。花果期 6~11 月。

分布华中、华东、华南、西南等部分地区。广泛生于荒坡、草地、路旁及田间。保护区黄蜂腰、瓶尖偶见。

30. 金发草属 Pogonatherum Beauv.

多年生草本。叶片线状披针形。穗状花序单生秆顶；小穗圆柱形，无柄小穗小花 1~2 朵；有柄小穗小花 1 朵，两性或雌性；第一外稃无芒；第二外稃透明膜质。颖果长圆形。本属约 4 种。中国 3 种。保护区 2 种。

1. 金丝草 Pogonatherum crinitum (Thunb.) Kunth

多年生草本。秆丛生,高 10~30cm。穗形总状花序单生于秆顶,长 1.5~3cm(芒除外);无柄小穗长不及 2mm,含 1 朵两性花。颖果卵状长圆形。有柄小穗与无柄小穗同形同性。花果期 5~9 月。

分布华南、华中等部分地区。生于田埂、山边、路旁、河、溪边、石缝瘠土或灌木下阴湿地。保护区双孖鲤鱼坑偶见。

2. 金发草 Pogonatherum paniceum (Lam.) Hack.

多年生簇生草本。植株较高大。秆丛生,具纵条纹,节被白色髯毛。叶片线形,长 2~5cm,两面均被微毛而粗糙。穗形总状花序单生秆顶,乳黄色。颖果卵状长圆形。花果期 5~9 月。

分布华南、华中等部分地区。生于山坡、草地、路边、溪旁草地的干旱向阳处。保护区玄潭坑偶见。

31. 甘蔗属 Saccharum L.

多年生草本。秆高大粗壮,实心。叶片线形宽大,中脉粗壮。顶生圆锥花序大型稠密;小穗孪生,一无柄,一有柄,两颖近等长;第一外稃内空;第二外稃窄线形,顶端无芒。本属约 40 种。中国 12 种。保护区 1 种。

1. 斑茅 Saccharum arundinaceum Retz.

多年生高大丛状草本。叶鞘长于其节间;叶片宽大,线状披针形,中脉粗壮。圆锥花序大型;第一颖背面被毛,第一颖被长于小 2~3 倍的白色柔毛。花果期 8~12 月。

分布中国大部分地区。生于山坡和河岸溪涧草地。保护区客家仔行偶见。

32. 囊颖草属 Sacciolepis Nash

一或多年生草本。秆直立或基部膝曲。叶片较狭窄。圆锥花序紧缩成穗状,小穗一侧偏斜,有 2 小花,颖不等长,第一颖短,

第二颖较宽,三角状卵形;第一小花雄性或中性,第二小花两性。颖果。本属约 30 种。中国 3 种。保护区 1 种。

1. 囊颖草 Sacciolepis indica (L.) Chase

一年生丛状草本。叶鞘短于节间;叶片线形,宽 2~5mm。圆锥花序紧缩成圆筒状;小穗斜披针形,长 2~2.5mm;第一颖为小穗长的 1/3~2/3。颖果椭圆形。花果期 7~11 月。

分布华东、华南、西南、中南各地区。多生于湿地或淡水中,常生于稻田边、林下等地。保护区山麻坑偶见。

33. 裂稃草属 Schizachyrium Nees

一年生或多年生草本。叶片扁平或折叠,通常线形或线状长圆形。总状花序单生,顶生或腋生。小穗成对生于各节,一无柄,另一具柄。颖果狭线形。本属约 50 种。中国 3 种。保护区 1 种。

1. 裂稃草 Schizachyrium brevifolium (Sw.) Nees ex Buse

草本秆高 10~70cm,多分枝,基部常平卧或倾斜。叶长 1.5~4cm,顶端钝。总状花序 0.5~2cm,纤细。颖果线形,顶端具直芒。

分布中国东北南部、华东、华中、华南、西南地区。生于阴湿山坡和草地。保护区鸡嬷三坑偶见。

34. 狗尾草属 Setaria P. Beauv.

一至多年生草本。叶片线形、披针形或长披针形。圆锥花序穗状或总状圆柱形,小穗含 1~2 小花,单生,雌雄同株,小穗同形,花序有不育小枝成形的刚毛,穗轴延伸至上端小穗后方成一尖头或刚毛,小穗全部或部分托以 1 至数条刚毛,刚毛分离,小穗脱落时,其下刚毛宿存。颖果。本属约 130 种。中国 14 种。保护区 4 种。

1. 棕叶狗尾草 Setaria palmifolia (J. Koenig) Stapf

多年生草本。具根茎，须根较坚韧。叶宽 2~7cm，鞘被粗疣基毛。圆锥花序疏松，部分小穗下有 1 条刚毛。花果期 8~12 月。

分布华东、华南、西南、中南各地区。生于山坡或谷地林下阴湿处。保护区瓶身偶见。

2. 皱叶狗尾草 Setaria plicata (Lam.) T. Cooke

多年生草本。秆高 45~130cm；节和叶鞘与叶片交接处常具白色短毛。叶鞘被毛；叶舌边缘密生纤毛。圆锥花序狭长圆形或线形，部分小穗下有 1 条刚毛；小穗卵状披针状。花果期 6~10 月。

分布华东、华南、西南、中南各地区。生于山坡林下、沟谷地阴湿处或路边杂草地上。保护区鹅公鬓偶见。

3. 金色狗尾草 Setaria pumila (Poir.) Roem. & Schult.

一年生草本。叶披针形，长 5~40cm，宽 2~10mm。小穗长 2~2.5mm，顶端钝，基部具 5~10 条刚毛；第二颖宽卵形，长为小穗的 1/2。

分布全国各地。生于林边、山坡、路边。保护区笔架山偶见。

4. 狗尾草 Setaria viridis (L.) P. Beauv.

一年生草本。根为须状。秆直立或基部膝曲，高 10~100cm。叶鞘松弛，边缘具较长的密绵毛状纤毛；叶片扁平。每小穗下有 1 至数条刚毛，圆锥花序紧缩，圆柱状，顶端稍狭尖或渐尖。

分布全国各地。生于荒野、道旁。保护区百足行仔山、蒸狗坑常见。

35. 稗荩属 Sphaerocaryum Nees ex Hook. f.

一年生矮小草本。秆高 10~30cm。叶卵状心形，有横脉。圆锥花序卵形，小穗具 1 小花；颖透明膜质，第一颖长约小穗 2/3，第二颖与小穗等长或稍短；稃片为薄膜质。颖果卵圆形，与稃体分离。单种属。保护区有分布。

1. 稗荩 Sphaerocaryum malaccense (Trin.) Pilger.

种的形态特征与属相同。

分布华南、华中部分地区。多生于灌丛或草甸中。保护区玄潭坑、山茶寮坑偶见。

36. 菅属 Themeda Forssk.

一或多年生草本。叶鞘近缘及鞘口散生瘤基刚毛，叶片线形。总状花序单生或数枚镰状聚生成簇；小穗两性，成对着生于穗轴各节上，成对小穗异形异性；无柄小穗退化成 1 枚外稃，第二外稃的芒非着生于稃体基部；能育小穗圆筒形；花序基部 2 对同性小穗。本属 23 余种。中国 13 种。保护区 2 种。

1. 苞子草 Themeda caudata (Nees) A. Camus

多年生草本。秆粗壮，高 1~3m。叶片线形，长 20~80cm，宽 0.5~1cm。第一外稃披针形，边缘具睫毛或流苏状；第二外稃退化为芒基，芒长 2~8cm。颖果长圆形，坚硬。花果期 7~12 月。

分布华南、华中、西南等地区。生于山坡草丛、林缘等处。保护区禾叉坑偶见。

2. 菅 Themeda villosa (Poir.) A. Camus

多年生草本。秆粗壮，多簇生，两侧压扁或具棱。叶鞘光滑无毛；叶舌顶端具毛。多大型伪圆锥花序；每总状花序由 9~11 个小穗组成；芒短于 1cm。花果期 8 月至翌年 1 月。

分布华南、华中、西南等地区。生于山坡灌丛、草地或林缘向阳处。保护区笔架山、山麻坑偶见。

37. 粽叶芦属 Thysanolaena Nees

多年生草本。秆丛生，粗壮。叶片披针形，具横脉，叶柄短。圆锥花序稠密，大型，小穗微小，具 2 朵小花；第一花不孕，第二花两性。颖果小，长圆形。单种属。保护区有分布。

1. 粽叶芦 Thysanolaena latifolia (Roxb. ex Hornem.) Honda

种的形态特征与属相同。

分布华南地区。生于山坡、山谷或树林下和灌丛中。保护区玄潭坑偶见。

A108. 木通科 Lardizabalaceae

木质藤本。叶互生，掌状复叶，稀羽状复叶，无托叶，叶柄及小叶柄两端膨大成节状。总状或伞房状花序。浆果或蓇葖果；种子多数，三角状。本属 8 属 50 种。中国 6 属 45 种。保护区 3 属 6 种。

1. 八月瓜属 Holboellia Wall.

常绿、缠绕性木质藤本。掌状复叶有小叶片 3~9 片，或为具羽状 3 小叶的复叶，互生，通常具长柄；小叶全缘，具不等长的小叶柄。花数朵组成腋生的伞房花序式的总状花序。果实为肉质的蓇葖果；种子多数。本属 20 种。中国 9 种。保护区 1 种。

1. 五月瓜藤 Holboellia angustifolia Wall.

常绿木质藤本。掌状复叶有小叶（3~）5~7（~9）片；小叶近革质或革质，线状长圆形、长圆状披针形至倒披针形。花雌雄同株，数朵组成伞房式的短总状花序，雄蕊 6 枚，彼此分离。果紫色；种子椭圆形。花期 4~5 月，果期 7~8 月。

分布华中、华南、西南等地区。生于山坡杂木林及沟谷林中。保护区双子鲤鱼坑偶见。

2. 大血藤属 Sargentodoxa Rehder & E. H. Wilson

落叶、木质藤本。叶为三出复叶，互生，小叶菱形，两侧不对称，无托叶。花单性，雌雄同株，排成腋生、下垂的总状花序。果为聚合果，由多个近具柄的小浆果着生于花托上所组成。单种属。保护区有分布。

1. 大血藤 Sargentodoxa cuneata (Oliv.) Rehder & E. H. Wilson

种的形态特征与属相同。

分布华南、西南、华东等部分地区。常生于山坡灌丛、疏林和林缘等，海拔常为数百米。保护区斑鱼咀、鹅公鬓偶见。

3. 野木瓜属 Stauntonia DC.

木质藤本。叶互生，掌状复叶，具长柄，有小叶 3~9 片；小叶全缘，具不等长的小叶柄。花单性，雌雄同株，伞房花序。浆果长圆形或卵圆形；种子多数。本属 25 种。中国 20 种。保护区 4 种。

1. 野木瓜 Stauntonia chinensis DC.

常绿木质藤本。掌状复叶有小叶 5~7 片；小叶革质，长圆形、椭圆形或长圆状披针形；网脉两面凸起；叶面有光泽，背面无斑点。花雌雄同株，通常 3~4 朵组成伞房花序式的总状花序；花有密腺状花瓣。果长圆形。花期 3~4 月，果期 6~10 月。

分布华南、华东、华中等部分地区。生于山地密林、山腰灌丛或山谷溪边疏林中。保护区孖鬃水库偶见。

2. 斑叶野木瓜 Stauntonia maculata Merr.

常绿木质藤本。掌状复叶有小叶（3~）5~7 片；小叶革质，叶下面密布淡绿色的斑点。总状花序数个簇生于叶腋，花有密腺状花瓣。果椭圆状或长圆状。花期 3~4 月，果期 8~10 月。

分布华南部分地区。生于山地疏林或山谷溪旁向阳处。保护区青石坑水库偶见。

3. 倒卵叶野木瓜 Stauntonia obovata Hemsl.

常绿木质藤本。全体无毛。掌状复叶有小叶 3~7 片；小叶薄革质，倒卵形，长 3.5~6（~11）cm，宽 1.5~3（~6）cm。花药近无凸头，总状花序 2~3 个簇生于叶腋。果椭圆形或卵形。花期 2~4 月，果期 9~11 月。

分布华南、华中、西南部分地区。生于山地山谷疏林或密林中。保护区黄蜂腰、瓶尖偶见。

4. 尾叶那藤 Stauntonia obovatifoliola Hayata. subsp. urophylla (Hand.-Mazz.) H. N. Qin

木质藤本。茎、枝和叶柄具细线纹。掌状复叶有小叶 5~7 片；小叶革质，倒卵形，长为宽的 2 倍。花药凸头长约 1mm，总状花序数个簇生于叶腋，每个花序有 3~5 朵淡黄绿色的花。果长圆形或椭圆形。种子三角形，压扁。花期 4 月，果期 6~7 月。

分布华南地区。生于海边湿地。保护区禾叉坑偶见。

A109. 防己科 Menispermaceae

攀援或缭绕藤本，稀灌木或小乔木。叶螺旋状排列，无托叶，常单生，掌状脉。聚伞花序组成圆锥或总状，雌雄异株。核果，种皮薄。本科 65 属 370 余种。中国 20 属 70 余种。保护区 9 属 12 种。

1. 木防己属 Cocculus DC.

藤本或直立灌木。叶互生，全缘或分裂。花单性异株，排成聚伞花序、总状花序或圆锥花序。核果近球形，内果皮扁平，背和边有横脊棱。本属 8 种。中国 2 种。保护区 1 种。

1. 木防己 Cocculus orbiculatus (L.) DC.

木质藤本。叶片纸质至近革质，形状变异极大，掌状 3~5 脉。聚伞花序少花，腋生，心皮 6 枚。核果近球形，红色至紫红色。

分布长江流域中下游及其以南各地区。生于灌丛、村边、林缘等处。保护区玄潭坑偶见。

2. 轮环藤属 Cyclea Arn. ex Wight

藤本。叶盾状着生，掌状脉，叶柄长。聚伞圆锥花序，腋生、顶生或茎生，苞片小，花瓣 4~5 片，常合生。核果倒卵状球形或近球形，果核骨质。本属 29 种。中国 13 种。保护区 2 种。

1. 毛叶轮环藤 Cyclea barbata Miers

草质藤本。叶纸质或近膜质，叶盾状着生，两面被毛，掌状脉 9~10 条。花序腋生或生于老茎上；花瓣 2 片，与萼片对生。核果斜倒卵圆形至近圆球形。花期秋季，果期冬季。

分布华南部分地区。绕缠于林中、林缘和村边的灌木上。保护区蛮陂头偶见。

2. 粉叶轮环藤 Cyclea hypoglauca (Schauer) Diels

藤本。叶纸质，盾状着生，阔卵状三角形至卵形，长宽近相等，两面无毛或下面被疏白毛。雄花序为间断的穗状花序状；雌花序为总状花序状。核果红色，无毛。

分布华南、华中部分地区。生于林缘和山地灌丛。保护区孖鬓水库偶见。

3. 秤钩风属 Diploclisia Miers

木质藤本。枝常长而下垂。叶常非盾状着生，具掌状脉。聚伞花序腋上生，或由聚伞花序组成的圆锥花序生于老枝或茎上；花被片轮状着生；萼片与花瓣明显分异；雄蕊 6 枚，离生；雌花有 2 轮萼片。核果倒卵形或狭倒卵形而弯。本属 2 种。保护区均有分布。

1. 秤钩风 Diploclisia affinis (Oliv.) Diels

木质藤本。全株无毛。叶革质，常三角状扁圆形或菱状扁圆形；掌状脉 3~7 条，两面均凸起。聚伞花序腋生，花序长不足 10cm。核果红色。花期 4~5 月，果期 7~9 月。

分布华南、华中等部分地区。生于林缘或疏林中。保护区镬盖山至斑鱼咀偶见。

2. 苍白秤钩风 Diploclisia glaucescens (Blume) Diels

木质大藤本。枝、叶和秤钩风极相似，全株无毛，但只有 1 个腋芽。叶片厚革质，下面常有白霜，掌状 3~7 脉。圆锥花序狭而长，长 10~20cm，常生于无叶老茎上。核果黄红色，长圆状狭倒卵圆形，下部微弯。花期 4 月，果期 8 月。

分布华南、西南部分地区。生于林中。保护区三牙石偶见。

4. 天仙藤属 Fibraurea Lour.

藤本。根和茎的木质部均鲜黄色。叶柄基部和顶端均肿胀，叶离基 3~5 出脉。圆锥花序常生老茎上；花单被；雄花花被 8~12 片，覆瓦状排列，外面的 2~6 片微小，稍不等大，里面的 6 片明显较大，肉质，边缘薄，近等大；雌花花被和雄花相似，退化雄蕊 6 或 3 枚，心皮 3 枚。核果。本属 5 种。中国 1 种。保护区有分布。

1. 天仙藤 Fibraurea recisa Pierre

木质大藤本。茎褐色，具深沟状裂纹，小枝和叶柄具直纹。叶革质，长圆状卵形，长约 10~25cm，宽约 2.5~9cm，两面无毛；叶柄两端膨大肿胀。圆锥花序生无叶老枝或老茎上，雄蕊 3 枚，花被基部不内折。核果长圆状椭圆形。花期春夏季，果期秋季。

分布华南、西南部分地区。生于林中。保护区客家仔行偶见。

5. 夜花藤属 Hypserpa Miers

藤本。小枝顶端有时延长成卷须状。叶全缘,掌状脉常3条。聚伞花序或圆锥花序腋生,常短小;雄花萼片7~12片,非轮生,外面的小,苞片状,里面的大而具膜质边缘,覆瓦状排列;花瓣4~9片,肉质,常用倒卵形或匙形,稀无花瓣,雄蕊6至多数,分离或黏合;雌花心皮2~3枚,稀6枚。核果。本属6种。中国1种。保护区有分布。

1. 夜花藤 Hypserpa nitida Miers

木质藤本。小枝、叶柄被毛。叶片纸质至革质,卵状椭圆形至长椭圆形,常两面无毛;掌状脉3条。聚伞花序腋生,雌花1~2朵,腋生,雄蕊5~10枚。核果近球形。花果期夏季。

分布华南部分地区。常生于林中或林缘。保护区蛮陂头偶见。

6. 粉绿藤属 Pachygone Miers

藤本。叶掌状脉3~5条,非盾状着生。总状花序,腋生;雄花萼片6~12片,覆瓦状排列,花瓣6片,较小,基部两侧反折呈耳状,抱着花丝,雄蕊6枚,分离;雌花萼片和花瓣与雄花的相似;退化雄蕊6枚,比花瓣短;心皮3枚,一侧肿胀的卵形,无毛,花柱外弯。核果。本属约12种。中国3种。保护区1种。

1. 粉绿藤 Pachygone sinica Diels

木质藤本。枝和小枝均具皱纹状条纹,小枝细瘦,被柔毛。叶薄革质,卵形,掌状脉3~5脉。总状花序或极狭窄的圆锥花序,与细圆藤相似。花瓣6片,肉质,披针形。核果扁球形。花期9~10月,果期2月。

分布华南部分地区。常生于林中。保护区山麻坑偶见。

7. 细圆藤属 Pericampylus Miers

藤本。叶非盾状或稍呈盾状,具掌状脉。聚伞花序腋生,单生或2~3个簇生;雄花萼片9片,排成3轮,花瓣6片,楔形或菱状倒卵形,两侧边缘内卷,抱着花丝,雄蕊6枚,花丝分离或不同程度的黏合,药室纵裂;雌花心皮3枚。核果。本属2~3种。中国1种。保护区有分布。

1. 细圆藤 Pericampylus glaucus (Lam.) Merr.

木质藤本。小枝、叶柄被毛。叶常非盾状,纸质至薄革质,掌状3~5脉,边缘有圆齿或近全缘,两面被毛或近无毛。聚伞花序伞房状腋生。核果红色或紫色。花期4~6月,果期9~10月。

分布长江以南部分地区。生于林中、林缘和灌丛中。保护区扫管塘偶见。

8. 千金藤属 Stephania Lour.

草质或木质藤本。叶片纸质,很少膜质或近革质,三角形、三角状近圆形或三角状近卵形;叶脉掌状,自叶柄着生处放射伸出,向上和向两侧伸的粗大,向下的常很纤细。花序腋生或生于腋生,通常为伞形聚伞花序。核果鲜时近球形,两侧稍扁,红色或橙红色。

1. 粪箕笃 Stephania longa Lour.

藤本。叶三角状卵形,盾状着生,掌状脉10~11条。聚伞花序腋生;花瓣(3~)4。核果红色,长5~6mm,果核背部2行小横肋。

分布华南、西南部分地区。生于灌丛或林缘。保护区客家仔行、笔架山偶见。

9. 青牛胆属 Tinospora Miers

藤本。叶具掌状脉,基部心形。花序腋生或生老枝上。总状花序、聚伞花序或圆锥花序，单生或几个簇生；雄花萼片6片，稀更多或较少，花瓣6片，稀3片，基部有爪，常用两侧边缘内卷，抱着花丝，雄蕊6枚，花丝常分离；雌花心皮3枚。核果。本属30种。中国6种。保护区2种。

1. 青牛胆 Tinospora sagittata (Oliv.) Gagnep.

草质藤本。块根念珠状。茎无明显的皮孔。叶纸质至薄革质，卵形至披针形，基部箭形，先端渐尖，基部弯缺常很深，两面无毛。花序腋生，常数个或多个簇生。核果红色，近球形；果核近半球形。花期4月，果期秋季。

分布华南、西南部分地区。常散生于林下、林缘、竹林及草地上。保护区斑鱼咀偶见。

2. 中华青牛胆 Tinospora sinensis (Lour.) Merr.

藤本。无念珠状块根。茎有明显的皮孔。叶纸质，圆形至卵状圆形，基部心形，顶端骤尖，基部深心形至浅心形，两面被短柔毛。总状花序先于叶抽出。核果红色，长达10mm。花期4月，果期5~6月。

产于广东、广西和云南三省份之南部。生于林中，也常见栽培。保护区山麻坑等地偶见。

A111. 毛茛科 Ranunculaceae

草本，稀灌木或木质藤本。叶互生或基生少数对生，单叶或复叶，掌状脉，稀羽状脉及二歧分支脉，常无托叶。花两性，稀单性，辐射对称；花瓣存在或不存在，下位，常有蜜腺并常特化成分泌器官，这时常比萼片小得多，呈杯状、筒状、二唇状，基部常有囊状或筒状的距。菁葖果或瘦果，稀蒴果或浆果。本科60属2500余种。中国38属921种。保护区2属6种。

1. 铁线莲属 Clematis L.

木质或草质藤本，稀小灌木。茎常具纵沟。叶对生或与花簇生，偶尔茎下部叶互生，三出复叶至二回羽状复叶或二回三出复叶，少数为单叶；具掌状脉；叶柄存在，有时基部扩大而连合。花序聚伞状，花单生或簇生。瘦果卵形、椭圆形或披针形。本属300种。中国110种。保护区5种。

1. 厚叶铁线莲 Clematis crassifolia Benth.

藤本。全株除心皮及萼片外，其余无毛。三出复叶；小叶片厚革质，卵形至长椭圆形，全缘。圆锥状聚伞花序腋生，花萼开展，雄蕊无毛。花期12月至翌年1月，果期2月。

分布华南、华中部分地区。生于山地、山谷、平地、溪边、路旁的密林或疏林中。保护区北峰山偶见。

2. 单叶铁线莲 Clematis henryi Oliv.

木质藤本。主根下部膨大成瘤状或地瓜状。单叶；叶片卵状披针形，边缘具刺头状的浅齿。聚伞花序腋生，常只有1朵花；雄蕊花丝线形，两边有长柔毛。瘦果狭卵形。花期11月至12月，果期翌年3月至4月。

分布华南、华中、西南部分地区。生于溪边、山谷、阴湿的坡地、林下及灌丛中，缠绕于树上。保护区鹅公鬓偶见。

3. 丝铁线莲 Clematis loureiroana DC.

木质藤本。茎圆柱形，有纵沟。小叶片纸质或薄革质，卵圆形，宽卵圆形至披针形，顶端钝圆，基部宽楔形、圆形或亚心形，全缘；腋生圆锥花序或总状花序；萼片4片。瘦果狭卵形。花期11月至12月，果期1月至2月。

分布西南、华南部分地区。常生于山区的沟边、山坡及林中，攀援于树枝上。保护区笔架山偶见。

4. 毛柱铁线莲 Clematis meyeniana Walp.

木质藤本。老枝圆柱形,有纵条纹。三出复叶;小叶片 3 片,近革质,卵形或卵状长圆形,全缘,无毛。圆锥状聚伞花序多花;萼片 4 片,白色,外面边缘有绒毛,内面无毛。瘦果镰刀状狭卵形或狭倒卵形。花期 6 月至 8 月,果期 8 月至 10 月。

分布西南、华南部分地区。生于山坡疏林及路旁灌丛中或山谷、溪边。保护区扫管塘偶见。

5. 柱果铁线莲 Clematis uncinata Champ. ex Benth.

藤本。除花柱有羽状毛及萼片外面边缘有短柔毛外,其余无毛。羽状复叶;小叶 5~15 片,纸质或薄革质,全缘,两面网脉突出,叶干后变黑色。圆锥状聚伞花序腋生或顶生。瘦果圆柱状钻形。花期 6~7 月,果期 7~9 月。

分布西南、华南部分地区。生于山地、山谷、溪边的灌丛中或林边,或石灰岩灌丛中。保护区瓶尖偶见。

2. 毛茛属 Ranunculus L.

草本,陆生或部分水生。叶大多基生并茎生,单叶或三出复叶,3 浅裂至 3 深裂;叶柄伸长,基部扩大成鞘状。花单生或成聚伞花序;花两性,整齐,萼片 5 片,绿色,草质,大多脱落。聚合果球形或长圆形;瘦果。本属约 550 种。中国 120 种。保护区 1 种。

1. 石龙芮 Ranunculus sceleratus L.

一年生草本。全株各部无毛。基生叶长 1~4cm,3 深裂不达基部;裂片倒卵状楔形,不等的 2~3 裂;上部叶较小,3 全裂,裂片披针形至线形。聚伞花序;花瓣 5 片,倒卵形。聚合果长圆形。花果期 5~8 月。

全国各地均偶见。生于河沟边及平原湿地。保护区蒸狗坑偶见。

A112. 清风藤科 Sabiaceae

乔木、灌木或攀援木质藤本。叶互生,单叶或奇数羽状复叶。

花两性或杂性异株,辐射对称或两侧对称,常排成腋生或顶生的聚伞花序或圆锥花序,有时单生;萼片 5 片,很少 3 或 4 片,分离或基部合生,覆瓦状排列,大小相等或不相等;花瓣 5 片,很少 4 片,覆瓦状排列,大小相等,或内面 2 片远比外面的 3 片小。核果。本科 3 属 100 余种。中国 2 属 45 种。保护区 2 属 5 种。

1. 泡花树属 Meliosma Blume

乔木或灌木。单叶或奇数羽状复叶,叶全缘或略具锯齿。顶生或腋生圆锥花序;花小,两性,两侧对称;萼片 4~5 片,花瓣 5 片;雄蕊仅 2 枚发育。核果小,中果皮肉质。本属 50 种。中国 29 种。保护区 2 种。

1. 笔罗子 Meliosma rigida Sieb. & Zucc.

乔木。芽、幼枝、叶背中脉、花序均被绣色绒毛。单叶,革质,倒披针形,或狭倒卵形,长 8~25cm,宽 2.5~4.5cm,叶面仅脉被毛,背面被柔毛;侧脉 9~18 对。圆锥花序顶生,直立;花瓣白色,近圆形。花期夏季,果期 9~10 月。

分布华南、西南等部分地区。生于阔叶林中。保护区双孖鲤鱼坑偶见。

2. 樟叶泡花树 Meliosma squamulata Hance

小乔木。单叶,叶片薄革质,椭圆形或卵形,长 5~12cm,宽 1.5~5cm,叶柄长 2.5~6.5cm,无毛,背面粉绿色,侧脉 3~5 对。圆锥花序单生或聚生,花白色,萼片 5 片,卵形,有缘毛。核果球形。花期夏季,果期 9~10 月。

分布西南、华南等部分地区。生于常绿阔叶林中。保护区长塘尾偶见。

2. 清风藤属 Sabia Colebr.

木质藤本。单叶，全缘，边缘干膜质。花小，两性，单生叶腋或组成腋生聚伞花序，萼片 4~5 枚，花瓣 5 片。核果。种子 1~2 颗，肾形，种皮有斑点。本属约 30 种。中国约 17 种。保护区 3 种。

1. 革叶清风藤 Sabia coriacea Rehder & E. H. Wilson

常绿攀援木质藤本。叶革质，长圆形或椭圆形，长 3.5~6.5（~8）cm，宽 1.5~3cm，叶背无毛。聚伞花序有花 5~10 朵，呈伞状；花瓣 5 片。分果片近圆形或倒卵形。花期 4 月，果期 9~11 月。

分布华南、华中地区。生于山坑、山坡灌木林中。保护区百足行仔山偶见。

2. 柠檬清风藤 Sabia limoniacea Wall. ex Hook. f. & Thoms.

常绿攀援木质藤本。叶革质，椭圆形、长圆状椭圆形或卵状椭圆形，宽 4~6cm，两面均无毛；侧脉每边 6~7 条。聚伞花序有花 2~4 朵；花淡绿色，黄绿色或淡红色。果直径 10~14mm。花期 8~11 月，果期翌年 1~5 月。

分布华南地区。生于密林中。保护区瓶尖、黄蜂腰等地偶见。

3. 尖叶清风藤 Sabia swinhoei Hemsl.

常绿攀援木质藤本。小枝纤细，被长而垂直的柔毛。叶纸质，椭圆形、卵状椭圆形、卵形或宽卵形，叶背被短柔毛或仅在脉上有柔毛。聚伞花序有花 2~7 朵，被疏长柔毛。分果片深蓝色，近圆形或倒卵形。花期 3~4 月，果期 7~9 月。

分布华南、华中、西南等地区。生于山谷林间。保护区八

仙仔偶见。

A115. 山龙眼科 Proteaceae

乔木或灌木，稀草本。花两性，稀单性，排成总状、穗状或头状花序；花被片 4 枚，花蕾时花被管细长，顶部球形、卵球形或椭圆状，开花时分离或花被管一侧开裂或下半部不裂；雄蕊 4 枚，着生花被片上；腺体或腺鳞常 4 枚，与花被片互生；心皮 1 枚，子房上位，1 室，侧膜胎座、基生胎座或顶生胎座，胚珠 1~2 颗或多颗。蓇葖果、坚果、核果或蒴果。本科 60 属 1300 种。中国 4 属 24 种。保护区 2 属 4 种。

1. 银桦属 Grevillea R. Br. ex Knight

乔木或灌木。叶互生，不分裂或羽状分裂。总状花序，通常再集成圆锥花序，顶生或腋生；花两性；雄蕊 4 枚。蓇葖果，稀分裂为 2 果片；种子 1~2 颗，盘状或长盘状，边缘具膜质翅。本属 160 种。中国 2 种。保护区 2 种。

1.* 红花银桦 Grevillea banksii R. Br.

常绿小乔木。树高可达 5m，幼枝有毛。叶互生，一回羽状裂叶，小叶线形，叶背密生白色毛茸。春至夏季开花，总状花序，顶生，花色橙红至鲜红。蓇葖果歪卵形，扁平，熟果呈褐色。

华南有引种栽培。保护区有栽培。

2.* 银桦 Grevillea robusta A. Cunn. ex R. Br.

乔木。树皮暗灰色，具浅皱纵裂。叶长 15~30cm，二回羽状深裂，裂片 7~15 对。总状花序，长 7~14cm，腋生；花橙红色。果卵状椭圆形；种子长盘状，边缘具窄薄翅。花期 3~5 月，果期 6~8 月。

分布华中、华南、西南等部分地区。保护区有栽培。

2. 山龙眼属 Helicia Lour.

乔木或灌木。叶互生，稀近对生或近轮生，全缘或边缘具齿。总状花序，腋生或生于枝上，稀近顶生。花两性，辐射对称；苞片通常小，卵状披针形至钻形，稀叶状，宿存或早落。坚果，不分裂，果皮革质或树皮质，稀外层肉质、内层革质或木质（中国不产）；种子1~2颗，种皮膜质。本属约97种。中国20种。保护区2种。

1. 广东山龙眼 Helicia kwangtungensis W. T. Wang

常绿乔木。树皮褐色或灰褐色。幼枝和叶被锈色短毛，小枝和成长叶均无毛。叶坚纸质或革质，长圆形、倒卵形或椭圆形，网脉于背面不明显。总状花序生叶腋。坚果近球形。花期6~7月，果期10~12月。

分布华南、西南等部分地区。生于山地湿润常绿阔叶林中。保护区瓶尖偶见。

2. 网脉山龙眼 Helicia reticulata W. T. Wang

常绿乔木或灌木。叶革质或近革质，长圆形、卵状长圆形、倒卵形或倒披针形，网脉两面凸起。总状花序腋生或生于小枝。果椭圆状。花期5~7月，果期10~12月。

分布华南、华中等部分地区。生于山地湿润常绿阔叶林中。保护区五指山谷偶见。

A117. 黄杨科 Buxaceae

灌木、小乔木或草本。单叶，互生或对生，全缘或有齿牙，羽状脉或离基三出脉，无托叶。花小，整齐，无花瓣；单性，雌雄同株或异株；花序总状或密集的穗状，有苞片；雄花萼片4片，雌花萼片6，均2轮，覆瓦状排列；雄蕊4枚，与萼片对生，分离，花药大，2室，花丝多少扁阔；雌蕊常由3心皮组成，子房上位，3室，稀2室。果实为室背裂开的蒴果，或肉质的核果状果。本科4属100种。中国4属27种。保护区1属3种。

1. 黄杨属 Buxus L.

常绿灌木或小乔木。叶对生，革质，全缘，叶脉羽状。总状、穗状或头状花序，腋生或顶生，花小，单性，雌雄同株。蒴果球形或卵球形。种子长球形。本属70种。中国约18种。保护区3种。

1. 匙叶黄杨 Buxus harlandii Hance

小灌木。小枝近四棱形，纤细，被轻微的短柔毛。叶薄革质，匙形、稀狭长圆形，长2~4cm，宽5~9mm。花序腋生兼顶生，头状，花密集；花柱与子房等长。蒴果近球形。花期5月，果期10月。

分布华南部分地区。生于溪旁或疏林中。保护区北峰山、蛮陂头偶见。

2. 杨梅黄杨 Buxus myrica H. Lév.

灌木。叶长圆状披针形，长3~7cm，宽1~2cm，薄革质或革质。花序腋生，花序轴及苞片均被短柔毛，花柱长3.5~4mm。蒴果近球形。花期1~2月或3~5月，果期5~6月或7~9月。

分布华南、西南等部分地区。生于溪边、山坡、林下。保护区古兜山林场偶见。

3. 黄杨 Buxus sinica (Rehder & E. H. Wilson) M. Cheng

灌木或小乔。枝圆柱形，有纵棱，灰白色。叶革质，阔椭圆形、阔倒卵形、卵状椭圆形或长圆形，长1.5~3.5cm，宽0.8~2cm。花序腋生，头状，花密集；子房长于花柱。蒴果近球形。花期3月，果期 5~6 月。

分布全国大部分地区。多生于山谷、溪边、林下。保护区山茶寮坑偶见。

A120. 五桠果科 Dilleniaceae

木本，或为木质藤本，稀草本。叶互生，偶为对生。花两性，少数是单性的，辐射对称，偶为两侧对称；萼片多数，或为 3~5 片，覆瓦状排列，宿存，有时为厚革质或肉质，花后有时继续增大；花瓣 2~5 枚，覆瓦状排列，在花芽时常皱折。果实为浆果或蓇葖状。本科 11 属约 400 种。中国 2 属 5 种。保护区 2 属 3 种。

1. 第伦桃属 Dillenia L.

常绿或落叶乔木或灌木。单叶，互生，具羽状脉，侧脉多而密，且相平行。花单生或数朵排成总状花序，花托圆锥状；花丝顶端不扩大；心皮 4~20 枚，成熟时肉质；宿萼在果时增大肥厚。果实圆球形。本属 60 种。中国 3 种。保护区 2 种。

1. 小花五桠果 Dillenia pentagyna Roxb.

落叶乔木。叶薄革质，长椭圆形或倒卵状长椭圆形，幼态叶常更大；侧脉 30~50 对。花小，数朵簇生于老枝的短侧枝上；花瓣黄色，长倒卵形，每个心皮有胚珠 5~20 枚。果实近球形；种子卵圆形。花期 4~5 月。

分布华南、西南部分地区。常生于次生灌丛及草地上。保护区笔架山有分布。

2. 大花五桠果 Dillenia turbinata Finet & Gagnep.

乔木。叶革质，长 12~30cm，宽 7~14cm，侧脉 15~22 对。总状花序生枝顶，有花 3~5 朵；花大，直径 10~13cm。果近于圆球形。

分布广东、广西、云南和海南。生于林中。保护区笔架山偶见。

2. 锡叶藤属 Tetracera L.

常绿木质藤本。单叶，互生，粗糙或平滑，具羽状脉，全缘或有浅钝齿，有叶柄，托叶不存在。花两性，细小，辐射对称，排成顶生或侧生圆锥花序，萼片 4~6 片，宿存；花瓣 2~5 片，白色；雄蕊多数。果实卵形，不规则裂开。本属 40 种。中国 1 种。保护区有分布。

1. 锡叶藤 Tetracera sarmentosa (L.) Vahl.

常绿木质藤本。叶革质，两面有许多硅细胞，极粗糙，长圆形；侧脉 10~15 对，在下面显著地突起；叶柄粗糙，有毛。圆锥花序顶生或生于侧枝顶；萼片 5 片，离生，宿存；花瓣通常 3 片，白色。果实成熟时黄红色，干后果皮薄革质。花期 4~5 月。

分布华南地区。生于林中、荒山或灌丛。保护区古斗林场附近常见。

A123. 蕈树科 Altingiaceae

常绿或落叶乔木。叶常掌状裂；托叶线形。花单性，雌雄同株；雄花序总状，雌花序球形头状；无花瓣。果序球形头状。本科 2 属 15 种。中国 2 属 10 种。保护区 2 属 2 种。

1. 蕈树属 Altingia Noronha

乔木。叶革质，具羽状脉，全缘或具锯齿，托叶细小。花单性，雌雄同株，无花瓣。蒴果木质，果序球形。种子多数，多角形或具短翅。本属 12 种。中国 8 种。保护区 1 种。

1. 蕈树 Altingia chinensis (Champ.) Oliv. ex Hance

常绿乔木。叶革质或厚革质，倒卵状矩圆形，长 7~13cm，宽 3~4.5cm，无毛，边缘有钝锯齿。头状果序近于球形，果序有 15~26 颗果。花期 3~4 月，果期 7~9 月。

分布华南、西南部分地区。生于亚热带常绿林里。保护区长塘尾、蛮陂头偶见。

2. 枫香树属 Liquidambar L.

乔木。叶互生，有长柄，掌状分裂；托叶线形。花单性，雌雄同株，雄花总状花序。头状果序圆球形，有蒴果多数；蒴果木质，室间裂开为2片。本属5种。中国2种。保护区1种。

1.* 枫香树 Liquidambar formosana Hance

乔木。叶3~5掌状裂，基部心形，掌状脉；托叶离生，线形。萼齿长4~8mm；雌花及果有尖锐萼齿及花柱。果序木质。花期3~6月，果期7~9月。

分布于中国秦岭及淮河以南各省份。多生于平地，村落附近，及低山的次生林。保护区有栽培。

A124. 金缕梅科 Hamamelidaceae

乔木和灌木。叶互生，稀对生；托叶线形，或为苞片状，早落、少数无托叶。花排成头状花序、穗状花序或总状花序，两性，或单性而雌雄同株，稀雌雄异株，有时杂性；异被，放射对称，或缺花瓣，少数无花被；常为周位花或上位花，稀下位花；萼筒与子房分离或多少合生，萼裂片4~5数，镊合状或覆瓦状排列；花瓣与萼裂片同数，线形、匙形或鳞片状。果为蒴果。本科27属140种。中国17属75种。保护区7属11种。

1. 假蚊母树属 Distyliopsis P. K. Endress

常绿灌木或小乔木。叶革质，互生，全缘，羽状脉。花单性或杂性，穗状花序腋生，萼筒短，花后脱落，无花瓣。蒴果木质，卵圆形。种子长卵形。本属6种。中国5种。保护区1种。

1. 钝叶假蚊母树 Distyliopsis tutcheri (Hemsl.) P. K. Endress

常绿灌木或小乔木。叶革质，倒卵形或椭圆形，长3~6cm，宽2~3cm，全缘，两面均无毛。雌花排列成总状花序；萼筒壶形，有鳞片伏毛，萼齿细小；花瓣及退化雄蕊均不存在。蒴果卵圆形，两瓣开裂。种子狭卵形。花期4~6月，果期6~9月。

分布华南地区。生于林下。保护区长塘尾偶见。

2. 蚊母树属 Distylium Sieb. & Zucc.

乔木或灌木。叶边全缘或有锯齿，羽状脉。总状花序，花单性或杂性，子房上位，无花瓣，萼筒极短，果时不存在。种子1颗。本属18种。中国12种。保护区2种。

1. 小叶蚊母树 Distylium buxifolium (Hance) Merr.

常绿灌木高1~2m。嫩枝、顶芽及叶背被星状毛。叶薄革质，倒披针形或矩圆状倒披针形，长3~5cm，宽1~1.5cm；边缘无锯齿，仅在最尖端有由中肋突出的小尖突。雌花或两性花的穗状花序腋生。蒴果卵圆形。

分布华南、西南等部分地区。常生于山溪旁或河边。保护区三牙石偶见。

2. 蚊母树 Distylium racemosum Sieb. & Zucc.

常绿灌木或中乔木。嫩枝、顶芽有鳞秕。叶革质，椭圆形或倒卵状椭圆形，长3~7cm，宽1.5~3.5cm，全缘，老时叶背无鳞秕。总状花序长约2cm，总苞2~3片，卵形，有鳞垢。蒴果卵圆形。

分布华南部分地区。生于林下。保护区禾叉坑等地偶见。

3. 秀柱花属 Eustigma Gardner & Champ.

灌木或乔木。叶边全缘或有锯齿，羽状脉，第一对侧脉不分枝。总状或穗状花序；花两性，5数，黄色；花瓣鳞片状；子房半下位，宿存的萼筒与蒴果连生。种子1颗。本属3种。中国3种。保护区1种。

1. 秀柱花 Eustigma oblongifolium Gardner. & Champ.

常绿灌木或小乔木。叶革质，矩圆形或矩圆披针形，先端渐尖、基部钝或楔形，叶背及嫩枝无毛。总状花序长 2~2.5cm；总苞片卵形。蒴果长 2cm，无毛。

分布华南、西南部分地区。生于林下。保护区玄潭坑偶见。

4. 马蹄荷属 Exbucklandia R. W. Brown

常绿乔木。节膨大，有托叶环痕。叶互生，厚革质，阔卵圆形，全缘或掌状浅裂，掌状脉；托叶 2 片，椭圆形。头状花序常腋生，有花 7~16 朵，具花序柄；花两性或杂性同株；花瓣线形，白色，或无花瓣。头状果序有蒴果 7~16 颗。本属 4 种。中国 3 种。保护区 1 种。

1. 大果马蹄荷 Exbucklandia tonkinensis (Lec.) H. T. Chang

常绿乔木。叶革质，阔卵形，基部阔楔形，无毛；头状花序单生；蒴果表面有小瘤状突起，长 10~15mm。花期 5~7 月，果期 8~9 月。

分布华南、西南部分地区。生于山地常绿林中。保护区斑鱼咀偶见。

5. 檵木属 Loropetalum R. Br.

常绿或半落叶灌木至小乔木。叶互生，革质，卵形，全缘，羽状脉。头状或短穗状花序，两性，四数，花瓣带状，子房半下位，宿存的萼筒与蒴果连生白色。蒴果木质，卵圆形。种子长卵形。本属 4 种。中国 3 种。保护区 3 种。

1. 檵木 Loropetalum chinense (R. Br.) Oliv.

灌木或小乔木。叶革质，卵形，基部钝，不等侧，上面略有粗毛，下面被星状毛，全缘，羽状脉。花 3~8 朵簇生，4 数，白色，两性花，近头状花序。蒴果卵圆形，被褐色星状绒毛。花期 3~4 月，果期 5~7 月。

分布于中国中部、南部及西南各地区。生于向阳的丘陵及山地。保护区山麻坑、笔架山偶见。

2.* 红花檵木 Loropetalum chinense (R. Br.) Oliv. var. rubrum Yieh

灌木或小乔木。叶革质，全缘，长 2~5cm，宽 1.5~2.5cm，羽状脉。近头状花序，3~8 朵簇生；花两性，4 数；花瓣紫红色，长 2cm。果近球形。

分布华南各地。生于丘陵及山地。保护区有栽培。

3. 四药门花 Loropetalum subcordatum (Benth.) Oliv.

灌木或乔木。叶片卵形或椭圆形，基部圆形或近心形，边缘全缘或疏生细锯齿，羽状脉；托叶披针形。苞片线形；花5数，花瓣约1.5cm，两性花，穗状花序。蒴果近球形，有褐色星毛，萼筒长达蒴果的2/3。

分布华南地区。生于林下。保护区五指山偶见。国家 II 级重点保护野生植物。

6. 壳菜果属 Mytilaria Lecomte

常绿乔木。小枝有明显的节，节上有环状托叶痕。叶革质，互生，有长柄，阔卵圆形，嫩叶先端3浅裂，老叶全缘，羽状脉，无托叶。花两性，有花瓣，螺旋排列于具柄的肉质穗状花序上。蒴果卵圆形。种子椭圆形。单属种。保护区有分布。

1. 壳菜果 Mytilaria laosensis Lec.

种的形态特征与属相同。

分布华南、西南部分地区。生于丛生林中。保护区蒸狗坑等地偶见。

7. 红花荷属 Rhodoleia Champ. ex Hook. f.

乔木或灌木。叶互生，革质，卵形至披针形，全缘，具羽状脉，无托叶。花序头状，腋生，花两性。蒴果，果皮较薄。种子扁平。本属9种。中国6种。保护区2种。

1. 红花荷 Rhodoleia championii Hook. f.

常绿乔木。叶厚革质，卵形，长7~13cm，宽4.5~6.5cm，顶端钝或略尖，有三出脉，下面灰白色；头状花序，花瓣匙形，长2.5~3.5cm，宽6~8mm。头状果序有蒴果5颗，蒴果卵圆形。花期3~4月，果期5~8月。

分布华南地。生于山地丘陵。保护区黄蜂腰、瓶尖偶见。

2. 窄瓣红花荷 Rhodoleia stenopetala H. T. Chang

常绿乔木。叶厚革质，卵形或阔卵形，长6~10cm，宽3~6cm；网脉在上面不明显，在下面隐约可见。头状花序常弯垂；花瓣4片，狭窄倒披针形，长1.5~2cm，宽2~4mm。蒴果卵圆形，无宿存花柱。种子扁平，暗褐色。花期3~6月，果期7~9月。

分布华南、西南地区。生于山地森林里。保护区八仙仔偶见。

A126. 虎皮楠科 Daphniphyllaceae

乔木或灌木。小枝具叶痕和皮孔。单叶互生，常聚集于小枝顶端，全缘，多少具长柄，无托叶。花序总状，腋生，单生，花单性异株；花萼发育，3~6裂或具3~6片萼片；雄花有雄蕊5~12(~18)枚，辐射状排列。核果卵形或椭圆形，具1颗种子。单属科，30种。中国10种。保护区3种。

1. 交让木属 Daphniphyllum Blume

属的形态特征与科相同。本属30种。中国10种。保护区3种。

1. 牛耳枫 Daphniphyllum calycinum Benth.

灌木。叶椭圆形或阔椭圆形，纸质，长10~20cm，叶背具细小乳凸体，有白粉。总状花序腋生，雄花花萼盘状。果卵圆形，果基部有宿存萼片。花期4~6月，果期8~11月。

分布华南部分地区。生于疏林或灌丛中。保护区双子鲤鱼坑偶见。

2. 虎皮楠 Daphniphyllum oldhamii (Hemsl.) K. Rosenthal

乔木、小乔木或灌木。叶倒卵状披针形或长圆状披针形，纸质；叶柄常绿色。花单性异株，花有萼片；核果椭圆或倒卵

圆形，果基部无宿存萼片。花期 3~5 月，果期 8~11 月。

分布华南地区。生于林中。保护区镶盖山至斑鱼咀偶见。

3. 假轮叶虎皮楠 Daphniphyllum subverticillatum Merr.

灌木。叶在小枝顶端近轮生，长圆形或长圆状披针形，厚革质，叶背无粉，无乳突体；叶柄上面具槽。果较小，果基部有宿存萼片。花期 4~5 月，果期 11 月。

分布华南地区。生于林中。保护区山麻坑、禾叉坑偶见。

A127. 鼠刺科 Iteaceae

小乔木或灌木。单叶互生，叶缘具腺齿或刺齿，托叶线形；羽状脉。总状或聚伞花序顶生或腋生，花两性，基部合生，花瓣 5 片，镊合状排列，花期直立或反折；雄蕊 4~5 枚，着生于花盘边缘而与花瓣互生。蒴果或浆果。本科 7 属 150 种。中国 2 属 13 种。保护区 1 属 1 种。

1. 鼠刺属 Itea L.

灌木或乔木。单叶互生，具柄，常具腺齿或刺齿。花小，白色，两性或杂性，顶生、腋生总状花序或总状圆锥花序；子房 2 室或稀 3 室。蒴果。种子多数，窄纺锤形。本属 15 种。中国 16 种。保护区 1 种。

1. 鼠刺 Itea chinensis Hook. & Arn.

常绿灌木或小乔木。叶薄革质，倒卵形或卵状椭圆形，基部楔形，边缘上部具小齿，稀波状或近全缘，侧脉 4~5 对；腋生总状花序。蒴果长圆状披针形。花期 3~5 月，果期 5~12 月。

分布华南、西南部分地区。常生于山地、山谷、疏林、路边及溪边。保护区北峰山、蛮陂头偶见。

A130. 景天科 Crassulaceae

草本或亚灌木。常有肥厚、肉质的茎、叶。叶不具托叶，互生、对生或轮生，单叶，全缘或略缺刻。花单生、聚伞或伞房状、穗状、总状、圆锥状花序，两性或单性，花瓣分离。蓇葖果，稀为蒴果。本科 35 属 1500 种。中国 10 属 242 种。保护区 2 属 2 种。

1. 落地生根属 Bryophyllum Salisb.

肉质草本，或灌木。茎常直立。叶对生或 3 叶轮生，单叶，有浅裂或羽状分裂，或为羽状复叶。花大型，常下垂，颜色鲜艳；花为 4 基数，萼片常合生成钟状或圆柱形，或有时为基部稍膨大的萼管；花冠与萼同长，合生，在心皮上常紧缩，花冠裂片 4 片。全属 20 种。中国 1 种。保护区有分布。

1.* 棒叶落地生根 Bryophyllum delagoense (Eckl. & Zeyh.) Druce

肉质草本。茎直立，粉褐色，高约 1m。叶圆棒状，上表面具沟槽，粉色，棒叶落地生根叶端锯齿上有许多已生根的小植株（由不定芽生成）。花序顶生，小花红色。花期初夏。

常作栽培种。生于开放的树木茂盛的草原、岩石山坡、沙地或岩石地。保护区有栽培。

2. 青锁龙属 Crassula L.

常绿小灌木。茎圆柱形，老茎木质化，呈灰绿色，嫩枝绿色。叶对生，扁平，肉质，长椭圆形，全缘，顶端钝，略呈匙状，叶色翠绿有光泽。伞房花序花白色或浅红色。本属 250~300 种。中国 4 种。保护区 1 种。

1.* 玉树 Crassula arborescens (Mill.) Willd.

多浆肉质亚灌木。株高 1~3m。茎干肉质，粗壮，干皮灰白，色浅。分枝多，小枝褐绿色，色深。叶肉质，卵圆形，叶片灰绿色。筒状花直径 2cm，白色或淡粉色。花期春末夏初。

华南地区有栽培。常用于作观赏盆栽植物。保护区有栽培。

A134. 小二仙草科 Haloragaceae

水生或陆生草本。叶互生、对生或轮生，生于水中的常为篦齿状分裂。花小，两性或单性，腋生，单生或簇生，或成顶生的穗状花序、圆锥花序、伞房花序；萼筒与子房合生，萼片 2~4 或缺；花瓣 2~4 片，早落，或缺；雄蕊 2~8 枚，排成 2 轮，外轮对萼分离，花药基着生；子房下位，2~4 室。果为坚果或核果状。本科 8 属 100 种。中国 2 属 13 种。保护区 1 属 2 种。

1. 小二仙草属 Gonocarpus Thunb.

陆生平卧或直立纤细草本。叶小，下部及幼枝叶常对生，上部叶多互生；叶仅边缘全缘且具小齿，不作篦齿状分裂。花小，单生或簇生于叶腋成假二歧聚伞花序。果小，坚果状。本属 35 种。中国 2 种。保护区 2 种。

1. 黄花小二仙草 Gonocarpus chinensis (Lour.) Orchard

多年生细弱陆生草本。叶对生，近无柄，条状披针形至矩圆形，叶面被紧贴柔毛。花序为纤细的总状及穗状花序组成顶生的圆锥花序，花黄绿色或白色。坚果极小。花期春夏秋季，果期夏秋季。

分布华南、西南部分地区。生于潮湿的荒山草丛中。保护区蜈蚣口、北峰山偶见。

2. 小二仙草 Gonocarpus micranthus Thunb.

多年生陆生草本。叶对生，卵形或卵圆形，两面无毛，具短柄。花序为顶生的圆锥花序，花红色或紫红色。坚果极小。花期 4~8 月，果期 5~10 月。

分布华东、华南、西南等部分地区。生于荒山草丛中。保护区螺塘水库偶见。

A136. 葡萄科 Vitaceae

攀援木质藤本。具卷须。单叶，羽状或掌状复叶，互生。花小，4~5 基数，两性或杂性，同株或异株，聚伞花序，花萼蝶形或浅杯状，花瓣呈帽状脱落；子房上位，常 2 室，每室有 2 枚胚珠，或多室而每室有 1 枚胚珠。果实为浆果。本科 14 属 9700 余种。中国 8 属 146 余种。保护区 4 属 6 种。

1. 蛇葡萄属 Ampelopsis Michx.

木质藤本。有卷须，与叶对生。单叶、掌状或羽状复叶，具托叶，常早落。花 5 基数，花瓣分离，雄蕊离生，花盘发达，5 浅裂；杂性异株，排成聚伞圆锥花序，花瓣凋谢时呈帽状黏合脱落。肉质浆果。本属 30 余种。中国 17 种。保护区 1 种。

1. 广东蛇葡萄 Ampelopsis cantoniensis (Hook. & Arn.) Planch.

木质藤本。小枝有棱纹。卷须粗壮。小枝、叶柄和花序轴被短柔毛。二回羽状复叶或小枝上部着生一回羽状复叶。伞房状多歧聚伞花序，顶生或对生。浆果倒卵状扁球形。花期 4~7 月，果期 8~11 月。

分布华东、华南、西南部分地区。生于山谷林中或山坡灌丛。

保护区古兜山林场偶见。

2. 乌蔹莓属 Cayratia Juss.

木质藤本。卷须常二至三叉分枝，稀总状多分枝，顶端无吸盘。叶 3 小叶或鸟足状 5 小叶。伞房状多歧聚伞花序或复二歧聚伞花序，花序腋生或假腋生，花 4 基数，花瓣分离，雄蕊离生。浆果球形或近球形。本属 60 余种。中国 17 种。保护区 1 种。

1. 角花乌蔹莓 Cayratia corniculata (Benth.) Gagnep.

多年生草质藤本。叶长椭圆形、卵圆形或倒卵椭圆形，五指状，中央小叶长椭圆状披针形，长 3.5~9cm，宽 1.5~3cm，边缘前半部疏生小锯齿，无毛。复伞形花序，花瓣顶端有小角状凸起。浆果圆形。花期 4~6 月，果期 11~12 月。

分布华南地区。生于山谷溪边疏林或山坡灌丛。保护区孖鬓水库偶见。

3. 崖爬藤属 Tetrastigma (Miq.) Planch.

木质藤本。卷须不分枝或二叉分枝，顶端无吸盘。叶为 3 小叶、掌状 5 小叶或鸟足状 5~7 小叶。花杂性异株，多歧聚伞、伞形或复伞形花序，腋生或假腋生，花 4 数，花瓣分离，雄蕊离生，花柱不明显，柱头 4 裂。浆果球形、椭圆或倒卵圆形。本属 100 余种。中国 45 种。保护区 3 种。

1. 尾叶崖爬藤 Tetrastigma caudatum Merr. & Chun

木质藤本。小枝圆柱形，有纵棱纹，无毛。卷须不分枝，相隔 2 节间断与叶对生。叶为 3 小叶，稀 5 小叶，小叶披针形，长 6~14cm，宽 3~5cm，顶端尾状渐尖，侧小叶基部不对称。伞形花序腋生。果实椭圆形。花期 5~7 月，果期 9 月至翌年 4 月。

分布华南地区。生于山谷林中或山坡灌丛荫处。保护区玄潭坑偶见。

2. 三叶崖爬藤 Tetrastigma hemsleyanum Diels & Gilg

草质藤本。卷须不分枝，相隔2节间断与叶对生。叶为3小叶，披针形，长3~10cm，宽1.5~3cm，顶端渐尖，侧生小叶基部不对称。花序腋生；花瓣4片，卵圆形。花期4~6月，果期8~11月。

分布华东、华南、西南等地区。生于山坡灌丛、山谷、溪边林下岩石缝中。保护区螺塘水库偶见。

3. 扁担藤 Tetrastigma planicaule (Hook. f.) Gagnep.

木质大藤本。茎扁平，大，卷须不分枝。叶为掌状5小叶，小叶各式披针形，中央小叶长圆状披针形，长9~16cm，宽3~6cm，顶端急尖，边缘有齿，两面无毛。花序腋生。果实近球形。花期4~6月，果期8~12月。

分布华南、西南等部分地区。生于山谷林中或山坡岩石缝中。保护区青石坑水库偶见。

4. 葡萄属 Vitis L.

木质藤本。有卷须。叶为单叶、掌状或羽状复叶；有托叶，通常早落。花5数，通常杂性异株，排成聚伞圆锥花序；萼呈碟状，萼片细小；花瓣基部分离，顶端黏合，花后整个帽状脱落，雄蕊离生。果实为一肉质浆果，有种子2~4颗。种子倒卵圆形或倒卵椭圆形。本属60余种。中国38种。保护区1种。

1. 小果葡萄 Vitis balansana Planch.

木质藤本。枝被毛。卷须2分枝，叶心状卵形，长4~14cm，宽3.5~9.5cm，基部心形，两侧裂片分开。果球状，直径5~8mm。

分布华南、西南等部分地区。生于山谷林中或山坡岩石缝中。保护区山麻坑偶见。

A140. 豆科 Fabaceae

乔木、灌木、亚灌木或草本。直立或攀援，常有能固氮的根瘤。叶常绿或落叶，通常互生，常为一回或二回羽状复叶，具叶柄或无；托叶有或无，有时叶状或变为棘刺。花两性，稀单性，辐射对称或两侧对称，通常排成总状花序、聚伞花序、穗状花序、头状花序或圆锥花序；花被2轮；萼片（3~）5（~6）片；花瓣（0~）5（~6）片；雄蕊通常10枚，分离或连合成管，单体或二体雄蕊，花药2室，纵裂或有时孔裂。果为荚果。种子通常具革质或有时膜质的种皮。本科650属18000种。中国172属1485种。保护区37属76种。

1. 金合欢属 Acacia Mill.

乔木、灌木或藤本。二回羽状复叶，羽片及小叶多对，或小叶退化；总叶柄及叶轴上有腺体。花两性，头状或穗状花序；花丝分离或仅基部合生，雄蕊多数。荚果长圆形或线形。本属1200种。中国18种。保护区4种。

1.* 大叶相思 Acacia auriculiformis A. Cunn. ex Benth.

乔木。叶状柄镰刀状长圆形，长 10~20cm，宽 1.5~6cm，互生，革质。穗状花序，1 至数枝簇生于叶腋或枝顶，花小，橙黄色。果涡状扭曲，宽 8~12mm。花期 10 月。

华南地区有引种。生于路旁。保护区有栽培。

2. 藤金合欢 Acacia concinna (Willd.) DC.

攀援藤本。小枝、叶轴被灰色短茸毛，具散生倒刺。二回羽状复叶，羽片 6~10 对；小叶 15~25 对，线状长圆形；叶柄有 1 腺体。头状花序球形；花白色或淡黄，芳香。荚果带形。花期 4~6 月，果期 7~12 月。

分布华南、西南等地区。生于疏林或灌丛中。保护区瓶尖偶见。

3.* 台湾相思 Acacia confusa Merr.

常绿乔木。叶柄叶状，披针形，长 6~10cm，宽 2~6mm。头状花序，单生或 2~3 个簇生于叶腋。果扁平。花期 3~10 月，果期 8~12 月。

分布于华南及西南地区。生于林中或栽培于园庭。保护区有栽培。

4.* 马占相思 Acacia mangium Willd.

乔木。叶状柄纺锤形，长 12~15cm，宽 3.5~9cm，纵向平行脉 4 条。穗状花序腋生，下垂。荚果涡状扭曲，宽 3~5mm。种子黑色。

分布广东、香港、澳门。生于山地。保护区有栽培。

2. 海红豆属 Adenanthera L.

乔木，无刺。二回羽状复叶，小叶互生。药隔顶端有腺体。荚果 2 瓣裂；种子小，有胚乳。本属 10 种。中国 1 种。保护区有分布。

1. 海红豆 Adenanthera microsperma Teijsm. & Binn.

落叶乔木。二回羽状复叶，羽片 4~7 对；小叶 4~7 对，互生，长圆形或卵形，长 2.5~3.5cm，宽 1.5~2.5cm，两端圆钝。花白色或黄色，有香味；花瓣披针形。荚果狭长圆形。种子鲜红色，有光泽。花期 4~7 月，果期 7~10 月。

分布华南地区。多生于山沟、溪边、林中或栽培于园庭。保护区青石坑水库偶见。

3. 合萌属 Aeschynomene L.

草本或小灌木。奇数羽状复叶具小叶多对，互相紧接并容易闭合。托叶早落。花小，数朵组成腋生的总状花序。苞片托叶状，成对，宿存，边缘有小齿；小苞片卵状披针形，宿存；花萼膜质，通常二唇形。荚果有果颈，扁平，具荚节 4~8，各节有种子 1 颗。本属约 250 种。中国 1 种。保护区有分布。

1. 合萌 Aeschynomene indica L.

一年生草本。常 20~30 对小叶，线状长圆形，上面密布腺点，下面稍带白粉。总状花序腋生；花冠淡黄色，具紫色纵脉纹。荚果线状长圆形。

分布中国各地。常生于湿润地、水田边或溪河边。保护区古兜山林场偶见。

4. 合欢属 Albizia Durazz.

乔木或藤本。总叶柄及叶轴上有腺体。花小，多数。荚果扁平，直，不开裂；种子间无横隔。本属 118 种。中国 16 种。保护区 2 种。

1. 楹树 Albizia chinensis (Osbeck) Merr.

乔木。二回羽状复叶；羽片 6~12 对；小叶 20~35 对；托叶大，心形；叶柄基部和上部叶轴具腺体。头状花序。荚果扁平。

分布福建、湖南、广东、广西、云南、西藏。生于林中。保护区禾叉坑、三牙石偶见。

2. 天香藤 Albizia corniculata (Lour.) Druce

攀援灌木或藤本。二回羽状复叶，羽片 2~6 对；小叶 4~10 对，长圆形或倒卵形，长 12~25mm，中脉居中；总叶柄基部有 1 腺体，叶柄下有刺。头状花序有花 6~12 朵，再排成圆锥花序。荚果带状扁平。花期 4~7 月，果期 8~11 月。

分布华南地区。生于旷野或山地疏林中，常攀附于树上。保护区丁字水库偶见。

5. 链荚豆属 Alysicarpus Neck. ex Desv.

草本。叶互生，单小叶，稀羽状 3 小叶，叶缘全缘，叶柄具沟槽，有托叶和小托叶。花小，成对排列呈腋生或顶生总状花序；花萼颖状，裂片有条纹；雄蕊 10 枚，花丝合生成二体雄蕊。荚果圆柱形，膨胀。本属 30 种。中国 4 种。保护区 1 种。

1. 链荚豆 Alysicarpus vaginalis (L.) DC.

多年生草本。叶仅有单小叶；小叶形状及大小变化很大，茎上部小叶通常为卵状长圆形至线状披针形，长 3~6.5cm，下部小叶为心形、近圆形或卵形，长 1~3cm。总状花序，有花 6~12 朵。荚果扁圆柱形。花期 7~9 月，果期 9~11 月。

分布华南、西南等地区。多生于空旷草坡、旱田边、路旁或海边沙地。保护区扫管塘偶见。

6. 落花生属 Arachis L.

一年生草本。偶数羽状复叶具小叶 2~3 对，叶缘全缘；托叶大而显著，部分与叶柄贴生；无小托叶。总状花序，花单生或数朵簇生于叶腋内，无柄；花萼膜质，裂片 5 片；雄蕊 10 枚，花丝合生成管状。荚果长椭圆形，不开裂，有种子 1~4 颗。本属约 22 种。中国亦有引种。保护区 1 种。

1.* 蔓花生 Arachis duranensis Krapov. & W. C. Greg.

多年生宿根草本植物。茎为蔓性，株高 10~15cm，匍匐生长，有明显主根。复叶互生，小叶两对呈倒卵形。花为腋生，蝶形，金黄色。花期春季至秋季。

分布华南地区。生于雨量适中的沙质土地区。保护区有栽培。

7. 猴耳环属 Archidendron F. Muell.

乔木或灌木。二回羽状复叶，小叶多对，叶柄有腺体。花小，5基数，两性或杂性；雄蕊多数，花丝基部合生成管状。荚果旋卷或弯曲。种子常卵形或圆形，有假种皮。本属94种。中国11种。保护区3种。

1. 猴耳环 Archidendron clypearia (Jack.) I. C. Nielsen

常绿乔木。小枝具棱。二回羽状复叶；羽片3~8对，小叶对生，3~12对，两面被毛。花具短梗，数朵聚成小头状花序。荚果旋卷。种子间缢缩。花期2~6月，果期4~8月。

分布华南地区。生于林中。保护区扫管塘偶见。

2. 亮叶猴耳环 Archidendron lucidum (Benth.) I. C. Nielsen

常绿小乔木。叶轴及叶柄基部有腺体；羽片1~2对；小叶2~5对，斜卵形，互生。头状花序球形。荚果旋卷成环状。种子间缢缩。花期4~6月，果期7~12月。

分布华南、西南部分地区。生于疏或密林中或林缘灌木丛中。保护区瓶尖偶见。

3. 薄叶猴耳环 Archidendron utile (Chun & How) I. C. Nielsen

灌木。小枝无棱。总叶柄和顶端1~2对小叶叶轴上有腺体；羽片2~3对；小叶对生，4~7对，仅背面被毛。头状花序，花白色。荚果红褐色。种子近圆形。花期3~8月，果期4~12月。

分布华南地区。生于密林中。保护区石排楼、客家仔行等地偶见。

8. 羊蹄甲属 Bauhinia L.

乔木、灌木或攀援藤本。单叶，全缘，先端凹缺，具2裂片或2片离生小叶。花两性，总状、伞房或圆锥花序；花瓣5片，略不等，常具瓣柄；能育雄蕊10、5或3枚，有时2或1枚。荚果长圆形、带状或线形。种子圆形或卵圆形。本属300种。中国50种。保护区4种。

1. 阔裂叶羊蹄甲 Bauhinia apertilobata Merr. & F. P. Metcalf

藤本。具卷须。嫩枝、叶柄及花序各部均被短柔毛。叶纸质，卵形、阔椭圆形或近圆形，顶端稍裂，裂片圆钝。总状花序；花瓣淡绿白色。荚果倒披针形或长圆形。花期5~7月，果期8~11月。

分布华南地区。生于山谷和山坡的疏林、密林或灌丛中。保护区山茶寮坑偶见。

2. 龙须藤 Bauhinia championii (Benth.) Benth.

藤本。有卷须。枝被锈色短柔毛。叶纸质，卵形或心形，上面无毛，下面被短柔毛，顶端稍裂，裂片圆钝。总状花序狭长；花瓣白色。荚果倒卵状长圆形或带状。花期6~10月，果期7~12月。

分布华南、西南等部分地区。生于丘陵灌丛或山地疏林和密林中。保护区五指山偶见。

3. 首冠藤 Bauhinia corymbosa Roxb. ex DC.

藤本。叶近圆形，顶端分裂至2/3~3/4，七基出脉。总状花序；具粉色脉纹；能育雄蕊3枚，退化雄蕊2~5枚。荚果带状。

分布广东、海南。生于山谷疏林中或山坡阳处。保护区斑鱼咀偶见。

4. 粉叶羊蹄甲 Bauhinia glauca (Wall. ex Benth.) Benth.

木质藤本。叶纸质，近圆形，下面疏被柔毛。伞房花序式的总状花序顶生或与叶对生；花白色；退化雄蕊5~7枚。荚果薄带状，长12~32cm，有种子10~20颗。花期4~6月，果期7~9月。

分布华南部分地区。生于山坡阳处疏林中或山谷荫蔽的密林或灌丛中。保护区笔架山、斑鱼咀偶见。

9. 藤槐属 Bowringia Champ. ex Benth.

木质藤本。单叶互生，托叶小。总状花序腋生，钟形，先端具5短齿，花冠白色，花丝分离或仅基部合生。荚果卵圆形或球形，肿胀。种子长圆形或球形，褐色。本属4种。中国1种。保护区有分布。

1. 藤槐 Bowringia callicarpa Champ. ex Benth.

攀援灌木。单叶，近革质，长圆形或卵状长圆形。总状或伞房状花序，花冠白色。荚果卵形或卵球形，具喙，长2.5~3cm。种子椭圆形。花期4~6月，果期7~11月。

分布华南地区。生于山谷林缘或河溪旁，常攀援于其他植

物上。保护区林场偶见。

10. 云实属 Caesalpinia L.

乔木、灌木或藤本。二回羽状复叶，羽片对生，小叶对生。花两性，总状或圆锥花序腋生或顶生，花瓣5片，雄蕊10枚。荚果卵圆形、长圆形或披针形。种子卵圆形或球形。本属150种。中国17种。保护区5种。

1. 刺果苏木 Caesalpinia bonduc (L.) Roxb.

有刺藤本。各部均被黄色柔毛。羽片6~9对；小叶6~12对，膜质，长圆形，基部斜，两面均被黄色柔毛；托叶叶状。总状花序腋生，花黄色。荚果长圆形，有刺。种子2~3颗。花期8~10月，果期10月至翌年3月。

分布华南地区。生于灌丛、路旁。保护区孖鬃水库、玄潭坑等地偶见。

2. 华南云实 Caesalpinia crista L.

木质藤本。二回羽状复叶；羽片对生，2~3（~4）对；小叶4~6对。总状花序；花瓣5，黄色，其中一片具红纹。果卵形；种子1颗。

分布华南、华中、西南。生于山地林中。保护区双孖鲤鱼坑偶见。

3. 喙荚云实 Caesalpinia minax Hance

有刺藤本。羽片5~8对；小叶6~12对，椭圆形或长圆形。总状花序或圆锥花序顶生；花白色；苞片卵状披针形，先端短渐尖。荚果长圆形，有种子4~8颗。花期4~5月，果期7月。

分布华南、西南部分地区。生于山沟、溪旁或灌丛中。保护区三牙石偶见。

4. 鸡嘴筋 Caesalpinia sinensis (Hemsl.) J. E. Vidal

木质藤本。二回羽状复叶，羽片2~3对；小叶2对，革质，长圆形；叶轴上钩刺。圆锥花序腋生或顶生；花瓣黄色。荚果近圆或半圆形，果顶具喙。种子1颗。花期4~5月，果期7~8月。

分布华南、西南、华中部分地区。生于灌木丛中。保护区玄潭坑偶见。

5. 春云实 Caesalpinia vernalis Champ.

有刺藤本。各部被锈色绒毛。二回羽状复叶，羽片8~16对；小叶2对，长1.2~2.5cm，宽6~12mm，卵状披针形至椭圆形，革质对生。圆锥花序，花黄色。荚果斜长圆形，无刺。花期4月，果期12月。

分布华南地区。生于山沟湿润的沙土上或岩石旁。保护区丁字水库偶见。

11. 木豆属 Cajanus DC.

直立灌木或亚灌木，或为木质或草质藤本。叶具羽状3小叶或有时为指状3小叶，小叶背面有腺点；托叶和小托叶小或缺。总状花序腋生或顶生；苞片小或大，早落，小苞片缺；花萼钟状，5齿裂，裂齿短，上部2枚合生或仅于顶端稍2裂；雄蕊二体（9+1）。荚果线状长圆形。本属32种。中国8种。保护区1种。

1. 蔓草虫豆 Cajanus scarabaeoides (L.) Thouars

蔓生或缠绕状草质藤本。茎纤弱，长可达2m。叶具羽状3小叶；托叶小；小叶纸质或近革质，下面有腺状斑点，长1.5~4cm，宽0.8~1.5（~3）cm。总状花序腋生，有花1~5朵。荚果长圆形。花期9~10月，果期11~12月。

分布华南部分地区。常生于旷野、路旁或山坡草丛中。保护区扫管塘偶见。

12. 鸡血藤属 Callerya Endl.

藤本、直立或攀援灌木或乔木。奇数羽状复叶互生；托叶早落或宿存，小托叶有或无；小叶2至多对，通常对生。圆锥花序大，顶生或腋生；花冠紫色、粉红色、白色或堇青色。荚果扁平或肿胀，线形或圆柱形；有种子2至多数。本属30种。中国18种。保护区4种。

1. 香花鸡血藤 Callerya dielsiana (Harms) P. K. Lôc ex Z. Wei & Pedley

攀援灌木。奇数羽状复叶；小叶2对，纸质，披针形，叶面有光泽。圆锥花序顶生。荚果无果颈。花期5~9月，果期6~11月。

分布华南、西南部分地区。生于山坡杂木林缘或灌丛中。保护区八仙仔偶见。

2. 亮叶鸡血藤 Callerya nitida (Benth.) R. Geesink

攀援灌木。羽状复叶 2 对，硬纸质，卵状披针形或长圆形；圆锥花序顶生；花单生。荚果线状长圆形。种子栗褐色。花期 5~9 月，果期 7~11 月。

产华南、华中部分地区。生于山坡旷野或灌丛中。保护区瓶尖、五指山偶见。

3. 网络鸡血藤 Callerya reticulata (Benth.) Schot

藤本。小枝圆形，具细棱。羽状复叶长 10~20cm；托叶锥刺形；叶腋有多数钻形的芽苞叶；小叶 3~4 对，硬纸质，卵状长椭圆形或长圆形。圆锥花序顶生或着生枝梢叶腋；花密集，单生于分枝上。荚果线形。花期 5~11 月。

分布华南、西南部分地区。生于山地灌丛及沟谷。保护区林场、青石坑偶见。

4. 喙果鸡血藤 Callerya tsui (F. P. Metcalf) Z. Wei & Pedley

藤本。长 3~10m。树皮黑褐色。羽状复叶长 12~28cm；托叶阔三角形；小叶 1 对，偶有 2 对，近革质，阔椭圆形或椭圆形；无小托叶。圆锥花序顶生。荚果肿胀。种子近球形或稍扁。花期 7~9 月，果期 10~12 月。

分布华南、西南等部分地区。生于山地杂木林中。保护区笔架山、三牙石偶见。

13. 山扁豆属 Chamaecrista Moench

草本，少有小乔木。叶羽状，对生，通常有腺体。花黄色或红色。萼片 5 片，花瓣 5 片或不等。种子具光滑或有凹的种皮，通常无孔。本属 270 种。中国 30 种。保护区 1 种。

1. 山扁豆 Chamaecrista mimosoides (L.) Greene

一年生或多年生亚灌木状草本。高 30~60cm，多分枝。叶柄的上端、最下一对小叶的下方有圆盘状腺体 1 枚；小叶 20~50 对，线状镰形；托叶线状锥形。花序腋生，1 或数朵聚生不等。荚果镰形。种子 10~16 颗。花果期通常 8~10 月。

分布华南、西南地区。生于坡地或空旷地的灌木丛或草丛中。保护区偶见。

14. 猪屎豆属 Crotalaria L.

草本、亚灌木或灌木。茎枝圆或四棱形，单叶或三出复叶。总状花序顶生、腋生、与叶对生或密集枝顶形似头状；花萼二唇形或近钟形；花冠黄色或深紫蓝色。荚果长圆形、圆柱形或卵状球形，稀四角菱形，膨胀，有果颈或无。本属550种。中国40种。保护区2种。

1. 大猪屎豆 Crotalaria assamica Benth.

直立高大草本。托叶细小，线形；单叶，倒披针形，长5~15cm，宽2~4cm，下面被毛，托叶线形。总状花序顶生或腋生，有花20~30朵。荚果长圆形。花果期5~12月。

分布华南、西南部分地区。生于山坡路边及山谷草丛中。保护区螺塘水库偶见。

2. 光萼猪屎豆 Crotalaria trichotoma Bojer

草本或亚灌木。茎枝圆柱形，被短柔毛。托叶极细小，钻状，小叶长椭圆形，长6~10cm，宽2~3cm。总状花序顶生，有花10~20朵；花冠黄色，直径12mm。荚果长圆柱形。种子20~30颗。花果期4~12月。

分布华南地区。生于田园路边及荒山草地。保护区古兜山林场偶见。

15. 黄檀属 Dalbergia L. f.

乔木、灌木或木质藤本。奇数羽状复叶；托叶小，早落；小叶互生；无小托叶。花小，通常多数，组成顶生或腋生圆锥花序；花冠白色、淡绿色或紫色；雄蕊（5+5）或（9+1）的二体雄蕊；花药基着药，子房有柄。荚果不开裂，翅果状，种子部位多少加厚且常具网纹。本属100种。中国29种。保护区3种。

1. 两粤黄檀 Dalbergia benthamii Prain

藤本，有时为灌木。叶轴、叶柄均略被伏贴微柔毛；羽状复叶长12~17cm；小叶2~3对，3~7片，近革质，卵形或椭圆形，

顶端微凹，基部楔形。圆锥花序腋生；花冠白色，旗瓣椭圆形。荚果薄革质。种子1~2颗。花期2~4月。

分布华南部分地区。生于山坡灌丛中或山谷溪旁。保护区山麻坑偶见。

2. 藤黄檀 Dalbergia hancei Benth.

藤本。枝疏柔毛。奇数羽状复叶；小叶7~13片较小，互生，狭长圆形或倒卵状长圆形，顶端圆钝或微凹，基部圆形。总状花序短。荚果常有1颗种子。花期4~5月，果期7~8月。

分布华南、西南部分地区。生于山坡灌丛中或山谷溪旁。保护区玄潭坑偶见。

3. 香港黄檀 Dalbergia millettii Benth.

攀援灌木。枝无毛。羽状复叶长4~5cm；小叶12~17对，紧密，线形或狭长圆形；小叶25~35片，基部稍不对称。圆锥花序腋生，长1~1.5cm；总花梗、花序轴和分枝被极稀疏的短柔毛。荚果长圆形至带状，扁平。

分布华南地区。生于山谷疏林或密林中。保护区扫管塘等地偶见。

16. 鱼藤属 Derris Lour.

藤本或攀援灌木。奇数羽状复叶，叶对生，有托叶和小托叶。总状花序或圆锥花序腋生或顶生；花冠白色、紫红色或粉红色；萼杯状；雄蕊 10（9+1）枚，为二体雄蕊。荚果薄而硬。种子肾形。本属 800 种。中国 25 种。保护区 1 种。

1. 白花鱼藤 Derris alborubra Hemsl.

木质藤本。羽状复叶，叶 1~2 对，3~5 枚，革质，椭圆形、长圆形或倒卵状长圆形，顶端圆钝或微凹。圆锥花序腋生或顶生，被锈色短茸毛；花冠白色。荚果革质，长 2~5cm。花期 4~6 月，果期 7~10 月。

分布华南地区。生于林下。保护区林场、北峰山偶见。

17. 山蚂蝗属 Desmodium Desv.

草本、亚灌木或灌木。羽状三出复叶或退化为单小叶，具托叶和小托叶，叶缘全缘。花小，腋生或顶生总状或圆锥花序；雄蕊 10 枚，花丝合生成二体雄蕊或单体。荚果背缝线深凹入腹缝线，节荚呈斜三角形。本属 350 种。中国 27 种。保护区 4 种。

1. 假地豆 Desmodium heterocarpon (L.) DC.

小灌木或亚灌木。羽状三出复叶，小叶 3 片，纸质，椭圆形、长椭圆形或宽倒卵形，顶端圆钝或截形。总状花序顶生或腋生。荚果密集。花期 7~10 月，果期 10~11 月。

分布长江以南地区。生于山坡草地、水旁、灌丛或林中。保护区五指山、蛮陂头偶见。

2. 显脉山绿豆 Desmodium reticulatum Champ. ex Benth.

小灌木或亚灌木。三出复叶；顶生小叶卵形，卵状椭圆形，

长 3~5cm，宽 1~2cm。总状花序；花冠红色，后变蓝色。荚果有荚节 3~7。

分布广东、海南、广西和云南。生于山地灌丛间或草坡上。保护区塘田水库偶见。

3. 长波叶山蚂蝗 Desmodium sequax Wall.

直立灌木。高 1~2m，多分枝。幼枝和叶柄被锈色柔毛。叶为羽状三出复叶，小叶 3，长 4~10cm，宽 4~6cm；托叶线形，长 4~5mm。总状花序顶生和腋生；花冠紫色，长约 8mm。荚果腹背缝线缢缩呈念珠状，长 3~4.5cm。花期 7~9 月，果期 9~11 月。

分布华南、西南、华东部分地区。生于山地草坡或林缘。保护区玄潭坑偶见。

4. 三点金 Desmodium triflorum (L.) DC.

匍匐草本。不木质化。三出复叶，小叶同形。常 1 朵花单生或 2~3 朵簇生。

分布华南部分地区。生于山地草坡或林缘。保护区青石坑水库偶见。

18. 榼藤属 Entada Adans.

木质藤本、乔木或灌木。通常无刺。二回羽状复叶，顶生的一对羽片常变为卷须；小叶一至多对。穗状花序纤细；花小，两性或杂性，药隔顶端有腺体。荚果大而长，木质或革质，扁平；种子大，扁圆形。本属30种。中国1种。保护区有分布。

1. 榼藤 Entada phaseoloides (L.) Merr.

常绿、木质大藤本。二回羽状复叶；羽片通常2对，顶生1对羽片变为卷须；小叶2~4对，对生，革质，长椭圆形或长倒卵形。穗状花序被疏柔毛；花细小，白色。荚果弯曲，扁平，木质；种子近圆形。花期3~6月，果期8~11月。

分布华南、西南部分地区。生于山涧或山坡混交林中。保护区猪肝吊偶见。

19. 刺桐属 Erythrina L.

乔木或灌木。小枝常有皮刺。羽状复叶具3小叶，叶缘全缘；托叶小；小托叶呈腺体状。总状花序腋生或顶生；花成对或成束簇生在花序轴上；雄蕊10（9+1），花丝合生成二体雄蕊；花瓣极不相等。荚果具果颈，镰刀形，在种子间收缩或成波状；种子卵球形。本属200种。中国5种。保护区1种。

1.* 鸡冠刺桐 Erythrina crista-galli L

落叶灌木或小乔木，茎和叶柄稍具皮刺。羽状复叶具3小叶；小叶长卵形或披针状长椭圆形；先端钝，基部近圆形。花与叶同出，总状花序顶生；花深红色，长3~5cm，稍下垂或与花序轴成直角。荚果长约15cm，褐色. 花期3月，果期8月。

分布华南地区。常生于树旁。保护区有栽培。

20. 南洋楹属 Falcataria

(I. C. Nielsen) Barneby & J. W. Grimes

乔木。二回羽状复叶，托叶早落；小叶6~20对，近无柄，对生。穗状花序腋生，组成圆锥花序；花萼具5~6齿；花冠深裂。荚果。本属3种。中国引种1种。保护区偶见。

1.* 南洋楹 Falcataria moluccana (Miq.) Barneby & J. W. Grimes

常绿大乔木。嫩枝圆柱状或微有棱，被柔毛。托叶锥形，早落。羽片6~20对；总叶柄基部及叶轴中部以上羽片着生处有腺体；小叶6~26对；中脉偏于上边缘。穗状花序腋生，单生或数个组成圆锥花序；花初白色，后变黄色。荚果带形。种子多颗。花期4~7月。

华南地区有栽培。保护区有栽培。

21. 木蓝属 Indigofera L.

灌木或草本，稀小乔木。多少被白色或褐色平贴"丁"字毛。奇数羽状复叶，偶为掌状复叶、3小叶或单叶；小叶通常对生，稀互生，全缘。总状花序腋生，少数成头状、穗状或圆锥状；花冠紫红色至淡红色，偶为白色或黄色；雄蕊二体，花药同型。荚果线形或圆柱形。种子肾形、长圆形或近方形。本属750种。中国79种。保护区3种。

1. 密果木蓝 Indigofera densifructa Y. Y. Fang & C. Z. Zheng

灌木。高达2m。分枝与叶柄、叶轴及花序轴均被白色间有褐色平贴"丁"字毛。羽状复叶长9~15cm；小叶6~9对。总状花序与复叶等长或稍超出，花密集。荚果直立，有6~10颗种子。花期6月，果期6~8月。

分布华南、西南等地区。生于河岸边及湿润小山坡。保护区笔架山偶见。

2. 硬毛木蓝 Indigofera hirsuta L.

平卧或直立亚灌木。高 30~100cm。多分枝。茎圆柱形，枝、叶柄和花序均被开展长硬毛。羽状复叶长 2.5~10cm。小叶 3~5 对，对生，纸质，两面有伏贴毛，下面较密。总状花序密被锈色和白色混生的硬毛。荚果线状圆柱形。花期 7~9 月。果期 10~12 月。

分布华南地区。生于山坡旷野、路旁、河边草地及海滨沙地上。保护区扫管塘偶见。

3. 脉叶木蓝 Indigofera venulosa Champ. ex Benth.

灌木。高 30~60cm。茎曲折，圆柱形。羽状复叶长 10~15cm；小叶 2~6 对，对生，上面无毛，下面疏生白色"丁"字毛。花疏生；花冠淡紫色，旗瓣倒卵状长圆形或长圆形。荚果直，有种子 10~12 颗。花期 3~5 月，果期 7~8 月。

分布华南地区。生于山坡及山谷林下。保护区三牙石、玄潭坑偶见。

22. 鸡眼草属 Kummerowia Schindl.

一年生草本。常多分枝。叶为三出羽状复叶；托叶膜质，大而宿存，通常比叶柄长。花通常 1~2 朵簇生于叶腋，稀 3 朵或更多。荚果扁平，具 1 节，1 颗种子，不开裂。本属 2 种。中国 2 种。保护区 1 种。

1. 鸡眼草 Kummerowia striata (Thunb.) Schindl.

一年生草本。三出复叶；小叶有白色粗毛。花单生或 2~3 朵簇生；花萼钟状，5 裂；花冠粉红色或紫色。果倒卵形，长 3.5~5mm。

分布中国东北、华北、华东、华中、西南等地区。生于路旁、溪旁或缓山坡草地。保护区蒸狗坑偶见。

23. 扁豆属 Lablab Adans.

藤本。复叶 3 小叶，叶缘全缘，托叶反折，有小托叶。总状花序，花序轴上有肿胀关节；雄蕊 10（9+1）枚，花丝合生成二体雄蕊，柱头顶生。荚果关刀形。单种属。保护区有栽培。

1.* 扁豆 Lablab purpureus (L.) Sweet

种的形态特征与属相同。

中国各地广泛栽培。保护区有栽培。

24. 胡枝子属 Lespedezaa Michx.

多年生草本、亚灌木或灌木。羽状复叶，互生，具 3 小叶，叶缘全缘；无小托叶。花 2 至多数组成腋生总状花序或花束；雄蕊 10（9+1）枚，花丝合生成二体雄蕊。荚果卵形、倒卵形或椭圆形；种子 1 颗，不裂。本属 60 余种。中国 26 种。保护区 3 种。

1. 胡枝子 Lespedeza bicolor Turcz.

直立灌木。多分枝，小枝黄色或暗褐色，有条棱，被疏短毛。羽状复叶；小叶宽 1~3.5cm，顶端圆钝或微凹，叶面无毛，背面疏被茸毛；托叶 2 片，线状披针形。总状花序腋生。荚果斜倒卵形，密被短柔毛。花期 7~9 月，果期 9~10 月。

分布全国各地。生于山坡、林缘、路旁、灌丛及杂木林间。保护区客家仔行偶见。

2. 中华胡枝子 Lespedeza chinensis G. Don

小灌木。全株被白色伏毛。羽状复叶具 3 小叶；小叶长 1.5~4cm，宽 1~1.5cm，具小尖头。花序比叶短；花黄白色或白色。果长约 4mm。

分布中国华东、华南、华中的部分地区。生于灌木丛中、林缘、路旁、山坡、林下草丛等处。保护区客家仔行、鹅公鬓等地偶见。

3. 截叶铁扫帚 Lespedeza cuneata (Dum.-Cours.) G. Don

小灌木。高达 1m。茎直立或斜升，被毛。叶密集，柄短；小叶楔形或线状楔形，长 1~3cm，宽 2~5（~7）mm，先端截形成近截形，具小刺尖，上面近无毛，下面密被伏毛。总状花序腋生，具花 2~4 朵。荚果宽卵形或近球形。花期 7~8 月，果期 9~10 月。

分布华南、西南地区。生于山坡路旁。保护区串珠龙、三牙石等地偶见。

25. 银合欢属 Leucaena Benth.

常绿无刺灌木或乔木。托叶刚毛状或小型，早落，二回羽状复叶；叶柄具腺体。花白色，常两性，雄蕊 10 枚，药隔顶端无腺体。荚果带状，成熟后沿缝线开裂。种子横生。本属 40 种。中国 1 种。保护区有分布。

1.* 银合欢 Leucaena leucocephala (Lam.) de Wit

灌木或小乔木。托叶三角形。羽片 4~8 对；小叶 5~15 对，小叶线状长圆形，最末一对羽片着生黑色腺体 1 枚。头状花序常 1~2 个腋生。荚果带状；种子卵形，褐色。花期 4~7 月，果期 8~10 月。

分布华南地区。生于低海拔的荒地或疏林中。保护区百足行仔山山麻坑偶见。

26. 崖豆藤属 Millettia Wight & Arn.

藤本、直立或攀援灌木或乔木。奇数羽状复叶互生；托叶早落或宿存，小托叶有或无；小叶 2 至多对，通常对生；全缘。圆锥花序大，顶生或腋生；萼钟状；雄蕊 10（9+1）枚，为二体雄蕊。荚果扁平或肿胀，有种子 2 至多数。本属 200 种。中国 35 种。保护区 1 种。

1. 厚果崖豆藤 Millettia pachycarpa Benth.

巨大藤本。羽状复叶，长 30~50cm；托叶阔卵形，黑褐色。小叶 6~8 对，长圆状椭圆形至长圆状披针形，长 10~18cm。总状圆锥花序，密被褐色绒毛；花冠淡紫，旗瓣卵形。荚果深褐黄色，肿胀，长圆形，果瓣木质，有种子 1~5 颗。花期 4~6 月，果期 6~11 月。

分布华南地区。生于山坡常绿阔叶林内。保护区老洲洞等地偶见。

27. 含羞草属 Mimosa L.

多年生有刺草本或灌木。二回羽状复叶，触之即闭合下垂，小叶小。花序单生或簇生，花小，两性或杂性；雄蕊少枚，药隔顶端无腺体。荚果长椭圆形或线形。种子卵圆形或圆形，扁平。本属约 500 种。中国 3 种。保护区 2 种。

1.* 光荚含羞草 Mimosa bimucronata (DC.) Kuntze

落叶大灌木。二回羽状复叶，羽片 6~7 对；小叶 12~16 对，线形，长 5~7mm，宽 1~1.5mm；叶轴无刺、被毛。头状花序球形。荚果带状。花期 3~9 月，果期 10~11 月。

分布华南地区。逸生于疏林下。保护区禾叉坑等地常见。

2. 含羞草 Mimosa pudica L.

披散、亚灌木状草本。茎圆柱状。具分支。羽片通常 2 对，长 3~8cm；小叶 10~20 对，线状长圆形，长 8~13mm，宽 1.5~2.5mm。头状花序圆球形，单生或 2~3 个生于叶腋；花小，淡红色。荚果长圆形。种子卵形。花期 3~10 月；果期 5~11 月。

分布华南地区。生于旷野荒地、灌木丛中。保护区水保偶见。

28. 黧豆属 Mucuna Adans.

缠绕藤本。羽状复叶，小叶 3 片，叶缘全缘；叶轴顶端有卷须或针刺。总状、圆锥或伞房状总状花序，腋生或老茎生，旗瓣瓣柄与雄蕊管分离，雄蕊 10 枚，花丝合生成二体雄蕊。荚果，边缘具翅。种子肾形、圆形或椭圆形。本属 100~160 种。中国约 15 种。保护区 1 种。

1. 大果油麻藤 Mucuna macrocarpa Wall.

大型木质藤本。羽状复叶具 3 小叶；小叶纸质或革质，顶生小叶椭圆形，长 10~19cm，宽 5~10cm。花序通常生在老茎上；花冠暗紫色。果木质，带形。种子黑色，盘状。花期 4~5 月，果期 6~7 月。

分布华南、西南地区。生于山地或河边常绿或落叶林中，或开阔灌丛和干沙地上。保护区笔架山偶见。

29. 红豆属 Ormosia Jacks.

乔木。奇数羽状复叶，叶互生，稀近对生；小叶对生，通常革质或厚纸质；具托叶或无，无小托叶。圆锥花序或总状花序顶生或腋生；花萼钟形，5 齿裂；花丝分离或仅基部合生。荚果，2 瓣裂，稀不裂。种子鲜红色、暗红色或黑褐色。本属 130 种。中国 37 种。保护区 9 种。

1. 凹叶红豆 Ormosia emarginata (Hook. & Arn.) Benth.

小乔木或灌木。枝无毛。奇数羽状复叶，小叶 3~7 片，倒卵形，顶端凹缺。圆锥花序顶生，有香气。荚果菱形或长圆形，果瓣有膈膜。种子近圆形，红色。花期 5~6 月，果期 8~10 月。

分布华南地区。生于山坡、山谷混交林内。保护区北峰山偶见。

2. 肥荚红豆 Ormosia fordiana Oliver

乔木。高达 17m。幼枝、幼叶密被锈褐色柔毛。小叶 7~9 片，薄革质。圆锥花序生于新枝梢，长 15~26cm。荚果半圆形或长圆形，果瓣无膈膜，果近无毛。种子 1~4 颗，长 2cm 以上。花期 6~7 月，果期 11 月。

分布华南、西南部分地区。生于山谷、山坡路旁、溪边杂木林中，散生。保护区串珠龙、鹅公鬃等地偶见。

3. 光叶红豆 Ormosia glaberrima Y. C. Wu

常绿乔木。枝无毛。奇数羽状复叶，小叶 5~7 片，革质或薄革质，顶端急尖。圆锥花序顶生或腋生。荚果椭圆形或长椭圆形，果瓣有膈膜。种子 1~4 颗，种子扁圆形或长圆形。花期 6 月，果期 10 月。

分布华南地区。生于稍湿或干燥的山地、沟谷疏林中。保护区山麻坑偶见。

4. 花榈木 Ormosia henryi Prain

常绿乔木。高 16m。小枝、叶轴、花序密被绒毛。奇数羽状复叶，革质，椭圆形或长椭圆形。圆锥花序顶生，或总状花序腋生；花长 2cm，花萼钟形。荚果。种子椭圆形或卵形。花期 7~8 月，果期 10~11 月。

分布华南地区。生于山坡、溪谷两旁杂木林内。保护区黄蜂腰偶见。国家 II 级重点保护野生植物。

5. 韧荚红豆 Ormosia indurata L. Chen

乔木。嫩枝被短柔毛，后无毛。奇数羽状复叶，小叶 3~4 对，稀 2 对，革质，倒披针形至狭椭圆形，顶端圆钝，微凹。圆锥花序顶生；花冠白色。荚果稍肿胀，倒卵形或长圆形。种子 1~4 颗，红色，光亮。花期 5~6 月，果期 11 月。

分布华南地区。生于杂木林内。保护区北峰山偶见。

6. 茸荚红豆 Ormosia pachycarpa Champ. ex Benth.

常绿乔木。小枝、叶柄、叶下面、花序、花萼和荚果密被灰白色棉毛状毡毛。奇数羽状复叶；小叶 2~3 对，革质，倒卵状长椭圆形。圆锥花序顶生，花冠白色。荚果椭圆形或近圆形，果瓣无膈膜。种子 1~2 颗。花期 6~7 月。

分布华南地区。生于山坡、山谷、溪边的杂木林内。保护区瓶尖偶见。

7. 海南红豆 Ormosia pinnata (Lour.) Merr.

常绿乔木或灌木。嫩枝被短柔毛，后无毛。奇数羽状复叶；小叶 3（~4）对，披针形，先端钝或渐尖，两面均无毛。圆锥花序顶生；花萼钟状，被柔毛；花冠粉红色而带黄白色。荚果，种子 1~4 颗，红色。花期 7~8 月，果期 10 月。

分布华南地区。生于山谷、山坡、路旁森林中。保护区管

理处偶见。

8. 软荚红豆 Ormosia semicastrata Hance

乔木。枝密被黄褐色柔毛。奇数羽状复叶，小叶 3~11 片，叶长 19~25cm，卵状长椭圆形或椭圆形，革质。圆锥花序顶生。果瓣无膈膜，果光亮，果柄长 2~3mm；种子 1 颗，红色。花期 3~5 月，果期 5~12 月。

分布华南地区。生于山地、路旁、山谷杂木林中。保护区蛮陂头偶见。

9. 木荚红豆 Ormosia xylocarpa Chun ex L. Chen

常绿乔木。高 12~20m。枝密被贴生黄褐色短柔毛。奇数羽状复叶；小叶 5~7 片，顶端急尖。荚果倒卵形至长椭圆形或菱形，果瓣有膈膜。种子 1~5 颗，红色。花期 6~7 月，果期 10~11 月。

分布华南地区。生于山坡、山谷、路旁、溪边疏林或密林内。保护区玄潭坑、青石坑水库偶见。

30. 排钱树属 Phyllodium Desv.

灌木或亚灌木。叶互生，羽状三出复叶，具托叶和小托叶，小叶全缘或边缘浅波状。花 4~15 朵组成伞形花序，叶状总苞片大、圆形，雄蕊 10 枚，花丝合生成管状。荚果，荚节 2~7 节。种子具明显带边假种皮。本属 6 种。中国 4 种。保护区 1 种。

1. 毛排钱树 Phyllodium elegans (Lour.) Desv.

灌木。茎、枝和叶柄密被黄色茸毛。小叶革质，顶生小叶卵形、椭圆形，顶生小叶比侧生的长 1 倍。伞形花序顶生或侧生。荚果密被银灰色绒毛。花期 7~8 月，果期 10~11 月。

分布华南地区。生于平原、丘陵荒地或山坡草地、疏林或灌丛中。保护区禾叉坑偶见。

31. 葛属 Pueraria DC.

缠绕藤本。羽状复叶具 3 小叶，有时 4~7 小叶，小叶卵形或菱形，全裂或具波状 3 裂片，托叶盾状着生。总状花序腋生或数个总状花序簇生枝顶；花萼钟形；雄蕊 10 或（9+1）枚，花丝合生成单或二体雄蕊。荚果线形。种子扁，近圆形或长圆形。本属约 35 种。中国 8 种。保护区 3 种。

1. 葛 Pueraria montana (Lour.) Merr.

粗壮藤本。全株被黄色长硬毛。羽状复叶具 3 小叶，小叶 3 裂，顶生小叶宽卵形或斜卵形。总状花序。荚果长椭圆形。花期 9~10 月，果期 11~12 月。

分布中国南北各地。生于山地疏或密林中。保护区蛮陂头偶见。

2. 葛麻姆 Pueraria montana (Lour.) Merr. var. lobata (Willd.) Maesen & S. M. Almeida ex Sanjappa & Predeep

藤本。与原种的主要区别：顶生小叶宽卵形，长大于宽，长 9~18cm，宽 6~12cm，先端渐尖，基部近圆形，通常全缘。花期 7~9 月，果期 10~12 月。

分布华南、华东部分地区。生于旷野灌丛中或山地疏林下。保护区禾叉坑偶见。

3. 三裂叶野葛 Pueraria phaseoloides (Roxb.) Benth.

草质藤本。羽状复叶具 3 小叶，宽卵形、菱形或卵状菱形，托叶盾状着生。总状花序单生。荚果圆柱形。种子长圆形。花期 8~9 月，果期 10~11 月。

分布华南、华中、西南等部分地区。生于旷野灌丛中或山地疏林下。保护区三牙石偶见。

32. 密子豆属 Pycnospora R. Br. ex Wight & Arn.

亚灌木状草本。叶为羽状三出复叶或有时仅具 1 小叶；具小托叶。花小，排成顶生总状花序；花萼小，钟状；雄蕊二体（9+1），花药一式；花丝合生成二体雄蕊。荚果长椭圆形，无横隔，有种子 8~10 颗。单种属。保护区有分布。

1. 密子豆 Pycnospora lutescens (Poir.) Schindl.

种的形态特征与属相同。

分布华南地区。多生于山野草坡及平原。保护区水保等地偶见。

33. 决明属 Senna Mill.

乔木、灌木或草本。叶柄及叶轴有腺体，一回偶数羽状复叶，小叶对生。花有花瓣 5 片；雄蕊 4~10 枚。荚果。本属 260 种。中国 15 种。保护区 3 种。

1. 望江南 Senna occidentalis (L.) Link

直立、少分枝的亚灌木或灌木。枝草质，有棱。根黑色。叶长约 20cm；叶柄近基部有大而带褐色、圆锥形的腺体 1 枚；小叶 4~5 对，膜质。花数朵组成伞房状总状花序，腋生和顶生。荚果带状镰形，褐色。种子 30~40 颗，种子间有薄隔膜。花期 4~8 月，果期 6~10 月。

分布于华南、西南等部分地区。常生于河边滩地、旷野或丘陵的灌木林或疏林中。保护区水保偶见。

2. 黄槐决明 Senna surattensis (Burm. f.) H. S. Irwin & Barneby

灌木。树皮颇光滑。小叶 7~9 对，下面粉白色。总状花序腋生；花瓣黄色，卵形。荚果带状，顶端具细长的喙。

引种栽培于广西、广东、福建、台湾等地。生于林中、路旁。保护区禾叉坑偶见。

3. 决明 Senna tora (L.) Roxb.

直立、粗壮、一年生亚灌木状草本。叶长 4~8cm；叶轴上每对小叶间有棒状的腺体 1 枚；小叶 3 对，膜质，长 2~6cm，宽 1.5~2.5cm。花腋生，通常 2 朵聚生；萼片稍不等大，卵形或卵状长圆形。荚果纤细，近四棱形。花果期 8~11 月。

分布长江以南各省份。生于山坡、旷野及河滩沙地上。保护区水保偶见。

34. 田菁属 Sesbania Scop.

草本或落叶灌木，稀乔木状。偶数羽状复叶，叶柄和叶轴上面常有凹槽；托叶小；小叶多数，全缘。总状花序，苞片和小苞片钻形，萼钟状；雄蕊 10（9+1）枚，为二体雄蕊。荚果为细长的长圆柱形。本属 50 种。中国 5 种。保护区 1 种。

1. 田菁 Sesbania cannabina (Retz.) Poir.

一年生草本。小叶 20~30 对，宽 2.5~4mm，叶轴无刺，花序有花 2~6 朵，花长不及 2cm。果宽约 3mm。花果期 7~12 月。

分布华南、华东部分地区。通常生于水田、水沟等潮湿低地。保护区扫管塘偶见。

35. 葫芦茶属 Tadehagi H. Ohashi

灌木或亚灌木。单小叶，叶柄有宽翅，翅顶具小托叶2枚。总状花序顶生或腋生，每节有花2~3朵；雄蕊10枚，花丝合生成二体雄蕊。荚果，荚节5~8节。种子脐周围具带边假种皮。本属6种。中国2种。保护区1种。

1. 葫芦茶 Tadehagi triquetrum (L.) H. Ohashi

灌木或亚灌木。茎直立。单小叶，托叶披针形，小叶纸质，窄披针形或卵状披针形。总状花序顶生或腋生，花冠淡紫色或蓝紫色，花萼长3mm。荚果，无网脉。花期6~10月，果期10~12月。

分布华南、西南部分地区。生于荒地或山地林缘、路旁。保护区禾叉坑偶见。

36. 狸尾豆属 Uraria Desv.

多年生草本、亚灌木或灌木。叶为单小叶、三出或奇数羽状复叶，小叶1~9片。顶生或腋生总状花序或再组成圆锥花序，直立；花细小，极多，通常密集；花萼5裂，上部2裂片有时部分合生；雄蕊10枚，花丝合生成二体雄蕊。荚果小，荚节2~8，每节具1颗种子。本属约20种。中国9种。保护区1种。

1. 狸尾豆 Uraria lagopodioides (L.) DC.

多年生草本。叶多为3小叶，稀兼有单小叶；顶生小叶近圆形或椭圆形，长2~6cm，侧生小叶较小。总状花序顶生，花排列紧密；花冠淡紫色。荚果小，包藏于萼内，有荚节1~2。花果期8~10月。

分布华南、西南部分地区。多生于旷野坡地灌丛中。保护区禾叉坑偶见。

37. 山黧豆属 Lathyrus L.

灌木或草本。具根状茎或块根。偶数羽状复叶，叶轴顶端有卷须或针刺；小叶椭圆形、卵形、卵状长圆形、披针形或线形，具羽状脉或平行脉。总状花序腋生，旗瓣瓣柄与雄蕊管分离；雄蕊10枚，花丝合生成二体雄蕊。荚果。本属130种。中国18种。保护区1种。

1. 山黧豆 Lathyrus quinquenervius (Miq.) Litv.

多年生草本。茎通常直立、单一，高20~50cm，具棱及翅。偶数羽状复叶，叶轴末端具不分枝的卷须，下部叶的卷须短，成针刺状；小叶质坚硬，长35~80mm，宽5~8mm，具5条平行脉。荚果线形，长3~5cm，宽4~5mm。花期5~7月，果期8~9月。

分布东北、华北、华南部分地区。生于山坡、林缘、路旁、草甸等处。保护区禾叉坑偶见。

A142. 远志科 Polygalaceae

一至多年生草本。单叶互生、对生或轮生，全缘，羽状脉，无托叶。花两性，总状、穗状或圆锥花序；子房上位，常2室。蒴果、翅果或坚果。本科13~17属近1000种。中国5属31种。保护区3属6种。

1. 远志属 Polygala L.

一至多年生草本，灌木或小乔木。单叶互生，稀对生或轮生，叶纸质或近革质，全缘。总状花序顶生；花两性，左右对称，具苞片1~3片。蒴果。种子黑色。本属约500种。中国44种。保护区4种。

1. 华南远志 Polygala chinensis L.

一年生直立草本。叶互生，纸质，全缘，微反卷，疏被短柔毛。花少而密集；花瓣3片。蒴果圆形。花期4~10月，果期5~11月。

分布华南、西南部分地区。生于山坡草地或灌丛中。保护区水保、瓶身偶见。

2. 黄花倒水莲 Polygala fallax Hemsl.

灌木或小乔木。小枝、叶柄、叶和花序被密毛。单叶互生，膜质，披针形至椭圆状披针形。总状花序顶生或腋生。果扁球形，具翅。花期5~8月，果期8~10月。

分布华南、西南部分地区。生于山谷林下水旁阴湿处。保护区古兜山林场偶见。

3. 香港远志 Polygala hongkongensis Hemsl.

直立草本至亚灌木。叶互生，线状披针形，宽 2~5mm。总状花序顶生，被短柔毛；花瓣 3 片，白色或紫色；花萼果时宿存，内面 2 片萼片斜倒卵状长圆形。蒴果近圆形。花期 5~6 月，果期 6~7 月。

分布华南、西南部分地区。生于沟谷林下或灌丛中。保护区瓶身偶见。

4. 大叶金牛 Polygala latouchei Franch.

亚灌木。叶倒卵状椭圆形或倒披针形，长 4~10cm，宽 2~4cm。花龙骨瓣脊上有附属物。蒴果近圆形。种子卵形，黑色，疏被白色柔毛，种阜翅状。花期 3~4 月，果期 4~5 月。

分布华南地。生于岩石上或山坡草地。保护区客家仔行、斑鱼咀偶见。

2. 齿果草属 Salomonia Lour.

草本。茎枝绿色或黄色、褐色至紫罗兰色。单叶互生，叶片膜质或纸质，全缘。花极小，两侧对称，排列成顶生的穗状花序；萼片 5 片，宿存，几相等；花瓣 3 片，白色或淡红紫色，中间 1 枚龙骨瓣状，无鸡冠状附属物。蒴果肾形、阔圆形或倒心形。本属约 10 种。中国 2 种。保护区 1 种。

1. 齿果草 Salomonia cantoniensis Lour.

一年生直立草木。根纤细。茎细弱，无毛，具狭翅。单叶互生，叶片膜质，卵状心形或心形，基出 3 脉。穗状花序顶生，多花，长 1~6cm。蒴果肾形，长约 1mm。花期 7~8 月，果期 8~10 月。

分布华东、华中、华南和西南地区。生于山坡林下、灌丛中或草地。保护区青石坑水库、山麻坑偶见。

3. 黄叶树属 Xanthophyllum Roxb.

乔木或灌木。单叶互生，具柄，叶片革质，全缘；托叶缺。花两性，两侧对称，具短柄，排列成腋生或顶生的总状花序或圆锥花序，具小苞片；萼片 5 片，覆瓦状排列；花瓣 5 片或 4 片，覆瓦状排列；雄蕊 8 枚，常分离。核果球形。本属约 93 种。中国 4 种。保护区 1 种。

1. 黄叶树 Xanthophyllum hainanense Hu

乔木。叶革质，卵状椭圆形至长圆状披针形，全缘，两面无毛；总状花序或小型圆锥花序腋生或顶生。核果球形。花期 3~5 月，果期 4~7 月。

分布华南地区。生于山林中。保护区笔架山、牛轭塘坑偶见。

A143. 蔷薇科 Rosaceae

乔木、灌木或草本。单叶互生，具锯齿，叶柄具 2 枚腺体，托叶成对。花序多型，单花或圆锥花序，雌雄异株；萼片和花瓣同数，常 4~5 片，覆瓦状排列，稀无花瓣，萼片有时具副萼。蓇葖果、瘦果、梨果或核果。本科约 124 属 3300 余种。中国 51 属 1000 余种。保护区 8 属 23 种。

1. 桃属 Amygdalus L.

落叶乔木或灌木。腋芽常 3 个或 2~3 个并生，两侧为花芽，中间是叶芽。常先花后叶，叶柄或叶边常具腺体。花单生，稀 2 朵生于 1 芽内；子房和果实常被短柔毛，极稀无毛。果实为核果，核常有孔穴，极稀光滑。本属 40 多种。中国 12 种。保护区 1 种。

1.* 桃 Amygdalus persica L.

落叶乔木。叶长圆披针形至倒卵状披针形，先端渐尖，基部宽楔形，叶缘具齿，齿端具腺体或无；叶柄常具腺体。花粉红色，罕白色，单生；子房和果被毛。花期 3~4 月，果为 5~9 月。

各地区广泛栽培。保护区有栽培。

2. 樱属 Cerasus Mill.

落叶乔木或灌木。腋芽单生或 3 个并生，中间为叶芽，两侧为花芽。叶有叶柄和脱落的托叶，叶边有锯齿或缺刻状锯齿，叶柄、托叶和锯齿常有腺体。花常数朵着生在伞形、伞房状或短总状花序上，花序基部有芽鳞宿存或有明显苞片。核果成熟时肉质多汁；核面平滑或稍有皱纹。多为栽培种。本科 150 种。中国 43 种。保护区 1 种。

1. 樱桃 Cerasus pseudocerasus (Lindl.) Loudon

乔木。叶片卵形或长圆状卵形，叶缘有腺齿，叶面无毛或近无毛，背面被毛。花序伞房状或近伞形，有花 3~6 朵，先叶开放；萼片长为萼筒的一半或过半。花期 3~4 月，果期 5~6 月。

分布华南、西南、华中部分地区。生于山坡阳处或沟边。保护区笔架山偶见。

3. 枇杷属 Eriobotrya Lindl.

乔木或灌木。单叶互生，有锯齿或近全缘，羽状网脉明显，有托叶。顶生圆锥花序，常被绒毛，花瓣 5 片；雄蕊 20 枚，子房下位，2~5 室，花柱 2~5 枚。梨果肉质，内果皮膜质。本属约 30 种。中国 13 种。保护区 2 种。

1. 大花枇杷 Eriobotrya cavaleriei (Lévl.) Rehder

常绿小乔木。叶集生枝顶，叶片全有浅锯齿，边缘不外卷，叶柄长 1.5~4cm。圆锥花序顶生；花瓣白色，倒卵形，微缺。

果实椭圆形或近球形，橘红色。花期 4~5 月，果期 7~8 月。

分布华南、西南部分地区。生于山坡、河边的杂木林中。保护区三牙石、玄潭坑偶见。

2.* 枇杷 Eriobotrya japonica (Thunb.) Lindl.

常绿小乔木。叶片革质，叶多形，基部全缘，背面密被锈色绒毛。圆锥花序顶生。梨果球形或长圆形。花期 10~12 月，果期 5~6 月。

全国各地均有栽培。保护区有栽培。

4. 桂樱属 Laurocerasus Tourn. ex Duhamel

灌木或乔木。单叶互生，叶下面基部或叶缘有 2 至多枚腺体，全缘或有锯齿。花两性，白或红色；花序腋生，花序梗上无叶片；总状花序，具花 10 朵以上。核果。本属约 280 种。中国约有 100 种。保护区 3 种。

1. 全缘桂樱 Laurocerasus marginata (Dunn) T. T. Yu & L. T. Lu

常绿小乔木或灌木。叶片厚革质，长圆形至倒卵状长圆形，先端渐尖，尖头钝，基部狭楔形，叶边平，全缘而具坚硬厚边，两面无毛。总状花序短小，单生于叶腋。果实卵球形。花期春夏季，果期秋冬季。

分布华南地区。生于山坡阳处或山顶疏密林内或路边及沟旁。保护区蒸狗坑偶见。

2. 腺叶桂樱 Laurocerasus phaeosticta (Hance) C. K. Schneid.

常绿灌木或小乔木。小枝暗紫褐色，无毛。叶边全缘，两面无毛，下面散生黑色小腺点，基部近叶缘常有 2 枚较大扁平基腺。总状花序单生于叶腋。果实近球形或横向椭圆形。花期

4~5 月，果期 7~10 月。

　　分布华南、西南、华中部分地区。生于疏密杂木林内或混交林中，也生于山谷、溪旁或路边。保护区山麻坑、百足行仔山等地偶见。

3. 刺叶桂樱 Laurocerasus spinulosa (Sieb. & Zucc.) C. K. Schneid.

　　乔木。叶草质或薄革质，长 5~10cm，宽 2~4.5cm，叶两面无毛，叶背无腺点，不对称，边缘有针状锯齿，基部有 1~2 对腺体。总状花序腋生，花瓣圆形。核果椭圆形。花期 9~10 月，果期 11~3 月。

　　分布华南、西南、华东部分地区。生于山坡阳处疏密杂木林中或山谷、沟边阴暗阔叶林下及林缘。保护区螺塘水库偶见。

5. 石楠属 Photinia Lindl.

　　落叶或常绿小乔木或灌木。单叶互生，常有锯齿，托叶小，早落。花两性，花序顶生，花瓣 5 片，萼片宿存；雄蕊 20 枚，心皮 2 枚，稀 3~5 枚，子房半下位，2~5 室，花柱 2~5 枚。小梨果。种子 1~2 颗，直立。本属 60 余种。中国 40 余种。保护区 4 种。

1. 陷脉石楠 Photinia impressivena Hayata

　　灌木或小乔木。叶两面无毛；中脉于叶面凹陷，侧脉 6~9 对；叶柄长 1~2cm。伞房花序顶生，直径 3~4cm；花直径 6~7mm。果实卵状椭圆形。花期 4 月，果期 10 月。

　　分布华南地区。生于杂木林中。保护区孖鬃水库偶见。

2. 桃叶石楠 Photinia prunifolia (Hook. & Arn.) Lindl.

　　常绿乔木。小枝灰黑色。叶革质，椭圆形，长 7~13cm，两面无毛，边缘密生细腺齿，叶背密被疣点；叶柄长 1~2.5cm。总花梗、花梗被毛和有疣点。果椭圆形。种子 2~3 颗。花期 3~4 月，果期 10~11 月。

　　分布华南、西南部分地区。生于疏林中。保护区鹅公髻、笔架山偶见。

3. 饶平石楠 Photinia raupingensis K. C. Kuan

　　乔木。嫩枝被长柔毛，叶背有腺点，初时被毛，后变无毛，侧脉 12~17 对，叶柄长 8~15mm，总花梗和花梗被白色茸毛无疣点。花期 4 月，果期 10~11 月。

　　分布华南地区。生于山坡杂木林中。保护区客家仔行偶见。

4. 石楠 Photinia serratifolia (Desf.) Kalkman

常绿灌木或小乔木。叶两面、总花梗、花梗无毛。叶片长椭圆形、长倒卵形或倒卵状椭圆形，革质；侧脉 25~30 对；叶柄长 2~4cm。复伞房花序顶生。果实球形。种子卵形。花期 4~5 月，果期 10 月。

分布华南、西南、华东等地区。生于杂木林中。保护区山茶寮坑偶见。

6. 石斑木属 Raphiolepis Lindl.

灌木或乔木。单叶互生，托叶小，早落。总状、伞房或圆锥花序，萼管钟状或筒状；雄蕊 15~20 枚，心皮 2 枚，稀 3~5 枚；子房下位，2 室，花柱 2 或 3 枚。梨果顶端萼片脱落后有一圆环或浅窝。本属约 15 种。中国 7 种。保护区 3 种。

1. 石斑木 Raphiolepis indica (L.) Lindl.

灌木。叶常聚生于枝顶，卵形至披针形，长 2~8cm，宽 1.5~4cm，叶面无毛，背面疏被茸毛；叶柄长 5~18mm。圆锥或总状花序顶生，总花梗和花梗被锈色茸毛。果球形。花期 2~4 月，果期 7~8 月。

分布长江以南地区。生于山坡、路边或溪边灌木林中。保护区五指山偶见。

2. 柳叶石斑木 Raphiolepis salicifolia Lindl.

灌木或小乔木。小枝细瘦，圆柱形，灰褐色或褐黑色。叶片披针形至长圆披针形，长 6~9cm，宽 1.5~2.5cm；叶两面无毛；叶柄长 5~10mm。圆锥花序顶生，花梗和总花梗被柔毛。梨果核果状。花期 4 月，果期 10 月。

分布华南地区。生于山坡林缘或山顶疏林下。保护区玄潭坑偶见。

3. 厚叶石斑木 Raphiolepis umbellata (Thunb.) Makino

常绿灌木或小乔木。枝、叶幼时被褐色柔毛。叶厚革质，椭圆形，长 2~10cm，宽 1.2~4cm。圆锥花序顶生，直立，密生褐色柔毛；萼管倒圆锥形；花瓣白色，倒卵形。梨果核果状。花期 4~6 月，果期 9~11 月。

分布华南地区。生于林下。保护区偶见。

7. 蔷薇属 Rosa L.

直立或攀援灌木。常有刺。叶互生，奇数羽状复叶，有锯齿，托叶贴生或着生叶柄。花单生或伞房状，萼筒球形、坛形或杯形；子房上位，心皮多数，每心皮 1 枚胚珠。瘦果着生于球形、坛形、杯形颈部缢缩的肉质萼筒内。本属约 200 种。中国 93 种。保护区 2 种。

1.* 月季花 Rosa chinensis Jacq.

直立灌木。小枝有短粗钩状皮刺或无刺。托叶宿存，离生部分耳形，边缘有腺毛。花单生或数朵集生，花梗被腺毛，花柱离生，升出萼管口外。蔷薇果卵圆形或梨形。花期 4~9 月，果期 6~11 月。

各地均有栽培。保护区有栽培。

2. 金樱子 Rosa laevigata Michx.

攀援灌木。小枝疏生皮刺。小叶革质，椭圆状卵形至披针卵形，有锐锯齿；托叶脱落。花单生叶腋，直径 5~8cm，花瓣白色，花梗有刺。蔷薇果梨形或倒卵圆形。花期 4~6 月，果期 7~11 月。

分布长江以南各地区。生于向阳的山野、田边、溪畔灌木丛中。保护区山麻坑常见。

分布华南、西南部分地区。在疏林中或旷野常见。保护区山五指山偶见。

8. 悬钩子属 Rubus L.

灌木或草本。茎多具刺、刺毛及腺毛。单叶或复叶，具锯齿或裂片。花两性，雌雄异株，花瓣5片；子房上位，心皮多数，每心皮2枚胚珠。聚合果黄、红、紫红或黑色。本属约700余种。中国194种。保护区7种。

1. 粗叶悬钩子 Rubus alceifolius Poir.

攀援灌木。枝被锈色茸毛和小钩刺，单叶，边不规则3~7裂，叶面被粗毛和泡状凸起，背面密被锈茸毛和长柔毛，托叶大，羽状深裂，花梗、总花梗、萼片密被黄色长柔毛。花两性，雌雄异株，花瓣5片。聚合果。花期7~9月，果期10~11月。

分布华南地区。生于沿溪林中。保护区林场蜈蚣口偶见。

2. 蛇泡筋 Rubus cochinchinensis Tratt.

攀援灌木。枝、叶柄、花序和叶片下面中脉上疏生弯曲小皮刺。小叶片椭圆形、倒卵状椭圆形或椭圆状披针形，边缘有不整齐锐锯齿。总花梗、花梗和花萼均密被黄色绒毛。果实球形。花期3~5月，果期7~8月。

分布华南地区。在灌木林中常见。保护区青石坑水库、禾叉坑等地偶见。

3. 白花悬钩子 Rubus leucanthus Hance

攀援灌木。枝无毛，有钩刺。3小叶，小叶卵形或椭圆形，两面无毛，侧脉5~8对，边缘有锯齿。花白色，伞房花序，花梗、萼无毛。花期4~5月，果期6~7月。

4. 梨叶悬钩子 Rubus pirifolius Sm.

攀援灌木。小枝被粗毛，具刺。单叶，近革质，卵形、卵状长圆形，两面叶脉有柔毛，后渐脱落。圆锥花序顶生，白色。聚合果带红色。花期4~7月，果期8~10月。

分布华南、西南部分地区。在疏林中或旷野常见。保护区三牙石、蒸狗坑等地偶见。

5. 锈毛莓 Rubus reflexus Ker Gawl.

攀援灌木。枝被锈色绒毛，具疏小皮刺。单叶，心状长卵形，3~5浅裂，叶面脉上被毛，背面密被锈色茸毛。总状花序，花梗、总花梗、萼片密被茸毛。果实近球形。花期6~7月，果期8~9月。

分布华南、西南部分地区。生于山坡、山谷灌丛或疏林中。保护区山茶寮坑偶见。

6. 浅裂锈毛莓 Rubus reflexus Ker Gawl. var. **hui** (Diels ex Hu) F. P. Metcalf

与原种的主要区别：单叶，叶片心状宽卵形或近圆形，长 8~13cm，宽 7~12cm，边缘较浅裂，裂片急尖，顶生裂片比侧生者仅稍长或近等长。

分布华东、华南、华中、西南地区。生于山坡灌丛、疏林湿润处或山谷溪流旁。保护区山茶寮坑偶见。

7. 深裂锈毛莓 Rubus reflexus Ker Gawl. var. **lanceolobus** Metc.

与原种的主要区别：叶片心状宽卵形或近圆形，边缘 5~7 深裂，裂片披针形或长圆披针形。

分布湖南、福建、广东、广西。生于低海拔的山谷或水沟边疏林中。保护区山茶寮坑偶见。

A146. 胡颓子科 Elaeagnaceae

灌木或藤本，稀乔木。全体被银白色或褐色至锈盾形鳞片或星状绒毛。单叶互生，稀对生或轮生，全缘，羽状脉，具柄，无托叶。花两性或单性，白或黄褐色，芳香，单花或腋生伞形花序，花萼筒状。瘦果或坚果，熟时红色或黄色。本科 3 属 90 余种。中国 2 属约 74 种。保护区 1 属 3 种。

1. 胡颓子属 Elaeagnus L.

常绿或落叶灌木或小乔木，直立或攀援。通常具刺，稀无刺，全体被银白色或褐色鳞片或星状绒毛。单叶互生。花两性，稀杂性。坚果。本属约 90 种。中国约 67 种。保护区 3 种。

1. 蔓胡颓子 Elaeagnus glabra Thunb.

蔓生或攀援灌木。植株高达 5m，有时有棘刺。叶椭圆形，长 5~12cm，宽 5cm。花多呈总状花序；萼筒长 5~8mm。果被锈色鳞片。

分布华东、华南、华中地区。生于向阳林中或林缘。保护区斑鱼咀偶见。

2. 角花胡颓子 Elaeagnus gonyanthes Benth.

直立或攀援灌木。叶革质，椭圆形，长 4~14cm，宽 2~2.5cm，叶背棕红色。花白色或淡黄色，被白色和散生褐色鳞片；萼筒长 5~8mm。果宽椭圆形或倒卵状宽椭圆形。花期 10~11 月，果期翌年 2~3 月。

分布华南、西南部分地区。生于热带和亚热带地区。保护区蒸狗坑偶见。

3. 鸡柏紫藤 Elaeagnus loureiroi Champ. ex Benth.

常绿灌木。直立或攀援。叶椭圆形，长 4~13.5cm，宽 2~3.5cm。花单生或 2 朵生，萼筒长 8~12mm。坚果。花期 10~12 月，果期翌年 4~5 月。

分布华南、西南部分地区。生于山地森林。保护区笔架山偶见。

A147. 鼠李科 Rhamnaceae

灌木、藤状灌木或乔木，常具刺。单叶互生或近对生，羽状脉或三至五基出脉，托叶小，刺状。花小，两性或单性，雌雄异株。核果、蒴果或坚果，萼筒宿存。本科约 50 属 900 余种。中国 13 属 137 种。保护区 4 属 7 种。

1. 勾儿茶属 Berchemia Neck. ex DC.

藤状或直立灌木。枝光滑。叶互生，纸质或近革质，全缘，具羽状脉，托叶基部合生，干时背面非银灰色。花序顶生或腋生，聚伞总状或聚伞圆锥花序。核果圆柱形，紫红色或紫黑色，无翅。本属约32种。中国19种。保护区2种。

1. 多花勾儿茶 Berchemia floribunda (Wall.) Brongn.

直立灌木。叶卵形、卵状椭圆形，长 5~8cm，宽 3~5cm，顶端急尖，侧脉 9~11 对；柄长 1~2cm。聚伞圆锥花序。核果圆柱状椭圆形。

分布黄河以南部分地区。生于山坡、沟谷、林缘、林下或灌丛中。保护区三牙石、玄潭坑偶见。

2. 铁包金 Berchemia lineata (L.) DC.

藤状灌木。叶互生，椭圆形，长 1~2cm，宽 4~15mm，顶端圆钝，侧脉 4~5 对，柄长 1~2mm。花小，两性，5 基数，花萼 5 裂，萼片三角形，花瓣倒卵圆形。核果球形，具翅。花期 7~10 月，果期 11 月。

分布华南地区。生于山野、路旁或开旷地上。保护区斑鱼咀偶见。

2. 封怀木属 Fenghwaia G. T. Wang & R. J. Wang

小乔木。单叶互生，薄革质，长 5.5~10.1cm，宽 1.9~4cm。花小，两性。下位子房，3 室，每室具 1 胚珠。蒴果圆筒形，表面具 5 条纵脊，无毛。种子扁圆形，在基部有延长和明显的附属物。单种属。保护区有分布。

1. 封怀木 Fenghwaia gardeniocarpa G. T. Wang & R. J. Wang

种的形态特征与属相同。

分布华南地区。常生于林中。保护区特有种，鸡乸三坑偶见。

3. 雀梅藤属 Sageretia Brongn.

藤状或直立灌木。叶互生或近对生，具锯齿，叶脉羽状，具柄，托叶小。花两性，5 基数，常无梗。穗状或穗状圆锥花序，花瓣匙形。浆果状核果，倒卵状球形或球形。本属约35种。中国16种。保护区3种。

1. 钩刺雀梅藤 Sageretia hamosa (Wall.) Brongn.

常绿藤状灌木。叶矩圆形或长椭圆形，革质，长 9~17cm，宽 4~6cm，两面无毛，或脉腋有不明显被毛。花通常 2~3 朵簇生成顶生或腋生穗状或穗状圆锥花序。核果近球形。花期 7~8 月，果期 8~10 月。

分布华南、西南等部分地区。生于山坡灌丛或林中。保护区瓶尖偶见。

2. 亮叶雀梅藤 Sageretia lucida Merr.

藤状灌木。无刺或具刺。叶薄革质，互生或近对生，长 6~12cm，宽 2.5~4cm，两面无毛或背脉腋被毛；叶柄长 5~12mm。花无梗，花序轴长 2~3cm，无毛或疏被短柔毛。核果较大，椭圆状卵形。花期 4~7 月，果期 9~12 月。

分布华南地区。生于山谷疏林中。保护区帽心尖、客家仔行等地偶见。

3. 雀梅藤 Sageretia thea (Osbeck) M. C. Johnst.

藤状或直立灌木。小枝具刺，被短柔毛。叶圆形、椭圆形，长 1~4cm，宽 7~25mm，叶面无毛，背面被茸毛；柄长 2~7mm。花无梗，花序轴长 2~5cm，密被茸毛。核果近圆球形。花期 7~11 月，果期翌年 3~5 月。

分布长江以南地区。常生于丘陵、山地林下或灌丛中。保护区玄潭坑偶见。

4. 翼核果属 Ventilago Gaertner

藤状灌木。叶互生，革质或近革质，全缘或具齿，基部常不对称，具网状脉，干时背面非银灰色。花小，两性，5 基数，花萼 5 裂，萼片三角形，花瓣倒卵圆形。核果球形，顶端有长达 5cm 的翅。本属约 40 种。中国约 6 种。保护区 1 种。

1. 翼核果 Ventilago leiocarpa Benth.

藤状灌木。单叶互生，薄革质，卵状矩圆形或卵状椭圆形，两面无毛，网脉明显。花小。核果具翅。花期 3~5 月，果期 4~7 月。

分布华南地区。生于疏林下或灌丛中。保护区山茶寮坑、黄蜂腰、瓶尖等地偶见。

A149 . 大麻科 Cannabaceae

乔木或灌木。单叶互生，常 2 列，常绿或落叶，互生，羽状脉或基部三出脉，有锯齿或全缘，托叶常膜质。单被花或杂性。翅果、核果、小坚果有时具翅或具附属物。本科 16 属 230 种。中国 8 属 46 种。保护区 3 属 4 种。

1. 朴属 Celtis L.

常绿或落叶乔木。叶互生，具锯齿或全缘，三出脉，叶脉在末达边之前弯曲。花两性或单性；萼片分离，覆瓦状排列，雄蕊萼片时脱落。核果，内果皮骨质，具网孔状凹陷或近平滑，具果柄。本属约 60 种。中国 13 种。保护区有分布。

1. 假玉桂 Celtis timorensis Span.

常绿乔木。叶革质，卵状椭圆形或卵状长圆形，基部三出脉，全缘或顶部有齿。小聚伞圆锥花序具 10 朵花左右。常 3~6 个果在一果序上；果宽卵状，直径 8mm。

分布华南、西南等地区。多生于路旁、山坡、灌丛至林中有。保护区双孖鲤鱼坑偶见。

2. 白颜树属 Gironniera Gaud.

常绿乔木或灌木。叶互生，羽状脉，叶边缘有规则的短尖锯齿；托叶对生，早落。花单性，雌雄异株稀同株，为腋生的聚伞花序，或雌花单生于叶腋。核果卵状或近球状，卵形，顶端歪斜。本属约 6 种。中国 1 种。保护区有分布。

1. 白颜树 Gironniera subaequalis Planch.

乔木。叶革质，椭圆形或椭圆状矩形，顶端短渐尖，基部阔楔形，羽状脉。雌雄异株，聚伞花序成对腋生，成总状。核果阔卵形或阔椭圆形，两侧具 2 钝棱。花期 2~4 月，果期 7~11 月。

分布华南地区。生于山谷、溪边的湿润林中。保护区大紫堂、蛮陂头偶见。

3. 山黄麻属 Trema Lour.

小乔木或灌木。叶互生，具细锯齿，基部三出脉，叶脉在末达边之前弯曲。花单性或杂性，萼片基部稍合生，镊合状排列，雄蕊萼片果时宿存。核果小，直立，卵圆形或近球形。本属约15种。中国6种。保护区2种。

1. 异色山黄麻 Trema orientalis (L.) Blume

乔木。叶革质，卵状披针形、披针形或长卵形，长6~18cm，宽3~8cm，基部心形，背密被银灰色长柔毛。雄花序长1.8~2.5cm；雌花序长1~2.5cm。核果卵状球形或近球形。种子阔卵状。花期3~5月，果期6~11月。

分布华南、西南部分地区。生于山谷开旷的较湿润林中或较干燥的山坡灌丛中。保护区禾叉坑偶见。

2. 山黄麻 Trema tomentosa (Roxb.) H. Hara

小乔木。小枝灰褐至棕褐色，密被短绒毛。单叶互生，宽卵形或卵状矩圆形，长7~15cm，宽3~7cm，基部心形，偏斜，叶面被粗毛，背面被短茸毛。核果小。花期3~6月，果期9~11月。

分布华南、西南部分地区。生于湿润的河谷和山坡混交林中，或空旷的山坡。保护区丁字水库偶见。

A150. 桑科 Moraceae

乔木、灌木或藤本，稀草本。叶互生，稀对生，托叶2枚，早落。花小，单性，花序腋生。瘦果、聚花果、隐花果或陷入花序轴内形成大型聚合果。本科约53属1400种。中国12属153种。保护区5属31种。

1. 波罗蜜属 Artocarpus J. R. Forst. & G. Forst.

乔木。有乳液。单叶互生，螺旋状排列或2列，革质，叶脉羽状，稀基生三出脉。花雌雄同株，雌花单生，埋藏于梨形的花托内，为多数苞片所包围。聚花果由小核果组成，外果皮膜质至薄革质。本属50种。中国15种。保护区5种。

1.* 面包树 Artocarpus communis J. R. Forst. & G. Forst.

常绿乔木。树皮灰褐色，粗厚。叶大，长40~50cm，羽状裂，两面被毛；托叶大，长1~2.5cm。花序单生叶腋，雄花序长圆筒形至长椭圆形或棒状；雄花花被管状。果直径15~30cm。

华南地区有栽培。保护区有栽培。

2.* 波罗蜜 Artocarpus heterophyllus Lam.

常绿乔木。高10~20米。叶革质，螺旋状排列，椭圆形或倒卵形。花雌雄同株，花序生老茎或短枝上，雄花序圆柱形或棒状椭圆形。聚花果椭圆形至球形，或不规则形状。花期2~3月。

分布华南、西南部分地区。常作栽培。保护区有栽培。

3. 白桂木 Artocarpus hypargyreus Hance ex Benth.

乔木。叶革质，互生，椭圆形或倒卵状长圆形，长7~22cm，全缘，背面被灰色短绒毛。花序单个腋生。聚花果近球形，果直径4cm，黄色。花期5~8月，果期6~8月。

分布华南、西南部分地区。生于常绿阔叶林中。保护区帽心尖偶见。

4. 桂木 Artocarpus nitidus Tréc. subsp. **lingnanensis** (Merr.) F. M. Jarr.

乔木。叶互生，革质，长圆状椭圆形至倒卵椭圆形，长7~15cm，全缘或具浅疏锯齿，背面无毛。聚花果近球形，红色，肉质，小核果10~15颗。花期4~~5月。

分布华南地区。生于中海拔湿润的杂木林中。保护区蛮陂头偶见。

5. 二色波罗蜜 Artocarpus styracifolius Pierre

乔木。叶互生排为2列，皮纸质，长4~8cm，宽2.5~3cm，表面疏生短毛，背面被苍白色粉沫状毛。花雌雄同株，花序单生叶腋。聚花果球形，核果球形。花期秋初，果期秋末冬初。

分布华南地区。常生于森林中。保护区青石坑水库、禾叉坑偶见。

2. 构属 Broussonetia L'Hér. ex Vent.

乔木或灌木，或为攀援藤状灌木。有乳液。叶互生，分裂或不分裂，边缘具锯齿，基生叶脉三出，侧脉羽状；托叶侧生，卵状披针形。花被片4或3裂，雄蕊与花被裂片同数而对生。聚花果球形，胚弯曲，子叶圆形，扁平或对摺。

1. 构树 Broussonetia papyrifera (L.) L'Hér. ex Vent.

叶螺旋状排列，边缘具粗锯齿，被毛。雌雄异株；雄花序为柔荑花序；雌花序球形头状。聚花果肉质，熟时橙红色。

分布中国各地。生于林中或水边。保护区玄潭坑偶见。

3. 榕属 Ficus L.

乔木或灌木，攀援状或附生。具气根或无，具乳液。叶互生，稀对生，全缘、具锯齿或缺裂。花雌雄同株或异株；花多数，生于隐头花序内。榕果腋生或老茎生。本属约1000种。中国约99种。保护区22种。

1. 石榕树 Ficus abelii Miq.

灌木。小枝、叶柄密生灰白色粗短毛。叶纸质，窄椭圆形至倒披针形，长2.5~12cm，宽1~4cm，背面被粗毛，顶端急尖。榕果近梨形，肉质，直径5~17mm。花期5~7月。

分布华南、西南部分地区。生于灌丛中、山坡溪边灌丛及溪边。保护区鹅公鬓、八仙仔偶见。

2. 大果榕 Ficus auriculata Lour.

乔木或小乔木。叶阔卵形，长10~39cm，宽8~32cm。榕果簇生于树干基部或老茎短枝上，大而梨形或扁球形至陀螺形；瘿花花被片下部合生。瘦果有黏液。花期8月至翌年3月，果期 5~8 月。

分布华南地区。生于低山沟谷潮湿雨林中。保护区蒸狗坑偶见。

3. 垂叶榕 Ficus benjamina L.

乔木。小枝下垂。叶薄革质，互生，卵状椭圆形，长 3.5~10cm，宽 2~5.8cm；托叶披针形。雄花、瘿花、雌花同生于一榕果中。榕果成对或单生叶腋；果无柄，直径 1~1.5cm。花果期 8~11 月。

分布华南、西南地区。生于湿润的杂木林中。保护区蒸狗坑偶见。

4.* 无花果 Ficus carica L.

落叶灌木。叶厚纸质，广卵圆形，长宽近相等，通常 3~5 深裂。雌雄异株。榕果单生叶腋，梨形，顶部下陷，成熟时紫红色或黄色。花果期 5~7 月。

全国各地均有栽培。保护区有栽培。

5. 矮小天仙果 Ficus erecta Thunb.

大型落叶灌木。枝粗壮，近无毛，疏分枝。叶倒卵形至狭倒卵形，长 6~22cm，宽 3~13cm，叶面稍粗糙，两侧不对称，基部心形。榕果单生叶腋，球形，直径 1~1.5cm。

分布华南地区。生于林中。保护区山麻坑偶见。

6. 黄毛榕 Ficus esquiroliana Levl.

小乔木或灌木。叶互生，纸质，广卵形，长 17~27cm，宽 12~20cm。雄花生榕果内壁口部，具柄；瘿花花被与雄花同。榕果腋生，圆锥状椭圆形；瘦果斜卵圆形。花期 5~7 月，果期 7 月。

分布华南、西南部分地区。生于路边。保护区玄潭坑偶见。

7. 水同木 Ficus fistulosa Reinw ex Blume

常绿小乔木。叶互生，纸质，倒卵形至长圆形，长 7~32cm，宽 3~19cm，表面无毛，背面微被柔毛或黄色小突体。果簇生于茎干上，直径 1~1.5cm。花果期 5~7 月。

分布华南地区。生于溪边岩石上或森林中。保护区镬盖山至斑鱼咀偶见。

8. 台湾榕 Ficus formosana Maxim.

常绿灌木。小枝、叶柄、叶脉幼时疏被短柔毛。叶膜质，倒披针形，长 4~12cm，宽 1.5~3.5cm，全缘或在中部以上有疏钝齿裂，叶面有瘤体。榕果卵状球形。花期 4~7 月。

分布华南、华东部分地区。多生于溪沟旁湿润处。保护区三牙石、玄潭坑偶见。

9. 粗叶榕 Ficus hirta Vahl

常绿灌木或小乔木。嫩枝中空，小枝，叶和榕果均被长硬毛。叶互生，卵形，长 6~33cm，宽 2~30cm，不裂至 3~5 裂。榕果成对腋生或生于已落叶枝上，直径 1~2cm。花果期几全年。

分布华南、华东部分地区。常生于村寨附近旷地或山坡林边，或附生于其他树干。保护区青石坑水库偶见。

10. 对叶榕 Ficus hispida L. f.

常绿灌木或小乔木。叶通常对生，厚纸质，卵状长椭圆形或倒卵状矩圆形，长 10~25cm。榕果腋生或生于落叶枝上，或老茎发出的下垂枝上，陀螺形，成熟黄色。花果期 6~7 月。

分布华南、西南部分地区。生于沟谷潮湿地带。保护区客家仔行等地偶见。

11.* 榕树 Ficus microcarpa L. f.

乔木。有锈褐色气生根。叶薄革质，狭椭圆形，全缘，长 3.5~10cm，宽 2~5.5cm。榕果成对腋生或生于已落叶枝叶腋，扁球形；雄花、雌花和瘿花同生于一榕果内。瘦果卵圆形。花果期 5~12 月。

分布华南、西南等部分地区。生于路旁。保护区笔架山偶见。

12. 九丁榕 Ficus nervosa Heyne ex Roth

乔木。叶椭圆形，长 6~15cm，宽 2~7cm，叶脉明显突起，总花梗长 1cm。果直径 1~1.2cm。

分布华南、西南部分地区。生于山谷溪水旁。保护区偶见。

13. 舶梨榕 Ficus pyriformis Hook. & Arn.

灌木。叶纸质，倒披针形至倒卵状披针形，长 4~17cm，宽 1~5cm，全缘稍背卷，顶端尾尖，背面无毛，有小腺点。榕果单生叶腋，梨形，肉质，直径 1~2cm。花期 12 月至翌年 6 月。

分布华南地区。常生于溪边林下潮湿地带。保护区北峰山偶见。

14.* 菩提树 Ficus religiosa L.

乔木。叶革质，互生，卵形或卵圆形，基部心形，长7~17cm，宽6~12.5cm。榕果球形至扁球形，光滑。雄花，瘿花和雌花生于同一榕果内壁。榕果。花期3~4月，果期5~6月。

华南地区多为栽培。保护区有栽培。

15.* 心叶榕 Ficus rumphii Blume

乔木。树皮灰色，干后有绉槽。叶近革质，心形至卵状心形，先端渐尖，基部浅心形至宽楔形；托叶卵状披针形。雌雄同株，榕果无总梗。瘦果薄被瘤体和黏液，花柱长，柱头棒状。

华南地区多栽培。保护区有栽培。

16. 羊乳榕 Ficus sagittata Vahl

幼时为附生藤本，成长为独立乔木。叶革质，卵形至卵状椭圆形，长7~13（~20）cm，宽（3~）5~10（~14）cm，基部（圆形）微心形，至心形。榕果成对或单生叶腋，近球形，直径8~15mm。花期12月至翌年3月。

分布华南部分地区。生于路旁。保护区青石坑水库偶见。

17. 爬藤榕 Ficus sarmentosa Buch.-Ham. ex J. E. Sm. var. impressa (Champ. ex Benth.) Corner

藤状匍匐灌木。叶革质，披针形，长4~7cm，宽1~2cm；侧脉6~8对，网脉明显；叶柄长5~10mm。榕果成对腋生或生于落叶枝叶腋，直径7~10mm，幼时被柔毛。花期4~5月，果期6~7月。

分布华东、华南、西南地区。常攀援在岩石斜坡树上或墙壁上。保护区螺塘水库偶见。

18. 白背爬藤榕 Ficus sarmentosa var. nipponica (Fr. & Sav.)Corner

藤状灌木。当年生小枝浅褐色。叶椭圆状披针形，背面浅黄色或灰黄色。榕果球形，直径1~1.2cm，顶生苞片脐状突起，基生苞片三角卵形，长约2~3mm；总梗长不超过5mm。

分布华南、华东、西南部分地区。生于平原、丘陵地区。保护区螺塘水库偶见。

19. 竹叶榕 Ficus stenophylla Hemsl.

小灌木。高1~3m。小枝散生灰白色硬毛，节间短。叶纸质，干后灰绿色，线状披针形。雄花和瘿花同生于雄株榕果中。榕果椭圆状球形，表面稍被柔毛。花果期5~7月。

分布华南、华东、西南部分地区。生于低海拔的平原、丘陵地区。保护区山茶寮坑偶见。

20. 笔管榕 Ficus subpisocarpa Gagnep.

落叶乔木。叶互生或簇生，近纸质，无毛，椭圆形至长圆形，长 6~15cm，宽 2~7cm，边缘全缘或微波状。榕果扁球形，直径 5~8mm。花果期 4~6 月。

分布华南部分地区。常生于平原或村庄。保护区黄蜂腰、瓶尖偶见。

21. 杂色榕 Ficus variegata Blume

乔木。树皮灰褐色，平滑。叶互生，厚纸质，广卵形至卵状椭圆形，长 10~17cm。幼叶背面被柔毛。榕果簇生于老茎发出的瘤状短枝上，球形，直径 2.5~3cm。瘦果倒卵形，薄被瘤体。花期冬季。

分布华南地区。生于路旁。保护区牛轭塘坑偶见。

22. 变叶榕 Ficus variolosa Lindl. ex Benth.

常绿灌木或小乔木。叶薄革质，狭椭圆形至椭圆状披针形，长 4~15cm，宽 1.2~5.7cm，边脉联结，全缘。榕果球形，直径 5~15mm。花果期 12 月至翌年 6 月。

分布华南、西南部分地区。常生于溪边林下潮湿处。保护区北峰山偶见。

23. 黄果榕 Ficus vasculosa Wall. ex Miq.

灌木。叶椭圆形或倒卵状长圆形，长 4~13cm，宽 1.5~5cm，叶面有光泽，边脉联结。没有总花梗。果球形，直径 8~20mm。

分布广东、台湾。生于林中和路边。保护区鹅公鬃偶见。

4. 柘属 Maclura Nutt.

乔木或小乔木，或为藤状灌木，有乳液，具枝刺。单叶互生，全缘；托叶 2 枚，侧生。花单性，雌雄异株，均为具苞片的球形头状花序，常每花 2~4 片苞片，花被片通常为 4 片，稀为 3 或 5 片，具腺体；雄蕊与花被片同数。聚花果肉质。本属约 6 种。中国 5 种。保护区 1 种。

1. 构棘 Maclura cochinchinensis (Lour.) Corner

直立或攀援状灌木。叶革质，倒卵形、椭圆状卵形或倒披针状长圆形，全缘，两面无毛。花序腋生。聚花果肉质。花期夏初，果期夏秋季。

分布华南地区。多生于村庄附近或荒野。保护区笔架山偶见。

5. 桑属 Morus L.

落叶乔木或小灌木。叶互生，非近圆形。花雌雄异株或同株，雌、雄花序为穗状或头状花序、柔荑花序或总状花序，花被片4片。聚花果由核果组成，外果皮肉质，内果皮壳质。种子近球形。本属约16种。中国产11种。保护区栽培1种。

1.* 桑 Morus alba L.

乔木或灌木。叶卵形或广卵形，叶面光滑无毛，边缘锯齿粗钝。花单性，腋生或生于芽鳞腋内，与叶同出，雄花序下垂。聚花果卵状椭圆。花期4~5月，果期5~8月。

全国各地均有栽培。保护区有栽培。

A151. 荨麻科 Urticaceae

草本、亚灌木或灌木，稀乔木或攀援藤本。单叶互生或对生，具托叶。花极小，单性，团伞花序组成多种状花序。瘦果。本科47属约1300种。中国25属341种。保护区5属6种。

1. 苎麻属 Boehmeria Jacq.

灌木、小乔木、亚灌木或多年生草本。小枝被灰白色柔毛。叶互生或对生，基部不歪斜，叶背被白色绵毛。团伞花序腋生。瘦果卵形。本属约120种。中国约32种。保护区1种。

1. 苎麻 Boehmeria nivea (L.) Gaudich.

灌木或亚灌木。茎上部与叶柄密被长硬毛。叶圆卵形或宽卵形，互生，叶背灰白色，被白色绵毛。团伞花序排成圆锥花序状，花序顶无小叶。瘦果近球形。花期8~10月。

分布全国各地区。生于山谷林边或草坡。保护区双孖鲤鱼坑偶见。

2. 楼梯草属 Elatostema J. R. Forst. & G. Forst.

小灌木、亚灌木或草本。叶互生，在茎上排成2列，具短柄或无柄。花序雌雄同株或异株，雄、雌花序均不分枝，具明显或不明显的花序托，沿花序托边缘形成总苞。瘦果狭卵球形或椭圆球形，常有6~8条细纵肋。本属约350种。中国约137种。保护区2种。

1. 楼梯草 Elatostema involucratum Franch. & Sav.

多年生草本。茎肉质，高25~60cm。不分枝或有1分枝。叶无柄或近无柄。叶片草质，斜倒披针状长圆形或斜长圆形，长4.5~16（~19）cm，宽2.2~4.5（~6）cm，叶面疏被粗伏毛，背面脉上有短柔毛。瘦果卵球形，长约0.8mm。花期5~10月。

分布华南、西南、华东等部分地区。生于山谷沟边石上、林中或灌丛中。保护区八仙仔偶见。

2. 狭叶楼梯草 Elatostema lineolatum Wight

草本。叶斜长圆状披针形，长6~16cm，宽1~4cm，侧脉4~8对；叶柄长1mm。花序1个腋生。瘦果椭圆球形，长约0.6mm，约有7条纵肋。

分布华南、西南。生于山地沟边、林边或灌丛中。保护区斑鱼咀偶见。

3. 糯米团属 Gonostegia Turcz.

草本或亚灌木。叶对生或互生，等大，全缘，基出脉3~5条，叶基部一对侧脉无分枝，托叶离生或合生。花两性或单性，团伞花序生于叶腋，苞片小，膜质。瘦果卵球形。本属约12种。中国4种。保护区1种。

1. 糯米团 Gonostegia hirta (Blume ex Hassk.) Miq.

多年生蔓性草本。叶对生，草质或纸质，宽披针形至狭披针形、狭卵形等，全缘。团伞花序腋生。瘦果小卵球形。花期5~9月，果期8~9月。

分布华南、华中等大部分地区。生于丘陵或低山林中、灌丛中、沟边草地。保护区牛轭塘坑偶见。

4. 冷水花属 Pilea Lindl.

草本或亚灌木，稀灌木。无刺毛。叶对生，异形，同对稍不等大，边缘具齿或全缘，具三出脉，稀羽状脉；托叶合生。团伞花序单生，雌花花被片分离或基部合生，柱头画笔状。瘦果卵形或近圆形。本属约400种。中国约90种。保护区1种。

1. 小叶冷水花 Pilea microphylla (L.) Liebm.

肉质小草本。叶很小，叶同对不等大，倒卵形，长5~20mm，宽2~5mm。雌雄同株，有时同序，聚伞花序密集成近头状，具梗。瘦果。花期夏秋季，果期秋季。

分布华南、西南、华东等部分地区。常生于路边石缝和墙上阴湿处。保护区山麻坑、扫管塘偶见。

5. 雾水葛属 Pouzolzia Gaudich.

灌木、亚灌木或多年生草本。叶互生，稀对生，边缘有牙齿或全缘，基出脉3条，钟乳体点状。团伞花序通常两性，生于叶腋；雌花被片合生成管，无退化雄蕊；雌花有花柱，伸出花被管外，柱头丝状。瘦果卵球形，果皮壳质，常有光泽。本属约60种。中国8种。保护区1种。

1. 多枝雾水葛 Pouzolzia zeylanica (L.) Benn. var. microphylla (Wedd.) W. T. Wang

多年生草本或亚灌木。长40~100（~200）cm，多分枝。茎下部叶对生，上部叶互生，分枝的叶通常全部互生或下部的对生，叶形变化较大，卵形、狭卵形至披针形。

分布华南、西南等部分地区。生于平原或丘陵草地、田边或草坡上。保护区古斗林场偶见。

A153. 壳斗科 Fagaceae

乔木。单叶，互生，羽状脉，托叶早落。花单性，雌雄同株或异序；雄花有雄蕊4~12枚，花丝纤细，花药基着或背着，2室；雌花1~3（~5）朵聚生于一壳斗内，子房下位，花柱与子房室同数。总苞熟时木质化形成壳斗，被鳞形或线形小苞片、瘤状突起或针刺，每壳斗具1~5颗坚果。本科7~12属900~1000种。中国7属约294种。保护区3属32种。

1. 锥属 Castanopsis (D. Don) Spach

常绿乔木。叶常2列，互生或螺旋状排列。花雌雄同序或异序，花序直立，雄花序穗状；雌花单生或组成穗状花序，子房3室。壳斗常被尖刺，稀被鳞片或疣体；具坚果1~3颗。本属约120种。中国58种。保护区10种。

1. 米槠 Castanopsis carlesii (Hemsl.) Hayata

大乔木。叶2列，披针形或卵形，长4~12cm，宽1~3.5cm，全缘，稀有疏齿。雄花圆锥花序近顶生。壳斗为疣状体；果无刺，每壳斗1颗坚果。花期3~6月，果期翌年9~11月。

分布长江以南各地。生于山地或丘陵常绿或落叶阔叶混交林中。保护区瓶尖偶见。

2. 厚皮锥 Castanopsis chunii W. C. Cheng

乔木。枝、叶及花序轴均无毛。叶厚革质，卵形、阔椭圆形或卵状椭圆形，长8~18cm，宽4~9cm。每壳斗有雌花3朵，雌花的花柱2或3枚。每壳斗2~3颗坚果，果被毛。花期5~6月，果期翌年9~10月。

分布华南、西南部分地区。生于山地杂木林中。保护区帽心尖偶见。

3. 华南锥 Castanopsis concinna (Champ. ex Benth.) A. DC.

乔木。叶革质，硬而脆，长圆状椭圆形，长5~10cm，宽1.5~3.5cm，背密被红色绒毛，边全缘。雄穗状花序通常单穗腋生，或为圆锥花序。壳斗有1颗坚果，壳斗圆球形。花期4~5月，果期翌年9~10月。

分布华南、西南部分地区。生于花岗岩风化的红壤丘陵坡地常绿阔叶林中。保护区北峰山偶见。国家Ⅱ级重点保护野生植物。

4. 甜槠 Castanopsis eyrei (Champ. ex Benth.) Tutcher.

乔木。枝无毛。叶近2列，略有甜味，革质，常卵形，老叶叶背略带银灰色，叶不对称，边全缘或顶部1~2齿。壳斗刺密集而较短，1颗坚果，果刺长。花期4~6月，果期翌年9~11月。

分布长江以南各地。生于丘陵或山地疏或密林中。保护区北峰山、蛮陂头常见。

5. 罗浮锥 Castanopsis faberi Hance

乔木。叶卵状椭圆形至椭圆状披针形，叶上部具锯齿。每壳有2~3颗坚果。坚果圆锥形。花期3~4月，果期翌年10~11月。

分布长江以南大多数省份。生于疏或密林中，有时成小片纯林。保护区山麻坑偶见。

6. 栲 Castanopsis fargesii Franch.

乔木。枝被铁锈色毛。叶长椭圆形，长6.5~8cm，宽1.8~3.5cm，背被鳞秕，顶端常有齿。雄花穗状或圆锥花序。壳斗常圆球形。

分布长江以南各地。生于坡地或山脊林中。保护区客家仔行常见。

7. 鹅掌锥 Castanopsis fissa (Champ. ex Benth.) Rehder & E. H. Wilson

乔木。叶2列，薄革质或纸质，稍大，长11~23cm，宽5~9cm，倒卵状披针形或长圆形，侧脉15~20对。壳斗被蜡鳞，无刺，果熟时基部连成4~5个同心环。花期4~6月，果期10~12月。

分布华南、西南等地区。生于山地疏林中。保护区车桶坑、蛮陂头偶见。

8. 毛锥 Castanopsis fordii Hance

乔木。芽鳞、一年生枝、叶柄、叶背及花序轴均密被长绒毛。叶革质，长椭圆形或长圆形，长9~14cm，宽3~7cm，背密被长毛，边全缘。壳斗密聚果序轴，有坚果1颗。花期3~4月，果期翌年9~10月。

分布华南、华东部分地区。生于山地灌木或乔木林中。保护区瓶尖偶见。

9. 红锥 Castanopsis hystrix Hook. f. & Thomson ex A. DC.

大乔木。叶纸质或薄革质，狭椭圆形，长4~9cm，宽1.5~2.5cm，背被鳞秕。雄花序为圆锥花序或穗状花序。壳斗有坚果1颗，全包。花期4~6月，果期翌年8~11月。

分布华南、华东部分地区。生于缓坡及山地常绿阔叶林中。保护区三牙石、玄潭坑偶见。

10. 吊皮锥 Castanopsis kawakamii Hayata

乔木。树皮片状吊着，枝无毛。叶卵形或卵状披针形，长6~12cm，宽2~5cm，边全缘或顶部具1~2小齿。雄花序多为圆锥花序，花序轴疏被短毛；雌花序无毛。果刺长。花期3~4月，果期翌年8~10月。

分布华南地区。生于山地疏或密林中。保护区螺塘水库等地偶见。

11. 鹿角锥 Castanopsis lamontii Hance

大乔木。叶厚纸质或近革质，椭圆形，卵形或长圆形，长12~20cm，宽3~8cm，近全缘，顶端稀有锯齿。雄穗状花序生于当年生枝的顶部叶腋间。壳斗有坚果常2~3颗，果被毛。花期3~5月，果期翌年9~11月。

分布华南、西南部分地区。生于山地疏或密林中。保护区瓶尖偶见。

2. 青冈属 Cyclobalanopsis Oerst.

常绿乔木。叶螺旋状互生，全缘或具锯齿，羽状脉。花单性，雌雄同株；雄花序穗状，无退化雌蕊；雌花单生或组成穗状花序，子房3室。壳斗不开裂，坚果近球形至椭圆形。本属150种。中国69种。保护区8种。

1. 栎子青冈 Cyclobalanopsis blakei (Skan) Schottky

常绿乔木。叶倒卵状椭圆形，长5~20cm，宽1.5~6.5cm，上部边缘有齿，柄长0.5~2cm。花单性。壳斗碟状，包裹果底部，果卵形。花期3月，果期10~12月。

分布华南、西南地区。生于山谷密林中。保护区猪肝吊、玄潭坑等地偶见。

2. 岭南青冈 Cyclobalanopsis championii (Benth.) Oerst.

常绿乔木。枝被星状毛。叶厚革质，长3.5~8cm，宽1.7~3.5cm，全缘，背密被星状毛。花单性。壳斗碗形，包着坚果1/4~1/3；4~7条同心环带。花期12月至翌年3月，果期11~12月。

分布华南、西南地区。生于森林中。保护区猪肝吊、玄潭坑等地偶见。

3. 饭甑青冈 Cyclobalanopsis fleuryi (Hickel & A. Camus) Chun ex Q. F. Zheng

常绿乔木。叶长椭圆形或卵状长椭圆形，长 10~22cm，宽 3.5~9cm，全缘，柄长 2~5cm。花单性。壳斗杯状，包裹果达 2/3。花期 3~4 月，果期 10~12 月。

分布华南、西南部分地区。生于山地密林中。保护区斑鱼咀、笔架山偶见。

4. 木姜叶青冈 Cyclobalanopsis litseoides (Dunn) Schottky

常绿乔木。叶片倒卵状披针形或窄椭圆形。雄花序轴及花被被棕色绒毛；雌花序顶端着生花 2 朵。壳斗碗形，包着坚果约 1/3。坚果椭圆形，果脐平坦。

分布华南部分地区。生于山地疏林中。保护区牛轭塘坑偶见。

5. 雷公青冈 Cyclobalanopsis hui (Chun) Chun ex Y. C. Hsu & H. W. Jen

常绿乔木。嫩枝被卷曲毛。叶片薄革质，长椭圆形、倒披

针形或椭圆状披针形，长 3.5~8cm，宽 1.3~3cm，全缘或顶端有浅锯齿。雄花序 2~4 个簇生。壳斗浅碗形至深盘形，包裹果近 1/2，果扁球形。花期 4~5 月，果期 10~12 月。

分布华南地区。生于山地杂木林或湿润密林中。保护区车桶坑。

6. 小叶青冈 Cyclobalanopsis myrsinifolia (Blume) Oerst.

常绿乔木。叶卵状披针形或椭圆状披针形，叶缘中上部有细锯齿，无毛，叶背粉白色。花单性，雌雄同株。壳斗杯形，包着坚果 1/3~1/2；坚果卵形或椭圆形。花期 6 月，果期 10 月。

全国各地均偶见。生于山谷、阴坡杂木林中。保护区螺塘水库偶见。

7. 竹叶青冈 Cyclobalanopsis neglecta Schottk

乔木。叶片薄革质，集生于枝顶，无毛。雌花序着生花 2 至数朵。果序常有果 1 颗；壳斗盘形或杯形；4~6 条同心环带。花期 2~3 月，果期翌年 8~11 月。

分布华南地区。生于山地密林中，生于干燥环境时植株矮小。保护区北峰山偶见。

8. 倒卵叶青冈 Cyclobalanopsis obovatifolia (C. C. Huang) Q. F. Zheng

常绿乔木。叶片窄倒卵形或长椭圆形，长 2.5~6（~9）cm，宽 1.5~2.5（~3.5）cm，全缘或顶端微呈波状，叶背有白粉和稀疏星状毛。壳斗碗形，包着坚果 1/3，直径 1.5~2cm，高 0.6~1cm。坚果扁球形。

分布华南地区。生于向阳山坡或山顶森林中。保护区古斗林场管理站偶见。

3. 柯属 Lithocarpus Blume

常绿乔木。叶全缘，常有秕鳞或鳞腺。雄花序于序轴中上部，雌花于下部；雌花单生或组成穗状花序，子房 3 室。每壳斗具坚果 1 颗，壳斗不开裂，坚果无 3 棱脊。本属 300 余种。中国 123 种。保护区 13 种。

1. 愉柯 Lithocarpus amoenus Chun & C. C. Huang

乔木。嫩枝被长绒毛。叶椭圆形或卵状椭圆形，长 10~24cm，宽 5~9cm，全缘。壳斗球形，包坚果绝大部分。花期 5~6 月，果熟期翌年 8~10 月。

分布华南部分地区。生于山地杂木林中。保护区双孖鲤鱼坑偶见。

2. 美叶柯 Lithocarpus calophyllus Chun ex C. C. Huang & Y. T. Chang

乔木。嫩枝被微柔毛。叶硬革质，宽椭圆形，基部近于圆或浅耳垂状，长 8~24cm，宽 3.5~10cm，全缘。雄花序由多个穗状花序组成圆锥花序；雌花每 3~5 朵一簇。壳斗厚木质，坚果顶部平坦且中央微凹陷或甚短尖。花期 6~7 月，果期翌年 8~9 月。

分布华南、西南部分地区。生于山地常绿阔叶林中。保护区蒸狗坑、笔架山偶见。

3. 烟斗柯 Lithocarpus corneus (Lour.) Rehd.

乔木。嫩枝被短柔毛。叶常聚生于枝顶部，纸质或革质，椭圆形，两面同色，中部以上边缘有齿。雌花通常着生于雄花序轴的下段。壳斗碗状或半圆形，包果约一半至大部分。花期 5~7 月，果期翌年 5~7 月。

分布华南、西南部分地区。生于山地常绿阔叶林中。保护区螺塘水库偶见。

4. 鱼蓝柯 Lithocarpus cyrtocarpus (Drake) A. Camus

乔木。嫩枝被短柔毛。叶纸质、卵形、卵状椭圆形或长椭圆形，中长 6~8.5cm，宽 2~4cm，边缘有浅齿，背被星状毛。壳斗平展的碟状或浅碗状。花期 4 月及 9~10 月，果期 10~12 月。

分布华南地区。生于山地常绿阔叶林中。保护区螺塘水库偶见。

5. 柯 Lithocarpus glaber (Thunb.) Nakai

乔木。嫩枝、嫩叶背及花序轴密被灰黄色短绒毛。叶革质或厚纸质、倒卵形、倒卵状椭圆形，全缘或上部 2~4 浅齿。雄穗状花序多排成圆锥花序或单穗腋生。壳斗碟状或浅碗状，包基部；坚果椭圆形。花期 7~11 月，果期翌年 7~11 月。

分布华南地区。生于坡地杂木林中。保护区青石坑水库偶见。

6. 假鱼蓝柯 Lithocarpus gymnocarpus A. Camus

枝无毛，叶阔椭圆形或倒卵状椭圆形，长 9.5~13cm，宽 4~5cm，全缘，背卷。雄穗状花序单穗腋生；雌花序长 2~5cm。壳斗碟形，包裹果底部。

分布华南、西南部分地区。生于常绿阔叶林中。保护区长塘尾偶见。

7. 庵耳柯 Lithocarpus haipinii Chun

乔木。当年生枝、叶柄、叶背及花序轴均密被灰白色或灰黄色长柔毛，2年生枝的毛较稀疏且变污黑色。叶厚硬且质脆。雄穗状花序多穗排成圆锥花序。坚果近圆球形而略扁。花期7~8月，果期翌年7~8月。

分布华南地区。生于山地杂木林中。保护区青石坑水库、三牙石偶见。

8. 硬壳柯 Lithocarpus hancei (Benth.) Rehd.

乔木。除花序轴及壳斗被灰色短柔毛外各部均无毛。叶薄纸质至硬革质，叶形变异大，长8~14cm，宽2.5~5cm，全缘或上部2~4浅齿。雄穗状花序通常多穗排成圆锥花序。壳斗包着坚果不到1/3。花期4~6月，果期翌年9~12月。

分布秦岭以南各地。生于高山里。保护区瓶尖偶见。

9. 木姜叶柯 Lithocarpus litseifolius (Hance) Chun

乔木。枝无毛。叶纸质至近革质，椭圆形、倒卵状椭圆形或卵形，全缘。雄穗状花序多穗排成圆锥花序。壳斗浅碟状，包坚果底部。花期5~9月，果期翌年6~10月。

分布秦岭南坡以南各地区。生于山地常绿林中。保护区镶盖山至斑鱼咀偶见。

10. 粉叶柯 Lithocarpus macilentus Chun & C. C. Huang

乔木。嫩枝密被短柔毛，叶披针形，长5~10.5cm，宽1.5~3cm，全缘。雄穗状花序多穗排成圆锥花序。壳斗浅碗形，包坚果底部。花期7~8月，果熟期翌年10~11月。

分布华南地区。生于溪谷两岸常绿阔叶林中。保护区帽心尖偶见。

11. 水仙柯 Lithocarpus naiadarum (Hance) Chun

乔木。枝、叶无毛，叶长椭圆形或披针形，长7.5~19cm，宽1.5~2.5cm，全缘。雄穗状花序多穗排成圆锥花序。壳斗浅碟形，包坚果底部。花期7~8月，果熟期翌年8~9月。

分布华南地区。常生于低海拔沿河溪两岸较湿润的地方，有时生于溪旁。保护区山麻坑、玄潭坑偶见。

12. 橄叶柯 Lithocarpus oleifolius A. Camus

乔木。嫩枝被长柔毛。叶狭椭圆形或披针形，长8~16cm，宽2~4cm，全缘。穗状花序直立，单穗腋生，常雌雄同序。壳斗球形，包坚果全部。花期8~9月，果期翌年10~11月。

分布华南、西南部分地区。生于山地杂木林种。保护区螺塘水库偶见。

13. 圆锥柯 Lithocarpus paniculatus Hand.-Mazz.

乔木。嫩枝被微柔毛。叶椭圆形或披针形，长 7.5~12cm，宽 3~4.5cm，全缘，侧脉每边 10~14 条。穗状花序。壳斗球形，包坚果全部。花期 7~9 月，果熟期翌年同期。

分布华南部分地区。生于山地常绿阔叶林中。保护区螺塘水库偶见。

A154. 杨梅科 Myricaceae

乔木或灌木。单叶互生。花单性，无花被，无梗，组成柔荑花序，雌雄异株或同株。核果，密被乳头状凸起；内果皮坚硬。种子直立，种皮膜质。本科 3 属 50 余种。中国 1 属 4 种。保护区 1 属 2 种。

1. 杨梅属 Myrica L.

常绿或落叶乔木或灌木。单叶互生，常密集于小枝上端，无托叶。穗状花序单一或分枝，雌雄异株或同株；雄花单生于苞片腋内。核果小坚果状或为大的核果。本属约 50 种。中国 4 种。保护区 2 种。

1. 青杨梅 Myrica adenophora Hance

常绿乔木。小枝密被毡毛及金黄色腺体。叶两面有腺点，叶面腺点脱落后成形凹点。穗状花序；雌雄异株；雌花常具 2 片小苞片。核果椭圆形。

分布广东、广西、海南和台湾。生于山谷或林中。保护区螺塘水库偶见。

2. 杨梅 Myrica rubra (Lour.) Sieb. & Zucc.

常绿乔木。枝无毛。叶革质，无毛，常聚生枝顶，长椭圆

状或楔状披针形至倒卵形，叶背面有腺点。花雌雄异株。核果球状。花期 4 月，果期 6~7 月。

分布华南、华东、西南部分地区。生于山坡或山谷林中。保护区丁字水库偶见。

A155. 胡桃科 Juglandaceae

乔木。奇数羽状复叶，互生，无托叶，小叶对生或近对生，羽状脉，具锯齿。花单性，雌雄同株。核果或坚果。种子大，种皮膜质。本科 8 属约 60 种。中国 7 属 21 种。保护区 1 属 1 种。

1. 黄杞属 Engelhardia Lesch. ex Blume

乔木。芽无芽鳞，具柄，枝髓部实心，不呈薄片状。叶互生，偶数羽状复叶。花单性，柔荑花序；苞片 3 裂；花被片 4 片。坚果，具膜质果翅，3 裂。本属约 8 种。中国 5 种。保护区 1 种。

1. 黄杞 Engelhardia roxburghiana Wall.

半常绿乔木。偶数羽状复叶，小叶片革质，长椭圆状披针形至长椭圆形，两面具光泽，小叶 3~5 对。雌雄同株，稀异株。坚果具翅。花期 5~6 月，果期 8~9 月。

分布华南地区。生于路旁。保护区瓶尖常见。

A156. 木麻黄科 Casuarinaceae

乔木或灌木。小枝轮生或假轮生，具节，纤细，绿色或灰绿色，形似木贼。叶鳞状，4 至多枚轮生，基部鞘状。花单性，雌雄同株或异株，生侧枝顶端。小坚果扁平，顶端具膜质翅；种子 1 颗。本科 4 属 97 种。中国 1 属 3 种。保护区 1 属 1 种。

1. 木麻黄属 Casuarina L.

乔木或灌木。叶退化为鳞片状(鞘齿)，4 至多枚轮生成环状。花单性，雌雄同株或异株。小坚果扁平，顶端具膜质的薄翅，纵列密集于果序上。本属 17 种。中国 3 种。保护区 1 种。

1.* 木麻黄 Casuarina equisetifolia L.

乔木。小枝直径小于 1mm。叶鳞状，淡绿色，披针形或三角形，紧贴小枝，齿状叶每轮 6~8 枚。花雌雄同株或异株。球果状，果序长 15~25mm。花期 4~5 月，果期 7~10 月。

华南地区有栽培。保护区有栽培。

A163. 葫芦科 Cucurbitaceae

一至多年生草本或藤本，匍匐或攀援。叶互生，无托叶，卷须侧生叶柄基部，掌状脉。花单性，雌雄同株或异株。肉质浆果状或果皮木质。本科约 123 属 800 多种。中国 35 属 151 种。保护区 3 属 3 种。

1. 南瓜属 Cucurbita L.

一年生蔓生草本。叶卷须 2 至多分枝。雌雄同株，单生，花萼钟状，花冠阔钟状，花药黏合成头状，花梗上无苞片，花药室摺叠状。果大，有纵棱。本属 30 种。中国 3 种。保护区 1 种。

1.* 西葫芦 Cucurbita pepo L.

一年生蔓生草本。叶片三角形或卵状三角形，先端锐尖，边缘有不规则的锐齿，基部心形；叶柄粗壮，被短刚毛。雌雄同株。花萼筒有明显 5 角，花萼裂片线状披针形；花冠黄色。果实形状因品种而异。种子多数。花果期 5~11 月。

全国各地均有栽培。保护区有栽培。

2. 绞股蓝属 Gynostemma Blume

多年生攀援草本。叶互生，鸟足状，具 3~9 小叶，稀单叶，小叶卵状披针形，具锯齿。花单性，雌雄异株，雄蕊的花丝基部合生，花冠轮状，5 深裂。浆果球形或蒴果顶端 3 裂。种子宽卵形。本属约 17 种。中国 14 种。保护区 1 种。

1. 绞股蓝 Gynostemma pentaphyllum (Thunb.) Makino

草质攀援植物。叶膜质或纸质，鸟足状，具 3~9 小叶；小叶片卵状长圆形或披针形。花雌雄异株。果实肉质不裂。种子卵状心形。花期 3~11 月，果期 4~12 月。

分布长江以南各地区。生于山谷密林中、山坡疏林、灌丛中或路旁草丛中。保护区螺塘水库偶见。

3. 栝楼属 Trichosanthes L.

藤本。叶卷须 2 分枝。单叶互生，叶形多变，通常卵状心形或圆心形。雄花总状花序或单生，萼管伸长，萼片叶状，近折，有齿；花冠轮状，稀阔钟状，5 深裂几达基部或花瓣 5 片分离，

花瓣流苏状；花药黏合成头状，花梗上无苞片，花药室摺叠状。果无纵棱。本属约 100 种。中国 33 种。保护区 1 种。

1. 中华栝楼 Trichosanthes rosthornii Harms

攀援藤本。茎具纵棱及槽，疏被短柔毛。叶片纸质，轮廓阔卵形至近圆形，边缘具短尖头状细齿。花雌雄异株。花冠白色，裂片倒卵形。果实球形或椭圆形，长 8~11cm。花期 6~8 月，果期 8~10 月。

分布华南、西南等部分地区。生于山谷密林中、山坡灌丛中及草丛中。保护区三牙石、玄潭坑偶见。

A166. 秋海棠科 Begoniaceae

多年生肉质草本或灌木。茎直立、匍匐稀攀援状。单叶互生，稀复叶，具长柄。花单性，雌雄同株，聚伞花序，花被片花瓣状。蒴果或浆果。本科约 5 属 1000 多种。中国 1 属 173 多种。保护区 3 种。

1. 秋海棠属 Begonia L.

多年生肉质草本或亚灌木。单叶，互生或基生，叶柄长，托叶膜质。花单性，雌雄同株，少异株。蒴果或浆果。种子小，多数。本属约 800 多种。中国 173 种。保护区 3 种。

1.* 四季海棠 Begonia cucullata Willd. var. hookeri (A. DC.) L. B. Sm. & B. G. Schub.

肉质草本。茎直立，高 15~45cm。叶卵圆形，宽 3.5~7.5cm，基部圆钝形，背面有乳头状突起。子房 3 室。果有翅。

全国均有栽培。保护区有栽培。

2. 粗喙秋海棠 Begonia longifolia Blume

多年生草本。植株高 90~150cm。叶片矩圆形，长 11~27cm，外侧有一大耳片，边缘疏生小齿。聚伞花序生叶腋间，花 4~6 朵，子房 3 室。蒴果近球形，顶端有长约 3mm 的粗喙。

分布华南、西南部分地区。生于山谷水旁密林中阴处。保护区山麻坑偶见。

3. 红孩儿 Begonia palmata D. Don var. bowringiana (Champ. ex Benth.) J. Golding & C. Kareg.

多年生直立草本。茎和叶柄均被锈褐色绒毛。叶形变异大，通常斜卵形，上面密被短小的硬毛，边缘有齿或微具齿。花玫瑰色或白色。花期 6 月开始，果期 7 月开始。

分布华南、西南部分地区。生于河边阴处湿地、山谷阴处岩石上等地。保护区长塘尾偶见。

A168. 卫矛科 Celastraceae

常绿或落叶乔木、灌木或藤状灌木。单叶对生或互生。聚伞花序组成圆锥状或总状，聚伞花序 1 至多次分枝，具有较小的苞片和小苞片；花两性或单性。多为蒴果、核果、翅果或浆果。种子常有肉质假种皮。本科约 60 属 850 种。中国 12 属 201 种。保护区 3 属 9 种。

1. 南蛇藤属 Celastrus L.

落叶或常绿藤状灌木。叶互生，托叶小，线形。聚伞花序排成圆锥或总状，腋生或顶生；花小，雌雄异株。蒴果近球形。种子被橘红色肉质假种皮。本属 30 余种。中国 24 种。保护区 4 种。

1. 过山枫 Celastrus aculeatus Merr.

藤状灌木。枝具棱。叶多为椭圆形或长圆形，长 5~10cm，无毛。聚伞花序短，腋生或侧生，常具 3 花，花梗上部具关节。蒴果近球形。种子新月形或弯成半环状。

分布华南、西南部分地区。生于山地灌丛或路边疏林中。保护区帽心尖偶见。

2. 青江藤 Celastrus hindsii Benth.

藤状灌木。叶长圆状椭圆形或椭圆状倒披针形，长 7~12cm，宽 1.5~6cm，边缘具锯齿。顶生聚伞圆锥花序，腋生花序具 1~3 花。蒴果球形。种子宽椭圆形或球形。花期 5~7 月，果期 7~10 月。

分布华南、西南、华东等地区。生于灌丛或山地林中。保护区蛮陂头偶见。

3. 独子藤 Celastrus monospermus Roxb.

藤状灌木。小枝具细纵棱。叶长圆状宽椭圆形或窄椭圆形，长 7~15cm，宽 3~8cm，背面白色。二歧聚伞花序排成聚伞圆锥状。蒴果宽椭圆形。种子 1 颗，椭圆形。花期 3 月，果期 6~10 月。

分布华南部分地区。生于山坡密林中或灌丛湿地上。保护区长塘尾偶见。

4. 南蛇藤 Celastrus orbiculatus Thunb.

落叶藤状灌木。小枝光滑无毛，皮孔不明显。叶通常阔倒卵形，近圆形或阔椭圆形，长 5~13cm，背面脉被毛。聚伞花序腋生，小花梗关节偏下。蒴果近球状，黄色。花期 5~6 月，果期 7~10 月。

分布全国大部分地区。生于山坡灌丛。保护区镬盖山至斑鱼咀偶见。

2. 卫矛属 Euonymus L.

常绿灌木或小乔木。叶对生，托叶披针形。聚伞花序排成圆锥状，腋生，花两性，白绿色、黄绿色或紫色。蒴果，果皮平滑或有刺突或瘤突。种子被红色或黄色肉质假种皮。本属约 220 种。中国 90 种。保护区 4 种。

1. 鸦椿卫矛 Euonymus euscaphis Hand.-Mazz.

灌木。叶革质，披针形，长 7.5~18cm，宽 1.8~2.3cm。聚伞花序 3~7 花；花 4 数，绿白色，子房每室 2 枚胚珠。果顶端 4 深裂。花期 4~6 月，果期 7~10 月。

分布华南、华东地区。生于山间林中及山坡路边。保护区玄潭坑偶见。

2. 扶芳藤 Euonymus fortunei (Turcz.) Hand.-Mazz.

常绿藤状灌木。小枝圆柱形。叶薄革质，椭圆形、长方椭圆形或长倒卵形，边缘齿浅不明显。聚伞花序 3~4 次分枝。蒴果近球状。花期 6 月，果期 10 月。

分布华南、华东部分地区。生于山坡丛林中。保护区斑鱼咀、客家仔行偶见。

3. 疏花卫矛 Euonymus laxiflorus Champ. ex Benth.

灌木。枝四棱形。叶卵状椭圆形，长 5~12cm，宽 2~4cm。雄蕊无花丝，子房每室 2 枚胚珠。果倒圆锥形，直径 9mm，具 5 阔棱。花期 3~6 月，果期 7~11 月。

分布华南、西南部分地区。生于山上、山腰及路旁密林中。保护区石排楼偶见。

4. 中华卫矛 Euonymus nitidus Benth.

常绿灌木或小乔木。小枝四棱形。叶革质，倒卵形、阔椭圆形或阔披针形，长 5~8cm，宽 2.5~4cm，近全缘。聚伞花序 1~3 次分枝。蒴果三角卵圆状。花期 3~5 月，果期 6~10 月。

分布华南地区。生于林内、山坡、路旁等较湿润处。保护区百足行仔山偶见。

3. 翅子藤属 Loeseneriella A. C. Sm.

木质藤本。叶对生，纸质或近革质，具柄。聚伞花序腋生或生于小枝顶端，具小苞片，花盘明显，杯状而凸起，高 1~1.5mm。蒴果，广展，沿中缝开裂。种子具膜质翅。本属约有 20 种。中国 5 种。保护区 1 种。

1. 程香仔树 Loeseneriella concinna A. C. Sm.

藤本。小枝纤细，具皮孔。叶纸质，长圆状椭圆形，长 4~7cm，叶对生。聚伞花序腋生或顶生，花淡黄色。蒴果倒卵状椭圆形。种子 4 颗。花期 5~6 月，果期 10~12 月。

分布华南地区。生于山谷林中。保护区串珠龙、八仙仔偶见。

A170. 牛栓藤科 Connaraceae

灌木、小乔木或藤本。叶互生，奇数羽状复叶，小叶全缘，无托叶。花两性，辐射对称，花序腋生，总状或圆锥花序。蓇葖果。种子大，种皮厚，肉质假种皮。本科 24 属约 390 种。中国 6 属 9 种。保护区 1 属 2 种。

1. 红叶藤属 Rourea Aubl.

攀援藤本、灌木或小乔木。奇数羽状复叶，小叶多对。圆锥花序腋生或假顶生，花两性。蓇葖果单生。种子 1 颗，全部或基部为肉质假种皮包围。本属 90 余种。中国 3 种。保护区 2 种。

1. 小叶红叶藤 Rourea microphylla (Hook. & Arn.) Planch.

攀援灌木。奇数羽状复叶；小叶片坚纸质至近革质，卵形、披针形或长圆披针形，7~17 小叶，叶片顶端骤尖。圆锥花序。蓇葖果。花期 3~9 月，果期 5 月至翌年 3 月。

分布华南地区。生于山坡或疏林中。保护区大柴堂、蛮陂头偶见。

2. 红叶藤 Rourea minor (Gaertn.) Alston

藤本或攀援灌木。奇数羽状复叶；小叶片 3~7 片，近圆形、卵圆形或披针形，叶片顶端短尖。圆锥花序腋生，成簇。果实弯月形或椭圆形而稍弯曲。种子椭圆形。花期 4~10 月，果期 5 月至翌年 3 月。

分布华南地区。生于丘陵、灌丛、竹林或密林中。保护区孖鬃水库偶见。

A171. 酢浆草科 Oxalidaceae

草木，稀灌木或乔木。根茎或鳞茎状块茎，常用肉质。叶互生，掌状或羽状复叶或单叶，小叶晚上常下垂。花两性，辐射对称；花瓣 5 片，有时基部合生，旋转排列。蒴果或肉质浆果。种子常肉质。本科 6~8 属 780 余种。中国 3 属约 13 种。保护区 2 属 3 种。

1. 阳桃属 Averrhoa L.

乔木。叶互生或近于对生，奇数羽状复叶。花小，微香，数朵至多朵组成聚伞花序或圆锥花序；萼片 5 片，覆瓦状排列；花瓣 5 片，白色，淡红色或紫红色，螺旋排列。浆果肉质，有明显的 3~6 棱，通常 5 棱，横切面呈星芒状，有种子数颗。种子有假种皮或无。本属 2 种。中国 2 种。保护区栽培 1 种。

1.* 阳桃 Averrhoa carambola L.

乔木。树皮暗灰色。奇数羽状复叶，互生，长 10~20cm；小叶 5~13 片，全缘，长 3~7cm，宽 2~3.5cm。花小，微香，数朵至多朵组成聚伞花序或圆锥花序，花枝和花蕾深红色。浆果肉质，有 5 棱，横切面呈星芒状。花期 4~12 月，果期 7~12 月。

分布华南、华东地区。常作栽培。保护区有栽培。

2. 酢浆草属 Oxalis L.

一至多年生草本。叶互生或基生，掌状复叶，具3小叶。花基生或聚伞花序。蒴果室背开裂，蒴果果瓣与中轴粘贴。种子具2瓣状假种皮。本属约700种。中国8种。保护区2种。

1. 酢浆草 Oxalis corniculata L.

草本。茎细弱，多分枝，匍匐茎节上生根。叶基生或茎上互生；小叶3片，无柄，倒心形。花单生或数朵集为伞形花序状，黄色。蒴果长圆柱形。花果期2~9月。

全国广布。生于山坡草池、河谷沿岸、路边、田边、荒地或林下阴湿处等地。保护区瓶身偶见。

2. 红花酢浆草 Oxalis corymbosa DC.

多年生直立草本。地下部分有球状鳞茎。叶基生；小叶3片，扁圆状倒心形，长1~4cm，宽1.5~6cm。总花梗基生，二歧聚伞花序，通常排列成伞形花序式；花瓣5片，淡紫色至紫红色。蒴果。

花果期3~12月。

分布于华东、华中、华南等地区。生于山地、路旁、荒地或水田中。保护区螺塘水库偶见。

A173. 杜英科 Elaeocarpaceae

常绿或半落叶乔木。单叶互生或对生，边缘有锯齿或全缘，下面或有黑色腺点，具柄，具托叶或缺。花单生或排成总状花序腋生或生于无叶的去年枝条上，花两性或杂性。核果或蒴果，偶果皮有针刺。种子椭圆形。本科12属约550种。中国2属53种。保护区2属9种。

1. 杜英属 Elaeocarpus L.

乔木。叶互生，全缘或有锯齿，下面常有黑色腺点；有叶柄；托叶线形，稀叶状，或缺。总状花序腋生；花盘分裂成腺体状。核果1~5室，内果皮骨质。本属约360种。中国39种。保护区8种。

1. 中华杜英 Elaeocarpus chinensis (Gardner & Champ.) Hook. f. ex Benth.

常绿小乔木。单叶互生，薄革质，卵状披针形或披针形，长5~8cm，宽2~3cm，叶背有细小黑腺点，无毛。花两性或单性；核果椭圆形，直径5mm。花期5~6月，果期9~12月。

分布华南、西南等部分地区。生于常绿林中。保护区五指山山谷偶见。

2. 杜英 Elaeocarpus decipiens Hemsl.

常绿小乔木。嫩枝被毛。叶披针形或倒披针形，长7~12cm，宽2~3.5cm，革质。无叶状苞片。果椭圆形，背面无毛，直径2~3cm。花期4~5月，果期11月至翌年1月。

分布华南、西南部分地区。生于林中。保护区瓶身偶见。

3. 水石榕 Elaeocarpus hainanensis Oliv.

小乔木。叶革质,狭窄倒披针形,长 7~15cm,宽 1.5~3cm,基部楔形,两面无毛。总状花序生当年枝的叶腋内,有花 2~6 朵。核果纺锤形。花期 6~7 月,果期 7~9 月。

分布华南地区。喜生于低湿处及山谷水边。保护区有栽培。

4. 日本杜英 Elaeocarpus japonicus Sieb. & Zucc.

乔木。单叶互生;叶革质,通常卵形,长 6~12cm,宽 3~6cm,叶背有细小黑腺点。总状花序生叶腋;花两性或单性。核果椭圆形,直径 8mm。花期 4~5 月,果期 5~7 月。

分布长江以南各地区。生于常绿林中。保护区黄蜂腰、瓶尖偶见。

5. 灰毛杜英 Elaeocarpus limitaneus Hand.-Mazz.

常绿小乔木。小枝稍粗壮。叶革质,长 7~16cm,宽 5~7cm,侧脉 6~8 对,边缘有稀疏小钝齿。总状花序生于枝顶叶眼内及无叶的去年枝条上。核果椭圆状卵形,长 2.5~3cm。花期 7 月,果期 8~9 月。

分布华南地区。生于森林中。保护区笔架山、三牙石偶见。

6. 绢毛杜英 Elaeocarpus nitentifolius Merr. & Chun

乔木。高 20m。嫩枝被银灰色绢毛。叶革质,椭圆形,长 8~15cm,宽 3.5~7.5cm,叶背被绢毛。总状花序生于当年枝的叶腋内,长 2~4cm,花序轴被绢毛。核果小,椭圆形。花期 4~5 月。

分布华南地区。生于常绿林里。保护区螺塘水库偶见。

7.* 毛果杜英 Elaeocarpus rugosus Roxb.

高大乔木。树皮灰色。小枝粗壮,被褐色微柔毛。叶簇生在小枝顶端;叶柄锈色起初被微柔毛,后脱落;叶片倒卵形,革质。总状花序腋生,总花梗被锈色绒毛,花大。核果椭圆球体,种子 1 颗。花期 3 月,果期 5~8 月。

南方地区多栽培。保护区有栽培。

8. 山杜英 Elaeocarpus sylvestris (Lour.) Poir.

小乔木。小枝纤细。叶纸质,倒卵形或倒披针形,长 4~8cm,宽 2~4cm,上下两面均无毛。总状花序生于枝顶叶腋内,长 4~6cm;花瓣倒卵形,上半部撕裂。核果细小,长 1~1.2cm。花期 4~5 月,果期 5~8 月。

分布华南、华东等部分地区。生于常绿林里。保护区青石坑水库、古斗林场偶见。

2. 猴欢喜属 Sloanea L.

乔木。叶互生，全缘或有锯齿，羽状脉，无托叶。花单生或总状花序，有长柄；两性，花瓣4~5片，倒卵形，花盘不分裂。蒴果球形，外表皮有针刺；种子1至数颗。本属约120种。中国14种。保护区1种。

1. 猴欢喜 Sloanea sinensis (Hance) Hemsl.

常绿乔木。叶薄革质，通常为长圆形或狭窄倒卵形，长8~15cm，宽3~7cm，通常全缘。花多朵簇生于枝顶叶腋。蒴果球形，直径2.5~3cm。花期9~11月，果期翌年6~7月。

分布华南、西南等部分地区。生于常绿林里。保护区瓶尖偶见。

A176. 小盘木科 Pandaceae

乔木或灌木。单叶互生，边缘有细锯齿或全缘。花小，单性，雌雄异株，单生、簇生、组成聚伞花序或总状圆锥花序。核果或蒴果。本科3属18种。中国1属1种。保护区有分布。

1. 小盘木属 Microdesmis Hook. f.

灌木或小乔木。单叶互生，羽状脉。花单性，雌雄异株，常多朵簇生于叶腋，雌花的簇生花较少或有时单生；花梗短。核果，外果皮粗糙，内果皮骨质。本属10种。中国1种。保护区有分布。

1. 小盘木 Microdesmis casteariifolia Planch.

乔木或灌木。叶片披针形、长圆状披针形至长圆形，边缘具细锯齿或近全缘。花小，黄色，簇生于叶腋；雄花花瓣椭圆形；雌花花瓣椭圆形或卵状椭圆形。核果圆球状，成熟时红色，干后呈黑色，外果皮肉质。花期3~9月，果期7~11月。

分布华南、西南部分地区。生于山谷、山坡密林下或灌木丛中。保护区山麻坑偶见。

A179. 红树科 Rhizophoraceae

常绿乔木或灌木。小枝常有膨大的节。单叶，交互对生，具托叶，稀互生无托叶。花两性，单生或簇生叶腋或排成聚伞花序，花瓣与萼裂片同数，全缘，2裂。果革质或肉质，少蒴果开裂。本科约16属120余种。中国6属13种。保护区1属1种。

1. 竹节树属 Carallia Roxb.

灌木或乔木。叶交互对生，纸质，叶背常有黑或紫色小点。聚伞花序腋生，二歧或三歧分枝，花两性。果肉质。种子椭圆形或肾形，种子离母后才开始萌发。本属10种。中国4种。保护区1种。

1. 竹节树 Carallia brachiata (Lour.) Merr.

乔木或灌木。叶薄革质，叶背散生明显紫红色小点，全缘。花序腋生，花瓣白色。果近球形。种子肾形或长圆形。花期冬春季，果期翌年春夏季。

分布华南地区。生于丘陵灌丛或山谷杂木林中。保护区玄潭坑、青石坑水库偶见。

A180. 古柯科 Erythroxylaceae

灌木或乔木。单叶互生，稀对生，全缘或偶有纯齿。托叶生于叶柄内侧，在短枝上的常彼此复迭。花簇生或聚伞花序，两性，稀单性雌雄异株，辐射对称；萼片5片，基部合生，宿存；花瓣5片，分离，脱落或宿存。核果或蒴果。本科10属约300种。中国2属3种。保护区1属1种。

1. 古柯属 Erythroxylum P. Browne

灌木或小乔木。单叶互生，托叶生于叶柄内侧。花小，白色或黄色，单生或3~6朵簇生或腋生，通常为异长花柱花；花瓣有爪，内面有舌状体贴生于基部；花柱分离或合生。核果。本属约200种。中国2种。保护区1种。

1. 东方古柯 Erythroxylum sinense C. Y. Wu

灌木或小乔木。叶纸质，长椭圆形、倒披针形或倒卵形，长5~12cm，宽2~3.5cm，顶端渐尖。花腋生，2~7朵花簇生于极短的总花梗上，或单花腋生。核果长圆形。花期4~5月，果期5~10月。

分布华东、华南、华中部分地区。生于山地林中。保护区青石坑水库偶见。

A183. 藤黄科 Clusiaceae

乔木或灌木。具黄色或白色胶液。单叶，全缘，对生或轮生，无托叶。花序聚伞、圆锥、伞状或单花，单性或两性。萼片 2~6 片，花瓣与萼片同数，离生，覆瓦状排列或旋卷。蒴果、浆果或核果。种子常具假种皮，无胚乳。本科约 40 属 1000 种。中国 4 属 15 种。保护区 1 属 2 种。

1. 藤黄属 Garcinia L.

常绿乔木或灌木。具黄色树脂。叶革质，对生，全缘，常无毛，侧脉少数，疏而斜升。花杂性，稀单性或两性，子房 2~12 室，花柱短或无。浆果，外果皮革质。种子具多汁瓢状假种皮。本属约 450 种。中国 21 种。保护区 2 种。

1. 木竹子 Garcinia multiflora Champ. ex Benth.

常绿乔木。叶对生，革质，卵形、长圆状卵形或长圆状倒卵形，中等大小，边缘微反卷。花杂性，圆锥花序。浆果，直径 2~3.5cm。花期 6~8 月，果期 11~12 月。

分布华南、西南、华中部分地区。生于山坡疏林或密林中、沟谷边缘或次生林或灌丛中。保护区大柴堂偶见。

A184. 红厚壳科 Calophyllaceae

常绿乔木或灌木。叶轮生或对生，全缘，具透明斑点或分泌道。花两性或单性，总状或圆锥花序顶生或腋生，子房 1 室，花柱纤细。蒴果、浆果或核果。本科 14 属 460 种。中国 3 属 6 种。保护区 1 属 1 种。

1. 红厚壳属 Calophyllum L.

乔木或灌木。叶对生，全缘，侧脉多数平行，与中脉近垂直。花两性或单性，总状或圆锥花序顶生或腋生，子房 1 室，花柱纤细。核果球形或卵球形。种子大，无假种皮。本属约 180 余种。中国 4 种。保护区 1 种。

1. 薄叶红厚壳 Calophyllum membranaceum Gardner & Champ.

常绿灌木至小乔木。叶对生，全缘，薄革质，边缘反卷，侧脉极多而密，近平行。聚伞花序腋生；花两性。果卵状长圆球形。花期 3~5 月，果期 8~12 月。

分布华南部分地区。多生于山地的疏林或密林中。保护区大围山偶见。

2. 岭南山竹子 Garcinia oblongifolia Champ. ex Benth.

乔木。叶薄革质或纸质，倒卵状长圆形，长 5~10cm，侧脉 10~18 对。花单性，单生或呈伞房状聚伞花序。浆果卵圆形或球形。花期 4~5 月，果期 10~12 月。

分布华南地区。生于平地、丘陵、沟谷密林或疏林中。保护区丁字水库偶见。

A186. 金丝桃科 Hypericaceae

草本、灌木或乔木，常具腺点。单叶，无托叶。单花或聚伞花序；花萼 5 片，稀 4 片；花瓣 4~5 片；雄蕊多数，离生或合生成 3~5 束；子房上位，1 室，或 3~5 室。蒴果或浆果，稀核果。种子无胚芽。本科约 7 属 500 多种。中国 5 属 60 多种。保护区 2 属 2 种。

1. 黄牛木属 Cratoxylum Blume

乔木或灌木。叶对生，全缘，叶背被白粉或蜡质，具透明油腺点。聚伞状花序，花两性。蒴果坚硬，室背开裂。种子具翅。本属约 6 种。中国 2 种。保护区 1 种。

1. 黄牛木 Cratoxylum cochinchinense (Lour.) Blume

落叶灌木或乔木。全株无毛。叶对生，坚纸质，无毛，椭圆形至长椭圆形，叶背有透明腺点及黑点。聚伞花序腋生或顶生。蒴果椭圆形。花期 4~5 月，果期 6 月以后。

分布华南地区。生于丘陵或山地的干燥阳坡上的次生林或灌丛中。保护区玄潭坑偶见。

2. 金丝桃属 Hypericum L.

草本或灌木。叶对生，全缘，有腺点。聚伞花序，顶生或腋生，常呈伞房状，花两性，花瓣 4~5 片。蒴果，蒴果室间开裂，果片常具条纹或囊状腺体。种子小。本属 460 余种。中国 64 种。保护区 1 种。

1. 地耳草 Hypericum japonicum Thunb.

一年生或多年生草本。叶对生，坚纸质，无柄，下面淡绿略带苍白，全面散布透明腺点。基部和苞片无有腺长睫毛；花柱分离，长 10mm。蒴果无腺条纹。花期 3~8 月，果期 6~10 月。

分布长江以南各地区。生于田边、沟边、草地以及撂荒地上。保护区蛮陂头偶见。

A192. 金虎尾科 Malpighiaceae

乔木、灌木或木质藤本。单叶对生，叶背及叶柄常有腺体，全缘。总状花序腋生或顶生，单生或组成圆锥花序；花两性，辐射对称或左右对称，花瓣 5 片，旋转状排列。果为蒴果或翅果。本科约 65 属 1280 种。中国 4 属约 21 种。保护区 1 属 1 种。

1. 风筝果属 Hiptage Gaertn.

木质藤本或藤状灌木。叶对生，革质或亚革质，全缘。总状花序腋生或顶生；花萼基部有 1 枚大腺体，花瓣有爪，花柱 1 枚，每心皮 2 侧翅和 1 背翅均发育成翅果的翅。翅果。本属 20~30 种。中国 10 种。保护区 1 种。

1. 风筝果 Hiptage benghalensis (L.) Kurz

木质藤本。叶对生，革质，长圆形，椭圆状长圆形或卵状披针形，叶背具 2 腺体，全缘；叶柄具槽。总状花序腋生或顶生，5 数；花萼基部 1 枚大腺体。翅果，翅无毛。花期 2~4 月，果期 4~5 月。

分布华南地区。生于山谷、田野边缘、路旁的灌木林。保护区笔架山、串珠龙偶见。

A200. 堇菜科 Violaceae

多年生草本、小灌木或乔木。单叶互生，稀对生，全缘具齿或分裂，托叶小或叶状。花两性或单性，萼片、花瓣 5 片，覆瓦状。蒴果室背弹裂或浆果状。本科约 22 属 900 多种。中国 3 属约 100 多种。保护区 1 属 5 种。

1. 堇菜属 Viola L.

二至多年生草本，稀亚灌木。单叶，互生或基生，全缘、具齿或分裂，具托叶，离生或与叶柄合生。花两性，两侧对称，萼片 5，略同形，基部延伸成明显或不明显的附属物。蒴果 3 瓣裂。种子具坚硬种皮。本属 550 余种。中国约 96 种。保护区 5 种。

1.* 角堇 Viola cornuta L.

多年生草本植物。具根状茎。茎较短而直立，分枝能力强。花两性，两侧对称，花梗腋生，花瓣 5 片，花径 2.5~4.0cm；花色丰富，常有花斑。果实为蒴果，呈较规则的椭圆形，成熟时 3 瓣裂；果瓣舟状。

分布华南地区。保护区有栽培。

2. 深圆齿堇菜 Viola davidii Franch.

多年生细弱无毛草本。根状茎细。植株无毛。叶基生；叶片圆形或有时肾形，边缘具较深圆齿，两面无毛。花白色或有时淡紫色；花萼片披针形。蒴果椭圆形。花期 3~6 月，果期 5~8 月。

分布华南、西南部分地区。生于林下、林缘、山坡草地、溪谷或石上荫蔽处。保护区三牙石、斑鱼咀偶见。

3. 七星莲 Viola diffusa Ging.

一年生草本。有匍匐枝，全株被白色长柔毛。基生叶多数；叶片卵形或卵状长圆形，叶基部楔形，下延到叶柄。花较小，花梗长 2~8cm。蒴果长圆形。花期 3~5 月，果期 5~8 月。

分布华南、西南部分地区。生于山地林下、林缘、草坡、溪谷旁、岩石缝隙中。保护区蛮陂头偶见。

4. 长萼堇菜 Viola inconspicua Blume

多年生草本。植株无茎，无匍匐枝。叶均基生，莲座状；叶片三角形、三角状卵形或戟形，叶宽 1~3.5cm，两面通常无毛。花淡紫色。蒴果长圆形。花果期 3~11 月。

分布华南、西南、华东部分地区。生于林缘、山坡草地、田边及溪旁等处。保护区螺塘水库偶见。

5. 柔毛堇菜 Viola principis H. Boissieu

多年生草本。全株被白色柔毛。植株高超过 10cm。叶近基生或互生于匍匐枝，叶片卵形或宽卵形。花白色，花瓣长圆状倒卵形。蒴果长圆形。花期 3~6 月，果期 6~9 月。

分布华南、西南、华东等部分地区。生于山地林下、林缘、草地、溪谷、沟边及路旁等处。保护区山茶寮坑偶见。

A202 . 西番莲科 Passifloraceae

藤本，稀灌木或小乔木。腋生卷须卷曲。单叶、稀为复叶，常有腺体，常用具托叶。聚伞花序腋生，有时退化仅存 1~2 朵花；花辐射对称，两性或单性，罕有杂性；花瓣 5 片，稀 3~8 片，罕有不存在。果为浆果或蒴果。本科 16 属 600 种。中国 2 属 23 种。保护区 1 属 3 种。

1. 西番莲属 Passiflora L.

草质或木质藤本，罕有灌木或小乔木。单叶，少有复叶，互生，全缘或分裂，叶下面和叶柄通常有腺体；托叶线状或叶状，稀无托叶。聚伞花序，腋生；花两性，副花冠很发达。果为肉质浆果，卵球形、椭圆球形至球形。种子扁平。本属 400 余种。中国 21 种。保护区 3 种。

1.* 鸡蛋果 Passiflora edulis Sims

草质藤本。叶纸质，掌状 3 深裂，裂片边缘有内弯腺尖细锯齿，近裂片缺弯的基部有 1~2 枚杯状小腺体。花芳香；苞片绿色，边缘有不规则细锯齿，无腺毛。浆果卵球形。花期 6 月，果期 11 月。

栽培华南部分地区。有时逸生于山谷丛林中。保护区有栽培。

2. 龙珠果 Passiflora foetida L.

草质藤本。有臭味。叶宽卵形,3浅裂,常具头状缘毛,有腺体。聚伞花序退化仅存1花,与卷须对生。浆果卵圆球形。

分布广东、广西、云南、台湾。生于草坡路边。保护区斑鱼咀偶见。

3. 广东西番莲 Passiflora kwangtungensis Merr.

草质藤本。叶披针形至长圆状披针形,长6~13cm,全缘,膜质,无托叶。花序成对生于卷须的两侧,有1~2朵花;花白色。浆果球形。花期3~5月,果期6~7月。

分布华南地区。生于林边灌丛中。保护区瓶尖、鹅公鬓偶见。

A204. 杨柳科 Salicaceae

落叶乔木或灌木。单叶互生,稀对生,不分裂或浅裂,全缘;托叶鳞片状或叶状,早落或宿存。花单性,雌雄异株,罕有杂性;葇荑花序,直立或下垂;稀缺如;雄蕊2至多数,花药2室,纵裂,花丝分离至合生;雌花子房无柄或有柄,雌蕊由2~4(~5)心皮合成,子房1室。蒴果。本科50余属1800余种。中国13属约385种。保护区5属8种。

1. 山桂花属 Bennettiodendron Merr.

乔木或灌木。单叶互生或螺旋状排列;羽状脉或为五出脉;基部非心形,叶柄顶部和中部无腺体。花小,单性,雌雄异株;圆锥花序或总状花序;苞片小,早落;无花瓣。浆果小,球形。本属3种。中国1种。保护区有分布。

1. 山桂花 Bennettiodendron leprosipes (Clos) Merr.

常绿小乔木。叶近革质,倒卵状长圆形或长圆状椭圆形,长4~18cm,宽3.5~7cm,两面无毛;叶柄长2~4cm。圆锥花序顶生,长5~10cm,多分枝。浆果成熟时红色至黄红色。种子

1~2颗。花期2~6月,果期4~11月。

分布华南地区。生于山坡和山谷混交林或灌丛中。保护区斑鱼咀、蒸狗坑偶见。

2. 脚骨脆属 Casearia Jacq.

小乔木或灌木。单叶,互生,2列,全缘或具齿,平行脉,常有透明腺点和腺条。花小,两性稀单性,少数或多数,形成团伞花序;花梗短;萼片4~5片;花瓣缺。蒴果,肉质、革质到坚硬,瓣裂。本属160余种。中国11种。保护区2种。

1. 球花脚骨脆 Casearia glomerata Roxb.

乔木或灌木。卵形托叶,小,正面疏生贴伏毛,纤毛,先端锐尖;叶椭圆形,披针形,或长圆形,少卵形;边缘有细锯齿或细圆齿状。花多数,常10~30朵簇生,花梗被毛。种子数颗。花期8~12月,果期10月至翌年春季。

分布华南地区。生于山地疏林中。保护区玄潭坑偶见。

2. 爪哇脚骨脆 Casearia velutina Blume

小乔木。小枝常呈"之"字形。叶纸质,长椭圆形,上面幼时被毛,下面密被黄褐色长柔毛。花多朵簇生叶腋。蒴果长椭圆形。花期3~5月,果期6~8月。

分布华南地区。生于山脚溪边林下。保护区青石坑水库偶见。

3. 天料木属 Homalium Jacq.

乔木或灌木。单叶互生，稀对生或轮生，具齿稀全缘，带有腺体，羽状脉；有柄；托叶小，早落或缺。花两性，细小，多数，通常数朵簇生或单生且排成顶生或腋生的总状花序或圆锥花序；花有花瓣。蒴果革质。本属约 180 种。中国 12 种。保护区 2 种。

1. 短穗天料木 Homalium breviracemosum F. C. How & W. C. Ko

灌木。高 1.5~2.5m，除花序外全株无毛。叶薄纸质，椭圆状长圆形或倒卵状长圆形，长 5~11cm，宽 3.5~4.5cm，叶面均无毛。花白色，多数，总状花序腋生。花期 8 月至翌年 5 月，果期翌年 2~11 月。

分布华南地区。生于疏林的林缘。保护区青石坑水库偶见。

2. 天料木 Homalium cochinchinense (Lour.) Druce

落叶小乔木或灌木。叶纸质，宽椭圆状长圆形至倒卵状长圆形，两面叶脉被短柔毛，叶柄长 2~3mm。花单个或簇生排成总状；花瓣白色。蒴果倒圆锥状。花期全年，果期 9~12 月。

分布华南、西南部分地区。生于山地阔叶林中。保护区鸡㜑三坑偶见。

4. 箣柊属 Scolopia Schreb.

小乔木或灌木。常在树干和枝条上有刺。单叶，互生，革质，全缘或有锯齿；羽状或三出脉。花小，两性；有花瓣，花瓣基部无被毛的鳞片。浆果肉质，基部有宿存萼片、花瓣和雄蕊；种子 2~4 颗或多数。本属 37~40 种。中国 5 种。保护区 2 种。

1. 箣柊 Scolopia chinensis (Lour.) Clos

常绿小乔木或灌木。叶革质，椭圆形至长圆状椭圆形，长

4~7cm，宽 2~4cm，两侧各有腺体 1 枚。总状花序腋生或顶生，长 2~6cm；花小，淡黄色。浆果圆球形。种子 2~6 颗。花期秋末冬初，果期晚冬。

分布华南地区。生于丘陵区疏林中。保护区八仙仔偶见。

2. 广东箣柊 Scolopia saeva (Hance) Hance

常绿小乔木或灌木。树皮浅灰色，不裂，树干有硬刺。叶长 6~8cm，宽 3~5cm，叶基部无腺体。总状花序腋生或顶生，长为叶的一半；花小；花瓣 5 片，倒卵状长圆形。浆果红色，长约 8mm。花期夏秋季，果期秋冬季。

分布华南地区。生于干燥的平原区或山坡杂木林中。保护区青石坑水库偶见。

5. 柞木属 Xylosma G. Forst.

小乔木或灌木。树干和枝上通常有刺。单叶，互生，薄革质，边缘有锯齿，稀全缘。花小，单性，排成腋生花束或短的总状花序、圆锥花序；花萼小，4~5 片，覆瓦状排列；雄蕊多数簇生于叶腋内；子房 1 室，花柱短或缺。浆果核果状，黑色。本属 100 种。中国 3 种。保护区 1 种。

1. 柞木 Xylosma congesta (Lour.) Merr.

常绿大灌木或小乔木。树皮棕灰色。叶薄革质，菱状椭圆形至卵状椭圆形，长 4~8cm，宽 2.5~3.5cm。花小，总状花序腋生，长 1~2cm，花梗极短。浆果黑色，球形。花期春季，果期冬季。

分布秦岭以南和长江以南各地区。生于林边、丘陵和平原或村边附近灌丛中。保护区玄潭坑偶见。

A207. 大戟科 Euphorbiaceae

乔木、灌木或草本，稀藤本。常有白色乳汁。叶互生，稀对生或轮生，单叶，稀复叶，全缘或有锯齿，稀掌状深裂；叶柄基部或顶端有时具腺体。花单性，雌雄同株或异株；花瓣有或无。蒴果，或浆果状和核果状。本科约 313 属 8100 种。中国

含引种栽培的共 60 多属约 420 种。保护区 13 属 19 种。

1. 铁苋菜属 Acalypha L.

一年生或多年生草本，灌木或小乔木。单叶互生，膜质或纸质，叶缘具齿或近全缘，叶柄顶端或叶片基部有腺体。雌雄同株，稀异株，雄花无花瓣，雄蕊 8 枚，雌花萼片覆瓦状排列，花柱撕裂，子房每室 1 枚胚珠。蒴果小，3 个分果片，具毛或软刺。本属约 450 种。中国约 17 种（含栽培 2 种）。保护区 1 种。

1.* 铁苋菜 Acalypha australis L.

一年生草本。叶膜质，长卵形、近菱状卵形或阔披针形，顶端短渐尖，基部楔形，边缘具圆锯；叶柄具毛。雌雄花同序，花序腋生，雌花苞片 1~2 枚。蒴果具 3 个分果片。花果期 4~12 月。

中国除西部高原或干燥地区外，大部分地区均分布。生于平原或山坡较湿润耕地和空旷草地。保护区百足行仔山、鹅公鬐等地偶见。

2. 山麻杆属 Alchornea Sw.

乔木或灌木。单叶互生，纸质或膜质，边缘具腺齿，叶基有斑状腺体；羽状脉或掌状脉；叶柄顶端有 2 片小托叶。花雌雄同株或异株，花无花瓣，每苞片雄花多朵，花萼 2~5 裂，雄蕊 4~8 枚；每苞片有 1 朵雌花，萼片 4~8 片。蒴果具 2~3 个分果片。本属约 70 种。中国 8 种。保护区 1 种。

1. 红背山麻杆 Alchornea trewioides (Benth.) Muell. Arg.

灌木。叶薄纸质，阔卵形，边缘疏生具腺小齿，上面无毛，下面浅红色，叶基具 4 枚腺体。雌雄异株，雄花序穗状，腋生或生于一年生小枝已落叶腋部，花小，花瓣缺。蒴果球形，具 3 圆棱。花期 3~5 月，果期 6~8 月。

分布华南地区。生于沿海平原或内陆山地矮灌丛中或疏林下或石灰岩山灌丛中。保护区丁字水库偶见。

3. 石栗属 Aleurites J. R. Forst. & G. Forst.

常绿乔木。嫩枝密被星状柔毛。单叶，全缘或 3~5 裂；叶柄顶端有 2 枚腺体。花雌雄同株，组成顶生的圆锥花序，雌雄花有花瓣，稀雌花无花瓣，花瓣长不及 1cm，白色，雄花萼镊合状排列，雄蕊 15~20 枚，3~4 轮，子房 3 室，每室 1 枚胚珠。核果近圆球状，外果皮肉质，内果皮壳质，有种子。种子扁球形，无种阜。本属 2 种。中国 1 种。保护区有分布。

1. 石栗 Aleurites moluccana (L.) Willd.

常绿乔木。嫩枝密被灰褐色星状微柔毛。叶纸质，卵形，全缘或浅裂；叶柄密被星状微柔毛，顶端有 2 枚扁圆形腺体。花雌雄同株，同序或异序。核果近球形或稍偏斜的圆球状，大。种子圆球状。花期 4~10 月，果期 10~12 月。

分布华南地区。生于林下。保护区古斗林场偶见。

4. 变叶木属 Codiaeum A. Juss.

灌木或小乔木。叶互生，全缘，稀分裂；具叶柄；托叶小。雌雄同株，稀异株，总状花序；花萼（3~）5（~6）裂，裂片覆瓦状排列；花瓣细小，5~6 枚，稀缺。蒴果。种子具种阜，子叶阔，扁平。本属约 15 种。中国 1 种。保护区 1 种。

1. 变叶木 Codiaeum variegatum (L.) Rumph. ex A. Juss.

灌木。叶形变化大，常有各种斑点和斑块。雌雄同株异序；总状花序腋生，长 8~30cm；雄花白色；雌花淡黄色。蒴果近球形。

中国南部各省份常见栽培。生于路边。保护区有栽培。

5. 巴豆属 Croton L.

乔木或灌木。叶互生，叶柄顶端或叶近基部常有 2 枚腺体，托叶早落。花单性，雌雄同株，雌雄花有花瓣，稀雌花无花瓣，花丝基部被棉毛，子房 3 室，每室 1 枚胚珠。蒴果具 3 个分果片。本属约 800 种。中国约 21 种。保护区 1 种。

1. 毛果巴豆 Croton lachnocarpus Benth.

灌木。一年生枝条、幼叶、叶背、叶柄、花序和果均密被星状柔毛。叶纸质，长圆形至椭圆状卵形，基部杯状腺体有柄，三基出脉。总状花序顶生。蒴果被毛。花期 4~5 月。

分布华南地区。生于山地疏林或灌丛中。保护区丁字水库偶见。

6. 黄桐属 Endospermum Benth.

乔木。叶互生，叶基部与叶柄连接处有 2 枚腺体。花雌雄异株，无花瓣；圆锥花序，雌雄异株，花无花瓣，雄花萼杯状，3~5 齿，雄蕊 5~10 枚；雌花花盘环状，子房 2~3 或 3~6 室。果核果状。种子无种阜。本属 13 种。中国 1 种。

1. 黄桐 Endospermum chinense Benth.

乔木。叶薄革质，椭圆形至卵圆形，基部有 2 枚球形腺体。花序生于枝条近顶部叶腋；苞片卵形；花萼杯状。蒴果近球形，黄绿色。花期 5~8 月，果期 8~11 月。

分布华南地区。生于山地常绿林中。保护区螺塘水库偶见。

7. 大戟属 Euphorbia L.

一年生、二年生或多年生草本，灌木，或乔木。具白色乳汁。叶常互生或对生，稀轮生，常全缘，稀分裂或具齿或不规则；叶常无叶柄，稀具叶柄。杯状聚伞花序（大戟花序），雌雄花均无花被，仅 1 枚雄蕊；子房 3 室。蒴果，常分裂。本属约 2000 种。中国 77 种。保护区 2 种。

1. 飞扬草 Euphorbia hirta L.

一年生草本，茎被长粗毛，叶菱状椭圆形，长 1~3cm，宽

5~17mm，边具锯齿。花序密集呈球状，附属体小。种子具 4 棱。花果期 6~12 月。

分布华南、西南地区。生于路旁、草丛、灌丛及山坡，多生于沙质土。保护区古兜山林场偶见。

2.* 一品红 Euphorbia pulcherrima Willd. ex Klotzch

灌木状。叶互生，卵状椭圆形、长椭圆形或披针形。花序数个聚伞排列于枝顶，总苞坛状，每个杯状聚伞花序有 1 枚与其对生的鲜红色叶状苞叶。蒴果，三棱状圆形。种子卵圆形。花果期 10 至翌年 4 月。

中国绝大部分地区均有栽培。保护区有栽培。

8. 粗毛野桐属 Hancea Seem.

灌木或小乔木，常绿或落叶。花序顶生或腋生。雄花 1~3 个苞片，雌花 1 个苞片。果为蒴果，多刺，有时有腺尖的刺。本属约 17 种。中国 1 种。保护区有分布。

1. 粗毛野桐 Hancea hookeriana Seem.

灌木或小乔木。叶对生，小型叶退化成托叶状，大型叶近革质，长圆状披针形。花雌雄异株。蒴果三棱状球形，果被星状毛和皮刺。种子球形。花期 3~5 月，果期 8~10 月。

分布华南地区。生于山地林中。保护区大柴堂偶见。

9. 血桐属 Macaranga Thouars

乔木或灌木。枝断面有血色汁液。叶互生，盾状着生，叶背具颗粒状腺体，基部具斑状腺体，托叶 2 枚。花雌雄异株。蒴果，具软刺或瘤体，常被颗粒状腺体。种子近球形。本属约 280 种。中国 16 种。保护区 3 种。

1. 印度血桐 Macaranga indica Wight

乔木。嫩枝和花序被黄褐色柔毛；小枝粗壮，无毛。叶薄革质，卵圆形，长 14~17（~25）cm，宽 13~15（~23）cm。雄花序圆锥状，长 10~15cm；雌花序圆锥状，长 5~6cm。蒴果球形。花期 8~10 月，果期 10~11 月。

分布华南地区。生于山谷、溪畔常绿阔叶林中或次生林中。保护区禾叉坑偶见。

2. 鼎湖血桐 Macaranga sampsonii Hance

灌木或小乔木。嫩枝、叶和花序均被黄褐色绒毛。叶薄革质，三角状卵形或卵圆形，盾状着生，叶缘波状或具粗锯齿；托叶披针形，长 7~10mm。蒴果双球形，具颗粒状腺体。花期 5~6 月，果期 7~8 月。

分布华南地区。生于山地或山谷常绿阔叶林中。保护区扫管塘偶见。

3. 血桐 Macaranga tanarius (L.) Mull. Arg. var. tomentosa (Blume) Mull. Arg.

乔木。嫩枝、嫩叶、托叶均被黄褐色柔毛或有时嫩叶无毛。叶纸质或薄纸质，近圆形或卵圆形，叶盾状着生；托叶三角状卵形，长 6~10mm。蒴果具 2~3 个分果片。种子近球形。花期 4~5 月，果期 6 月。

分布华南地区。生于沿海低山灌木林或次生林中。保护区三牙石、笔架山偶见。

10. 野桐属 Mallotus Lour.

灌木或乔木。叶互生或对生，基部常有颗粒状腺体，背叶有颗状腺体。总状、穗状或圆锥花序，花雌雄同株或异株，花无花瓣，雄花簇生于苞腋，排成穗状花序，花萼 3~4 裂，雄蕊多枚；每苞片内 1 朵雌花。蒴果具 2~4 个分果片，具软刺或颗粒状腺体。本属约 140 种。中国 28 种。保护区 3 种。

1. 白背叶 Mallotus apelta (Lour.) Mull. Arg.

常绿灌木或小乔木。枝、叶柄和花序密被淡黄色星状毛和黄色腺点。叶互生，叶背白色，五基出脉，基部近叶柄处有 2 枚腺体。雌花序长 30cm。蒴果近球形。花期 6~9 月，果期 8~11 月。

分布华南、西南部分地区。生于山坡或山谷灌丛中。保护区塘田水库偶见。

2. 粗糠柴 Mallotus philippensis (Lam.) Mull. Arg.

小乔木或灌木。小枝、嫩叶和花序均密被黄褐色短星状柔毛。叶近革质，叶背被星状毛和有红色腺点，三基出脉。花雌雄异株，花序总状。蒴果扁球形果直径 6~8mm，被星状毛和红色腺点。花期 4~5 月，果期 5~8 月。

分布华南、西南、华东部分地区。生于山地林中或林缘。保护区镬盖山偶见。

3. 石岩枫 Mallotus repandus (Willd.) Mull. Arg.

攀援状灌木。嫩枝、叶柄、嫩叶、花序和花梗密生黄色星状柔毛。叶互生，纸质或膜质，卵形或椭圆状卵形，叶背有黄色腺点，三基出脉。果直径 5~10mm，密被腺点。花期 3~5 月，果期 8~9 月。

分布华南地区。生于山地疏林中或林缘。保护区青石坑水库偶见。

11. 蓖麻属 Ricinus L.

一年生草本或草质灌木。茎常被白霜。叶互生，纸质，掌状分裂，叶缘具锯齿；叶柄的基部和顶端均具腺体。花雌雄同株，无花瓣及花盘，雄花生下部，雌花生上部，雄蕊极多，近千枚。蒴果，具 3 个分果片。单种属。保护区有分布。

1.* 蓖麻 Ricinus communis L.

种的形态特性与属相同。花期几全年或 6~9 月。

分布华南和西南地区。生于村旁疏林或河流两岸冲积地，常有逸为野生。保护区斑鱼咀、八仙仔偶见。

12. 乌桕属 Triadica Lour.

乔木或灌木。具白色乳汁。单叶互生，全缘，羽状脉，叶柄顶端具 2 腺体。花单性同序，组成顶生复总状花序，顶生，雌雄花无花瓣，花萼杯状，雄花簇生于苞腋，雄蕊 2~3 枚。蒴果，3 裂，种子常有膜质假种皮。本属约 120 种。中国 9 种。保护区 2 种。

1. 山乌桕 Triadica cochinchinensis Lour.

落叶乔木。叶互生，纸质，椭圆形，长 5~10cm，宽 3~5cm，基部楔形，叶柄顶端 2 枚腺体。花单性，雌雄同株。蒴果，种子外被蜡质层。花期 4~6 月，果期 8~9 月。

分布华南、西南、华东部分地区。生于山谷或山坡混交林中。保护区水保偶见。

2. 乌桕 Triadica sebifera (L.) Small

乔木。各部无毛而具乳状汁液。叶互生，菱形，长 3~8cm，宽 3~9cm；叶柄顶端具 2 腺体。雌雄同株；总状花序顶生。蒴果球形。

分布黄河以南地区。生于山坡或山顶疏林中。保护区客家仔行偶见。

13. 油桐属 Vernicia Lour.

落叶乔木。叶互生，全缘或 1~4 裂；叶柄顶端有 2 枚腺体。雌雄花有花瓣，稀雌花无花瓣，花瓣长 2~3cm，有红色脉纹，雄花萼片镊合状排列，雄蕊 8~12 枚，2 轮，子房 3 室，每室 1 胚珠。果大，核果状，近球形。本属 3 种。中国 2 种。保护区 1 种。

1.* 木油桐 Vernicia montana Lour.

落叶乔木。叶阔卵形，裂缺常有杯状腺体，掌状脉 5 条；叶柄顶端有 2 枚具柄的杯状腺体。花瓣白色。核果卵球状，3 棱，有皱纹。花期 4~5 月。

分布华南、华东、西南部分地区。生于疏林中。保护区蛮陂头偶见。

A209. 黏木科 Ixonanthaceae

乔木或灌木。叶互生，全缘或具齿；羽状脉；托叶小或无。花两性，排成聚伞花序、总状花序，茶梗有时簇生；萼片 5 片；雄蕊 5~20 枚，花丝分离或基部合生，花柱 1 或 5 枚。蒴果室间开裂。本科 4 属约 21 种。中国 1 属 2 种。保护区 1 属 1 种。

1. 黏木属 Ixonanthes Jack

乔木。叶互生，全缘或偶有钝齿；托叶细小或缺。花小，白色，二歧或三歧聚伞花序，腋生；萼片 5 片，基部合生，宿存；花瓣 5 片，宿存，环绕蒴果的基部。蒴果革质或木质。种子有翅或顶部冠以僧帽状的假种皮。本属约 3 种。中国 1 种。保护区有分布。

1. 黏木 Ixonanthes reticulata Jack

灌木或乔木。单叶互生，纸质，无毛，椭圆形或长圆形，侧脉 5~12 对，几平行；叶柄有狭边。二歧或三歧聚伞花序；花白色。蒴果卵状圆锥形或长圆形。种子有翅。花期 5~6 月，果期 6~10 月。

分布华南、西南部分地区。生于路旁、山谷、山顶、溪旁、沙地、丘陵和疏密林中。保护区大柴堂偶见。

A211. 叶下珠科 Phyllanthaceae

木本或草本。单叶互生，全缘，稀三出复叶。雌雄异株，花无或具花瓣；有退化雌蕊；雌花萼片、花边常与雄花同数。蒴果、核果或浆果状，片裂或不开裂。种子大，具果阜。本科 59 属 1700 种。中国 15 属 128 种。保护区 8 属 21 种。

1. 五月茶属 Antidesma L.

乔木或灌木。单叶互生，全缘；羽状脉；叶柄短。花小，雌雄异株，组成顶生或腋生的穗状花序或总状花序，有时圆锥花序，无花瓣，萼片合生，雌花有花盘和腺体，子房 1~2 室，花柱 2~3 枚，柱头小。核果，通常卵珠状。本属约 170 种。中国 11 种。保护区 3 种。

1. 五月茶 Antidesma bunius (L.) Spreng.

乔木。叶纸质，椭圆形、长圆形或倒卵形，长 8~23cm，宽 3~8cm，两面无毛，托叶披针形。雄花序穗状；雌花序总状。核果近球形或椭圆形，果长 8mm。花期 3~5 月，果期 6~11 月。

分布华南、西南部分地区。生于山地疏林中。保护区螺塘水库偶见。

2. 黄毛五月茶 Antidesma fordii Hemsl.

灌木或小乔木。小枝、叶背、托叶密被黄色柔毛。叶纸质，长圆形或椭圆形，背面凸出。雄花序穗状，雌花序总状。核果纺锤形。花期 3~4 月，果期 7~12 月。

分布华南地区。生于山地密林中。保护区双孖鲤鱼坑、禾叉坑偶见。

3. 日本五月茶 Antidesma japonicum Sieb. & Zucc.

灌木。枝被短柔毛。叶纸质至近革质，椭圆形、长椭圆形至长圆状披针形，长 4~14cm，宽 2~4cm，背面脉上被短柔毛，托叶披针形。总状花序顶生。核果椭圆形，长约 5~6mm。花期 4~6 月，果期 7~9 月。

分布中国长江以南各地区。生于山地疏林中或山谷湿润地方。保护区螺塘水库偶见。

2. 银柴属 Aporosa Blume

乔木或灌木。单叶互生，叶柄顶端具 2 枚小腺体，托叶常偏斜，早落。花单性，雌雄异株，无花瓣，雄花无花盘，雄蕊 2~3 枚，花丝分离，有不育雌蕊，雌花无花盘和腺体，花柱 2~3 枚，柱头面有乳头状或流苏状突起。蒴果核状，熟时不规则开裂。本属约 75 种。中国 4 种。保护区 1 种。

1. 银柴 Aporosa dioica (Roxb.) Muell. Arg.

乔木。叶互生，革质，椭圆至长圆状披针形，长 6~12cm，背面脉上被短茸毛。雄花序穗状，雌花序穗状。蒴果椭圆形，具种子 2 颗。花果期几乎全年。

分布华南地区。生于山地疏林中和林缘或山坡灌木丛中。保护区玄潭坑偶见。

分布华南、西南部分地区。散生于山坡、平地旷野灌木丛中或林缘。保护区扫管塘偶见。

3. 重阳木属 Bischofia Blume

大乔木。汁液呈红色或淡红色。叶互生，三出复叶。花单性，雌雄异株，组成腋生圆锥花序或总状花序；花序下垂，雄蕊5枚，花丝分离。果实小，浆果状，圆球形。种子3~6颗，长圆形，无种阜。本属2种。中国2种。保护区1种。

1.* 秋枫 Bischofia javanica Blume

灌木或小乔木。叶互生，叶形多种，叶基部楔形或阔楔形。叶柄顶端具2枚小腺体。圆锥花序，雄花序穗状，卵状三角形，苞腋具花3~5朵。蒴果椭圆形，初被疏柔毛，具种子2颗。花果期几乎全年。

分布华南、华中、华东、西南部分地区。常生于山地潮湿沟谷林中或平原栽培。保护区螺塘水库偶见。

4. 黑面神属 Breynia J. R. Forst. & G. Forst.

灌木或小乔木。单叶互生，干后常黑色。花雌雄同株，单生或数朵簇生叶腋，无花瓣和花盘，花萼6浅裂，雄花丝分离，雄蕊3枚，无不育雌蕊，雌花无花盘和腺体，子房3室，花柱分离或仅基部合生。蒴果浆果状。种子三棱状，无种阜。本属约26种。中国5种。保护区1种。

1. 黑面神 Breynia fruticosa (L.) Hook. f.

灌木。叶片革质，卵形、阔卵形或菱状卵形。花小，单生或2~4朵簇生于叶腋内，雌花花萼花后增大。蒴果圆球状。花期4~9月，果期5~12月。

5. 土蜜树属 Bridelia Willd.

乔木或灌木。单叶互生，全缘，羽状脉，具叶柄和托叶。花小，单性同株或异株，多朵集成腋生花束或团伞花序，有花瓣，雄花萼片镊合状排列，子房每室2枚胚珠。核果或蒴果。本属约60种。中国9种。保护区2种。

1. 禾串树 Bridelia balansae Tutcher

乔木。叶片近革质，椭圆形或长椭圆形，全缘。花雌雄同序。核果长卵形，1室。花期3~8月，果期9~11月。

分布华南、西南部分地区。生于山地疏林或山谷密林中。保护区笔架山、禾叉坑偶见。

2. 土蜜树 Bridelia tomentosa Blume

灌木或小乔木。幼枝、叶背、叶柄、托叶和雌花的萼片外面被毛。叶片纸质，侧脉8~10对。花雌雄同株或异株，雌花瓣无毛。核果近圆球形。花果期几乎全年。

6. 白饭树属 Flueggea Willd.

直立灌木或小乔木。单叶互生，常排成2列，全缘或有细钝齿；羽状脉；叶柄短；具有托叶。花小，花单朵或多朵簇生成团伞花序，花无花瓣；雌花有花盘和腺体，子房2~4室，雄花有不育雌蕊。蒴果。本属约12种。中国4种。保护区1种。

1. 白饭树 Flueggea virosa (Roxb. ex Willd.) Royle

灌木。小枝具纵棱槽，红褐色。全株无毛。叶片纸质，椭圆形、长圆形、倒卵形或近圆形，长2~5cm，宽1~3cm，叶背白色。花小，淡黄色，雌雄异株。蒴果浆果状，成熟时果皮淡白色。花期3~8月，果期7~12月。

分布华东、华南及西南各地区。生于山地灌木丛中。保护区古斗林场偶见。

7. 算盘子属 Glochidion J. R. Forst. & G. Forst.

乔木或灌木，无乳汁。单叶互生，2列，叶片全缘，羽状脉，具短柄。花单性，雌雄同株，稀异株，组成短小的聚伞花序或簇生成花束腋生；花柱合生呈圆柱状或其他形状。蒴果圆球形或扁球形，具纵沟，开裂。本属约200种。中国28种。保护区6种。

1. 毛果算盘子 Glochidion eriocarpum Champ. ex Benth.

灌木。全株几被长柔毛。单叶互生，2列，纸质，卵形、狭卵形或宽卵形，基部钝，不偏斜。花单生或2~4朵簇生于叶腋内。蒴果扁球状，果4~5室。花果期几乎全年。

分布华南地区。生于山坡、山谷灌木丛中或林缘。保护区禾叉坑偶见。

2. 厚叶算盘子 Glochidion hirsutum (Roxb.) Voigt

灌木或小乔木。枝叶被毛。叶革质，卵形、长卵形或长圆形，长7~15cm，宽4~7cm，顶端圆钝，基部圆或浅心形而偏斜。聚伞花序通常腋生。果顶端凹陷。花果期几乎全年。

分布华南、西南部分地区。生于山地林下或河边、沼地灌木丛中。保护区蒸狗坑偶见。

3. 艾胶算盘子 Glochidion lanceolarium (Roxb.) Voigt.

常绿灌木或乔木。枝、叶无毛，叶革质，椭圆形、长圆形或长圆状披针形，长6~16cm，基部楔形，非心形。花簇生于叶腋内。果顶端急尖。花期4~9月，果期7月至翌年2月。

分布华南、西南等地区。生于山地疏林中或溪旁灌木丛中。保护区水保偶见。

4. 里白算盘子 Glochidion triandrum (Blanco) C. B. Rob.

灌木或小乔木。枝、叶两面被短柔毛。叶片纸质或膜质，长椭圆形或披针形，基部楔形，稍偏斜，背面粉绿色。花5~6朵簇生于叶腋内。蒴果扁球状，被疏柔毛。种子三角形。花期3~7月，果期7~12月。

分布华南、西南部分地区。生于山地疏林中或山谷、溪旁灌木丛中。保护区水保偶见。

5. 白背算盘子 Glochidion wrightii Benth.

灌木或乔木。高 1~8m。小枝细长，常呈 "之" 字形弯曲。叶片纸质，长圆形或披针形，常呈镰状弯斜，长 2.5 ~ 5.5cm，叶两面无毛，基部偏斜，背面白色。果 3 室。

分布华南、西南部分地区。生于山地疏林中或灌木丛中。保护区北峰森林公园偶见。

6. 香港算盘子 Glochidion zeylanicum (Gaertn.) A. Juss.

灌木或小乔木，全株无毛。叶革质，长圆形叶厚革质，叶基部心形。果顶端凹陷。花期 3 ~ 8 月，果期 7 ~ 11 月。

分布华南地区。生于于山谷、平地潮湿处或溪边湿土上灌木丛中。保护区玄潭坑偶见。

8. 叶下珠属 Phyllanthus L.

灌木或草本，少数为乔木。单叶，互生，通常 2 列，呈羽状复叶状，全缘；羽状脉。花通常小、单性，雌雄同株或异株，花无花瓣，花萼 3~6 枚，顶端渐尖，花药隔无突起，雌花有花盘和腺体，子房 3 室，雄花有无育雌蕊。蒴果，熟后常开裂。本属约 600 种。中国 32 种。保护区 6 种。

1. 越南叶下珠 Phyllanthus cochinchinensis (Lour.) Spreng.

一年生灌木。枝红褐色。叶片革质，椭圆形；托叶褐红色，卵状三角形。花雌雄异株。蒴果圆球形。雄花单生，雄蕊 3 枚，花丝合生。花果期 6~12 月。

分布华南、西南部分地区。生于旷野、山坡灌丛、山谷疏林下或林缘。保护区古斗林场偶见。

2. 余甘子 Phyllanthus emblica L.

乔木。小枝被短柔毛。叶片纸质至革质，2 列，线状长圆形，长 1~2cm，宽 2~5mm。花 3~7 朵簇生，雄蕊 3 枚，花丝基部合生。蒴果呈核果状，圆球形。花期 4~6 月，果期 7~9 月。

分布华南、西南部分地区。生于山地疏林、灌丛、荒地或山沟向阳处。保护区古斗林场偶见。

3. 落萼叶下珠 Phyllanthus microcarpus (Benth.) Mull. Arg.

灌木。叶椭圆形，长 3~6cm，宽 1~3cm。花 5~7 朵簇生，雄蕊 3~4 枚，花丝离生。浆果红色或紫红色，无宿存萼片。花期 4~5 月，果期 6~9 月。

分布华南、西南、华东部分地区。生于山地疏林下、沟边、路旁或灌丛中。保护区斑鱼咀、笔架山偶见。

4. 小果叶下珠 Phyllanthus reticulatus Poir.

乔木、灌木或草本，稀藤本。枝有短刺。叶互生，椭圆形，长 2~5cm，宽 1~2.5cm。花 2~3 朵簇生，雄蕊 5 枚，其中 3 枚花丝合生。蒴果或为浆果状，或为核果状。

分布华南、西南部分地区。生于山地林下或灌木丛中。保护区客家仔行偶见。

5. 叶下珠 Phyllanthus urinaria L.

草本。叶长圆形，长 7~15mm，宽 3~6mm。雄花 2~4 朵簇生叶腋；雌花单生，雌花梗长不及 0.5mm。蒴果具小凸刺。

分布华北、华东、华中、华南、西南地区。常生于旷野平地、山地路旁或林缘。保护区古斗林场偶见。

6. 黄珠子草 Phyllanthus virgatus G. Forst.

一年生直立草本。小枝有纵棱。叶片近革质，线状披针形、长圆形或狭椭圆形。通常 2~4 朵雄花和 1 朵雌花同簇生于叶腋。蒴果扁球形。花期 4~5 月，果期 6~11 月。

A215. 千屈菜科 Lythraceae

草本、灌木或乔木。枝常四棱形，有时具棘状短枝。叶对生，稀轮生或互生，全缘，叶背偶具黑色腺点。花两性，单生或簇生。蒴果，熟时开裂。本科 31 属 625~650 种。中国 10 属约 43 种。保护区 3 属 3 种。

1. 萼距花属 Cuphea Adans. ex P. Br.

草本或灌木。全株多数具有黏质的腺毛。叶对生或轮生，稀互生。花左右对称，花 6 基数，花两侧对称，萼筒有棱 12 条，基部有圆形的距；花瓣明显。蒴果长椭圆形。本属约 300 种。中国引种或逸生 7 种。保护区 1 种。

1.* 哥伦比亚萼距花 Cuphea carthagenensis (Jacq.) J. F. Macbr.

一年生草本；常具黏质腺毛。叶对生，薄革质，卵状披针形或披针状矩圆形，长 1~5cm，宽 5~20mm。花单生枝顶或叶腋。蒴果长圆形。花期 11 月至翌年 4 月。

分布华南地区。保护区有栽培。

2. 紫薇属 Lagerstroemia L.

灌木或乔木。叶对生、对生或聚生小枝上部，全缘。花两性，辐射对称，顶生或腋生圆锥花序，花萼半球形或陀螺形，革质，常具棱或翅，5~9 裂。蒴果木质，花萼宿存。种子有翅。本属 55 种。中国 16 种。保护区 1 种。

1.* 大花紫薇 Lagerstroemia speciosa (L.) Pers.

大乔木。枝无毛或微被糠秕状毛。叶革质，矩圆状椭圆形或卵状椭圆形。圆锥花序顶生；花淡紫色或紫红色，花萼有棱 12 条。蒴果球形至倒卵状矩圆形。花期 5~7 月，果期 10~11 月。

华南地区有栽培。保护区有栽培。

3. 节节菜属 Rotala L.

一年生草本。叶对生或轮生，无柄或近无柄。花细小，3~6 基数，辐射对称。蒴果不完全为宿存萼筒所包，萼筒钟形至半球形或壶形。种子细小，倒卵形或近圆形。本属约 50 种。中国 7 种。保护区 1 种。

1. 圆叶节节菜 Rotala rotundifolia (Buch.-Ham. ex Roxb.) Koehne

一年生草本。茎单一或稍分枝，直立，丛生。叶对生，近圆形、阔倒卵形或阔椭圆形。花单生；花瓣淡紫红色；花萼裂片间无附属物。蒴果椭圆形。花果期 12 月至翌年 6 月。

分布华南地区。生于水田或潮湿的地方。保护区蒸狗坑偶见。

A216. 柳叶菜科 Onagraceae

草本或灌木，稀小乔木。花两性，稀单性，单生于叶腋或排成顶生的穗状花序、总状花序或圆锥花序。花常 4 数，稀 2 或 5 数；花管存在或不存在；萼片；花粉单一，或为四分体。果为蒴果、室背开裂、室间开裂或不开裂，有时为浆果或坚果。本属 17 属约 650 种。中国 6 属 64 种。保护区 1 属 2 种。

1. 丁香蓼属 Ludwigia L.

直立或匍匐草本，多为水生植物，稀灌溉木或小乔木。叶对生或上部的互生；花 4~6 基数，辐射对称，子房无钩毛，花丝基部无附属物；花黄色，无花管，萼片宿存。种子顶端无丝状毛丛。本属约 80 种。中国 9 种。保护区 2 种。

1. 草龙 Ludwigia hyssopifolia (G. Don) Exell

一年生直立草本。茎高 60~200cm，粗 5~20mm。叶披针形至线形，长 2~10cm，宽 0.5~1.5cm；托叶三角形。花腋生，萼片 4 片，花瓣 4 片，黄色。蒴果近无梗。花果期几乎四季。

分布华南地区。生于田边、水沟、河滩、塘边、湿草地等湿润向阳处。保护区管理处偶见。

2. 毛草龙 Ludwigia octovalvis (Jacq.) P. H. Raven

多年生粗壮直立草本。植株常被黄褐色粗毛。叶披针形至线状披针形，长 4~12cm，宽 0.5~2.5cm。花瓣黄色，倒卵状楔星。蒴果圆柱状，具 8 条棱。花期 6~8 月，果期 8~11 月。

分布华南、西南部分地区。生于田边、湖塘边、沟谷旁及开旷湿润处。保护区管理处偶见。

A218. 桃金娘科 Myrtaceae

乔木或灌木。单叶对生或互生，羽状脉或基出脉，全缘，有油点，无托叶。花两性或杂性，花瓣 4~5 片。蒴果、浆果、核果或坚果。种子 1 至多颗。本科约 130 属 4500~5000 种。中国 10 属 121 种。保护区 8 属 18 种。

1. 岗松属 Baeckea L.

小乔木或灌木。叶对生，全缘，羽状脉，有腺点。花小，花单生叶腋或数花排成聚伞花序，花瓣 5 片，圆形，下位子房 2~3 室。蒴果开裂为 2~3 瓣。种子肾形，有角。本属约 70 种。中国 1 种。保护区有分布。

1. 岗松 Baeckea frutescens L.

灌木，有时为小乔木。叶片狭线形或线形，顶端尖，长不及 10mm，宽约 1mm，对生，上面有沟，下面突起，有透明油腺点。花白色。蒴果小。花期夏秋季。

分布华南地区。生于低丘及荒山草坡与灌丛中。保护区林场水库旁及附近偶见。

2. 子楝树属 Decaspermum J. R. Forst. & G. Forst.

灌木或小乔木。叶对生，全缘，羽状脉，有油腺点。花小，通常两性花与雄花异株，排成腋生聚伞花序或圆锥花序；苞片1片，小苞片2片，萼管倒圆锥形，萼片3~5片，宿存；花瓣与萼片同数，通常白色。浆果球形，细小。种子4~10颗。本属40余种。中国7种。保护区1种。

1. 子楝树 Decaspermum gracilentum (Hance) Merr. & L. M. Perry

灌木至小乔木。嫩枝被灰褐色或灰色柔毛。叶片纸质或薄革质，椭圆形，有时为长圆形或披针形。聚伞花序腋生，长约2cm；花白，3数；花瓣倒卵形，长2~2.5mm。花期3~5月。

分布华南地区。常生于森林中。保护区鸡𪭢三坑、三牙石等地偶见。

3. 桉属 Eucalyptus L'Hér.

乔木或灌木。常有含鞣质的树脂。叶片多为革质，多型性，幼态叶与成长叶常截然两样，还有过渡型叶，幼态叶多为对生，3至多对。花数朵排成伞形花序，腋生或多枝集成顶生或腋生圆锥花序，花萼与花冠合生成帽状，盖状脱落。雄蕊多数。果为蒴果。

1.* 桉 Eucalyptus robusta Sm.

密荫大乔木。树皮有不规则斜裂沟。叶对生，卵状披针形，长8~17cm，宽3~7cm。伞形花序粗大，有花4~8朵；蒴管半球形或倒圆锥形，长7~9mm。蒴果卵状壶形。花期4~9月。

华南地区多栽培。保护区有栽培。

4. 番樱桃属 Eugenia L.

叶对生，羽状脉。花单生或数朵簇生于叶腋；萼管短，萼齿4；花瓣4；雄蕊多数，于花蕾时不很弯曲，药室平行，纵裂；子房2~3室。果为浆果，顶部有宿存萼片。本属约1000种。中

国1种。保护区有分布。

1.* 红果仔 Eugenia uniflora L.

灌木或小乔木。全株无毛。叶片纸质，卵形至卵状披针形，长3.2~4.2cm，宽2.3~3cm。花白色，单生或数朵聚生于叶腋；萼片4，长椭圆形。浆果球形，直径1~2cm，有8棱，熟时深红色。花期春季。

华南地区有栽培。保护区有栽培。

5. 白千层属 Melaleuca L.

乔木或灌木。树皮松软，薄层脱落。叶互生，少数对生，叶片革质，披针形或线形，具油腺点。花枝无限生长，开花后枝顶继续生长，花无梗；雄蕊连成5束，花白色。蒴果半球形或球形。种子近三角形。本属约100种。中国2种。保护区1种。

1.* 黄金串钱柳 Melaleuca bracteata F. Muell.

多年生常绿小灌木，嫩枝红色。叶互生，叶片革质，披针形至线形，具油腺点，金黄色。穗状花序，花瓣绿白色。蒴果。花期春季。

华南地区均有栽培。保护区有栽培。

6. 番石榴属 Psidium L.

乔木。树皮平滑，灰色。嫩枝有毛。叶对生，羽状脉，全缘；有柄。花较大，通常1~3朵腋生；苞片2片；萼管钟形或壶形，在花蕾时萼片联结而闭合。浆果多肉，球形或梨形，顶端有宿存萼片，胎座发达，肉质。种子多数，种皮坚硬，胚弯曲，胚轴长，子叶短。本属150种。中国2种。保护区1种。

1.* 番石榴 Psidium guajava L.

乔木。树皮片状剥落。叶长圆形至椭圆形，侧脉常下陷。

花单生或 2~3 朵排成聚伞花序；花瓣白色。浆果，果大，直径达 8cm。

中国华南各地栽培。生于低山丘陵。保护区有栽培。

7. 桃金娘属 Rhodomyrtus (DC.) Rchb.

灌木或乔木。叶对生，离基三至五出脉。花较大，1~3 朵腋生，萼齿 4~5 枚，花瓣 4~5 枚，子房 1~3 室，有假隔膜分成 2~6 室。浆果卵状、壶状或球形。种子多数，压扁，种皮坚硬。本属约 18 种。中国 1 种。保护区有分布。

1. 桃金娘 Rhodomyrtus tomentosa (Aiton) Hassk.

常绿灌木。叶对生，革质，叶片椭圆形或倒卵形，叶背被灰色茸毛，离基三出脉，具边脉。花单生，紫红色。浆果卵状壶形。花期 4~5 月，果期 1~11 月。

分布华南、西南部分地区。生于丘陵坡地，为酸性土指示植物。保护区蛮陂头偶见。

8. 蒲桃属 Syzygium Gaertn

乔木或灌木。枝常有棱。叶对生，革质，羽状脉，有透明腺点。聚伞花序排成圆锥花序，顶生或腋生，萼片分离花瓣 4~5 片，下位子房 2~3 室。浆果或核果状，顶端有突起的萼帘，有 1~2 颗种子。本属 1200 余种。中国约 80 种。保护区 11 种。

1. 华南蒲桃 Syzygium austrosinense (Merr. & L. M. Perry) H. T. Chang & R. H. Miao

灌木至小乔木。枝 4 棱。叶片革质，椭圆形，长 4~7cm，宽 2~3cm，有腺点。聚伞花序顶生，或近顶生，花瓣离生。核果球形，直径 6mm。花期 6~8 月。

分布西南、华南部分地区。生于常绿林里。保护区蛮陂头、北峰山偶见。

2. 赤楠 Syzygium buxifolium Hook. & Arn.

灌木或小乔木。枝具棱。有 2~3 叶，叶片革质，较小，阔椭圆形至椭圆形，长 1.5~3cm，宽 1~2cm。聚伞花序顶生，有花数朵，花瓣离生。核果球形，小。花期 6~8 月，果期 10~12 月。

分布华南地区。生于低山疏林或灌丛。保护区北峰山偶见。

3. 子凌蒲桃 Syzygium championii (Benth.) Merr. & L. M. Perry

灌木至乔木。嫩枝有 4 棱。叶片革质，狭长圆形至椭圆形，长 3~6cm，宽 1~2cm。聚伞花序顶生，有花 6~10 朵，花瓣合生成帽状。果实长椭圆形，长 12mm。花期 8~11 月，果期 10~12 月。

分布华南地区。生于常绿林里。保护区斑鱼咀偶见。

4. 轮叶蒲桃 Syzygium grijsii (Hance) Merr. & L. M. Perry

灌木。枝四棱形。叶片革质，细小，常3叶轮生，狭窄长圆形或狭披针形，长1.5~2cm，宽5~7mm。聚伞花序顶生；花瓣4片。果实球形，直径4~5mm。花期5~6月，果期11~12月。

分布华南地区。生于林下。保护区牛轭塘坑偶见。

5. 海南蒲桃 Syzygium hainanense H. T. Chang & R. H. Miao

灌木。叶椭圆形，长8~11cm，宽3.5~5cm，先端急长尖，尖尾长1.5~2cm，多腺点，下面红褐色。伞房花序顶生；花绿白色。果序腋生；果实椭圆形或倒卵形。

分布广东、海南。生于低地森林中。保护区八仙仔偶见。

6. 红鳞蒲桃 Syzygium hancei Merr. & L. M. Perry

灌木或中等乔木。枝圆柱形。叶片革质，狭椭圆形至长圆形或为倒卵形，长3~7cm，宽1.5~4cm，叶多腺点。圆锥花序腋生，花瓣分离。果实球形。花期7~9月。

分布华南地区。常生于疏林中。保护区镬盖山偶见。

7. 蒲桃 Syzygium jambos (L.) Alston

乔木。枝圆柱形。叶革质，披针形或长椭圆形，长12~25cm，基部楔形。花数朵呈顶生聚伞花序，萼倒圆锥状。浆果球形或壶形。种子1~2颗。花期3~4月，果期5~6月。

分布华南。生于河边及河谷湿地。保护区蛮陂头偶见。

8. 广东蒲桃 Syzygium kwangtungense (Merr.) Merr. & L. M. Perry

小乔木。枝圆柱形。叶片革质，椭圆形至狭椭圆形，长5~8cm，宽1.5~4cm。圆锥花序顶生或近顶生，花序轴多少有棱，花瓣合生成帽状体。果实球形，直径7~9mm。花期7月，果期10月。

分布华南地区。常生于疏林中。保护区笔架山偶见。

9. 山蒲桃 Syzygium levinei (Merr.) Merr. & L. M. Perry

灌木或乔木。枝圆柱形。叶革质，椭圆形或卵状椭圆形，长4~8cm，宽1.5~3.5cm，两面具腺点。圆锥花序顶生或小枝上部腋生，花瓣分离。果近球形。种子1颗。花期8~9月。

分布华南地区。常生于疏林中。保护区帽心尖、蛮陂头等地偶见。

10. 水翁蒲桃 Syzygium nervosum DC.

乔木。叶片薄革质，长圆形至椭圆形，长11~17cm，两面多透明腺点，网脉明显。圆锥花序生于无叶老枝，2~3 朵簇生。浆果阔卵圆形。花期 5~6 月。

分布华南地区。喜生于水边。保护区丁字水库偶见。

11. 红枝蒲桃 Syzygium rehderianum Merr. & L. M. Perry

常绿灌木至小乔木。枝圆柱形，红色。叶片革质，椭圆形至狭椭圆形，长 4~7cm，宽 2.5~3.5cm；聚伞花序腋生，或生于枝顶叶腋内，花瓣合生成帽状体。核果椭圆状卵形。花期 6~8 月，果期 11 月至翌年 1 月。

分布华南地区。生于林下。保护区玄潭坑、串珠龙偶见。

A219. 野牡丹科 Melastomataceae

草本、灌木或小乔木，直立或攀援。单叶对生或轮生，基出脉 3~5 条，少羽状脉，无托叶。花两性，辐射对称，常用为 4~5 数。蒴果或浆果，常用顶孔开裂。种子极小。本科 156~166 属 4500 种。中国 21 属 114 种。保护区 8 属 12 种。

1. 棱果花属 Barthea Hook. f.

灌木。叶对生，椭圆形至卵状披针形，全缘或具细锯齿。聚伞花序顶生；具 3 花，花瓣白色、粉红色或紫红色，长圆状椭圆形或近倒卵形；雄蕊异型，4 枚，不等长，花药顶孔开裂；中轴胎座。蒴果长圆形。中国特有属 2 种。保护区 1 种。

1. 棱果花 Barthea barthei (Hance ex Benth.) Krasser

灌木。叶对生，椭圆形至卵状披针形，叶背密被鳞秕。聚伞花序顶生，雄蕊异型，不等长。蒴果长圆形。花期 1~4 月或

10~12 月，果期 10~5 月。

分布华南地区。生于山坡、山谷或山顶疏、密林中。保护区围山偶见。

2. 柏拉木属 Blastus Lour.

灌木。茎常圆柱形，被小腺毛。叶薄，全缘或具细齿，基出脉 3~5（~7）条，叶背及花萼有腺点。花 4 数，极稀 3 或 5 数；花瓣卵形或长圆形，雄蕊 4(~5) 枚，花药顶孔开裂；中轴胎座。蒴果椭圆形或倒卵圆形。种子多数。本属约 12 种。中国 9 种。保护区 1 种。

1. 少花柏拉木 Blastus pauciflorus (Benth.) Guillaumin

灌木。茎圆柱形，全株被黄色小腺点。叶纸质，卵状披针形至卵形，长 3.5~6cm，叶背及花萼被黄色腺点。聚伞花序组成小圆锥花序，顶生。蒴果椭圆形。花期 7 月，果期 10 月。

分布华南地区。生于山坡、林下。保护区车桶坑等地偶见。

3. 野牡丹属 Melastoma L.

灌木。被糙毛或鳞片状糙毛。叶对生，被毛，全缘，五至七基出脉。花单生或组成圆锥花序顶生或生于分枝顶端，花瓣淡红、红或紫红色，倒卵形；雄蕊 10 枚，异型，5 长 5 短。蒴果卵圆形。种子小，近马蹄形。本属约 22 种。中国 5 种。保护区 4 种。

1. 地菍 Melastoma dodecandrum Lour.

匍匐草本。叶片坚纸质，较小，卵形或椭圆形，全缘或具密细齿，叶缘、叶背被糙伏毛。聚伞花序，顶生。蒴果坛状球状。花期 5~7 月，果期 7~9 月。

分布华南地区。生于山坡矮草丛中。保护区古斗林场扫管塘偶见。

2. 细叶野牡丹 Melastoma intermedium Dunn

小灌木和灌木。叶片坚纸质或略厚，椭圆形或长圆状椭圆形，长 2~4cm，宽 8~20mm，全缘。伞房花序，顶生，有花（1~）3~5朵。果坛状球形。花期 7~9 月，果期 10~12 月。

分布华南地区。生于山坡或田边矮草丛中。保护区古斗林场扫管塘偶见。

3. 野牡丹 Melastoma malabathricum L.

常绿灌木。叶片坚纸质，卵形或广卵形，七出脉，全缘。花瓣玫瑰红色或粉红色，花瓣长不到 3cm。蒴果坛状球形，直径 10mm。花期 5~7 月，果期 10~12 月。

分布华南地区。生于山坡松林下或开阔的灌草丛中。保护区古斗林场偶见。

4. 毛菍 Melastoma sanguineum Sims

大灌木。被特别粗大的毛。叶片坚纸质，卵状披针形至披

针形，全缘。伞房花序，顶生，常仅有花 1 朵；花瓣粉红色或紫红色，长 3~5cm。果杯状球形。花果期几全年。

分布华南地区。生于林中。保护区古兜山林场、扫管塘等地偶见。

4. 谷木属 Memecylon L.

灌木或小乔木。小枝圆柱形或四棱形。叶全缘，羽状脉，具短柄或无柄。聚伞或伞形花序，腋生、顶生或生于叶腋，子房 1 室，特立中央胎座。浆果状核果，球形。种子 1（~12）颗。本属约 130 种。中国 11 种。保护区 2 种。

1. 谷木 Memecylon ligustrifolium Champ. ex Benth.

灌木或小乔木。叶革质，对生，椭圆形至卵形，长 5.5~8cm，宽 2.5~3.5cm，两面无毛。聚伞花序腋生或生于叶腋。核果浆状，球形，直径 1cm。花期 5~8 月，果期 12 月至翌年 2 月。

分布华南地区。生于密林下。保护区螺塘水库偶见。

2. 棱果谷木 Memecylon octocostatum Merr. & Chun

灌木。小枝 4 棱。叶片坚纸质或近革质，椭圆形或广椭圆形，长 1.5~3.5cm，宽 7~18mm；聚伞花序，腋生；花瓣淡紫色。果扁球形，有 8 条隆起且极明显的纵肋。花期 5~6 月或 11 月，果期 11 月至翌年 1 月。

分布华南地区。生于山谷、山坡疏、密林中阴处。保护区斑鱼咀偶见。

5. 金锦香属 Osbeckia L.

草本、亚灌木或灌木。叶对生或 3 枚轮生，全缘，通常被毛或具缘毛，三至七基出脉，平行。花序顶生、头状、总状、或组成圆锥状；花 4~5 数；花瓣倒卵形至广卵形。蒴果卵形或长卵形。种子马蹄状弯曲。本属约 50 种。中国 5 种。保护区 1 种。

1. 金锦香 Osbeckia chinensis L.

直立草本或亚灌木。叶坚纸质，线形或线状披针形，长 2~5cm，宽 3~8mm 全缘。头状花序，顶生。蒴果紫红色，卵状球形，4 纵裂。花期 7~9 月，果期 9~11 月。

分布广西以东、长江流域以南各地区。生于荒山草坡、路旁、田地边或疏林下。保护区山麻坑偶见。

6. 锦香草属 Phyllagathis Blume

草本或灌木。茎四棱形。叶全缘或具细锯齿，五至九基出脉。圆锥花序顶生或腋生，花 4 数，花瓣卵形或宽倒卵形，萼筒四棱形，有 8 条纵脉；雄蕊为花瓣的 2 倍或同数，花药钻形或披针形，背着药。蒴果杯形或球状坛形。种子小。楔形或短楔形。本属约 50 种。中国 24 种。保护区 1 种。

1. 红敷地发 Phyllagathis elattandra Diels

草本。茎高不到 20cm。叶椭圆形，先端钝或微凹，基部心形或钝，长 10~22cm，全缘。圆锥花序顶生，8 枚雄蕊中 4 枚能育，4 枚退化。蒴果杯形。花期 9~11 月，果期翌年 1~3 月。

分布华南地区。生于山坡、山谷疏林下，岩石上湿土。保护区青石坑水库偶见。

7. 蜂斗草属 Sonerila Roxb.

草本至小灌木。茎四棱形，有狭翅。叶薄具细锯齿，羽状脉或掌状脉，叶边缘有刺毛。蝎尾状聚伞花序，顶生、腋生或生于分枝顶端，花小，3 基数。蒴果倒圆锥形或柱状圆锥形。种子小。本属约 150 种。中国 6 种。保护区 1 种。

1. 蜂斗草 Sonerila cantonensis Stapf

草本或亚灌木。植株高 20~50cm，茎无翅，茎、叶柄被粗毛。叶纸质，卵形或椭圆状卵形。蝎尾状聚伞花序或二歧聚伞花序顶生，花瓣长 10mm。蒴果倒圆锥形。花期 9~10 月，果期 12 月至翌年 2 月。

分布华南地区。生于山谷、山坡密林下，阴湿的地方或有时生于荒地上。保护区车桶坑偶见。

8. 蒂牡花属 Tibouchina Aubl.

常绿灌木。叶子和托杯具有鳞片状的毛状体。淡紫色花药上具有长的结缔组织附属物；子房 5 室，顶端具刚毛。本属 300 余种植物。中国有引种。保护区 1 种。

1.* 银毛蒂牡花 Tibouchina aspera Aubl. var. asperrima Cogn.

常绿灌木。茎四棱形。分枝多。叶阔宽卵形，粗糙，两面密被银白色绒毛，叶下较叶面密集。聚伞式圆锥花序直立，顶生，花瓣倒三角状卵形，拥有较罕见的艳紫色。花期 5~7 月。

华南地区有栽培。保护区有栽培。

A226. 省沽油科 Staphyleaceae

乔木或灌木。奇数羽状复叶稀单叶，对生或互生，有锯齿。花两性或杂性，圆锥花序，萼片 5 片，花瓣 5 片，雄蕊 5 枚。

蒴果、蓇葖果、核果或浆果。种子1至多颗，种皮骨质或脆壳质。本科3属约50种。中国3属20种。保护区1属2种。

1. 山香圆属 Turpinia Vent.

乔木或灌木。叶对生，奇数羽状复叶或单叶，小叶革质，对生，偶有小托叶。圆锥花序对生，花萼基部多少合生，但不呈筒状，花盘明显，心皮完全合生。果近球形，有疤痕。种子扁平，种皮硬膜质或骨质。本属30~40种。中国13种。保护区2种。

1. 锐尖山香圆 Turpinia arguta (Lindl.) Seem.

落叶灌木。单叶，对生，椭圆形或长椭圆形，长7~22cm，宽2~6cm，边缘疏锯齿，齿尖有硬腺体，两面无毛。顶生圆锥花序。浆果近球形。花期3~4月，果期9~10月。

分布华南地区。生于山坡密林中。保护区蛮陂头偶见。

2. 山香圆 Turpinia montana (Blume) Kurz

小乔木。叶对生，羽状复叶；3~7小叶；小叶对生，长5~7cm，宽2~5.5cm，边缘有锯齿，两面无毛。圆锥花序顶生。浆果球形。花果期8~12月。

分布华南、西南地区。生于山坡密林阴湿地。保护区林场附近偶见。

A238. 橄榄科 Burseraceae

乔木或灌木。奇数羽状复叶，互生，常集生小枝上部。圆锥花序，腋生或顶生；花小，3~5基数，辐射对称，单性、两性或杂性。核果，外果皮肉质，内果皮骨质。本科16属约550种。中国3属13种。保护区1属2种。

1. 橄榄属 Canarium L.

乔木。叶螺旋状排列，常集生枝顶，奇数羽状复叶，具托叶，小叶对生或近对生，全缘至浅齿。聚伞圆锥花序，单性，雌雄异株；花3基数；雄蕊6枚；子房3或1室。核果，外果皮肉质，核骨质。本属约75种。中国7种。保护区2种。

1. 橄榄 Canarium album (Lour.) Rauesch.

乔木。小叶3~6对，披针形或椭圆形，背面疣状突起。花腋生；雄花序为聚伞圆锥花序；雌花序为总状。果卵圆形至纺锤形。

分布广东、广西、云南、福建和台湾。生于沟谷和山坡林中。保护区禾叉坑偶见。

2.* 乌榄 Canarium pimela K. D. Koenig

乔木。无托叶，小叶4~6对，顶端急渐尖，基部圆形或阔楔形，偏斜，背面光滑。花序腋生，雄花序多花，雌花序少花。果狭卵圆形，黑色。花期4~5月，果期5~11月。

分布华南地区。生于杂木林内。保护区蛮陂头常见。

A239. 漆树科 Anacardiaceae

乔木或灌木。单叶、三出小叶或羽状复叶，互生，无托叶。圆锥花序顶生或腋生；花小，辐射对称，两性、单性或杂性，花瓣3~5片。核果。本科约77属600余种。中国17属55种。保护区4属5种。

1. 杧果属 Mangifera L.

常绿乔木。单叶互生，全缘，具柄。圆锥花序顶生，花小，杂性，4~5基数，花梗具节；苞片小，早落，萼片4~5片，覆瓦状排列。核果多形，中果皮肉质或纤维质，果核木质。种子大，种皮薄，胚直，子叶扁平或上侧具皱纹，常不对称或分裂，胚根向下。本属约50种。中国5种。保护区1种。

1.* 杧果 Mangifera indica L.

乔木。单叶互生，叶长圆形，宽大于 3.5cm。圆锥花序长 20~35cm，多花密集，被灰黄色微柔毛。核果大，长卵形。

分布广东、广西、云南、福建、台湾、海南。生于山坡，河谷或旷野的林中。保护区有栽培。

2. 黄连木属 Pistacia L.

乔木或灌木。落叶或常绿。具树脂。叶互生，无托叶，奇数或偶数羽状复叶，稀单叶或 3 小叶；小叶全缘。总状花序或圆锥花序腋生；花小，雌雄异株。核果近球形，无毛，外果皮薄，内果皮骨质。种子压扁，种皮膜质，无胚乳，子叶厚，略凸起。本属约 10 种。中国 3 种。保护区 1 种。

1.清香木 Pistacia weinmanniifolia J. Poisson ex Franch.

小枝、嫩叶及花序密生锈色茸毛。羽状复叶互生，长 6~15cm；小叶 8~18，长 1.5~4cm，宽 0.8~2cm。圆锥花序腋生。核果球形，具网纹。

分布广东、广西、贵州、云南、四川、西藏。生于丘陵和山地林中。保护区螺塘水库偶见。

3. 盐麸木属 Rhus L.

落叶灌木或乔木。叶互生，奇数羽状复叶、3 小叶或单叶。花小，杂性或单性异株，多花，排列成顶生聚伞圆锥花序或复穗状花序。核果球形。成熟时红色。本属约 250 种。中国 6 种。保护区 1 种。

1.盐肤木 Rhus chinensis Mill.

落叶小乔木或灌木。奇数羽状复叶，7~13 小叶；小叶对生，

卵形至长圆形，背面密被灰褐色绵毛；叶轴有翅。圆锥花序宽大，杂性花，花有花瓣。核果球形。花期 8~9 月，果期 10 月。

除中国东北和内蒙古、新疆外，其余地区均有。生于向阳山坡、沟谷、溪边的疏林或灌丛中。保护区百足行仔山、瓶尖等地偶见。

4. 漆属 Toxicodendron (Tourn.) Mill.

落叶乔木或灌木，稀为木质藤本。叶互生，奇数羽状复叶或掌状 3 小叶；小叶对生，叶轴通常无翅。花序腋生，聚伞圆锥状或聚伞总状；花瓣 5 片；雄蕊 5 枚或多或较少；雌花中有退化雄蕊，子房 1 室。核果近球形或侧向压扁。本属 20 余种。中国 16 种。保护区 2 种。

1.野漆 Toxicodendron succedaneum (L.) O. Kuntze

落叶乔木或小乔木。奇数羽状复叶互生，常集生枝顶；小叶对生或近对生，长圆状椭圆形、阔披针形或卵状披针形。圆锥花序腋生。核果偏斜。花期 4~5 月，果期 9~10 月。

分布华北至长江以南地区。生于林中。保护区林场附近、蛮陂头偶见。

2.木蜡树 Toxicodendron sylvestre (Sieb. & Zucc.) Kuntze

落叶乔木或小乔木。小枝和叶无毛。奇数羽状复叶互生，有小叶 3~6 对，叶轴和叶柄圆柱形，密被黄褐色绒毛；小叶对生，纸质。圆锥花序长 8~15cm，密被锈色绒毛。核果极偏斜。

分布长江以南各地区。生于林中。保护区百足行仔山、禾叉坑等地偶见。

A240. 无患子科 Sapindaceae

乔木、灌木或藤本。羽状或掌状复叶，互生。聚伞圆锥花序顶生或腋生，花小，单性，辐射对称或两侧对称，雄花萼片及花瓣4~6片。果为室背开裂的蒴果、翅状分果、浆果、核果。本科约135属约1500种。中国21属52种。保护区4属7种。

1. 槭属 Acer L.

乔木或灌木，落叶或常绿。冬芽具多数覆瓦状排列的鳞片，或仅具2或4片对生的鳞片。叶对生，单叶或复叶（小叶最多达11枚），不裂或分裂。花序由着叶小枝的顶芽生出。2颗相连的小坚果。本属200余种。中国140余种。保护区4种。

1. 青榨槭 Acer davidii Franch.

落叶乔木。小枝细瘦，圆柱形，无毛。叶纸质，长6~14cm，宽4~9cm，边缘不整齐锯齿，侧脉11~12对；叶面无毛，背面脉被毛。花黄绿色，成下垂的总状花序。果嫩时淡绿色，成熟时黄褐色。花期4月，果期9月。

分布华北、华东、中南、西南各地区。常生于疏林中。保护区山麻坑偶见。

2. 罗浮槭 Acer fabri Hance

常绿乔木。叶革质，披针形，长圆披针形或长圆倒披针形，长7~11cm，宽2~3cm，侧脉4~7对；叶面无毛，背面脉腋被毛，全缘；叶柄长1cm。花杂性，常伞房花序。翅果，长2.5~3cm。花期3~4月，果期9月。

分布华南、西南部分地区。生于疏林中。保护区客家仔行偶见。

3. 五裂槭 Acer oliverianum Pax

乔木。叶长4~8，宽5~9cm，（3~5）裂，裂片顶端锐尖，边具密细齿，（三至）五基出脉；叶面无毛，背面脉腋被毛。伞房花序。翅果，长3~3.5cm。

分布西南、西北、华中、华南部分地区。生于林边或疏林中。保护区双孖鲤鱼坑偶见。

4. 岭南槭 Acer tutcheri Duthie

落叶乔木。叶近于革质，阔卵形，长6~7cm，宽8~11cm，常3裂至近中部，裂片具锐锯齿，三基出脉，两面无毛。圆锥花序顶生。翅果，长2~2.5cm。花期春季，果期9月。

分布华南、西南部分地区。生于疏林中。保护区镀盖山等地偶见。

2. 龙眼属 Dimocarpus Lour.

乔木。偶数羽状复叶，互生；小叶对生或近对生，小叶4~6对。聚伞圆锥花序常阔大，顶生或近枝顶丛生，被星状毛或绒毛；花单性，雌雄同株，辐射对称；萼杯状。果深裂为2或3果片，发育果片浆果状，近球形。本属约20种。中国4种。保护区1种。

1.* 龙眼 Dimocarpus longan Lour.

常绿乔木。偶数羽状复叶，互生；小叶常4~5对，薄革质，长圆状椭圆形，两侧不对称，背面无毛。聚伞圆锥花序大型；花瓣5片。果近球形。花期春夏间，果期夏季。

中国西南部至东南部有栽培。保护区有栽培。

保护区有栽培。

3. 车桑子属 Dodonaea Mill.

乔木或灌木。全株或仅嫩部和花序有胶状黏液。单叶或羽状复叶，互生，无托叶。花单性，雌雄异株；无花瓣。蒴果翅果状 2~3（~6）角，2~3（~6）室。种子每室 1 或 2 颗。本属65 种。中国 1 种。

1. 车桑子 Dodonaea viscosa (L.) Jacq.

灌木或小乔木。小枝扁，有狭翅或棱角。单叶，纸质，形状和大小变异很大，长 5~12cm，宽 0.5~4cm。花序顶生或在小枝上部腋生，比叶短，密花。蒴果倒心形或扁球形，具 2 或 3 翅。花期秋末，果期冬末春初。

分布华南、西南、东南部分地区。常生于干旱山坡、旷地。保护区玄潭坑偶见。

4. 荔枝属 Litchi Sonn.

乔木。偶数羽状复叶，互生，无托叶。聚伞圆锥花序顶生，被金黄色短绒毛；苞片和小苞片均小；花单性，雌雄同株，辐射对称；萼杯状，4 或 5 浅裂，裂片镊合状排列，早期张开；无花瓣；花盘碟状，全缘。果皮革质，外面有龟甲状裂纹，散生圆锥状小凸体，有时近平滑。

1.* 荔枝 Litchi chinensis Sonn.

乔木。偶数羽状复叶；2~3 对小叶，披针形、卵状披针形，两面无毛。聚伞圆锥花序顶生；无花瓣。核果，表皮有瘤状体。

分布东南、华南、西南部分地区，广泛栽培。生于林中、路旁。

A241. 芸香科 Rutaceae

常绿或落叶乔木或灌木。单叶或复叶，互生或对生，具透明油腺点，无托叶。花两性或单性，辐射对称，聚伞花序，稀单花。聚合蓇葖果、蒴果、翅果、核果、柑果或浆果。本科约155 属 1600 种。中国 22 属约 126 种。保护区 10 属 13 种。

1. 山油柑属 Acronychia J. R. Forst. & G. Forst.

乔木。指状复叶，单小叶对生，或 3 小叶，全缘，透明油腺点。聚伞圆锥花序，花单性或两性，淡黄白色，稍芳香，具小苞片。核果富含汁液。本属约 42 种。中国 2 种。保护区 1 种。

1. 山油柑 Acronychia pedunculata (L.) Miq.

小乔木。叶有时为不整齐对生；叶片椭圆形至长圆形；叶柄两端略增大。花两性，黄白色；花瓣椭圆形。果圆球形，淡黄色，半透明。花期 4~8 月，果期 8~12 月。

分布华南、西南部分地区。生于较低丘陵坡地杂木林中，为次生林常见树种之一。保护区林场附近偶见。

2. 酒饼簕属 Atalantia Correa

小乔木或灌木。刺生于叶腋间。单叶或单小叶，全缘，有透明油点。花两性，簇生于叶腋或成总状花序；萼片及花瓣均为 4~5 片；雄蕊 8 或 10 枚。浆果球形或椭圆形，蓝黑色或红色。种子 1~6 颗。本属约 17 种。中国约 6~8 种。保护区 1 种。

1. 酒饼簕 Atalantia buxifolia (Poir.) Oliv.

灌木。枝条繁密，常有刺。叶硬革质，卵形或倒卵形，长

2~6cm，宽1~5cm，顶端圆钝并下凹。花白色，簇生于叶腋；萼片、花瓣各4片；雄蕊球形或近椭圆形。花期5~12月，果期9~12月。

分布华南部分地区。通常生于离海岸不远的平地、缓坡及低丘陵的灌木丛中。保护区禾叉坑、三牙石偶见。

3. 柑橘属 Citrus L.

乔木或灌木，常有硬刺。指状复叶，单小叶。雄蕊为花瓣3倍以上，子房6~15室。浆果有汁胞。本属约20种。中国约15种。保护区栽培1种。

1.* 金柑 Citrus japonica Thunb.

灌木。枝有刺。小叶卵状椭圆形或长圆状披针形，长4~8cm，顶端钝或短尖，基部宽楔形。花单朵或2~3朵簇生；花萼及花瓣5。果圆球形，直径2~2.5cm，果皮橙黄色至橙红色。花期4~5月，果期11月至翌年2月。

秦岭南坡以南各地均有栽种。保护区有栽培。

4. 贡甲属 Maclurodendron T. G. Hartley

常绿乔木。雌雄异株。叶对生。花序腋生，聚伞花序状或总状。萼片4片，基部合生，几乎和花瓣一样长；花瓣4片，在芽中狭覆瓦状或瓣状；雄蕊8枚，花丝近线性，无毛；雌蕊群4室。果核果或浆果。种子卵球形到肾形。本属6种。中国1种。保护区有分布。

1. 贡甲 Maclurodendron oligophlebium (Merr.) T. G. Hartley

乔木。叶倒卵状长圆形或长椭圆形，纸质，全缘；叶柄长1~2cm，基部略增大呈枕状。花两性及单性，花瓣阔卵形或三角状卵形，质地薄，内面无毛。花期4~8月，果期8~12月。

分布华南地区。生于低丘陵坡地次生林中。保护区五指山山谷偶见。

5. 蜜茱萸属 Melicope J. R. Forst. & G. Forst.

乔木或灌木。叶对生或互生，单小叶或3出叶，稀羽状复叶，透明油点甚多。花单性，由少数花组成腋生的聚伞花序；萼片及花瓣各4片；花瓣镊合状排列。成熟的果（蓇葖果）开裂为4个分果瓣，每分果瓣有1颗种子。种子细小。本属约233种。中国8种。保护区1种。

1. 三桠苦 Melicope pteleifolia (Champ. ex Benth.) T. G. Hartley

小乔木或灌木。叶纸质，指状3小叶，小叶长椭圆形，长6~20cm，全缘，油点多。花序腋生，花多，花瓣有透明油点。种子蓝黑色。花期4~6月，果期7~10月。

分布华南、西南部分地区。生于山地，常生于较荫蔽的山谷湿润地方。保护区五指山水库偶见。

6. 九里香属 Murraya Koenig ex L.

灌木或小乔木。奇数羽状复叶，小叶互生。伞房状聚伞花序顶生或腋生，花两性，萼片、花瓣4~5片；花瓣覆瓦状排列，散生半透明油腺点；花有明显花梗。浆果椭圆形，有黏液。本属约12种。中国9种。保护区1种。

1. 九里香 Murraya exotica L.

常绿小乔木。成长叶有小叶3~5片，稀7片；小叶卵形或卵状披针形，长1~6cm，宽0.6~3cm，小叶中部以上最宽，顶端急尖。花萼和花瓣5片。果橙黄色至朱红色。花期4~9月，果期9~12月。

分布华南地区。生于离海岸不远的平地、缓坡、小丘的灌木丛中。保护区古兜山林场偶见。

7. 茵芋属 Skimmia Thunb.

常绿灌木或小乔木。单叶，互生，全缘，常聚生于枝顶，密生透明油点。花单性或杂性，白或黄色；花序顶生；萼片5

或 4 片，基部合生；花瓣 5 或 4 片，覆瓦状排列，有油点；雄蕊 5 或 4 枚。有浆汁液的核果，红或蓝黑色。本属约 6 种。中国 5 种，保护区 1 种。

1. 乔木茵芋 Skimmia arborescens T. Anderson ex Gamble

小乔木。叶较薄，椭圆形或长圆形，最宽处在中部以上，两面无毛。花序长 2~5cm；苞片阔卵形，心皮合生。果圆球形，蓝黑色。花期 4~6 月，果期 7~9 月。

分布华南、西南部分。生于山区。保护区茶寮口至茶寮迳偶见。

8. 吴茱萸属 Tetradium Lour.

常绿（单小叶或 3 小叶种）或落叶（羽状复叶种）灌木或乔木。无刺。叶及小叶均对生，常有油点。聚伞圆锥花序；花单性，雌雄异株；萼片及花瓣均 4 或 5 片；花瓣镊合或覆瓦状排列。蓇葖果，成熟时沿腹、背二缝线开裂，顶端有或无喙状芒尖，每分果瓣种子 1 或 2 颗。本属约 9 种。中国 7 种。保护区 1 种。

1. 棟叶吴萸 Tetradium glabrifolium (Champ. ex Benth.) T. G. Hartley

乔木。高达 17m。小叶 5~11，卵形至披针形，两面无毛，不对称。花序顶生，花甚多；5 基数；萼片卵形；成熟心皮 5~4 个，稀 3 个，紫红色。花期 6~8 月，果期 8~10 月。

分布华南、西南部分地区。生于山地山谷较湿润的地方。保护区禾叉坑、玄潭坑偶见。

9. 飞龙掌血属 Toddalia A. Juss.

木质藤本。茎枝及叶轴具钩刺。指状 3 出复叶，互生，有透明油点。雄花序为伞房状圆锥花序，雌花序为聚伞圆锥花序。核果橙红或朱红色，近球形，有小核 4~10 颗。种子肾形。单种

属。保护区有分布。

1. 飞龙掌血 Toddalia asiatica (L.) Lam.

种的形态特征与属相同。

分布秦岭南坡以南各地区。常生于灌木、小乔木的次生林中。保护区玄潭坑偶见。

10. 花椒属 Zanthoxylum L.

乔木或灌木，有皮刺。叶互生，奇数羽状复叶，稀单小叶，小叶互生，具锯齿，有油点。聚伞、聚伞状圆锥或伞房状聚伞花序，雌雄异株。聚合蓇葖果紫红色，具油腺点。本属 250 种。中国 41 种。保护区 4 种。

1. 箣榄花椒 Zanthoxylum avicennae (Lam.) DC.

落叶乔木。奇数羽状复叶，羽状小叶 13~18（~25）片，小叶对生或近对生，长 4~7cm，宽 1.5~2.5cm，不对称。花序顶生，花被片 2 轮。果淡紫红色。花期 6~8 月，果期 10~12 月。

分布华南、西南部分地区。生于低海拔平地、坡地或谷地。保护区大荣堂等地常见。

2. 刺壳花椒 Zanthoxylum echinocarpum Hemsl.

攀援藤本。枝、叶有刺；嫩枝、叶轴、小叶柄及小叶叶面中脉均密被短柔毛。叶有小叶 5~11 片；小叶互生，长 7~13cm，宽 2.5~5cm，全缘或近全缘。花被片 2 轮。果有刺。花期 4~5 月，果期 10~12 月。

分布华南、西南部分地区。生于林中。保护区螺塘水库偶见。

3. 两面针 Zanthoxylum nitidum (Roxb.) DC.

木质藤本。羽状复叶 3~7 小叶；小叶对生，硬革质，长 5~12cm，宽 2.5~6cm，顶端急尾尖，叶缘缺口处有 1 枚腺体。花序腋生，花被片 2 轮。蓇葖果红褐色。花期 3~5 月，果期 9~11 月。

分布华南、西南部分地区。生于温热地方。保护区客家仔行偶见。

4. 花椒簕 Zanthoxylum scandens Blume

攀援灌木。奇数羽状复叶，羽状 7~23 小叶；小叶卵形，卵状椭圆形或斜长圆形，长 3~8cm，宽 1.5~3cm，顶端尾状骤尖，两侧不对称。花序腋生或兼有顶生。蓇葖果紫红色。花期 3~5 月，果期 7~8 月。

分布长江以南。生于山坡灌木丛或疏林下。保护区北峰山、蛮陂头偶见。

A242. 苦木科 Simaroubaceae

落叶或常绿的乔木或灌木。树皮通常有苦味。叶互生，有时对生，通常成羽状复叶，少数单叶。花序腋生，成总状、圆锥状或聚伞花序，很少为穗状花序；花小，辐射对称，单性、杂性或两性。果为翅果、核果或蒴果。本科 20 属 95 种。中国 3 属 10 种。保护区 1 属 1 种。

1. 鸦胆子属 Brucea J. F. Mill.

灌木或小乔木。叶为奇数羽状复叶；无托叶；小叶 3~5 片，卵形至披针形，渐尖，全缘或有锯齿，两面被毛。花单性，雌雄同株或异株；圆锥花序腋生，每心皮或子房有 1 枚胚珠。果为核果，坚硬，带肉质。种子无胚乳。本属 6 种。中国 2 种。保护区 1 种。

1. 鸦胆子 Brucea javanica (L.) Merr.

灌木或小乔木。嫩枝、叶柄和花序均被黄色柔毛。叶长 20~40cm，有小叶 3~15 片；小叶卵形或卵状披针形，边缘有粗齿。圆锥花序；花细小，暗紫色。核果长卵形，成熟时灰黑色。花期夏季，果期 8~10 月。

分布华南、西南地区。生于旷野或山麓灌丛中或疏林中。保护区禾叉坑偶见。

A243. 楝科 Meliaceae

乔木或灌木。羽状复叶，互生，小叶对生或近对生，全缘，基部偏斜，无托叶。花两性或杂性异株，辐射对称，聚伞圆锥花序或总状、穗状花序。蒴果、浆果或核果。本科 50 属 650 种。中国 17 属 40 种。保护区 4 属 4 种。

1. 米仔兰属 Aglaia Lour.

乔木或灌木。植株常被鳞片或星状柔毛。羽状复叶或 3 小叶，稀单叶，小叶全缘。花小，杂性异株，近球形，圆锥花序；花芽和雄蕊管近球形，花柱极短或无，花丝全部合生成管，雄蕊 5~10 枚，子房每室有 1~2 枚胚珠。浆果，果皮革质。种子常为肉质假种皮所包。本属 250~300 种。中国 8 种。保护区 1 种。

1.* 米仔兰 Aglaia odorata Lour.

灌木或小乔木。有小叶 3~5 片；小叶对生，倒卵形、长圆形，长大于 4cm，宽 1~2cm；叶轴有狭翅。圆锥花序腋生；花芳香。果为浆果，卵形或近球形。花期 5~12 月，果期 7 月至翌年 3 月。

分布华南地区。常生于低海拔山地的疏林或灌木林中。保护区有栽培。

2. 山楝属 Aphanamixis Blume

乔木或灌木。叶为奇数羽状复叶；小叶对生，全缘，基部常偏斜。花杂性异株，花芽和雄蕊管近球形，花柱极短或无，花丝全部合生成管；雄蕊 3~8 枚，子房每室有 1~2 枚胚珠。果为蒴果。种子假种皮。本属约 25 种。中国 4 种。保护区 1 种。

1. 山楝 Aphanamixis polystachya (Wall.) R. N. Parker

乔木。叶为奇数羽状复叶，有小叶 9~11（~15）片；小叶对生，长圆形，长 8~15cm，宽 3~5cm，有柄，基部极偏斜。花序腋上生，短于叶。蒴果近卵形。花期 5~9 月，果期 10 月至翌年 4 月。

分布华南地区。常生于杂木林中。保护区镀盖山至斑鱼咀偶见。

3. 楝属 Melia L.

乔木。小枝叶痕和皮孔明显。一至三回羽状复叶互生，小叶锯齿或缺齿。花两性，聚伞圆锥花序腋生，花丝全部合生成管，子房每室有 1~2 枚胚珠。核果，近肉质，核骨质。本属约 3 种。中国 2 种。保护区 1 种。

1. 楝 Melia azedarach L.

落叶乔木。二至三回奇数羽状复叶；小叶对生，卵形、椭圆形至披针形，边缘有钝锯齿。圆锥花序约腋生，子房4~5室。核果球形至椭圆形。花期4~5月，果期10~12月。

分布中国黄河以南各省份。生于旷野、路旁或疏林中。保护区蛮陂头偶见。

4. 桃花心木属 Swietenia Jacq.

高大乔木。具红褐色的木材。叶互生，偶数羽状复叶，无毛；小叶对生或近对生，有柄，偏斜，卵形或披针形，先端长渐尖。花小，两性，排成腋生或顶生的圆锥花序。果为一木质的蒴果，卵状，由基部起胞间开裂为 5 果片。本属约 8 种。中国 1 种。保护区 1 种。

1.* 桃花心木 Swietenia mahagoni (L.) Jacq.

乔木。植株高可达 25m，径可达 4m。羽状复叶具 8~12 片小叶，近全缘或有 1~2 枚浅齿。圆锥花序腋生；子房 5 室。果卵形。种子上端有长翅。

中国南部常见栽培。生于林中、路旁。保护区有栽培。

A247. 锦葵科 Malvaceae

草本、灌木或乔木。茎皮纤维发达，具黏液腔。单叶互生，叶脉掌状，具托叶。花单生、簇生，花两性。分果或蒴果，稀浆果状。种子肾形或倒卵形。本科约 100 属 1000 种。中国 19 属 81 种。保护区 14 属 19 种。

1. 秋葵属 Abelmoschus Medicus

一年生、二年生或多年生草本。叶全缘或掌状分裂。花单生于叶腋；小苞片 5~15 片，线形；花萼佛焰苞状，一侧开裂，先端具 5 齿；花黄色或红色，漏斗形，花瓣 5 片；子房 5 室，每室具胚珠多枚，花柱 5 裂。蒴果长尖。种子肾形或球形。本属约 15 种。中国 6 种。保护区 1 种。

1. 黄葵 Abelmoschus moschatus Medik.

草本或小灌木，茎、小枝、叶柄及叶片疏被硬毛。叶掌状 5~7 裂，裂片椭圆状披针形或三角形。花黄色，小苞片 7~10 片。蒴果长圆状卵形。种子肾形。花期 6~10 月。

分布华南地区。常生于平原、山谷、溪涧旁或山坡灌丛中。保护区客家仔行偶见。

2. 刺果藤属 Byttneria Loefl.

藤本，少灌木或乔木。叶圆形或卵圆形。聚伞花序顶生或腋生，花小，花瓣5片，雄蕊5枚；子房无柄，5室。蒴果球形，有刺，熟时分裂成5个果瓣。本属约70种。中国3种。保护区1种。

1. 刺果藤 Byttneria grandifolia A. DC.

木质大藤本。叶广卵形、心形或近圆形，长7~23cm，叶背被白色星状柔毛。花小，内略带紫红色。蒴果圆球形或卵状圆球形，有刺。种子长圆形。花期春夏季。

分布华南地区。生于疏林中或山谷溪旁。保护区车桶坑偶见。

3. 吉贝属 Ceiba Mill.

落叶乔木。叶螺旋状排列，掌状复叶，具短柄。花先于叶开放，花梗长2.5~5cm，下垂；花丝3~15枚；柱头全缘或浅裂。蒴果木质或革质，果瓣从隔膜上散开；种子多数，藏于绵毛内。本属17种。中国1种。保护区有分布。

1.* 美丽异木棉 Ceiba speciosa (A. St.-Hil.) Ravenna

落叶大乔木。幼树瘤状皮刺。掌状复叶，5~9小叶，小叶具齿，椭圆形。花单生，粉红色、深红色或者黄红相间。蒴果椭圆形。花期冬季，果熟期翌年春季。

华南地区均有栽培。保护区有栽培。

4. 黄麻属 Corchorus L.

草本或亚灌木。叶纸质，基部有三出脉，两侧常有伸长的线状小裂片，边缘有锯齿，叶柄明显；托叶2片，线形。花两性，黄色，单生或数朵排成腋生或腋外生的聚伞花序；萼片4~5片；

花瓣与萼片同数。蒴果长筒形或球形，有棱或有短角，室背开裂为2~5片；种子多数。本属40余种。中国4种。保护区1种。

1. 甜麻 Corchorus aestuans L.

草本。叶卵形或阔卵形，两面被毛。花瓣5；子房被毛。蒴果圆筒形，有6纵棱，其中3~4棱呈翅状突起，3~4瓣开裂。

分布长江以南各地区。生于林下、旷野、路旁。保护区斑鱼咀偶见。

5. 山芝麻属 Helicteres L.

乔木或灌木。单叶，全缘或具锯齿。花两性，花瓣5片，雄蕊10枚，退化雄蕊5枚，子房有长柄。蒴果密被毛。种子有瘤状突起。本属约60种。中国9种。保护区1种。

1. 山芝麻 Helicteres angustifolia L.

小灌木。小枝被毛。叶狭矩圆形或条状披针形，长3.5~5cm，宽1.5~2.5cm，全缘。聚伞花序有2至数朵花；蒴果密被星状绒毛。花期几乎全年。

分布华南地区。生于草坡上。保护区林场附近、蛮陂头偶见。

6. 木槿属 Hibiscus L.

草木、灌木或乔木。叶掌状分裂或不裂，叶脉掌状，常具蜜腺，具托叶。花萼5浅裂或深裂，开花时一侧不开裂，花后宿存；花柱枝5枚；子房5室，每室有胚珠2至多枚。蒴果圆形或球形，室背开裂。种子肾形，被毛或腺状乳突。本属200余种。中国

25 种。保护区 2 种。

1.* 木芙蓉 Hibiscus mutabilis L.

落叶灌木或小乔木。小枝、叶柄、花梗和花萼均密被星状毛。叶宽卵形至圆卵形或心形，叶掌状 3~5 浅裂。花单生于枝端叶腋，小苞片 7~10 片。蒴果扁球形。花期 8~10 月。

全国大部分地区均有栽培。保护区有栽培。

2.* 朱槿 Hibiscus rosa-sinensis L.

常绿灌木。小枝疏被星状柔毛。叶卵形，长 4~9cm，宽 2~5cm，上部叶缘有粗锯齿。萼钟状，裂片 5 枚，有时二唇形；花瓣不分裂。蒴果卵形，有喙。

中国南部常见栽培。生于路旁。保护区有栽培。

7. 赛葵属 Malvastrum A. Gray

草本或亚灌木。叶卵形，掌状分裂或具缺齿。花单生叶腋或呈顶生总状花序，花冠黄色，花瓣 5 片。分果，成熟时各分果片脱离。种子肾形。本属约 80 种。中国逸生 2 种。保护区 1 种。

1. 赛葵 Malvastrum coromandelianum (L.) Gürcke

亚灌木状。全株疏被毛。叶卵状披针形或卵形，羽状脉，边缘具粗锯齿。花单生于叶腋；花黄色，花瓣 5 片，小苞片 3 片。果直径约 6mm，分果片 8~12。花果期几乎全年。

分布华南地区。散生于干热草坡。保护区斑鱼咀偶见。

8. 马松子属 Melochia L.

草本或半灌木。略被星状柔毛。叶卵形或广心形，有锯齿。花小，两性；萼 5 深裂或浅裂，钟状；花瓣 5 片，匙形或矩圆形；雄蕊 5 枚，子房 5 室，花柱 5 枚。蒴果室背开裂为 5 个果瓣。本属约 54 种。中国 1 种。保护区有分布。

1. 马松子 Melochia corchorifolia L.

半灌木状草本。枝黄褐色，略被星状短柔毛。叶薄纸质，卵形、矩圆状卵形或披针形，长 2.5~7cm，宽 1~1.3cm。花两性，子房无柄，花柱 5 枚。蒴果圆球形，有 5 室。花期夏秋季。

分布长江以南各地区。生于田野间或低丘陵地原野间。保护区蒸狗坑、串珠龙偶见。

9. 破布叶属 Microcos L.

灌木或小乔木。叶互生，三基出脉。花两性，聚伞花序组成圆锥花序，总花梗无舌状苞片；萼片离生；花瓣内侧有花瓣状腺体；子房 3。核果球形或梨形，无沟裂。本属约 60 种。中国 3 种。保护区 1 种。

1. 破布叶 Microcos paniculata L.

灌木或小乔木。叶纸质，卵形或卵状长圆形，长 8~18cm，基部心形。花序顶生或生上部叶腋，萼片离生。核果近球形或倒卵形。花期 4~9 月，果期 11~12 月。

分布华南地区。生于林中。保护区山麻坑、鹅公鬓偶见。

10. 梭罗树属 Reevesia Lindl.

乔木或灌木。花两性，花瓣 5 片，有 15 枚雄蕊，子房有长柄，退化雄蕊 5 枚。蒴果。种子有明显的膜质翅。本属约 25 种。中国 15 种。保护区 2 种。

1. 长柄梭罗 Reevesia longipetiolata Merr. & Chun

乔木。小枝稍被毛，后变无毛。叶矩圆形或矩圆状卵形，两面均光亮无毛，长 7~15cm，宽 3~6cm。聚伞状伞房花序顶生，密被星状短柔毛。蒴果矩圆状梨形。种子具翅。花期 3~4 月。

分布华南部分地区。生于山上密林中。保护区大围山偶见。

2. 两广梭罗 Reevesia thyrsoidea Lindl.

常绿乔木。小枝疏被星状短柔毛。叶革质，矩圆形、椭圆形或矩圆状椭圆形，长 5~7cm，宽 2.5~3cm，无毛，两侧对称。聚伞状伞房花序顶生。蒴果矩圆状梨形。种子具翅。花期 3~4 月。

分布华南、西南部分地区。生于山坡上或山谷溪旁。保护区山麻坑、青石坑水库偶见。

11. 黄花稔属 Sida L.

一至多年生草本或亚灌木。叶互生，叶缘具锯齿，无蜜腺。花梗具关节，花冠辐状，黄色或橙黄色。分果球形至扁球形，种子平滑，或近种皮处具毛。本属 100~150 种。中国 14 种。保护区 3 种。

1. 小叶黄花稔 Sida alnifolia L. var. microphylla (Cav.) S. Y. Hu

草本。本变种的叶较小，长圆形至卵圆形，长 5~20mm，宽 3~15mm，具牙齿；叶柄长 2~3mm。雄蕊柱被长硬毛。分果片顶端被长柔毛。

分布华南地区。生于草灌地。保护区老洲洞偶见。

2. 白背黄花稔 Sida rhombifolia L.

直立亚灌木。全株被短绒毛，小枝红色。叶菱形或长圆状披针形，边缘具锯齿，两面被毛，托叶线形。花单生于叶腋；蒴果；分果片 8~10，背部被星状毛，顶端有 2 芒。花期秋冬季。

分布华南、西南部分地区。生于山坡灌丛间、旷野和沟谷两岸。保护区丁字水库偶见。

3. 云南黄花稔 Sida yunnanensis S. Y. Hu

直立亚灌木。叶椭圆形、长圆形或倒卵形，边缘具钝锯齿，上面疏被星状细柔毛或近无毛，下面密被星状毡毛；叶柄被星状柔毛。花近簇生于短枝端或腋生；花黄色，花瓣倒卵状楔形。分果片 6~7。花期秋冬季。

分布华南、西南 部分地区。生于山坡灌丛或路旁丛草间。保护区偶见。

12. 苹婆属 Sterculia L.

乔木或灌木。单叶，全缘、具齿或掌状深裂，稀掌状复叶。圆锥花序腋生，花单性或杂性，无花瓣，雌蕊由 5 枚心皮黏合而成。蓇葖果多革质或木质，内有 1 或多颗种子。本属 100~150 种。中国 26 种。保护区 2 种。

1. 假苹婆 Sterculia lanceolata Cav.

乔木。叶薄革质，椭圆形、披针形或椭圆状披针形，长 9~20cm，宽 3.5~8cm。花淡红色，花萼分离。蓇葖果红色。种子黑褐色。花期 4~6 月，果期 8~9 月。

分布华南、西南地区。生于山谷溪旁。保护区扫管塘偶见。

2. 苹婆 Sterculia monosperma Vent.

乔木。叶薄革质，矩圆形或椭圆形，长 8~25cm，宽 5~15cm。圆锥花序顶生或腋生，长达 20cm；萼筒明显。蓇葖果鲜红色，果直径 2~3cm。种子黑褐色，直径约 1.5cm。花期 4~5 月。

分布华南地区。生于具有排水良好的肥沃土壤且耐荫蔽的地方。保护区扫管塘偶见。

13. 刺蒴麻属 Triumfetta L.

直立或匍匐草本或亚灌木。叶互生，偶掌状3裂，具基出脉，边缘有锯齿。花两性，单生或组成腋生或腋外生聚伞花序。蒴果近球形，具刺或刺毛。本属约100~160种。中国7种。保护区1种。

1. 刺蒴麻 Triumfetta rhomboidea Jacq.

亚灌木。叶纸质，3~5裂，叶面被疏柔毛，背面被星状毛。聚伞花序数个腋生；花瓣比萼片略短。果球形，刺长2~3mm。花期夏秋季间。

分布华南地区。生于林下。保护区禾叉坑偶见。

14. 梵天花属 Urena L.

多年生草本或灌木。被星状柔毛。叶互生，圆形或卵形，掌状分裂或深波状。花单生或近簇生于叶腋，或集生于小枝端；小苞片钟形，5裂。果近球形，分果片（成熟心皮）具钩刺，不开裂，但与中轴分离。本属6种。中国3种。保护区1种。

1. 地桃花 Urena lobata L.

直立亚灌木状草本。小枝被星状绒毛。茎下部的叶近圆形，边缘具锯齿；中部的叶卵形；上部的叶长圆形至披针形；叶上面被柔毛，下面被灰白色星状绒毛。花腋生，单生或稍丛生，淡红色；花瓣5片，倒卵形，外面被星状柔毛。果扁球形，分果片被星状短柔毛和锚状刺。花期7~10月。

分布长江以南各地区。生于空旷地、草坡或疏林下。保护区螺塘水库、水保偶见。

A249. 瑞香科 Thymelaeaceae

灌木或小乔木，稀草本；茎常用具韧皮纤维。单叶。花辐射对称，两性或单性，花萼常用为花冠状，白色、黄色或淡绿色，稀红色或紫色，常连合成钟状、漏斗状、筒状的萼筒，外面被毛或无毛；子房上位，心皮2~5枚合生，稀1枚。浆果、核果或坚果，稀为2瓣开裂的蒴果。本科48属650种。中国9属115种。保护区1属2种。

1. 荛花属 Wikstroemia Endl.

灌木或小乔木。单叶对生，稀互生或轮生。总状或穗状花序，组成圆锥花序，花序无苞片或总苞片，下位花盘深裂成1~4枚小鳞片。核果球形，肉质或干燥，包于萼筒基部。本属约70种。中国49种。保护区2种。

1. 了哥王 Wikstroemia indica (L.) C. A. Mey.

灌木。小枝红褐色，无毛。叶对生，纸质至近革质，倒卵形、长圆形至披针形，无毛。花黄绿色，子房倒卵形，无子房柄，花盘鳞片4枚，总花梗粗壮直立。核果椭圆形。花期3~4月，果期8~9月。

分布华南、西南部分地区。生于开旷林下或石山上。保护区蛮陂头偶见。

2. 细轴荛花 Wikstroemia nutans Champ. ex Benth.

灌木。小枝红褐色，无毛。叶对生，膜质至纸质，卵形、卵状椭圆形至卵状披针形。花黄绿色，子房卵形，有长的子房柄，花盘鳞片4枚，总花梗纤细，常弯垂。核果椭圆形。花期1~4月，果期5~9月。

分布华南、西南部分地区。生于常绿阔叶林中。保护区北峰山、蛮陂头偶见。

A257. 番木瓜科 Caricaceae

小乔木，具乳汁。叶具长柄，聚生于茎顶，掌状分裂。花单性或两性，同株或异株；雄花无柄，组成下垂圆锥花序：花萼5裂，裂片细长；花冠细长成管状；花瓣初靠合，后分离。果为肉质浆果。本科6属约34种。中国1属1种。保护区有分布。

1. 番木瓜属 Carica L.

小乔木状，有乳汁。叶具长柄，聚生于茎顶，掌状分裂；叶柄中空。花单性或两性，同株或异株；雄花无柄，组成下垂圆锥花序：花萼5裂，裂片细长；花冠细长成管状；雄蕊10枚，互生呈2轮。果为肉质浆果。本属45种。中国1种。保护区有分布。

1.* 番木瓜 Carica papaya L.

常绿软木质小乔木。茎具螺旋状排列的托叶痕。叶大，聚生于茎顶端，近盾形，通常5~9深裂，每裂片再为羽状分裂。花单性或两性，有雄株、雌株和两性株。浆果肉质。花果期全年。

华南地区均有栽培。保护区有栽培。

A268. 山柑科 Capparaceae

草本、灌木或乔木，常为木质藤本。叶互生，稀对生，单叶或掌状复叶；托叶刺状，细小或不存在。花序为总状、伞房状、亚伞形或圆锥花序；花两性，有时杂性或单性，辐射对称或两侧对称；花瓣4~8片。果为有坚韧外果皮的浆果或瓣裂蒴果。本科约28属150种。中国5属5种。保护区1属2种。

1. 山柑属 Capparis L.

常绿灌木或小乔木，直立或攀援。单叶，具叶柄，稀无柄，螺旋状着生，有时假2列。花排成总状、伞房状或圆锥花序腋生，数个聚伞花序组成圆锥花序。浆果球形或伸长。本属约250种。中国约30种。保护区2种。

1. 独行千里 Capparis acutifolia Sweet

灌木。叶膜质，披针形，长7~12cm，宽1.8~3cm，侧脉8~10对。花1~4朵沿叶腋稍上枝排成纵列。浆果顶端有1~2mm的短喙。

分布广东、湖南、江西、浙江、福建和台湾。生于旷野、山坡路旁或石山上。保护区禾叉坑、三牙石等地偶见。

2. 广州山柑 Capparis cantoniensis Lour.

攀援灌木。叶长圆状披针形，长5~8cm，宽2~3.5cm。圆锥花序顶生或腋生；花白色，有香味。果球形至椭圆形。花期3~11月，果期6月至翌年3月。

分布华南、西南部分。生于山沟水旁或平地疏林。保护区玄潭坑偶见。

A269. 白花菜科 Cleomaceae

草本或灌木。叶互生，螺旋状排列，掌状复叶；叶柄通常具垫状；小叶叶片具羽状脉序。总状花序或伞房花序；花两性但有时因发育不完全而单性，辐射对称或左右对称。蒴果。种子黄褐色或棕色。本科17属约150种。中国5属5种。保护区1属1种。

1. 黄花草属 Arivela Raf.

一年生草本。无托叶。叶互生，掌状复叶；叶柄长或短，在基部或远端的具脉座；小叶3或5片。小叶叶片卵形或倒披针形椭圆形，边缘全缘或有细锯齿。总状花序顶生或腋生于顶端叶。蒴果长圆形，部分开裂，具宿存裂片。本属约10种。中国1种。保护区有分布。

1. 黄花草 Arivela viscosa (L.) Raf.

草本。全株密被黏质腺毛与淡黄色柔毛，有恶臭气味。掌状复叶具3~5（~7）片小叶；中央小叶最大，长1~5cm，宽5~15mm。花单生或组成总状花序。果密被腺毛。

分布长江以南各地区。生于路旁。保护区瓶尖、牛轭塘坑偶见。

A270. 十字花科 Brassicaceae

一年生、二年生或多年生草本。基生叶呈旋叠状或莲座状，茎生叶通常互生；有柄或无柄，单叶全缘、有齿或分裂。花序常总状，顶生或腋生；萼片和花瓣4片，分离，成"十"字形排列，花色各异。果实为长角果或短角果。种子小。本科 300 属约 3500 种。中国 102 属 412 种。保护区 1 属 1 种。

1. 蔊菜属 Rorippa Scop.

一、二年生或多年生草本。植株无毛或具单毛。叶全缘，浅裂或羽状分裂。花小，黄色，总状花序顶生，稀每花生于叶状苞片腋部；萼片 4 片，开展，长圆形或宽披针形；花瓣 4 片或有时缺，倒卵形，稀具爪。长角果多数呈细圆柱形。本属 90 余种。中国 9 种。保护区 1 种。

1. 蔊菜 Rorippa indica (L.) Hiern

一、二年生直立草本。叶互生，基生叶及茎下部叶具长柄；茎上部叶宽披针形或匙形，边缘具疏齿。花瓣 4 片，黄色，总状花序无苞片，花有花瓣。长角果线状圆柱形。花期 4~6 月，果期 6~8 月。

分布全国大部分地区。生于路旁、田边、园圃、河边、屋边墙脚及山坡路旁等较潮湿处。保护区螺塘水库、瓶身偶见。

A273. 铁青树科 Olacaceae

常绿或落叶乔木、灌木或藤本。单叶、互生。花小、常用两性，辐射对称，排成总状花序状、穗状花序状、圆锥花序状、头状花序状或伞形花序状的聚伞花序或二歧聚伞花序；花萼筒小；花瓣 4~5 片，稀 3 或 6 片；子房上位，1~5 室或基部 2~5 室、上部 1 室。核果或坚果。本科 27 属 180~250 种。中国 5 属 10 种。保护区 1 属 1 种。

1. 赤苍藤属 Erythropalum Blume

木质藤本。有腋生卷须。叶互生，三基出脉或近于五出脉。花排成疏散的二歧聚伞花序；花萼筒小，顶端有 4~5 枚小裂齿；花冠宽钟形，具 5 枚深裂齿；雄蕊 5 枚。核果，成熟时为增大成壶状的花萼筒所包围；成熟种子 1 枚。单种属。保护区有分布。

1. 赤苍藤 Erythropalum scandens Blume

种的形态特征与属相同。

分布华南地区。生于低山及丘陵地区或山区溪边、山谷、密林或疏林的林缘或灌丛中。保护区斑鱼咀、笔架山偶见。

A274. 山柚子科 Opiliaceae

常绿小乔木、灌木或木质藤本。叶互生，单叶，全缘，无托叶。花小，辐射对称，两性或单性，组成腋生或顶生的穗状花序、总状花序或圆锥花序状的聚伞花序，单花被或具花萼和花冠，花被片或花瓣 4~5 数；雄蕊与花被片或花瓣同数、对生。核果。本科 10 属 33 种。中国 5 属 5 种。保护区 1 属 1 种。

1. 山柑藤属 Cansjera Juss.

直立或攀援灌木，有时具刺。叶互生，单叶，全缘，具短叶柄。花两性，排成稠密的腋生穗状花序，每朵花具 1 枚苞片；单花被，花被具柔毛；雄蕊 4~5 枚，与花被裂片对生。核果椭圆状；种子 1 颗，胚小，具子叶 3~4 枚。本属 3 种。中国 1 种。保护区有分布。

1. 山柑藤 Cansjera rheedei J. F. Gmel.

攀援状灌木。高 2~6m；枝条广展，有时具刺，小枝、花序均被淡黄色短绒毛。叶薄革质，卵圆形或长圆状披针形。花多朵排成密生的穗状花序，花序 1~3 个聚生于叶腋。花期 10 月至翌年 1 月，果期 1~4 月。

分布华南地区。多见于山地疏林或灌木林中。保护区螺塘水库偶见。

A275. 蛇菰科 Balanophoraceae

寄生性一年生或多年生肉质草本，无正常根，靠根茎上的吸盘寄生于寄主植物的根上。根茎粗，通常分枝，表面常有疣瘤或星芒状皮孔。花序顶生，肉穗状或头状，花单性，雌雄花同株或异株。坚果小，脆骨质或革质。本科 18 属约 50 种。中国 2 属 13 种。保护区 1 属 1 种。

1. 蛇菰属 Balanophora J. R. Forst. & G. Forst.

寄生性肉质草本，具多年生或一次结果的习性。根茎分枝或不分枝，靠根茎上的吸盘寄生于寄主植物的根上。子房上位，1~3 室，花柱 1~2 枚；胚珠每室 1 枚，无珠被或具单层珠被，珠柄很短或不存在。果坚果状，外果皮脆骨质。本属约 19 种。中国 12 种。保护区 1 种。

1. 红冬蛇菰 Balanophora harlandii Hook. f.

寄生小草本。根茎苍褐色，扁球形或近球形，表面粗糙，密被小斑点，呈脑状皱褶。雌雄异序，雄花3数，聚药雄蕊长小于宽。花期9~11月。

分布华南地区。生于荫蔽林中较湿润的腐殖质土壤处。保护区百足行仔山偶见。

A276. 檀香科 Santalaceae

草本或灌木，常寄生或半寄生。单叶，互生或对生，无托叶。花小，辐射对称，两性，集成各种花序或簇生，腋生，花被裂片3~4枚，内面雄蕊着生处有疏毛或舌状物。核果或小坚果。种子1颗。本科36属500种。中国7属33种。保护区1属1种。

1. 寄生藤属 Dendrotrophe Miq.

半寄生木质藤本。叶革质，互生，全缘。花小，腋生，单生、簇生或集成聚伞或伞形花序，花被5~6裂。核果顶端冠以宿存花被裂片；种子具纵向深槽。本属约10种。中国6种。保护区1种。

1. 寄生藤 Dendrotrophe varians (Blume) Miq.

半寄生木质藤本。叶厚，软革质；叶倒卵形至阔椭圆形，基出脉3条。花通常单性，雌雄异株。核果卵状。花期1~3月，果期6~8月。

分布华南地区。生于山地灌丛中，常攀援于树上。保护区蛮陂头偶见。

A278. 青皮木科 Schoepfiaceae

乔木、灌木和草本。叶互生。花两性，常排成聚伞花序或伞形花序；花萼筒状，副萼联合成杯状或无副萼。坚果，成熟时几乎全部被增大成壶状的花萼筒所包围。本科约50属1120种。中国13属238种。保护区1属1种。

1. 青皮木属 Schoepfia Schreb.

小乔木或灌木。无卷须。叶互生，叶脉羽状。花排成腋生的蝎尾状或螺旋状的聚伞花序；花萼筒与子房贴生，顶端有（4~）5（~6）枚小萼齿或截平；副萼小，杯状；花冠管状，冠檐具（4~）5（~6）裂片。坚果。成熟种子1颗，胚乳丰富。本属30种。中国4种。保护区1种。

1. 华南青皮木 Schoepfia chinensis Gardner & Champ.

落叶小乔木。叶纸质或坚纸质，长椭圆形、椭圆形或卵状披针形，长5~9cm，宽2~4.5cm。花无梗，2~3（~4）朵，排成短穗状或近似头状花序式的螺旋状聚伞花序；花叶同放。花期2~4月，果期4~6月。

分布华南、西南部分地区。生于林区山谷、溪边的密林或疏林中。保护区双孖鲤鱼坑偶见。

A281. 白花丹科 Plumbaginaceae

小灌木、半灌木或多年生（罕一年生）草本。单叶，互生或基生，全缘，偶为羽状浅裂或羽状缺刻，下部通常渐狭成柄，叶柄基部扩张或抱茎；通常无托叶。花两性，整齐，鲜艳，无或有极短梗，通常（1~）2~5朵集为一簇状小聚伞花序。蒴果通常先沿基部不规则环状破裂，然后向上沿棱裂成顶端相连或分离的5瓣。本科21属约580种。中国7属约40种。保护区1属1种。

1. 白花丹属 Plumbago L.

灌木、半灌木或多年生（罕一年生）草本。叶互生，叶片宽阔，下部狭细成柄，叶柄基部常具耳，半抱茎。花序由枝或分枝延伸而成一小穗在枝上部排列成通常伸长的穗状花序；每小穗含1朵花，有1片显然较萼短的苞片和2枚小苞。蒴果先端常有花杜基部残存而成的短尖。本属约17种。中国2~3种。保护区1种。

1.白花丹 Plumbago zeylanica L.

灌木。叶长卵形，长 3~8（~13）cm，宽 1.5~4（~7）cm。花序长 8~17cm；萼管全部被腺毛；花冠白色。蒴果淡黄褐色；种子长约 7mm。

分布东南、西南地区。生于污秽阴湿处或半遮阴的地方。保护区斑鱼咀、客家仔行偶见。

A283. 蓼科 Polygonaceae

草本，稀灌木或藤本。单叶，互生，全缘，稀具齿或分裂；托叶常用联合成鞘状，膜质。花两性，辐射对称。瘦果卵形或椭圆形，3 棱，或扁平双凸或凹。本科约 50 属 1120 种。中国 13 属 238 种。保护区 3 属 7 种。

1. 何首乌属 Fallopia Adans.

一年生或多年生草本，稀半灌木。茎缠绕。叶互生、卵形或心形，具叶柄；托叶鞘筒状，顶端截形或偏斜。花序总状或圆锥状，顶生或腋生；花两性，花被 5 深裂，外面 3 片具翅或龙骨状凸起。瘦果卵形，具 3 棱，包于宿存花被内。本属约 20 种。中国 9 种。保护区 1 种。

1. 何首乌 Fallopia multiflora (Thunb.) Haraldon.

多年生草本。块根肥厚，茎木质化，无卷须。叶卵形或长卵形，长 3~7cm，基部心形。圆锥状花序；花被 5 深裂。瘦果卵形，具 3 棱。

分布华北、华东、华中、华南、西南地区。生于山谷灌丛、山坡林下。保护区蒸狗坑、八仙仔等地偶见。

2. 蓼属 Polygonum L.

草本，稀亚灌木。茎常节部膨大。托叶鞘膜质或草质，筒状。

花序穗状、总状、头状或圆锥状，顶生或腋生，稀为花簇，生于叶腋；花两性稀单性，簇生稀为单生；苞片及小苞片为膜质；花梗具关节；花柱 2~3 枚。瘦果卵形。本属 230 种。中国 113 种。保护区 5 种。

1. 火炭母 Polygonum chinense L.

多年生草本。叶两面无毛，卵形或长卵形，全缘，无毛，稀下面叶脉被疏毛；头状花序再排成圆锥状，顶生或腋生。果包藏于含汁液、白色透明或微带蓝色的宿存花被内。花期 7~9 月，果期 8~10 月。

分布华南、华中、华东地区。生于山谷湿地、山坡草地。保护区牛轭塘坑偶见。

2. 柔茎蓼 Polygonum kawagoeanum Makino

一年生草本。茎细弱，通常自基部分枝。叶线状披针形或狭披针形，长 3~6cm，宽 0.4~0.8cm；叶柄极短或近无柄；托叶鞘筒状，膜质。总状花序呈穗状，直立。瘦果卵形，长 1~1.5mm。花期 5~9 月，果期 6~10 月。

分布华南、华东部分地区。生于田边湿地或山谷溪边。保护区螺塘水库偶见。

3. 红蓼 Polygonum orientale L.

一年生草本。植株被毛。叶卵形或阔卵形，长可达 20cm，基部圆形或微心形；叶柄、托叶鞘密被柔毛，具缘毛。穗状花序顶生或腋生，偶可组成圆锥花序式，长 4~5cm。瘦果扁圆形。花期 4~7 月，果期 8~10 月。

除西藏外，广布于全国各地。生于沟边湿地、村边路旁。

保护区玄潭坑、禾叉坑偶见。

4. 习见蓼 Polygonum plebeium R. Br.

一年生草本。叶窄椭圆形或倒披针形，两面无毛，托叶鞘白色，顶端撕裂。花 3~6 朵簇生叶腋，雄蕊 5 枚。瘦果宽卵形，黑褐色。花期 5~8 月，果期 6~9 月。

除西藏外，分布几遍全国。生于田边、路旁、水边湿地。保护区螺塘水库偶见。

5. 疏蓼 Polygonum praetermissum Hook. f.

一年生草本。叶披针形或狭长圆形，长 4~8cm，宽 5~15mm；托叶顶端无缘毛。花序穗状；苞片椭圆形，不包围花序轴。瘦果近球形。花期 6~8 月，果期 7~9 月。

分布华南、华东、西南等地区。生于沟边湿地、河边。保护区螺塘水库偶见。

3. 酸模属 Rumex L.

一年生或多年生草本，稀亚灌木状。叶茎生或基生，边缘全缘或波状，具早落的膜质托叶鞘。花两性，稀单性异株，常排列成圆锥花序；花萼 6 深裂；雄蕊 6 枚；花柱 3 枚。瘦果包藏于增大的内轮花被内。本属约 200 种。中国 27 种。保护区 1 种。

1. 长刺酸模 Rumex trisetifer Stokes

一年生草本。叶基部箭形。花序总状，顶生和腋生，具叶，再组成大型圆锥状花序，内花被片边缘具 2~6 针状刺。瘦果椭圆形，具 3 锐棱。花期 5~6 月，果期 6~7 月。

分布中国大部分地区。生田边湿地、水边、山坡草地。保护区客家仔行偶见。

A284. 茅膏菜科 Droseraceae

食虫植物，一至多年生草本，陆生或水生。叶互生，基生呈莲座状排列，稀轮生，常被头状黏腺毛，托叶干膜质或无。聚伞花序顶生或腋生，稀单花腋生，花两性。蒴果，室背开裂。本科 4 属 100 种。中国 2 属 7 种。保护区 1 属 2 种。

1. 茅膏菜属 Drosera L.

多年生陆生草本。根状茎短，具不定根。叶互生，或基生莲座状排列，被头状黏腺毛。聚伞花序顶生或腋生。蒴果。种子多，具网纹。本属 100 种。中国 6 种。保护区 2 种。

1. 锦地罗 Drosera burmanni Vahl

草本。茎短，不具球茎。叶莲座状密集，楔形或倒卵状匙形，长 0.6~1.5cm；托叶膜质，长约 4mm。花序花葶状，1~3 条，具花 2~19 朵，长 6~22cm。蒴果，果片 5。花果期全年。

分布华南、西南地区。生于平地、山坡、山谷和山顶的向阳处或疏林下。保护区斑鱼咀偶见。

2. 匙叶茅膏菜 Drosera spatulata Labill.

多年生草本。地上茎短。叶基生，莲座状，倒卵形、匙形或楔形，叶缘密被长腺毛；螺状聚伞花序花葶状，花轴和萼背面被头状腺毛。蒴果，倒三角形。种子小。花果期 3~9 月。

分布华南地区。生于平地、山坡、山谷。保护区蛮陂头等地偶见。

A285. 猪笼草科 Nepenthaceae

草本，有时多少木质。茎圆筒形或三棱形。叶互生，无柄或具柄，最完全的叶可分为叶柄、叶片、卷须、瓶状体和瓶盖五部分。花整齐，无苞片，单性异株。蒴果。种子多数。单属科，85 种。中国 1 种。保护区有分布。

1. 猪笼草属 Nepenthes L.

属的形态特征与科相同。

1. 猪笼草 Nepenthes mirabilis (Lour.) Druce

直立或攀援草本。基生叶密集，近无柄；叶片披针形，边缘具睫毛状齿；卷须短于叶片；瓶状体大小不一，瓶盖卵形或近圆形；茎生叶散生，具柄。总状花序被长柔毛。蒴果狭披针形。种子丝状。花期 4~11 月，果期 8~12 月。

分布华南地区。生于沼地、路边、山腰和山顶等灌丛中、草地上或林下。保护区古斗林场扫管塘偶见。

A295. 石竹科 Caryophyllaceae

草本。茎节常膨大，具关节。单叶对生或轮生，全缘，托叶膜质。花两性，稀单性，辐射对称，聚伞或聚伞圆锥花序。蒴果顶端齿裂或瓣裂，稀浆果状不规则开裂或瘦果。本科 75~80 属 2000 种。中国 30 属约 390 种。保护区 2 属 2 种。

1. 鹅肠菜属 Myosoton Moench

二年或多年生草本。茎下部匍匐，被腺毛。叶对生。花两性，白色，排成顶生二歧聚伞花序，萼片、花瓣 5 片。蒴果卵形。种子肾状圆形。单种属。保护区有分布。

1. 鹅肠菜 Myosoton aquaticum (L.) Moench

种的形态特征与属相同。

分布中国南北地区。生于河流两旁冲积沙地的低湿处或灌丛林缘和水沟旁。保护区斑鱼咀偶见。

2. 繁缕属 Stellaria L.

一年或多年生草本。叶卵形、披针形或线形，叶基部不合呈短鞘，无托叶。花单生或组成聚伞花序，花萼 5 片，稀 4 片，花瓣与花萼同数，顶端 2 裂深；雄蕊 10 枚；花柱离生，3~5 枚。蒴果球形或卵圆形。种子多数。本属约 190 种。中国 64 种。保护区 1 种。

1. 繁缕 Stellaria media (L.) Vill.

一年生或二年生草本。茎基部多少分枝，常带淡紫红色，被 1~2 列毛。叶片宽卵形或卵形，基部近心形，长 1~2.5，宽 7~15mm。疏聚伞花序顶生；花瓣白色，比萼片短，深 2 裂达基部。蒴果卵形。花期 6~7 月，果期 7~8 月。

分布全国。生于田间。保护区禾叉坑偶见。

A297. 苋科 Amaranthaceae

一至多年生草本，稀攀援藤本或灌木。叶互生或对生，全缘，具微齿，无托叶。花两性、单性或杂性，成疏散或密集的穗状花序、头状花序、总状花序或圆锥花序。胞果或小坚果，稀浆果。种子卵形、近球形或肾形。本科约 70 属 900 种。中国 15 属 44 种。保护区 6 属 8 种。

1. 牛膝属 Achyranthes L.

草本或亚灌木。茎具显明节，枝对生。叶对生，有叶柄。穗状花序顶生或腋生，在花期直立，花序或果序长 3~20cm；小苞片有长芒，花 1 朵生于苞腋；无不育花，花两性，花中有不育雄蕊，花药 2 室。胞果卵状矩圆形、卵形或近球形，有 1 颗种子；种子矩圆形，凸镜状。本属 15 种。中国 3 种。保护区 1 种。

1. 土牛膝 Achyranthes aspera L.

多年生草本。茎四棱形。叶片纸质，宽卵状倒卵形或椭圆状矩圆形。穗状花序顶生，苞片披针形，小苞片有长芒，花 1 朵生于苞腋；无不育花，花两性，花中有不育雄蕊，花药 2 室。胞果卵形。花期 6~8 月，果期 10 月。

分布华南、西南部分地区。生于山坡疏林或村庄附近空旷地。保护区玄潭坑偶见。

2. 莲子草属 Alternanthera Forsk.

匍匐或上升草本。茎多分枝。叶对生，全缘。花两性，头状花序或短穗状花序，花 1 朵生于苞腋；无不育花，花两性，花中有不育雄蕊，花药1室，柱头头状。胞果球形或卵形，不裂，边缘翅状。种子双凸。本属约200种。中国6种。保护区1种。

1. 莲子草 Alternanthera sessilis (L.) R. Br. ex DC.

多年生草本。茎匍匐。叶对生，条状倒披针形至倒卵状矩圆形，常无毛。头状花序，腋生；苞片、小苞片花被片均白色，能育雄蕊3枚。胞果倒心形。花期5~7月，果期7~9月。

分布华南、华东、华中、西南部分地区。生于村庄附近的草坡、水沟、田边或沼泽、海边潮湿处。保护区禾叉坑、玄潭坑偶见。

3. 苋属 Amaranthus L.

草本。茎直立或伏卧。叶互生，全缘，有叶柄。花单性，雌雄同株或异株，花丝分离。胞果球形或卵形。种子球形，凸镜状，黑色或褐色。本属约40种。中国14种。保护区3种。

1. 老鸦谷 Amaranthus cruentus L.

一年生草本。叶卵状矩圆形或卵状披针形，顶端锐尖或圆钝，具小芒尖，基部楔形。花单性或杂性，圆锥花序腋生和顶生，由多数穗状花序组成，直立；苞片和小苞片钻形。胞果卵形，盖裂，和宿存花被等长。

中国各地栽培或野生。生于平地到高海拔区域。保护区偶见。

2. 反枝苋 Amaranthus retroflexus L.

一年生草本。叶片菱状卵形或椭圆状卵形，两面及边缘有柔毛，下面毛较密；圆锥花序顶生及腋生，直立，由多数穗状花序形成。胞果扁卵形，环状横裂。种子近球形。花期7~8月，果期8~9月。

分布中国大部分地区。生于田园内、农地旁。保护区古兜山林场偶见。

3. 刺苋 Amaranthus spinosus L.

一年生草本。茎直立，圆柱形或钝棱形。叶互生，菱状卵形或卵状披针形，顶端圆钝，全缘，无毛；叶柄有刺。圆锥花序腋生及顶生。胞果矩圆形。花果期7~11月。

分布中国大部分地区。生于旷地或园圃的杂草。保护区古兜山林场偶见。

4. 青葙属 Celosia L.

一年或多年生草本，亚灌木或灌木。叶互生，卵形至条形，全缘，有叶柄。花两性，顶生或腋生；花中无不育雄蕊，花丝基部合生成杯状。胞果卵形或球形。种子凸镜状肾形，黑色。本属约60种。中国3种。保护区1种。

1. 青葙 Celosia argentea L.

一年生草本。全体无毛。叶互生，矩圆披针形、披针形或披针状条形。花在茎端或枝端成单一、无分枝的塔状或圆柱状穗状花序，花中无不育雄蕊。胞果卵形。花期5~8月，果期6~10月。

分布全国大部分地区。生于平原、田边、丘陵、山坡。保护区常见。

5. 藜属 Chenopodium L.

草本。体表常被粉末状小泡。叶扁平，互生，具柄，全缘或具锯齿。花两性或兼雌性，常数花聚集成团伞花序，花被果时无变化或略增大。胞果，卵形。本属约170种。中国15种。保护区1种。

1. 藜 Chenopodium album L.

一年生草本。叶片菱状卵形至宽披针形，长3~6cm，边缘具锯齿，近基部有2枚较大的裂片。花两性，穗状或圆锥状花序。果皮与种子贴生。种子横生。花果期5~10月。

分布中国大部分地区。生于路旁、荒地及田间。保护区斑鱼咀、笔架山偶见。

6. 杯苋属 Cyathula Blume

草本或亚灌木。叶对生，全缘，有叶柄。花簇生成丛，排成总状或头状花序。胞果球形、椭圆形或倒卵形。种子矩圆形或椭圆形，凸镜状。本属约 27 种。中国 4 种。保护区 1 种。

1. 杯苋 Cyathula prostrata (L.) Blume

多年生草本。叶对生，菱状倒卵形或菱状长圆形，长 1.5~6cm，具缘毛。总状花序，顶生及腋生，花 2 至多朵簇生于苞腋内。胞果球形。花果期 6~11 月。

分布华南地区。生于山坡灌丛或小河边。保护区玄潭坑偶见。

A308. 紫茉莉科 Nyctaginaceae

草本、灌木、藤状灌木或乔木。单叶，对生、互生或近轮生，全缘，具柄，无托叶。花辐射对称，两性，单生、簇生或成聚伞花序、伞形花序。瘦果包于宿存花被，常具腺体。本科约 30 属 300 种。中国 6 属 13 种。保护区 1 属 1 种。

1. 宝巾属 Bougainvillea Comm. ex Juss.

灌木或小乔木。叶互生，具柄，叶片卵形或椭圆状披针形。花两性，通常 3 朵簇生枝端，各包藏于一大而美丽的苞片内；花被合生成管状；雄蕊 5~10 枚；子房纺锤形。瘦果圆柱形或棍棒状。种皮薄，胚弯。本属约 18 种。中国 2 种。保护区 1 种。

1.* 叶子花 Bougainvillea spectabilis Willd.

藤状灌木。枝、叶密生柔毛。叶片椭圆形或卵形，基部圆形，有柄。花序腋生或顶生；苞片椭圆状卵形，紫色；花被管狭筒形。果实长 1~1.5cm。花期冬春间。

华南地区多栽培。保护区有栽培。

A309. 粟米草科 Molluginaceae

草本。叶对生、互生或假轮生。花单生或聚伞花序或伞形花序，萼片 5 枚，花瓣小或无，花丝基部连合；子房上位，3~5 室，心皮 3~5 枚，离生，花柱与心皮同数。蒴果。本科 14 属 120 种。中国 3 属 8 种。保护区 1 属 1 种。

1. 粟米草属 Mollugo L.

一年生草本。茎铺散、斜升或直立。单叶，基生、近对生或假轮生，全缘。花小，具梗，顶生或腋生，簇生或成聚伞花序、伞形花序；花被片 5 片，离生。蒴果球形，室背开裂为 3 (~5) 果瓣。本属 35 种。中国 4 种。保护区 1 种。

1. 粟米草 Mollugo stricta L.

铺散一年生草本。茎纤细，多分枝。叶 3~5 片假轮生或对生，叶片披针形或线状披针形。花极小，组成疏松聚伞花序，顶生或与叶对生；花被片 5 片，淡绿色。蒴果近球形。花期 6~8 月，果期 8~10 月。

分布秦岭、黄河以南各地。生于空旷荒地、农田和海岸沙地。保护区扫管塘偶见。

A318. 蓝果树科 Nyssaceae

落叶乔木，稀灌木。单叶互生，有叶柄，无托叶，卵形、椭圆形或矩圆状椭圆形，全缘或边缘锯齿状。花序头状、总状或伞形；花单性或杂性，异株或同株。核果或翅果，顶端有宿存的花萼和花盘。本科 5 属 30 余种。中国 3 属 10 种。保护区 1 属 1 种。

1. 马蹄参属 Diplopanax Hand.-Mazz.

无刺乔木。叶为单叶，无托叶。花两性，无花梗，聚生成顶生穗状圆锥花序，花序上部的花单生；苞片早落；萼下面有关节，边缘有5齿；花瓣5片，在花芽中镊合状排列。果实大型，长圆状卵形或卵形。种子1颗。单种属。保护区有分布。

1. 马蹄参 Diplopanax stachyanthus Hand.-Mazz.

种的形态特征与属相同。

分布华南地区。生于斜坡、山谷。保护区瓶尖偶见。

A320. 绣球花科 Hydrangeaceae

灌木或乔木。叶对生或互生，稀轮生，无托叶。花小，两性或具不发育花，辐射对称，伞房式或圆锥式聚伞花序，花萼、花瓣4~10裂。蒴果，顶部开裂，少为浆果。本科17属约250种。中国11属120余种。保护区3属5种。

1. 常山属 Dichroa Lour.

落叶灌木。叶对生，稀上部互生。花两性，一型，无不孕花，排成伞房状圆锥或聚伞花序，花序无不孕性放射花；花丝两侧无翅，花柱2~6枚，细长或外展，子房1室。浆果，略干燥，不开裂；种子多数，细小，无翅，具网纹。本属约12种。中国6种。保护区2种。

1. 常山 Dichroa febrifuga Lour.

落叶灌木。单叶对生，叶形大小变异大，边缘具齿。伞房状圆锥花序顶生，花序无不孕花；花柱5~6枚，子房下位浆果蓝色。花期2~4月，果期5~8月。

分布华南、华中、华东、西南等大部分地区。生于阴湿林中。保护区禾叉坑偶见。

2. 广东常山 Dichroa fistulosa G. H. Huang & G. Hao

灌木。高达2m。茎直立或近攀援，中空。第一年小枝绿色，第二年变白，无毛，老时树皮剥落。叶对生，叶片椭圆形至披针形或倒披针形，纸质，叶面无毛，背面无毛或近无毛。

分布华南地区。生于林下。保护区长塘尾偶见。

2. 冠盖藤属 Pileostegia Hook. f. & Thoms.

攀援状灌木。具气根。叶对生，革质，无托叶。伞房状圆锥花序，二歧分枝，花两性，小花白色，花序无不孕性放射花；花丝两侧无翅，花柱1枚，子房4~5室。蒴果陀螺形。种子多数，纺锤状。本属3种。中国2种。保护区1种。

1. 冠盖藤 Pileostegia viburnoides Hook. f. & Thoms.

常绿攀援状灌木。小枝、花序和叶无毛，或少量疏被星毛。叶对生，薄革质，椭圆形，叶基部楔形。圆锥花序顶生。蒴果圆锥形。种子具翅。花期7~8月，果期9~12月。

分布华南、华东、华中等地区。生于山谷林中。保护区黄蜂腰、瓶尖偶见。

3. 钻地风属 Schizophragma Siebold & Zucc.

落叶木质藤本。叶对生，具长柄，全缘或稍有小齿或锯齿。伞房状或圆锥状聚伞花序顶生，花序有不孕性放射花；不孕性放射花仅 1 片增大的萼片，花柱 1 枚。蒴果倒圆锥状或陀螺状。种子极多数，纺锤状。本属 10 种。中国 9 种。保护区 2 种。

1. 钻地风 Schizophragma integrifolium Oliv.

木质藤本或藤状灌木。叶长 8~20cm，宽 3.5~12.5cm，叶背无毛或仅叶脉被疏毛。伞房状聚伞花序密被褐色、紧贴短柔毛。蒴果钟状或陀螺状。种子褐色。花期 6~7 月，果期 10~11 月。

分布华南、华中、华东、西南部分地区。生于山谷、山坡密林或疏林中，常攀援于岩石或乔木上。保护区瓶身偶见。

2. 柔毛钻地风 Schizophragma molle (Rehder) Chun

木质攀援藤本或有时呈灌木状。叶纸质或近革质，卵形或椭圆形，边缘微反卷，叶背密被卷曲柔毛。伞房状聚伞花序顶生；花瓣卵形。蒴果狭倒圆锥形。种子棕褐色。花期 6~7 月，果期 9~10 月。

分布华南、西南部分地区。生于路边林中或山谷峭壁上。保护区车桶坑偶见。

A324. 山茱萸科 Cornaceae

落叶乔木或灌木。单叶对生或互生，羽状脉，边缘全缘或有锯齿。花两性或单性异株，组成圆锥、总状、聚伞、伞房、伞形或头状花序，具总苞片或苞片。核果或浆果状核果，核骨质或木质。本科 15 属 55 种。中国 9 属 60 种。保护区 2 属 3 种。

1. 八角枫属 Alangium Lam.

落叶乔木或灌木，稀攀援，极稀有刺。单叶互生，有叶柄，无托叶，花序腋生，聚伞状，极稀伞形或单生，小花梗常分节；核果椭圆形、卵形或近球形。本属 30 余种。中国 9 种。保护区 2 种。

1. 八角枫 Alangium chinense (Lour.) Harms

落叶乔木或灌木。叶纸质，近圆形或椭圆形、卵形，长13~19cm，宽 3~7cm。聚伞花序腋生，长 1~1.5cm，雄蕊 6~8 枚，药隔无毛。核果卵圆形。花期 5~7 月和 9~10 月，果期 7~11 月。

分布中国大部分地区。生于山地或疏林中。保护区笔架山偶见。

2. 毛八角枫 Alangium kurzii Craib

落叶小乔木，稀灌木。小枝近圆柱形。叶互生，纸质，近圆形或阔卵形，长 12~14cm，宽 7~9cm，背面被丝质绒毛。聚伞花序有 5~7 朵花，花长 2~2.5cm，雄蕊 6~8 枚。花期 5~6 月，果期 9 月。

分布华南、华中、华东、西南大部分地区。生于疏林中。保护区斑鱼咀、笔架山偶见。

2. 山茱萸属 Cornus L.

落叶乔木或灌木。枝常对生。叶纸质，对生，卵形、椭圆形或卵状披针形，全缘。花序伞形，常在发叶前开放；总苞片 4 片；花两性，花萼管陀螺形；花瓣 4 片，近于披针形。核果长椭圆形；核骨质。本属 4 种。中国 2 种。保护区 1 种。

1. 香港四照花 Cornus hongkongensis Hemsl.

常绿乔木或灌木。叶对生，薄革质至厚革质，长 6.2~13cm，

宽 3~6.3cm，嫩叶两面被短柔毛，后渐无毛，顶端急尖，侧脉（3~）4 对。总苞片阔椭圆形，长 2.8~4cm，宽 1.7~3.5cm。果序球形。花期 5~6 月，果期 11~12 月。

分布华南、西南部分地区。生于湿润山谷的密林或混交林中。保护区客家仔行、八仙仔偶见。

A325. 凤仙花科 Balsaminaceae

一年生或多年生草本，稀附生或亚灌木。单叶，螺旋状排列，羽状脉，边缘具圆齿或锯齿。花两性，排成腋生或近顶生总状或假伞形花序。假浆果或蒴果。本科 2 属约 900 种。中国 2 属 228 种。保护区 1 属 2 种。

1. 凤仙花属 Impatiens L.

草本。单叶。花两性，排成腋生或近顶生总状或假伞形花序，或无总花梗，萼片 3 片，稀 5 片，侧生萼片离生或合生，全缘或具齿；下面倒置的 1 片萼片大，花瓣状，常呈舟状，漏斗状或囊状，基部渐狭或急收缩成具蜜腺的距。本属 900 种。中国 220 种。保护区 2 种。

1. 华凤仙 Impatiens chinensis L.

一年生草本。叶对生，叶片线形或线状披针形，基圆形或近心形，有托叶状腺体，边缘疏生刺状锯齿。花单生或 2~3 朵簇生叶腋。蒴果椭圆形。花期 3~12 月，果期 3~12 月。

分布华南、西南部分地区。常生于池塘、水沟旁、田边或沼泽地区。保护区蒸狗坑、串珠龙偶见。

2.* 苏丹凤仙花 Impatiens walleriana Hook. f.

多年生肉质草本。叶互生或上部螺旋状排列，具柄，叶片宽椭圆形或卵形至长圆状椭圆形，边缘具圆齿状小齿，齿端具

小尖，两面无毛。总花梗生于茎、枝上部叶腋；苞片线状披针形或钻形。蒴果纺锤形。花期 6~10 月。

分布华南地区。生于沿河岸灌丛、河边缘、背阴地方。保护区有栽培。

A330. 玉蕊科 Lecythidaceae

常绿乔木或灌木。叶螺旋状排列，常丛生枝顶，偶有对生，具羽状脉。花单生、簇生，或组成总状花序、穗状花序或圆锥花序；花瓣通常 4~6 片，分离或基部合生。果实浆果状、核果状或蒴果状。种子 1 至多数。本科约 20 属 450 种。中国 1 属 3 种。保护区 1 属 2 种。

1. 玉蕊属 Barringtonia J. R. Forst & G. Forst

乔木或灌木。叶常丛生枝顶，有柄或近无柄，纸质或近革质，全缘或有齿；托叶小，早落。总状花序或穗状花序；萼筒倒圆锥形；花瓣 4 片，稀 3 或 6 片。果大，外果皮稍肉质，内果皮薄。种子 1 颗。本属约 56 种。中国 3 种。保护区栽培 2 种。

1.* 红花玉蕊 Barringtonia acutangula (L.) Gaertn.

小乔木或中等大乔木。叶常丛生枝顶，有短柄，纸质，倒卵形至倒卵状椭圆形或倒卵状矩圆形，边缘有圆齿状小锯齿。总状花序顶生，稀在老枝上侧生。果实卵圆形，稍肉质。种子卵形，长 2~4cm。花期几乎全年。

华南地区有栽培。保护区有栽培。

2.* 锐棱玉蕊 Barringtonia reticulata (Blume) Miq.

小乔木。小枝粗壮，有明显的叶痕。叶常丛生枝顶，有柄，近革质，全缘，托叶小，早落。穗状花序，顶生，通常长而俯垂；苞片和小苞片均早落；花芽球形；萼筒倒圆锥形；花瓣 4 片。果大。种子 1 颗。

华南地区有栽培。保护区有栽培。

A332. 五列木科 Pentaphylacaceae

常绿乔木或灌木。具芽鳞。单叶，全缘，螺旋状排列，无托叶。花小，两性，腋生假穗状或总状花序，花瓣 5 片，白色，厚，倒卵状长圆形。蒴果椭圆形。种子长圆形。本科 2 属约 900 种。中国 2 属 228 种。保护区 5 属 25 种。

1. 杨桐属 Adinandra Jack

常绿乔木或灌木。顶芽被毛。单叶互生；2 列；通常具腺点；具叶柄。花两性，单朵腋生，偶双生，基部稍合生；花药基着药，花丝合生，花丝短。浆果。种子小而多，深色有光泽。本属约 85 种。中国 22 种。保护区 5 种。

1. 尖叶川杨桐 Adinandra bockiana Pritzel ex Diels var. **acutifolia** (Hand.-Mazz.) Kobuski

　　灌木或小乔木。叶披针形，长 5~12cm，宽 2~3.5cm；叶背及边缘无毛；全缘。花单朵腋生，花梗较短长 1~1.3cm；子房 3 室，被毛。果圆球形，疏被绢毛，熟时紫黑色。花期 6~7 月，果期 9~10 月。

　　分布华南、华中、西南等地区。生于山坡路旁灌丛中或山地疏林或密林中。保护区禾叉坑偶见。

2. 两广杨桐 Adinandra glischroloma Hand.-Mazz.

　　常绿灌木或小乔木。嫩枝连同顶芽密被长刚毛。叶互生，革质，长圆状椭圆形，全缘。花稀单朵生于叶腋。浆果圆球形。花期 5~6 月，果期 9~10 月。

　　分布华南、华中地区。生于山坡溪谷林缘稍阴地以及近山顶疏林中。保护区禾叉坑偶见。

3. 长毛杨桐 Adinandra glischroloma Hand.-Mazz. var. **jubata** (H. L. Li) Kobuski

和原种的主要区别：顶芽、嫩枝、叶片下面尤其是叶缘均密被特长的锈褐色长刚毛，毛长达5mm。

　　分布华南地区。生于山地林中阴处。保护区禾叉坑偶见。

4. 大萼杨桐 Adinandra glischroloma Hand.-Mazz. var. **macrosepala** (F. P. Metcalf) Kobuski

　　和原种的主要区别：花较大，萼片通常长 11~14mm，宽 8~10mm；花瓣长 13~15mm，宽 5~6mm；雄蕊约 30 枚，花药长 4~4.5mm；以及果实成熟时直径可达 13mm，宿存萼片长达 15mm 等。花期 5~7 月，果期 7~9 月。

　　分布华南、华东地区。生于山坡沟谷林下阴地或路旁溪边灌丛中。保护区玄潭坑偶见。

5. 亮叶杨桐 Adinandra nitida Merr. ex H. L. Li

　　灌木或乔木。全株除顶芽外无毛。叶卵状长圆形，长 7~13cm，宽 2.5~4cm，边缘具细齿。花单朵腋生，花梗长 1~2cm，花萼卵形。果球形或卵球形，熟时橙黄色或黄色。花期 6~7 月，果期 9~10 月。

　　分布华南、西南地区。生于沟谷溪边、林缘、林中或石岩边。保护区古斗林场偶见。

2. 红淡比属 Cleyera Thunb.

　　常绿小乔木或灌木。嫩枝和顶芽均无毛，常具棱。叶互生，常 2 列，叶形种种，全缘或有时有锯齿。花两性，白色。果为浆果状。本属约 24 种。中国 9 种。保护区 2 种。

1. 厚叶红淡比 Cleyera pachyphylla Chun ex H. T. Chang

　　灌木或小乔木，全株无毛。叶互生，厚革质，长圆形，边缘疏生细齿，稍反卷，下面被红色腺点；花腋生。果圆球形。花期 6~7 月，果期 10~11 月。

分布华南、华东地区。生于山地或山顶林中及疏林中。保护区青石坑水库偶见。

2. 小叶红淡比 Cleyera parvifolia (Kobuski) Hu ex L. K. Ling

灌木或小乔木，全株无毛。叶互生，厚革质，长圆形，边缘疏生细齿，稍反卷，下面被红色腺点；花腋生。果圆球形。花期 6~7 月，果期 10~11 月。

分布华南地区及中国台湾。生于山地林中或疏林中。保护区蒸狗坑、笔架山偶见。

3. 柃木属 Eurya Thunb.

常绿灌木或小乔木。叶革质至膜质，互生，排成 2 列，边缘具齿，稀全缘，常具叶柄。花单性，雌雄异株。浆果圆球形至卵形。种子黑褐色。本属约 130 种。中国 83 种。保护区 14 种。

1. 尖叶毛柃 Eurya acuminatissima Merr. & Chun

灌木或小乔木。叶坚纸质或薄革质，卵状椭圆形，两面无毛。花 1~3 朵腋生；花瓣 5 片，白色。果疏被毛。花期 9~11 月，果期翌年 7~8 月。

分布华南、华中、西南地区。生于山地、溪边沟谷密林或疏林中。保护区玄潭坑偶见。

2. 尖萼毛柃 Eurya acutisepala Hu & L. K. Ling

灌木或小乔木。叶长圆状披针形，长 5~9cm，宽 1.2~2.5cm；萼片卵形；子房及果被毛；花柱 3 裂。花期 10~11 月，果期翌年 6~8 月。

分布华南、华东、华中、西南地区。生于山地密林中或沟谷溪边林下阴湿地。保护区山麻坑偶见。

3. 米碎花 Eurya chinensis R. Br.

常绿灌木。叶薄革质，倒卵形或倒卵状椭圆形，顶端常凹，边缘密生细齿。花 1~4 朵簇生于叶腋；花瓣白色。果实圆球形，有时为卵圆形，成熟时紫黑色。花期 11~12 月，果期翌年 6~7 月。

分布华南、华东地区。生于低山、丘陵、山坡灌丛，路边或溪河沟谷灌丛中。保护区偶玄潭坑见。

4. 二列叶柃 Eurya distichophylla Hemsl.

常绿灌木或小乔木。叶卵状披针形或卵状长圆形。花 1~3 朵簇生于叶腋；花瓣白色带蓝色；被毛；花柱 3 裂。浆果小，被毛。花期 10~12 月，果期翌年 6~7 月。

分布华南、华东、华中地区。生于山坡路旁或沟谷溪边阴湿地的疏林、密林和灌丛中。保护区禾叉坑偶见。

5. 楔基腺柃 Eurya glandulosa Merr. var. cuneiformis H. T. Chang

常绿灌木或小乔木。幼枝密被绒毛。叶片较大，顶端钝或近圆形，基部楔形，有明显的叶柄。雄花未见；雌花 1~2 朵腋生。果实未见。花期 10~11 月。

分布华南地区。生于山坡沟谷林中或林缘路旁。保护区斑鱼咀偶见。

6. 粗枝腺柃 Eurya glandulosa Merr. var. dasyclados (Kobuski) H. T. Chang

常绿灌木或小乔木。叶片较大，基部圆形，两侧为略不整齐或微心形，上面常具金黄色腺点，叶柄较长。雄花未见；雌花 1~2 朵腋生。果实未见。花期 10~11 月。

分布华南、华东地区。生于山谷林中、林缘以及沟谷、溪旁路边灌丛中。保护区青石坑水库偶见。

7. 岗柃 Eurya groffii Merr.

常绿灌木或小乔木。叶革质或薄革质，披针形或披针状长圆形，边缘密生细齿。花 1~9 朵簇生于叶腋；花瓣白色；浆果圆球形。花期 9~11 月，果期翌年 4~6 月。

分布华南、华东、西南地区。生于山坡路旁林中、林缘及山地灌丛中。保护区青石坑水库偶见。

8. 微毛柃 Eurya hebeclados Y. Ling

灌木或小乔木。叶革质，长圆状椭圆形至倒卵形，顶端窄缩呈短尖。花 4~7 朵簇生叶腋。果圆球形；种子肾形。花期 12 至翌年 1 月，果期 8~10 月。

分布华南、华中、西南地区。生于山坡林中、林缘以及路旁灌丛中。保护区螺塘水库偶见。

9. 细枝柃 Eurya loquaiana Dunn

灌木或小乔木。叶薄革质，常窄椭圆形或卵状披针形，下面中脉被微毛。花 1~4 朵簇生于叶腋。果圆球形。花期 10~12 月，果期翌年 7~9 月。

分布华南、华东、华中、西南地区。生于山坡沟谷、溪边林中或林缘以及山坡路旁阴湿灌丛中。保护区螺塘水库偶见。

10. 黑柃 Eurya macartneyi Champ.

常绿小乔或灌木。叶长圆状椭圆形或椭圆形，基部圆钝；边缘上部有齿；两面无毛。花1~4朵簇生于叶腋。浆果圆球形。花期11月至翌年1月，果期6~8月。

分布华南、华中地区。生于山地或山坡沟谷密林或疏林中。保护区玄潭坑偶见。

11. 从化柃 Eurya metcalfiana Kobuski

常绿小乔或灌木。叶革质，长圆状椭圆形或椭圆形，两面无毛。花1~4朵簇生于叶腋。浆果圆球形。花期11月至翌年1月，果期6~8月。

分布华南、华东、华中地区。生于山地林中、林缘及沟谷溪边灌丛中。保护区螺塘水库偶见。

12. 格药柃 Eurya muricata Dunn

灌木或小乔木。叶革质，稍厚，长圆状椭圆形或椭圆形。花1~5朵簇生叶腋，花瓣5片，白色。果实圆球形。花期9~11月，果期翌年6~8月。

分布华南、华东、西南地区。生于山坡林中或林缘灌丛中。保护区串珠龙、三牙石偶见。

13. 细齿叶柃 Eurya nitida Korth.

常绿灌木或小乔木。叶薄革质，椭圆形、长圆状椭圆形或倒卵状长圆形。花1~4朵簇生于叶腋。浆果圆球形。花期11月至翌年1月，果期翌年7~9月。

分布华南、华东、西南等地区。生于山地林中、沟谷溪边林缘以及山坡路旁灌丛中。保护区扫管塘偶见。

14. 窄基红褐柃 Eurya rubiginosa H. T. Chang var. attenuata H. T. Chang

灌木。有显著叶柄；叶片较窄，侧脉斜出，基部楔形。花1~3朵簇生于叶腋；萼片无毛；花柱有时几分离。浆果长约4mm。

分布长江以南各地。生于山坡林中、林缘及山坡路旁或沟谷边灌丛中。保护区双孖鲤鱼坑偶见。

15. 窄叶柃 Eurya stenophylla Merr.

灌木。叶革质或薄革质，窄披针形，先端渐尖或钝，基部楔形或宽楔形，具钝齿。花1~3朵簇生叶腋。果长卵形。花期10~12月，果期翌年7~8月。

分布华南、华中、西南地区。生于山坡溪谷路旁灌丛中。保护区青石坑水库偶见。

4. 五列木属 Pentaphylax Gardner & Champ.

小乔木。单叶互生。花辐射对称，花萼、花瓣5片，子房5室。蒴果椭圆形。本属约2种。中国1种。保护区有分布。

1. 五列木 Pentaphylax euryoides Gardner & Champ.

常绿乔木或灌木。单叶互生，革质，卵形至长圆状披针形。总状花序腋生或顶生，花辐射对称，花萼、花瓣 5 片，子房 5 室。蒴果椭圆状。花期 4~6 月，果期 10~11 月。

分布华南、西南部分地区。生于密林中。保护区螺塘水库偶见。

5. 厚皮香属 Ternstroemia Mutis ex L. f.

常绿乔木或灌木。叶革质，单叶，螺旋状互生，常聚生枝顶，全缘或有腺齿刻。花常单生叶腋或侧生。常为浆果。本属约 90 种。中国 14 种。保护区 2 种。

1. 厚皮香 Ternstroemia gymnanthera (Wight & Arn.) Bedd.

常绿灌木或小乔木。叶革质或薄革质，稀上半部疏生浅齿，齿尖具黑色小点。花两性或单性。浆果圆球形。花期 5~7 月，果期 8~10 月。

分布华南、华东、西南地区。生于山地林中、林缘路边或近山顶疏林中。保护区玄潭坑偶见。

2. 尖萼厚皮香 Ternstroemia luteoflora L. K. Ling

小乔木。叶椭圆形，长 7~10cm，宽 2.5~4cm，萼片披针形，子房 2 室。果球形，直径 15~20mm。花期 5~6 月，果期 8~10 月。

分布华南、华东、华中、西南地区。生于沟谷疏林中、林缘路边及灌丛中。保护区禾叉坑偶见。

A333. 山榄科 Sapotaceae

乔木或灌木，有乳汁。单叶，常革质，全缘。花单生、簇生或呈总状、聚伞或圆锥花序，花两性，辐射对称，具小苞片。浆果或核果状。种子 1 至数颗，具疤痕。本科 35~75 属约 800 种。中国 14 属 28 种。保护区 4 属 5 种。

1. 紫荆木属 Madhuca J. F. Gmel.

乔木。单叶互生，通常聚生于枝顶，叶革质或近革质，全缘，具柄。花单生或簇生于叶腋，有时顶生；花萼裂片 4 片；花冠管圆筒形，喉部常有粗毛环。浆果球形或椭圆形。种子 1~4 颗，疤痕线形或长圆形。本属约 85 种。中国 2 种。保护区 1 种。

1. 紫荆木 Madhuca pasquieri (Dubard) H. J. Lam

高大乔木。托叶披针状线形，早落。叶互生，星散或密聚于分枝顶端，革质，倒卵形或倒卵状长圆形。花数朵簇生叶腋；花萼 4 裂；花冠黄绿色。果椭圆形或小球形。种子 1~5 颗，椭圆形。花期 7~9 月，果期 10 月至翌年 1 月。

分布华南、西南地区。生于混交林中或山地林缘。保护区鹅公鬓偶见。国家 II 级重点保护野生植物。

2. 铁线子属 Manilkara Adans.

乔木。叶革质或近革质，具柄，侧脉甚密。花数朵簇生于叶腋；花萼与花冠均 6 片，裂片复 3 裂，背面两侧各有 1 枚附属体，有不育雄蕊。浆果。本属 65 种。中国 1 种。保护区有栽培。

1.* 人心果 Manilkara zapota (L.) P. Royen

乔木。小枝具明显的叶痕。叶互生，密聚于枝顶，长圆形或卵状椭圆形。花 1~2 朵生于枝顶叶腋；花梗密被黄褐色或锈色绒毛；花冠白色。浆果纺锤形、卵形或球形，长 4cm 以上，褐色，果肉黄褐色。花果期 4~9 月。

分布华南、西南地区。常作栽培。保护区有栽培。

3. 肉实树属 Sarcosperma Hook. f.

乔木或灌木。具乳汁。单叶对生或近对生，托叶小，早落，羽状脉，下面凸起。花小，单生或成簇排成腋生总状或圆锥花序。

果核果状，椭圆形，具白粉。本属约9种。中国5种。保护区1种。

1. 肉实树 Sarcosperma laurinum (Benth.) Hook. f.

常绿乔木。叶近革质，常倒卵形或倒披针形，上部最宽，叶背脉上有明显纵棱纹；两面无毛。总状花序或为圆锥花序腋生。核果长圆形或椭圆形。花期8~9月，果期12月至翌年1月。

分布华南、华东地区。生于山谷或溪边林中。保护区百足行仔山偶见。

4. 铁榄属 Sinosideroxylon (Engl.) Aubr.

乔木，稀灌木。叶互生，革质，无托叶。花簇生叶腋或呈总状花序，花萼5~6裂，覆瓦状排列。浆果卵圆状球形或球形。种子1颗，种皮坚脆。本属4种。中国3种。保护区2种。

1. 铁榄 Sinosideroxylon pedunculatum (Hemsl.) H. Chuang

乔木。叶互生，聚生枝顶，革质，卵形或卵状披针形，两面无毛。1~3朵簇生于腋生的花序梗上。浆果卵球形。花期5~7月，果期8~10月。

分布华南、华中、西南地区。生于石灰岩小山和密林中。保护区禾叉水坑偶见。

2. 革叶铁榄 Sinosideroxylon wightianum (Hook. & Arn.) Aubrév.

小乔木或灌木。叶椭圆形至披针形或倒披针形，上面光泽。花绿白色。浆果椭圆形。花期5~6月，果期8~10月。

分布华南、西南地区。生于石灰岩小山、灌丛及混交林中。保护区大柴堂、五指山偶见。

A334. 柿科 Ebenaceae

乔木或直立灌木。单叶互生，全缘，无托叶，具羽状叶脉。花多单生，常雌雄异株或杂性，雌花单生，雄花呈小聚伞花序

或簇生，花萼、花冠3~7裂。浆果肉质。本科2~6属450余种。中国1属约58种。保护区1属3种。

1. 柿树属 Diospyros L.

乔木或灌木。无顶芽。叶互生，偶或有微小的透明斑点。花单性，雌雄异株或杂性，雄花组成聚伞花序，腋生当年生枝。浆果肉质，基部常有增大宿存花萼。种子较大，两侧扁。本属400余种。中国64种。保护区3种。

1. 乌材 Diospyros eriantha Champ. ex Benth.

常绿乔木或灌木。叶纸质，长圆状披针形；叶面光亮、无毛，背面被锈色硬毛；顶端短渐尖，边缘微背卷。花序腋生。果几无柄。花期7~8月，果期10月至翌年1~2月。

分布华南地区及中国台湾。生于山地疏林、密林或灌丛中。保护区斑鱼咀、笔架山偶见。

2. 罗浮柿 Diospyros morrisiana Hance

落叶乔木。小枝及叶柄常密被黄褐色柔毛。叶椭圆形，长5~10cm，宽2.5~4cm，两面无毛。花较小。果球形，较小，直径1.6~2cm。

分布华南、华中、西南地区。生于山坡、山谷疏林或密林中。保护区北峰山、蛮陂头常见。

3. 小果柿 Diospyros vaccinioides Lindl.

常绿矮灌木。嫩枝、嫩叶和冬芽有锈色柔毛。叶长圆形，长2~3cm，先端急尖，有短针尖，基部钝或近圆形，叶缘初时有睫毛，上面光亮。花雌雄异株，细小，腋生。果小，球形，熟时黑色。花期5月，果期冬季。

分布华南地区。生于灌丛或山谷灌丛中。保护区林场附近偶见。

A335. 报春花科 Primulaceae

一至多年生草本。叶互生、对生或轮生，或全基生并常形成稠密的莲座丛。花单生或组成总状、伞形或穗状花序，花两性，5 基数，辐射对称。蒴果 5 齿裂或瓣裂，稀盖裂。本科 22 属近 1000 种。中国 13 属近 500 种。保护区 6 属 20 种。

1. 蜡烛果属 Aegiceras Gaertn.

灌木或小乔木。叶互生或于枝条顶端近对生，全缘，腺点不明显。伞形花序，生于枝条顶端；花两性，5 数，萼片革质；花冠钟形，裂片卵形或卵状披针形；子房上位。蒴果，圆柱形。本属 2 种。中国 1 种。保护区有分布。

1. 蜡烛果 Aegiceras corniculatum (L.) Blanco

灌木或小乔木。叶互生，于枝条顶端近对生，叶倒卵形、椭圆形或广倒卵形，顶端圆或微凹；两面密布小窝点。伞形花序；花冠白色，钟形，里面被长柔毛。蒴果新月状圆柱形。花期 12 月至翌年 1~2 月，果期 10~12 月。

分布华南、华东地区。生于海边潮水涨落的污泥滩上。保护区偶见。

2. 紫金牛属 Ardisia Sw.

灌木或小乔木。叶互生，常具腺点，全缘或具波状圆齿。聚伞、伞形、伞房或圆锥花序顶生；两性花，常 5 基数，子房上位，花萼基部或花梗无小苞片。核果状浆果，果圆形。本属 400~500 种。中国 65 种。保护区 10 种。

1. 少年红 Ardisia alyxiifolia Tsiang ex C. Chen

灌木或小乔木。叶狭卵形或披针形，长 3.5~6cm，宽 1.5~2.3cm，边缘有浅圆齿，齿间有腺点，背面被微毛或小鳞片。

分布华南、华中、西南地区。生于林中。保护区百足行仔山偶见。

2. 九管血 Ardisia brevicaulis Diels

常绿矮小灌木。叶坚纸质，狭卵形或卵状披针形，或椭圆形至近长圆形，近全缘。伞形花序。果有腺点。花期 6~7 月，果期 10~12 月。

分布华南、华中、西南等地区。生于密林下或阴湿的地方。保护区茶寮口至茶寮迳偶见。

3. 朱砂根 Ardisia crenata Sims

灌木。高 1~2m。叶椭圆形或椭圆状披针形，长 7~10cm，宽 2~4cm，边缘皱波状或波状齿。伞形花序或聚伞花序；花瓣白色，稀略带粉红色，盛开时反卷，卵形。果球形，鲜红色，具腺点。花期 5~6 月，果期 10~12 月，有时 2~4 月。

分布华南、华东等地区。生于疏、密林下阴湿的灌木丛中。保护区牛轭塘坑偶见。

4. 百两金 Ardisia crispa (Thunb.) A. DC.

灌木。叶椭圆状披针形，长 7~12cm，宽 1.5~3cm，边全缘，有明显的边缘腺点，两面无腺点，顶端长渐尖。亚伞形花序，着生于侧生特殊花枝顶端；萼片有腺点。果球形，有腺点。花期 5~6 月，果期 10~12 月。

分布长江流域以南地区。生于山谷、山坡，林下或竹林下。保护区斑鱼咀偶见。

5. 大罗伞树 Ardisia hanceana Mez

灌木。叶片坚纸质，椭圆状或长圆状披针形，齿尖具腺点，两面无毛。复伞房状伞形花序。果球形。花期 5~6 月，果期 11~12 月。

分布华南、华中、华东地区。生于山谷、山坡林下及阴湿的地方。保护区客家仔行偶见。

6. 山血丹 Ardisia lindleyana D. Dietr.

常绿灌木或小灌木。叶革质，长圆形至椭圆状披针形，近全缘或具微波状齿，齿尖具边缘腺点。亚伞形花序。果深红色。花期 5~7 月，果期 10~12 月。

分布华南、华东地区。生于山谷、山坡密林下、水旁和阴湿的地方。保护区车桶坑偶见。

7. 虎舌红 Ardisia mamillata Hance

常绿矮小灌木。全株常被紫红色毛。叶互生或簇生于茎顶端，坚纸质，倒卵形至长圆状倒披针形。伞形花序。果径鲜红色。花期 6~7 月，果期 11 月至翌年 1 月。

分布华南、华中、西南地区。生于山谷、山坡密林下及水旁和阴湿的地方。保护区山麻坑偶见。

8. 光萼紫金牛 Ardisia omissa C. M. Hu

小乔木或灌木。叶螺旋状着生，近莲座状，叶片长圆状椭圆形，纸质，有腺点。复亚伞形花序腋生，花两性。浆果核果状，球形。花期 7 月，果期 11 月至翌年 4 月。

分布华南等地区。生于林中。保护区蒸狗坑偶见。

9. 莲座紫金牛 Ardisia primulifolia Gardner & Champ.

常绿矮小灌木或近草本。叶互生或基生呈莲座状，椭圆形或长圆状倒卵形。聚伞花序或亚伞形花序。果鲜红色。花期 6~7 月，果期 11~12 月。

分布华南、华东、西南地区。生于林中。保护区长塘尾等地偶见。

10. 罗伞树 Ardisia quinquegona Blume

常绿灌木至小乔木。叶坚纸质，长圆状披针形、椭圆状披针形至倒披针形。聚伞花序或亚伞形花序。果扁球形。花期5~6月，果期12月或2~4月。

分布华南、华东、西南地区。生于林中。保护区玄潭坑偶见。

3. 酸藤子属 Embelia Burm. f.

攀援灌木或藤本。单叶互生或2列或近轮生，具柄。总状、圆锥、伞形或聚伞花序顶生、腋生或侧生，花单性，同株或异株。浆果状核果。种子近球形。本属约140种。中国20种。保护区4种。

1. 酸藤子 Embelia laeta (L.) Mez

常绿攀援灌木或藤本。叶坚纸质，倒卵形或长圆状倒卵形，无腺点。总状花序。果球形。花期12月至翌年3月，果期4~6月。

分布华南、华东、西南地区及中国台湾。生于林中。保护区玄潭坑偶见。

2. 白花酸藤果 Embelia ribes Burm. f.

攀援灌木或藤本。叶坚纸质，倒卵状椭圆形，长5~8cm，全缘，腺点不明显。圆锥花序顶生。果球形或卵形，红或深紫色。花期1~7月，果期5~12月。

分布华南、西南、西北地区。生于林内、林缘灌木丛中或路边。保护区车桶坑偶见。

3. 厚叶白花酸藤果 Embelia ribes Burm. f. subsp. pachyphylla (Chun ex C. Y. Wu & C. Chen) Pipoly & C. Chen

常绿攀援灌木。叶片厚，革质或几肉质，倒卵状椭圆形或长圆状椭圆形，全缘。圆锥花序顶生。果具腺点。花期1~7月，果期5~12月。

分布华南、西南地区。生于林下或灌木丛中。保护区北峰山偶见。

4. 密齿酸藤子 Embelia vestita Roxb.

常绿攀援灌木或藤本。叶坚纸质，长圆常绿状卵形至椭圆状披针形，两面无毛。总状花序腋生。果具腺点。花果期10月至翌年3月。

分布华南、西南地区。生于石灰岩山坡林下。保护区水保偶见。

4. 珍珠菜属 Lysimachia L.

直立或匍匐草本。通常有腺点。叶互生、对生或轮生，全缘。花单出腋生或排成顶生或腋生的总状花序或伞形花序；花萼5深裂；花冠白色或黄色，裂片在花蕾中旋转状排列。蒴果卵圆形或球形，通常5瓣开裂。本属180种。中国138种。保护区1种。

1. 香港过路黄 Lysimachia alpestris Champ. ex Benth.

多年生草本。全株密被白色长硬毛。基生叶莲座状，匙形，长 3~6cm，宽 0.6~1.5cm，顶端钝，有凸头，基部楔形。花单生叶腋。蒴果。花期 4 月。

分布华南地区及中国香港。生于山谷林下。保护区北峰山罕见。

5. 杜茎山属 Maesa Forsk.

灌木。叶全缘，常具脉状腺纹或腺点。总状或圆锥花序腋生，花 5 数。肉质浆果或干果，中果皮坚脆，常具脉状腺纹或纵肋纹。种子小，具棱角。本属约 200 种。中国 29 种。保护区 2 种。

1. 杜茎山 Maesa japonica (Thunb.) Moritzi ex Zoll.

灌木。叶片革质，叶形多变，几全缘或中部以上具疏齿，两面无毛。总状花序或圆锥花序腋生。果球形。花期 1~3 月，果期 10 月或翌年 5 月。

分布华南、西南地区及中国台湾。生于山坡或石灰山杂木林下阳处。保护区长塘尾偶见。

2. 鲫鱼胆 Maesa perlarius (Lour.) Merr.

常绿灌木。叶纸质或近坚纸质，广椭圆状卵形至椭圆形。总状花序或圆锥花序腋生。果球形。花期 3~4 月，果 12 月至翌年 5 月。

分布华南、西南地区及中国台湾。生于山坡、路边的疏林或灌丛中湿润的地方。保护区孖鬓水库常见。

6. 铁仔属 Myrsine L.

灌木或小乔木。叶具锯齿，无毛，叶柄常下延至小枝。伞形花序簇生或腋生、侧生或生老枝叶痕；花萼、花瓣分离，萼片、花瓣具缘毛及腺点。浆果核果状，内果皮坚脆。本属 5~7 种。中国 4 种。保护区 2 种。

1. 密花树 Myrsine seguinii H. Lév.

常绿小乔木。叶革质，长圆状倒披针形至倒披针形，全缘，两面无毛。伞形花序或花簇生。果球形或近卵形。花期 4~5 月，果期 10~12 月。

分布华南、西南地区及中国台湾。生于混交林中或苔藓林中。保护区车桶坑偶见。

2. 光叶铁仔 Myrsine stolonifera (Koidz.) Walker

灌木。叶片坚纸质至近革质，椭圆状披针形，全缘或有时中部以上具 1~2 对齿。伞形花序或花簇生，腋生或生于裸枝叶痕上；花冠基部连合成极短的管，具明显的腺点。果球形，无毛。花期 4~6 月，果期 12 月至翌年 12 月。

分布华南、华中、华东地区及中国台湾。生于林中潮湿处。保护区长塘尾偶见。

A336. 山茶科 Theaceae

乔木或灌木。叶革质，互生，羽状脉，具柄，无托叶。花两性稀雌雄异株，花瓣 5 至多片，基部连生。蒴果、核果或浆果状。种子圆形。本科 19 属 600 种。中国 12 属 274 种。保护区 5 属 20 种。

1. 山茶属 Camellia L.

灌木或乔木。叶革质,羽状脉,有锯齿。花两性,顶生或腋生,花瓣 5~12 片;萼片 5~6 片,雄蕊多轮,子房上位。蒴果,3~5 片上部裂,中轴脱落;果片木质或栓质。种子圆球形或半圆形。本属约 280 种。中国 238 种。保护区 11 种。

1.* 杜鹃红山茶 Camellia azalea C. F. Wei

常绿灌木。叶片倒卵形或长倒卵形,叶革质,叶面深绿色,叶背淡绿色,叶表面无毛;叶柄无毛。花近顶生,单生,近无梗;花瓣倒卵形至长倒卵形,基部渐狭,先端微缺。蒴果卵球形。种子棕色,半球形,无毛。花期 10~12 月,果期 8~9 月。

分布华南地区。生于山地,常有栽培。保护区有栽培。

4. 尖连蕊茶 Camellia cuspidata (Kochs) H. J. Veitch.

灌木。枝和叶无毛。叶卵状披针形,长 5~8cm,宽 1.5~2.5cm。花单独顶生;苞片 4~5 片,花丝合生,萼片宿存;子房仅 1 室发育。蒴果圆球形。花期 12 月至翌年 4 月,果期翌年 8~10 月。

分布华南、华东、西南、西北地区。生于林中。保护区青石坑水库偶见。

2. 长尾毛蕊茶 Camellia caudata Wall.

灌木至小乔木。叶革质或薄质,长圆形、披针形或椭圆形。花腋生及顶生,花冠白色。蒴果圆球形,果片薄,被毛。种子 1 颗。花期 10 月至翌年 3 月。

分布华南、华东地区及中国台湾。生于林中。保护区青石坑水库偶见。

5. 毛柄连蕊茶 Camellia fraterna Hance

灌木。叶长 4~8cm,宽 1.5~3.5cm,边缘有相隔 1.5~2.5mm 的钝锯齿。花常单生于枝顶;花瓣 5~6 片。蒴果圆球形,直径 1.5cm。种子 1 颗。

分布长江以南各地。生于山地林中。保护区猪肝吊、牛石栏偶见。

3. 心叶毛蕊茶 Camellia cordifolia (F. P. Metcalf) Nakai

灌木至小乔木。幼枝被长柔毛。叶长圆状披针形,长 8~12cm,宽 1.5~3cm。花腋生及顶生,单生或成对;苞片 4~5 片,萼片近圆形,基部微心形,被毛,花瓣无毛;子房被长毛,仅 1 室发育。蒴果近球形。花期 11 月至翌年 1 月,果期翌年 9~10 月。

分布华南地区。生于林中。保护区青石坑水库偶见。

6.* 大苞山茶 Camellia granthamiana Sealy

乔木。叶革质，椭圆形或长椭圆形，先端急渐尖，基部圆形或钝；侧脉 6~7 对，边缘有锯齿。花白色，单生于枝顶；苞片及萼片 12 片，外面被绢毛或灰毛。花瓣 8~10 片。蒴果圆球形。种子近圆形。花期 12 月至翌年 1 月，果期 8~9 月。

分布华南地区。生于常绿林中。保护区有栽培。

7. 广东毛蕊茶 Camellia melliana Hand.-Mazz.

乔木。枝常密被毛。叶狭披针形，长 4~6cm，宽 1~1.5cm。苞片 4 片；萼片及花瓣背面被毛；子房仅 1 室发育；花丝管长 7mm。

分布广东。生于林下及灌丛中。保护区百足行仔山、鹅公髻等地偶见。

8.* 油茶 Camellia oleifera Abel

常绿灌木或中乔木。叶革质，椭圆形，长圆形或倒卵形。花顶生，花瓣白色；蒴果球形或卵圆形。花期冬春间，果期 9~10 月。

中国大部分地区广泛栽培。保护区有栽培。

9. 南山茶 Camellia semiserrata C. W. Chi

小乔木。叶革质，椭圆形或长圆形，无毛，边缘上半部或 1/3 有疏而锐利的锯齿。花顶生，红色，无柄；苞片及萼片 11 片，花开后脱落。蒴果卵球形，每室有种子 1~3 颗，果皮厚木质。种子长 2.5~4cm。

分布华南地区。生于山地。保护区斑鱼咀偶见。

10.* 茶 Camellia sinensis (L.) Kuntze

常绿灌木或小乔木。叶革质，长圆形或椭圆形，上面发亮，边缘有锯齿。花腋生。蒴果球形。花期 10 月至翌年 2 月。

中国大部分地区广泛栽培。保护区有栽培。

11.* 普洱茶 Camellia sinensis (L.) O. Ktze. var. assamica (J. W. Mast.) Kitam.

与原种的主要区别：叶薄革质，先端急锐尖，基部阔楔形。花瓣 7~8 片，倒卵形。蒴果扁球形。花期 12 月至翌年 2 月，果期翌年 8~10 月。

西南地区常有栽培。保护区有栽培。

2. 大头茶属 Polyspora Sweet ex G. Don

常绿乔木。叶革质，长圆形，羽状脉，全缘或具齿突。花大，白色，腋生，有短柄；苞片 2~7 片；萼片 5 片。蒴果长筒形。种子扁平，有长翅。本属约 40 种。中国 6 种。保护区 1 种。

1. 大头茶 Polyspora axillaris (Roxb. ex Ker Gawl.) Sweet

乔木。叶厚革质，倒披针形，长 6~14cm，嫩叶红褐色。花生枝顶叶腋，白色。蒴果长，5 片裂。花期 10 至翌年 1 月，果期 11~12 月。

分布华南地区及中国台湾。生于林中。保护区偶见。

3. 核果茶属 Pyrenaria Blume

常绿乔木。叶革质，长圆形，羽状脉，具锯齿及叶柄。花白或黄色，单生枝顶叶腋。核果，内果皮骨质。种子长圆形。本属约 20 种。中国 7 种。保护区 3 种。

1. 小果核果茶 Pyrenaria microcarpa (Dunn) H. Keng

乔木。叶椭圆形，长 6~12cm，宽 2~4cm，背无毛。花直径 1.5~2.5cm，子房 3 室。蒴果三角球形，长 1~1.8cm。花期 4~7 月，果期 8~11 月。

分布华南、华东地区。生于林中。保护区青石坑水库偶见。

2. 疏齿木荷 Schima remotiserrata H. T. Chang

常绿乔木。全体除萼片内面有绢毛外秃净无毛。叶厚革质，长圆形或椭圆形；边缘有疏钝齿。花 6~7 朵簇生于枝顶叶腋。蒴果。花期 8~9 月。果期 10~11 月。

分布华南、华东地区。生于森林。保护区古斗林场偶见。

2. 大果核果茶 Pyrenaria spectabilis (Champ. ex Benth.) C. Y. Wu & S. X. Yang

常绿乔木。叶椭圆形或长圆形，基部楔形，上面干后黄绿色，稍发亮，下面无毛。花单生于枝顶叶腋，白色；苞片 2 片，卵形；萼片 9~11 片，圆形，外面有灰毛；花瓣 5 片，倒卵圆形。蒴果球形，由下部向上开裂。花期 6 月，果期 8~10 月。

分布华南、华东地区。生于林中。保护区青石坑水库偶见。

3. 长柱核果茶 Pyrenaria spectabilis (Champ. ex Benth.) C. Y. Wu & S. X. Yang var. greeniae (Chun) S. X. Yang

与原种的主要区别：花直径 4~5cm；蒴果直径 2~3.5cm。花期 6 月，果期 9~10 月。

分布华南等地区。生于林中。保护区玄潭坑偶见。

3. 木荷 Schima superba Gardner & Champ.

常绿大乔木。叶革质或薄革质，椭圆形，边缘有钝齿。花生于枝顶叶腋。蒴果球形。花期 6~8 月，果期 10~12 月。

分布华南、华中、西南地区。生于山地雨林里。保护区瓶身偶见。

4. 木荷属 Schima Reinw.

乔木。叶全缘或具锯齿。花白色或红色，单生枝顶叶腋，多朵组成总状花序。蒴果球形，木质，室背开裂。种子扁平。本属约 30 种。中国 21 种。保护区 3 种。

1. 银木荷 Schima argentea Pritz. ex Diels

乔木。叶长圆形或长圆状披针形；叶背有银白色蜡被。花数朵生枝顶；苞片 2 片；萼片圆形，外面有绢毛；花瓣有绢毛。蒴果。花期 7~9 月。果期 12 月。

分布华南、西南地区。生于林中。保护区禾叉坑偶见。

5. 紫茎属 Stewartia I. Lawson

常绿或落叶乔木。叶薄革质，半常绿，有锯齿，叶柄无翅，不对折。花单生于叶腋,有短柄。蒴果室背裂开为5片。种子扁平。本属15种。中国10种。保护区2种。

1. 柔毛紫茎 Stewartia villosa Merr.

常绿乔木。嫩枝、叶均有披散柔毛,老叶变秃净。叶革质,长圆形,边缘有锯齿。花单生;花瓣黄白色。蒴果长1.8cm。花期6~7月,果期10~11月。

分布华南地区。生于林中。保护区客家仔行偶见。

2. 广东柔毛紫茎 Stewartia villosa Merr. var. kwangtungensis (Chun) J. Li & T. L. Ming

与原种的主要区别:叶片披针形;萼片卵形。

分布华南地区。生于林中。保护区客家仔行偶见。

A337. 山矾科 Symplocaceae

灌木或乔木。单叶互生,有锯齿,无托叶。穗状、总状、圆锥或团伞花序,辐射对称,花两性;花萼5裂,花冠裂片分裂至近基部或中部。核果,宿存萼裂片。单属科,约300种。中国77种。保护区12种。

1. 山矾属 Symplocos Jacq.

属的形态特征与科相同。本属约300种。中国77种。保护区12种。

1. 腺柄山矾 Symplocos adenopus Hance

灌木或小乔木。芽、嫩枝、叶背被褐色柔毛。叶纸质,椭圆状卵形或卵形,长8~16cm,叶缘有腺点和柔毛,叶柄有腺齿。团伞花序腋生,苞片被长毛,有腺体。核果圆柱形。花期11~12月,果期翌年7~8月。

分布华南、华东、西南地区。生于山地、路旁、山谷或疏林中。保护区螺塘水库偶见。

2. 薄叶山矾 Symplocos anomala Brand

小乔木或灌木。顶芽、嫩枝被褐色柔毛。叶薄革质,狭椭圆形、椭圆形或卵形,基部楔形。总状花序腋生。核果长圆形。花果期4~12月,边开花边结果。

分布长江以南大部分地区。生于山地杂林中。保护区螺塘水库偶见。

3. 黄牛奶树 Symplocos cochinchinensis (Lour.) S. Moore var. laurina (Retzius) Nooteboom

小乔木或灌木。顶芽、嫩枝被褐色柔毛。叶薄革质,狭椭圆形、椭圆形或卵形,边缘有锯齿。总状花序腋生。核果长圆形。花果期4~12月,边开花边结果。

分布华南、华中、华中地区及中国台湾。生于村边石山上、密林中。保护区螺塘水库偶见。

4. 密花山矾 Symplocos congesta Benth.

常绿乔木或灌木。叶近革质,两面无毛,椭圆形或倒卵形,常全缘或疏生细尖锯齿。团伞花序腋生于近枝端的叶腋。核果圆柱形。花期8~11月,果期翌年1~2月。

分布华南、西南地区。生于密林中。保护区青石坑水库等地偶见。

5. 三裂山矾 Symplocos fordii Hance

灌木。幼枝、叶背、叶柄被灰黄色长柔毛。叶薄革质,干后黄绿色,卵形,长5~9cm,具尖锯齿。穗状花序,有花5~10朵,苞片阔卵形。核果狭卵形。花果期5~11月。

分布华南地区。生于低海拔的林中。保护区山麻坑偶见。

6. 羊舌树 Symplocos glauca (Thunb.) Koidz.

乔木。芽、嫩枝、花序均密被褐色短绒毛，小枝褐色。叶狭椭圆形或倒披针形，长 6~15cm，边全缘。穗状花序基部通常分枝，在花蕾时常呈团伞状；花冠白色，5 深裂几达基部。核果狭卵形。花果期 4~10 月。

分布华南、华东、西南地区。生于林间。保护客家仔行、斑鱼咀等地偶见。

7. 光叶山矾 Symplocos lancifolia Sieb. & Zucc.

常绿小乔木。芽、嫩枝、嫩叶背面脉上、花序均被黄褐色柔毛。叶纸质，卵形至阔披针形，边缘具疏浅齿。核果近球形。花期 3~11 月，果期 6~12 月。

分布华南、华中、西南地区。生于林中。保护区青石坑水库偶见。

8. 光亮山矾 Symplocos lucida (Thunb.) Sieb. & Zucc.

灌木或树木。小枝黄褐色。叶片长圆形到狭椭圆形，革质，无毛，基部楔形；侧脉 4~15 对。宿存的苞片和小苞片，宽倒卵形，无毛。核果卵球形到多数椭圆形。花果期 5~12 月。

分布华南、华东、西南地区。生于山坡杂林中。保护区古斗林场偶见。

9. 南岭山矾 Symplocos pendula Wight var. hirtistylis (C. B. Clarke) Nooteboom

常绿小乔木。芽、花序、苞片及萼均被灰色或灰黄色柔毛。叶椭圆形、倒卵状椭圆形或卵形。苞片长圆状卵形；花萼钟形；花冠白色，5 深裂至中部。核果卵形。花期 6~8 月，果期 9~11 月。

分布华南、西南、华东地区。生于溪边、路旁、石山或山坡阔叶林中。保护区玄潭坑偶见。

10. 丛花山矾 Symplocos poilanei Guill.

常绿小乔木。芽、花序、苞片及萼均被灰色或灰黄色柔毛。叶近革质，椭圆形、倒卵状椭圆形或卵形，全缘或具疏圆齿。苞片长圆状卵形，顶端圆；花萼钟形；花冠白色，5 深裂至中部。核果卵形。花期 6~8 月，果期 9~11 月。

分布华南地区。生于杂林中。保护区禾叉坑偶见。

11. 老鼠矢 Symplocos stellaris Brand

常绿乔木。叶厚革质，披针状椭圆形，通常全缘。团伞花序着生枝的叶痕上。核果狭卵状圆柱形。花期 4~5 月，果期 6 月。

分布华南等地区。生于林中。保护区玄潭坑偶见。

12. 山矾 Symplocos sumuntia Buch.-Ham. ex D. Don

常绿乔木。叶薄革质，卵形、狭倒卵形、倒披针状椭圆形，先端尾状渐尖，基部楔形或圆；叶面中脉凹，侧脉和网脉在两面均凸起。总状花序被毛；苞片被毛；花冠白色，5深裂几达基部。核果卵状坛形。花期2~3月，果期6~7月。

分布长江以南及中国台湾各地区。生于山地、路旁、疏林中。保护区古斗林场偶见。

A339. 安息香科 Styracaceae

乔木或灌木，常被星状毛或鳞片。单叶互生，无托叶。总状、聚伞或圆锥花序或单生，花两性，辐射对称，花冠合瓣。核果或蒴果，稀浆果，花萼宿存。本科约11属180种。中国10属54种。保护区3属3种。

1. 赤杨叶属 Alniphyllum Matsum.

乔木。叶互生，无托叶。总状或圆锥花序，花两性，花梗与花萼间具关节，花萼杯状，5齿裂。蒴果长圆形，外果皮肉质，内果皮木质。种子多数，具膜翅。本属3种。保护区1种。

1. 赤杨叶 Alniphyllum fortunei (Hemsl.) Makino

落叶乔木。叶纸质，椭圆形、宽椭圆形或倒卵状椭圆形，叶背灰白色，有时被白粉。总状花序或圆锥花序。蒴果。花期4~7月，果期8~10月。

分布华南、华东、西南地区。生于常绿阔叶林中。保护区山麻坑偶见。

2. 山茉莉属 Huodendron Rehder

乔木或灌木。叶互生，无托叶，边全缘或具疏锯齿。圆锥花序，常作伞房状排列；花小，两性，辐射对称；萼管与子房合生，萼齿5枚；花瓣5片，线状长圆形；雄蕊8~10枚。蒴果卵形；种子多数，小，向两端延伸成流苏状的翅。本属约4种。中国3种。保护区1种。

1. 岭南山茉莉 Huodendron biaristatum Merr. var. parviflorum (Merr.) Rehd.

灌木或小乔木。小枝和叶柄无毛；叶较小，长5~10cm，宽2.5~4.5cm，侧脉每边4~6条，中脉和侧脉干时上面隆起，无毛。花期3~5月，果期8~10月。

分布华南、西南地区。生于山谷密林中。保护区孖鬓水库偶见。

3. 安息香属 Styrax L.

乔木或灌木。单叶互生，被星状毛或鳞片。花序总状、圆锥状或聚伞状，花萼杯状、钟状或倒圆锥状，花冠5裂。核果肉质或干燥。种子无翅，种皮坚硬。本属约130种。中国31种。保护区1种。

1. 栓叶安息香 Styrax suberifolius Hook. & Arn.

落叶乔木。叶互生，革质，椭圆形或椭圆状披针形，近全缘。总状花序或圆锥花序。果实卵状球形。花期3~5月，果期9~11月。

分布长江流域以南各地区。生于山地、丘陵地常绿阔叶林中。保护区青石坑水库偶见。

A342. 猕猴桃科 Actinidiaceae

常绿或落叶灌木或藤本。单叶互生，被粗毛或星状毛，无托叶。花白色、红色、黄色或绿色；雌雄异株，单生或排成简单的或分歧的聚伞花序，腋生或生于短花枝下部；有苞片，小；萼片5片。浆果或蒴果。种子极多至1颗。本科3属357种。中国3属66种。保护区2属4种。

1. 猕猴桃属 Actinidia Lindl.

藤本。髓实心或片层状。枝条常用有皮孔。单叶互生，具长柄，有锯齿。花白色、红色、黄色或绿色，雌雄异株，单生或排成简单的或分歧的聚伞花序；子房上位。果为浆果。本属约55种。中国52种。保护区3种。

1. 毛花猕猴桃 Actinidia eriantha Benth.

中大型落叶藤本。叶软纸质，卵状长圆形，长9~16cm，宽4.5~6cm，顶端渐尖，基部浅心形，叶面被长硬毛，背面被星状茸毛。花白色。果卵球形。花期5~6月，果期11月。

分布华南、华东、西南等地区。生于高草灌木丛或灌木丛林中。保护区青石坑水库偶见。

2. 条叶猕猴桃 Actinidia fortunatii Finet & Gagnep.

小型落叶或半落叶藤本。全体无毛或花枝、花序被毛。叶坚纸质，条形至卵状披针形，边缘常细齿。花序腋生。果灰绿色。花期4~5月，果期11月。

分布华南、西南等地区。生于山地草坡中。保护区偶见。

3. 阔叶猕猴桃 Actinidia latifolia (Gardner & Champ.) Merr.

大型落叶藤本。叶坚纸质，通常为阔卵形，叶背密被星状绒毛。花序为3~4歧多花的大型聚伞花序。浆果暗绿色。花期5~6月，果期11月。

分布华南、华东、华中、西南等地区。生于山谷或山沟地带的灌丛中或森林迹地上。保护区百足行仔山偶见。

2. 水东哥属 Saurauia Willd.

乔木或灌木。单叶互生，具锯齿；侧脉大多繁密，叶脉上或有少量鳞片或有偃伏刺毛；无托叶。花两性，聚伞或圆锥花序，单生或簇生，被鳞片。浆果球形或扁球形，常具棱。种子多数，褐色。本属约300种。中国13种。保护区1种。

1. 水东哥 Saurauia tristyla DC.

灌木或小乔木。枝有鳞片状刺毛。叶纸质或薄革质，常倒卵状椭圆形，叶缘具刺齿，平行脉显著。花序聚伞式；花瓣基部合生。浆果球形。花期3~7月，果期9~11月。

分布华南、西南等地区。生于丘陵、低山山地林下和灌丛中。保护区客家仔行偶见。

A345. 杜鹃花科 Ericaceae

乔木或灌木。叶革质，互生，被各式毛或鳞片。花两性，单生或呈总状、圆锥状或伞形花序，花萼4~5裂；花瓣合生成钟状、坛状、漏斗状或高脚碟状；花冠常5裂。蒴果或浆果。本科约103属3350种。中国15属约757种。保护区3属16种。

1. 吊钟花属 Enkianthus Lour.

落叶或常绿灌木，枝常轮生。叶互生，常聚生枝顶。单花或顶生、下垂伞形花序或伞形花序；花冠钟形，花萼裂片覆瓦状排列，雄蕊内藏，花药有芒，芒位于花药顶端。蒴果椭圆形，5棱。种子少数，有翅或角。本属约13种。中国9种。保护区2种。

1. 吊钟花 Enkianthus quinqueflorus Lour.

灌木或小乔木。叶常密集于枝顶，互生，革质，两面无毛，边缘反卷，中脉在两面清晰。伞房花序顶生。蒴果 5 棱。花期 3~5 月，果期 5~7 月。

分布华南、华东、西南等地区。生于山坡灌丛中。保护区青石坑水库偶见。

2. 齿缘吊钟花 Enkianthus serrulatus (E. H. Wilson) C. K. Schneid.

灌木或小乔木。小枝无毛。叶椭圆形，长 4~9cm，宽 2~3.5cm，边缘具细锯齿，不反卷。伞形花序顶生；花萼绿色，萼片 5，三角形；花冠钟形，白绿色，长约 1cm，口部 5 浅裂，裂片反卷。果直立。花期 4 月，果期 5~7 月。

分布华南、华东、西南等地区。生于山坡灌丛中。保护区青石坑水库偶见。

2. 杜鹃花属 Rhododendron L.

灌木或乔木。植株无毛或被各式毛或鳞片。叶常绿、落叶或半落叶，互生，全缘。总状或圆锥花序，花冠卵圆形或圆筒形壶状，花萼裂片覆瓦状排列，雄蕊内藏，花药有芒，芒位于花药背面，反曲。蒴果球形，背开裂。本属约 960 种。中国约 542 种。保护区 8 种。

1. 丁香杜鹃 Rhododendron farrerae Sweet

落叶灌木。枝短而坚硬，黄褐色。幼枝、嫩叶、花萼被深褐色长柔毛。叶常集生枝顶，叶卵形，长 3.5~5cm，宽 1.5~2cm。花 1~2 朵顶生，先花后叶；花冠辐状漏斗形，紫丁香色；花冠管短而狭筒状。蒴果长圆柱形。花期 5~6 月，果期 7~8 月。

分布华南、华东、华中等地区。生于山地密林中。保护区玄潭坑偶见。

2. 海南杜鹃 Rhododendron hainanense Merr.

落叶灌木。全株除花萼、花柱外密被锈褐色糙伏毛，叶线状披针形，长 3.5~4cm，宽 0.7cm。花 1~2 朵顶生，先花后叶；花冠辐状漏斗形，紫丁香色；花冠管短而狭筒状。蒴果长圆柱形。花期 5~6 月，果期 7~8 月。

分布华南等地区。生于山地、林缘或溪边。保护区禾叉坑、串珠龙等地偶见。

3. 弯蒴杜鹃 Rhododendron henryi Hance

小乔木。嫩枝、嫩叶、叶柄、花梗、花萼被腺头刚毛。叶椭圆状披针形，叶面绿色，有光泽，叶背灰白绿色；仅中脉上具刚毛。伞形花序生枝顶叶腋，有花 3~5 朵。果长圆柱状，果柄被毛。花期 3~4 月，果期 7~12 月。

分布华南、华东等地区。生于林内。保护区青石坑水库等地偶见。

4. 广东杜鹃 Rhododendron kwangtungense Merr. & Chun

落叶灌木。叶集生枝顶，革质，披针形至长圆状披针形或椭圆状披针形，先端渐尖，具短尖头，基部宽楔形或近于圆形。伞形花序顶生，密被锈色刚毛和短腺头毛；花冠狭漏斗形。蒴果长圆状卵形。花期 5 月，果期 6~12 月。

分布华南、华中等地区。生于灌丛中。保护区镇盖山至斑鱼咀偶见。

5. 岭南杜鹃 Rhododendron mariae Hance

落叶灌木。叶柄、花梗密被贴伏锈色糙伏毛，花萼和子房密被较开展糙伏毛。叶革质，集生枝端，椭圆状披针形至椭圆状倒卵形。伞形花序顶生。蒴果长卵球形。花期 3~6 月，果期 7~11 月。

分布华南、华中、西南等地区。生于山丘灌丛中。保护区车桶坑偶见。

6. 满山红 Rhododendron mariesii Hemsl. & Wils.

落叶灌木。枝轮生。幼枝、嫩叶、花梗、花萼、子房密被绢质长糙伏毛。叶常集生枝顶，椭圆形，卵状披针形或三角状卵形。花冠紫红色。蒴果椭圆状卵球形。花期 4~5 月，果期 6~11 月。

分布华南、华中、华东、西北等地区。生于山地稀疏灌丛。保护区黄蜂腰、瓶尖偶见。

7.* 毛棉杜鹃花 Rhododendron moulmainense Hook. f.

灌木或小乔木。叶厚革质，集生枝端，长圆状披针形或椭圆状披针形，两面无毛。数个伞形花序生枝顶叶腋。蒴果圆柱状。花期 4~5 月，果期 7~12 月。

分布华南、华东、西南等地区。生于山地稀疏灌丛。保护区有栽培。

8. 杜鹃 Rhododendron simsii Planch.

落叶灌木。分枝多而纤细。叶革质，常集生枝端，卵形、椭圆状卵形，具细齿；花簇生枝顶。子房卵球形，10 室，蒴果卵球形。花期 4~5 月，果期 6~8 月。

分布华南、华东、西南地区及中国台湾。生于山地疏灌丛或松林下。保护区林场偶见。

3. 越橘属 Vaccinium L.

灌木或小乔木。少数落叶，具叶柄，互生。总状花序顶生或腋生，花小型，花冠坛状、钟状或筒状，5 裂。浆果球形，顶部冠以宿存萼片。种子多，细小。本属约 300 种。中国约 65 种。保护区 5 种。

1. 南烛 Vaccinium bracteatum Thunb.

常绿灌木或小乔木。除花序、花外全株无毛。叶片薄革质，椭圆形、菱状椭圆形、披针状椭圆形至披针形。总状花序顶生和腋生。浆果熟时紫黑色。花期 6~7 月，果期 8~10 月。

分布华南、华中、西南地区及中国台湾。生于丘陵地带山地。保护区鹅公髻偶见。

2. 小叶南烛 Vaccinium bracteatum Thunb. var. chinense (Lodd.) Chun ex Sleumer

与原种的主要区别：本种叶小，长 1.5~2.5cm，宽 1cm，边缘具疏钝齿。

分布华南地区及中国台湾。生于山地林下。保护区客家仔行偶见。

3. 长尾乌饭 Vaccinium longicaudatum Chun ex Fang & Z. H. Pan

常绿灌木。一年生幼枝被微柔毛，不久脱落。叶椭圆状披针形，较大，长达 7.5cm，顶端渐尖，具 1~1.5cm 的尖尾，边缘具稀疏的细锯齿。花冠和花柱较长。浆果球形，近成熟时红色。花期 6 月，果期 11 月。

分布华南、华中地区。生于山地疏林中。保护区百足行仔山偶见。

5. 镰叶越橘 Vaccinium subfalcatum Merr. ex Sleumer

常绿灌木。叶片薄革质，狭披针形或长椭圆状披针形，边缘有锯齿，齿端肼胝体状，两面无毛。总状花序腋生和顶生；花冠白色，芳香，外面被短柔毛，顶端裂片短小，反折。浆果球形，被短柔毛。花期 5 月，果期 10 月。

分布华南地区。生于林内或灌丛中。保护区五指山山谷、车桶坑偶见。

A348. 茶茱萸科 Icacinaceae

乔木、灌木或藤本，具卷须或白色乳汁。单叶互生，羽状脉，无托叶。花两性，辐射对称，排成穗状、总状、圆锥或聚伞花序。果核果状。种子 1 颗，无假种皮。本科约 58 属 400 种。中国 13 属 22 种。保护区 1 属 1 种。

1. 定心藤属 Mappianthus Hand.-Mazz.

木质藤本。除老枝外均被黄褐色糙伏毛。叶长椭圆形或长圆形，长 8~17cm。雄雌花序交替腋生。核果椭圆形。种子 1 颗。花期 4~8 月，果期 6~12 月。本属 2 种。中国 1 种。保护区有分布。

1. 定心藤 Mappianthus iodoides Hand.-Mazz.

木质藤本。叶对生，长椭圆形至长圆形，顶端渐尖至尾状，叶脉在背面凸起明显。花序交替腋生。核果椭圆形。花期 4~8 月，果期 6~12 月。

分布华南、西南地区。生于疏林、灌丛及沟谷林内。保护区禾叉坑偶见。

A351. 丝缨花科 Garryaceae

乔木或灌木。单叶对生；全缘或有齿。花序顶生，圆锥状或总状；花4基数；子房下位。浆果或核果。本科2属17种。中国1属10种。保护区1属1种。

1. 桃叶珊瑚属 Aucuba Thunb.

常绿小乔木或灌木。枝、叶对生。叶厚革质至厚纸质，边缘具粗锯齿、细锯齿或腺状齿；羽状脉。花单性，雌雄异株，常1~3束组成圆锥花序或总状圆锥花序，雌花序常短于雄花序。核果肉质。种子1颗。本属11种。中国11种。保护区1种。

1. 桃叶珊瑚 Aucuba chinensis Benth.

常绿小乔木或灌木。叶痕大，显著。叶革质，椭圆形或阔椭圆形，长10~20cm，具锯齿。圆锥花序顶生，雌花序长4~5cm，雄花序长5~13cm，雄花紫红色。核果，幼果绿色，熟时鲜红色。花期1~2月，果期翌年2月。

分布华南地区。常生于常绿阔叶林中。保护区螺塘水库偶见。

A352. 茜草科 Rubiaceae

乔木、灌木、藤本或草本。叶对生或有时轮生；托叶生于叶柄间，稀生叶柄内。聚伞花序组成复合花序，花萼、花冠顶部常4~5裂，花冠合瓣，管状、漏斗状、高脚碟状或辐状。蒴果、浆果、核果或小坚果。本科约660属11150种，中国97属701种。保护区26属54种。

1. 水团花属 Adina Salisb.

灌木或乔木。顶芽不明显，托叶窄三角形，顶端2深裂，常宿存。花多密集组成头状花序，顶生或腋生，花5基数，小苞片线形或线状匙形。蒴果，每室有种子多颗。种子卵球状或三角形。本属3种。中国2种。保护区1种。

1. 水团花 Adina pilulifera (Lam.) Franch. ex Drake

常绿灌木至小乔木。叶对生，长4~12cm，宽1.5~3cm；托叶2裂；叶柄长2~6cm。头状花序明显腋生。果序径8~10mm。花期6~9月，果期7~12月。

分布长江以南各地区。生于山谷疏林下或旷野路旁、溪边水畔。保护区青石坑水库偶见。

2. 茜树属 Aidia Lour.

无刺灌木或乔木。叶对生，托叶在叶柄间，离生或基部合生。聚伞花序腋生或与叶对生，花两性，花5数；花冠高脚碟状，裂片旋转状排列。浆果球形。种子多颗。本属50余种。中国7种。保护区3种。

1. 香楠 Aidia canthioides (Champ. ex Benth.) Masam.

常绿灌木或乔木。嫩枝无毛。叶对生，长圆状披针形，长4~9cm，宽1.5~7cm。聚伞花序腋生；花萼外面被毛；总花梗近无。浆果球形。花期4~6月，果期5月至翌年2月。

分布华南、华东、西南地区及台湾。生于山坡、山谷溪边、丘陵的灌丛中或林中。保护区青石坑水库偶见。

2. 茜树 Aidia cochinchinensis Lour.

常绿灌木或小乔木。嫩枝无毛。叶对生，椭圆状长圆形、长圆状披针形或狭椭圆形。聚伞花序与叶对生，有总花梗；花萼外面无毛，裂片三角形。浆果球形。花3~6月，果期5月至翌年2月。

分布华南、华东、华中地区。生于丘陵、山坡、山谷溪边的灌丛或林中。保护区丁字水库、蛮陂头有分布。

3. 多毛茜草树 Aidia pycnantha (Drake) Tirveng.

常绿灌木或乔木。叶革质或纸质，对生，长圆形、长圆状披针形或长圆状倒披针形。聚伞花序与叶对生。浆果球形。花期3~9月，果期4~12月。

分布华南、西南地区。生于旷野、丘陵、山坡、山谷溪边林中或灌丛中。保护区青石坑水库偶见。

3. 白香楠属 Alleizettella Pitard

灌木。叶对生，托叶基部合生。聚伞花序生于侧生短枝顶端或老枝节上，花两性；花5数，花冠高脚碟状，裂片旋转状排列。浆果球形，淡黄白色。种子扁球形。本属约2种。中国1种。保护区有分布。

1. 白果香楠 Alleizettella leucocarpa (Champ. ex Benth.) Tirveng.

常绿无刺灌木。小枝被锈色糙伏毛。叶对生，长圆状倒卵形、长圆形、狭椭圆形或披针形。聚伞花序有花数朵。浆果球形，每室有种子2~3颗。花期4~6月，果期6月至翌年2月。

分布华南、华东地区。生于山坡、山谷溪边林中或灌丛中。

4. 毛茶属 Antirhea Comm. ex Juss.

乔木或灌木。叶对生，革质，有时具光泽；托叶脱落，卵形，披针形或长圆形。聚伞花序腋生，二歧蝎尾状，具总花梗；花细小，两性或杂性；花冠漏斗形；子房2至多室，柱头头状或2~3裂，胚珠每室1枚。核果细小；种子圆柱形。本属约40种。中国1种。保护区有分布。

1. 毛茶 Antirhea chinensis (Champ. ex Benth.) Benth. & Hook. f. ex F. B. Forbes & Hemsl.

直立灌木。小枝有明显的皮孔和叶柄的疤痕，被柔毛。叶长圆形或长圆状披针形，边全缘，略背卷；侧脉每边4~6条；托叶三角形，被绢毛。聚伞花序腋生；小苞片线形，锥尖。核果长圆形或近椭圆形。种子圆柱形。花期4~6月，果期10~11月。

分布华南地区及中国香港。生于林下或灌木丛中。保护区林场偶见。

5. 风箱树属 Cephalanthus L.

灌木或乔木。叶对生或轮生。花多数，组成密集的头状花序，花序腋生与顶生；花萼管筒状，萼裂片4片；花冠高脚碟状至漏斗状，花冠裂片在芽内近覆瓦状排列。果序球形，由不开裂的坚果组成，果每室有1颗种子。本属6种。中国1种。保护区有分布。

1. 风箱树 Cephalanthus tetrandrus (Roxb.) Ridsd. & Bakh. f.

灌木或乔木。叶轮生或对生。头状花序腋生与顶生；花萼管筒状，萼裂片4片；花冠高脚碟状至漏斗状，花冠裂片在芽内近覆瓦状排列。果序球形，由不开裂的坚果组成。

分布华南、华东、华中地区。生于略荫蔽的水沟旁或溪畔。保护区禾叉坑偶见。

6. 流苏子属 Coptosapelta Korth.

藤本或攀援灌木。叶对生，托叶小，生于叶柄间，三角形或披针形。花单生叶腋或顶生圆锥状聚伞花序。蒴果近球形。种子小，种皮膜质，具翅。本属约13种。中国1种。保护区有分布。

1. 流苏子 Coptosapelta diffusa (Champ. ex Bcnth.) Steenis

藤本或攀援灌木。叶对生，坚纸质至革质，卵形、卵状长圆形至披针形。花单生于叶腋。蒴果稍扁球形。花期5~7月，果期5~12月。

分布华南、华东、华中、西南地区。生于山地或丘陵的林中或灌丛中。保护区林场偶见。

7. 狗骨柴属 Diplospora DC.

灌木或小乔木。叶交互对生，托叶具短鞘及稍长的芒。聚伞花序腋生或对生，多花密集，4或5数。核果小，淡黄色、橙黄色或红色，近球形或椭圆状球形，萼宿存。本属20余种。中国3种。保护区1种。

1. 狗骨柴 Diplospora dubia (Lindl.) Masam

灌木或乔木。叶交互对生，革质，卵状长圆形、长圆形、椭圆形或披针形，两面无毛。花腋生。浆果近球形。花期4~8月，果期5月至翌年2月。

分布华南、华东、西南地区。生于山坡、山谷沟边、丘陵、旷野的林中或灌丛中。保护区蛮陂头偶见。

8. 绣球茜属 Dunnia Tutcher

灌木。叶对生，具柄。托叶在叶柄间，三角形，被柔毛。花有短花梗，组成顶生伞房状的聚伞花序；花冠高脚碟状或漏斗状，裂片短；子房2室，每室有胚珠多数，柱头2裂。蒴果近球形，室间开裂为2果片。单种属。保护区有分布。

1. 绣球茜草 Dunnia sinensis Tutcher

种的形态特征与属相同。

分布华南地区。生于山谷溪边灌丛中或林中。保护区大柴堂、五指山谷偶见。国家Ⅱ级重点保护野生植物。

9. 栀子属 Gardenia J. Ellis

灌木或乔木。叶对生或轮生，托叶生于叶柄内。花大，腋生或顶生，单生、簇生或组成伞房花序。浆果大，革质或肉质，卵形或圆柱形。种子埋于肉质胎座中。本属约250种。中国5种。保护区1种。

1. 栀子 Gardenia jasminoides J. Ellis

常绿灌木。叶对生，革质，叶形多样，通常为长圆状披针形。花单朵生于枝顶。浆果常卵形。花期3~7月，果期5月至翌年2月。

分布华南、华中、华东、西南地区。生于旷野、丘陵、山谷、山坡、溪边的灌丛或林中。保护区大围山偶见。

10. 长隔木属 Hamelia Jacq.

灌木或草本。叶对生或3~4片轮生，有叶柄；托叶多裂或刚毛状，常早落。聚伞花序顶生，二或三歧分枝，分枝蝎尾状，花偏生于分枝一侧。浆果小。本属约16种。中国1种。保护区有分布。

1.* 长隔木 Hamelia patens Jacq.

灌木。叶通常3枚轮生，椭圆状卵形至长圆形。聚伞花序有 3~5 个放射状分枝；萼裂片短，三角形；花冠橙红色，冠管狭圆筒状；雄蕊稍伸出。浆果卵圆状，暗红色或紫色。花期 5~12 月。

分布华南、西南等地区。常作栽培。保护区有栽培。

11. 耳草属 Hedyotis L.

草本或灌木。叶对生，稀轮生或簇生，托叶分离合成刺状鞘。聚伞花序组成圆锥状或头状花序，顶生或腋生；花冠轮状或漏斗状，裂片 4~5 片。果小，膜质或脆壳质。本属 500 种。中国 67 种。保护区 12 种。

1. 金草 Hedyotis acutangula Champ. ex Benth.

粗壮草本。叶对生，革质，卵状披针形或披针形，长 5~12cm，托叶三角形。聚伞花序顶生，花冠白色，筒状。蒴果倒卵形。种子近圆形。花期 5~8 月，果期 6~12 月。

分布华南地区及中国台湾。生于山坡或旷地上。保护区斑鱼咀偶见。

2. 大苞耳草 Hedyotis bracteosa Hance

直立粗壮无毛草本。叶对生，在上部的近轮生，纸质，长圆形或长圆状披针形；中脉在上面凹入，侧脉每边 7 条。花序头状，基部有 4 片苞片承托，腋生；花冠白色，花冠裂片披针形。蒴果近球形。种子多颗。花期 4~7 月。

分布华南地区及中国香港。生于山坡疏林下或沟谷两旁湿润土地。保护区大柴堂、五指山、北峰山偶见。

3. 剑叶耳草 Hedyotis caudatifolia Merr. & F. P. Metcalf

直立灌木状草本。叶对生，革质，披针形，长 4~13cm，托叶卵状三角形，全缘或具腺齿。聚伞圆锥花序顶生和腋生，花四数。蒴果椭圆形。花期 5~6 月。

分布华南、华中、华东地区。生于丛林下比较干旱的沙质土壤上或见于悬崖石壁上。保护区五指山偶见。

4. 拟金草 Hedyotis consanguinea Hance

直立纤弱草本。茎具微棱。叶对生，卵状披针形，长 5~12cm，宽 1.5~2.5cm，干后边缘反卷；两面无毛。聚伞花序排成圆锥花序式或总状式。蒴果椭圆形。花果期 6~8 月。

分布华南、华东地区及中国香港。生于草地或水沟旁。保护区偶见。

5. 伞房花耳草 Hedyotis corymbosa (L.) Lam.

披散草本。枝四棱形。叶狭披针形，长 1~2cm，宽1~3mm。伞房花序腋生；花4数；花冠白色或粉红色。蒴果。花、果期几乎全年。

分布华南、华东地区。生于水田和田埂或湿润的草地上。保护区管理站附近偶见。

6. 白花蛇舌草 Hedyotis diffusa (Willd.) R. J. Wang

一年生无毛纤细披散草本。叶对生，无柄，膜质，线形。花单生或双生于叶腋。蒴果膜质，扁球形。花果期 3~10 月。

分布华南、华东、西南地区。生于水田、田埂和湿润的旷地。保护区山麻坑偶见。

7. 鼎湖耳草 Hedyotis effusa Hance

直立无毛草本。叶对生，纸质，卵状披针形，顶端短尖而钝，基部近圆形或楔形；侧脉纤细，不明显；托叶阔三角形或截平。花序顶生，为二歧分枝的聚伞花序，圆锥式排列。蒴果近球形。种子具棱，细小。花期 7~9 月。

分布华南地区。生于林下或山谷溪旁。保护区大柴堂、五指山山谷偶见。

8. 牛白藤 Hedyotis hedyotidea (DC.) Merr.

草质藤本。叶对生，膜质，长卵形或卵形，基部楔形或钝。花序腋生和顶生。蒴果室间开裂为2，顶部隆起。花果期4~12月。

分布华南、华东、西南地区。生于低海拔至中海拔沟谷灌丛或丘陵坡地。保护区偶见。

9. 粗毛耳草 Hedyotis mellii Tutcher

草本。茎方形。叶卵状披针形，长 5~10cm，宽 2~4cm，两面被粗毛。圆锥花序式；花梗、花被被黄褐色毛。蒴果熟时开裂为 2 个果片。

分布华南、华中地区。生于山坡林中。保护区百足行仔山偶见。

10. 台山耳草 Hedyotis taishanensis G. T. Wang & R. J. Wang

草本。茎直立，四棱，具轻微的翅。节间在基部长1~2cm，顶部长 10~15cm。叶片革质，卵状披针形到披针形，无毛；托叶背面具短柔毛。多歧聚伞花序顶生；花二型，无毛；花冠白色，漏斗状。蒴果椭圆形至近球形。种子小。

分布华南地区。生于林中。保护区北峰山、保护区蛮陂头偶见。

11. 纤花耳草 Hedyotis tenelliflora Blume

柔弱披散多分枝草本。叶对生，无柄，薄革质，线形或线状披针形。花1~3朵簇生于叶腋内。蒴果仅顶部开裂。花果期4~12月。

分布华南、华中、西南地区。生于山谷。保护区螺塘水库偶见。

12. 长节耳草 Hedyotis uncinella Hook. & Arn.

直立多年生草本。茎四棱形，除花外无毛。叶卵状长圆形，长3.5~7.5cm，宽1~3cm，顶端渐尖，基部渐狭或下延。花序顶生和腋生，密集成头状；无总花梗。花果期4~9月。

分布华南、西南地区及中国台湾。生于干旱旷地上。保护区螺塘水库偶见。

12. 龙船花属 Ixora L.

灌木，小枝圆柱形或具棱。叶对生，托叶生于叶柄间。伞房状或三歧分枝聚伞花序顶生，稠密或疏散，花萼卵形，花萼裂片4片，宿存，花冠白色、黄色或红色，高脚碟状。浆果球形，有2纵槽。本属300~400种。中国19种。保护区1种。

1. 龙船花 Ixora chinensis Lam.

灌木。叶纸质或稍厚，对生，披针形至长圆状倒披针形，长6~13cm，托叶基部合生成鞘状。稠密聚伞花序顶生。果近球形，对生。花期5~7月，果期9~10月。

分布华南地区及中国香港。生于山地灌丛中和疏林下。保护区林场水库旁偶见。

13. 粗叶木属 Lasianthus Jack

直立灌木。叶对生，纸质或革质，2行排列，常具明显横脉，托叶宽。具腋生花束、聚伞或头状花序，花萼4~6裂或齿裂，宿存。

核果小，熟时蓝色。本属184种。中国33种。保护区5种。

1. 粗叶木 Lasianthus chinensis (Champ. ex Benth.) Benth.

灌木或小乔木。叶大，干后黑色，长圆形，长12~22cm，宽2.5~6cm，下面脉上被短柔毛。花簇生于叶腋内，无花梗，无苞片，花萼裂片三角形。核果近卵球形。花期5月，果期9~10月。

分布华南、华东、西南地区。生于林缘，亦见于林下。保护区大柴堂偶见。

2. 焕镛粗叶木 Lasianthus chunii H. S. Lo

灌木。枝密被硬毛。叶披针形，长8~15cm，宽2~5.5cm，下面脉被短硬毛，侧脉7~8对。花簇生于叶腋内，近无花梗，常无苞片，花萼裂片三角形。核果扁球形。花期4月，果期6~9月。

分布华南、华东地区。生于林中。保护区禾叉坑偶见。

3. 罗浮粗叶木 Lasianthus fordii Hance

灌木。枝无毛。叶长圆状披针形，长5~12cm，宽2~4cm，顶端尾状尖，两面无毛或背面脉上被硬毛，侧脉4~6对。花簇生于叶腋内，无花梗，苞片极小，花萼裂片线形。果无毛。花期春季，果期秋季。

分布华南、华东、西南地区。生于林缘或疏林中。保护区玄潭坑偶见。

4. 日本粗叶木 Lasianthus japonicus Miq.

灌木。枝和小枝无毛或嫩时被毛。叶长圆状披针形，长5~12cm，宽2~4cm，顶端骤尖，上面无毛或近毛，背面脉被毛，侧脉5~6对。花簇生于叶腋内，无花梗，苞片小，花萼裂片5片，三角形。核果近球形，无毛。

分布华南、华东、华中地区。生于林下。保护区禾叉坑偶见。

5. 钟萼粗叶木 Lasianthus trichophlebus Hemsl.

灌木。叶纸质，长圆形，有时长圆状倒披针形，顶端骤尖或短渐尖，基部楔形或稍钝；中脉在上面微压入，下面凸起，侧脉每边7~9条；托叶披针状三角形，密被长硬毛。核果无梗，卵圆形。花期4~5月，果期9~10月。

分布华南地区。生于林下。保护区五指山山谷偶见。

14. 黄棉木属 Metadina Bakh. f.

乔木。顶芽金字塔形至圆锥形。叶对生。托叶跨褶，三角形至窄三角形，早落。花序顶生，由多数头状花序组成；花萼管彼此分离，萼裂片椭圆状长圆形，宿存。小蒴果的内果皮硬，室背室间4片开裂；宿存萼裂片留附于蒴果中轴上。单种属。保护区有分布。

1. 黄棉木 Metadina trichotoma (Zoll. & Moritzi) Bakh. f.

种的特征与属相同。

分布广东、广西、云南、湖南。生于林谷溪畔。保护区鸡嫲三坑偶见。

15. 盖裂果属 Mitracarpus Zucc.

直立或平卧草本。茎四棱形，下部木质。叶对生，披针形，卵形或线形。花两性，常常组成头状花序；萼管陀螺形，倒卵形或近圆形，萼檐杯形。果双生，成熟时在中部或中部以下盖裂；种子长圆形或圆形。本属约30种。中国1种。保护区有分布。

1. 盖裂果 Mitracarpus hirtus (L.) DC.

直立草本。茎下部近圆柱形。叶无柄，长圆形或披针形；上面粗糙或被极疏短毛，下面被毛稍密和略长，边缘粗糙。花细小，簇生于叶腋内，具小苞片。果近球形，表皮粗糙或被疏短毛。花果期4~11月。

分布华南地区。生于公路荒地上。保护区扫管塘偶见。

16. 巴戟天属 Morinda L.

小乔木或藤本。叶对生，稀3片轮生，托叶生叶柄内，鞘状。头状花序腋生或顶生，单生或伞形复花序；花冠白色，漏斗状或高脚碟状，裂片5~7片。聚合果卵形。本属80~100种。中国27种。保护区3种。

1. 巴戟天 Morinda officinalis F. C. How

藤本。叶薄或稍厚，纸质，干后棕色，长圆形，卵状长圆形或倒卵状长圆形。花序3~7伞形排列于枝顶；花萼倒圆锥状，下部与邻近花萼合生；花冠白色，近钟状。聚花核果由多花或单花发育而成，熟时红色。花期5~6月，果期10~11月。

分布华南、华东地区及中国台湾。生于平原路旁、沟边等灌丛中或平卧于裸地上。保护区北峰山、蛮陂头偶见。广东省重点保护野生植物。

2. 鸡眼藤 Morinda parvifolia Bartl. ex DC.

攀援、缠绕或平卧藤本。叶形多变，对生，卵状、倒卵状或披针状。花序 2~9 伞状排列于枝顶。聚花核果。花期 4~6 月，果期 7~8 月。

分布华南、华东地区及中国台湾。生于平原路旁、沟边等灌丛中或平卧于裸地上。保护区北峰山、蛮陂头偶见。

3. 羊角藤 Morinda umbellata L. subsp. **obovata** Y. Z. Ruan

攀援或缠绕藤本。叶纸质或革质，全缘，上面常具蜡质。花序 3~11 伞状排列于枝顶。聚花核果。花期 6~7 月，果期 10~11 月。

分布华南、华中、华东地区。生于山地林下、溪旁、路旁等疏阴或密阴的灌木上。保护区车桶坑偶见。

17. 玉叶金花属 Mussaenda L.

乔木、灌木或藤本。叶对生或轮生，托叶生于叶柄间，离生或合生。伞房状聚伞花序顶生，萼筒长圆形或陀螺形，裂片花瓣状，其中一片白色（称花叶）。浆果肉质。本属约 200 种。中国 29 种。保护区 5 种。

1. 楠藤 Mussaenda erosa Champ. ex Benth.

攀援灌木。叶对生，纸质，长圆形至长圆状椭圆形，长 6~12cm，托叶三角形。伞房状多歧聚伞花序顶生。浆果近球形或阔椭圆形。花期 4~7 月，果期 9~12 月。

分布华南、华东、西南地区及中国台湾。常攀援于疏林乔木树冠上。保护区偶见。

2. 海南玉叶金花 Mussaenda hainanensis Merr.

攀援灌木。小枝密被柔毛。叶长圆状椭圆形，长 3~8cm，宽 1.5~2.5cm，上面疏被柔毛，下面密被柔毛。花叶阔椭圆形，长 4cm。

分布广东、海南。常见于中等海拔的林地。保护区三牙石偶见。

3. 广东玉叶金花 Mussaenda kwangtungensis H. L. Li

攀援灌木。枝褐色，小枝圆柱形，被灰色短柔毛。叶对生，薄纸质，披针状椭圆形。聚伞花序顶生，花叶长椭圆状卵形，花冠黄色，花冠裂片卵形。花期 5~9 月。

分布华南地区。生于山地丛林中，常攀援于林冠上。保护区大柴堂、青石坑水库旁偶见。

4. 玉叶金花 Mussaenda pubescens Ait. f.

攀援灌木。叶对生或轮生，膜质或薄纸质，上面近无毛或疏被毛，下面密被短柔毛。聚伞花序顶生。浆果近球形。花期6~7月。

分布华南、华中、华东地区。生于灌丛、溪谷、山坡或村旁。保护区丁字水库、蛮陂头偶见。

5. 白花玉叶金花 Mussaenda pubescens Ait. f. var. alba X. F. Deng & D. X. Zhang

与原种的主要区别：个体开白花，花叶完全退化或仅少量保留高度退化的白色花叶；花冠管较短而粗，长 1.0~1.5cm，上端膨大，膨大处长 0.3~0.5cm，宽 0.2cm。

分布华南地区。生于林中。保护区玄潭坑偶见。

18. 蛇根草属 Ophiorrhiza L.

多年生草本。叶对生，纸质，全缘，托叶生叶柄间，腋内有粘液腺毛。聚伞花序顶生，螺状或具螺状分枝。蒴果菱形、僧帽状或倒心形。种子多而小。本属约 200 种。中国 72 种。保护区 2 种。

1. 广州蛇根草 Ophiorrhiza cantonensis Hance

匍匐草本或亚灌木。叶纸质，常长圆状椭圆形，全缘。花序顶生；小苞片果时宿存。蒴果僧帽状。花期冬春，果期春夏。

分布华南、西南地区。生于林中。保护区山茶寮口、三牙石等地偶见。

2. 短小蛇根草 Ophiorrhiza pumila Champ. & Benth.

直立小草本。叶对生，纸质，卵形，椭圆状卵形或披针形，通常两面光滑无毛。花序顶生；无小苞片。蒴果近僧帽状。花期冬春季，果期春夏季。

分布华南、华东地区。生于林下沟溪边或湿地上阴处。保护区青石坑水库偶见。

19. 鸡矢藤属 Paederia L.

灌木或藤本。叶对生，托叶生于叶柄内，三角形。二歧或三歧圆锥聚伞花序，腋生或顶生，裂片 4~5 片。果球形或扁，外果皮膜质。本属 20~30 种。中国 9 种。保护区 1 种。

1. 鸡矢藤 Paederia foetida L.

藤本。无毛或近无毛。叶对生，卵形、卵状长圆形，长5~10cm，宽 1~4cm，两面近无毛。聚伞花序腋生和顶生，花序末级分枝蝎尾状。果球形。花期 5~10 月，果期 7~12 月。

分布华南地区。生于低海拔的疏林内。保护区玄潭坑偶见。

20. 大沙叶属 Pavetta L.

灌木或乔木。叶对生，稀轮生；托叶锐尖，生叶腋。伞房聚伞花序顶生或腋生，萼筒卵形或陀螺形，裂片4片，花冠白或淡绿色，高脚碟状。浆果球形。种子2颗。本属400余种。中国6种。保护区1种。

1. 香港大沙叶 Pavetta hongkongensis Bremek.

灌木或小乔木。叶膜质，长圆形或椭圆状倒卵形，托叶宽卵状三角形。伞房状聚伞花序生侧枝顶部，多花，花冠白色。果球形。花期3~8月，果期6~12月。

分布华南、西南地区。生于灌木丛中。保护区客家仔行等地偶见。

21. 九节属 Psychotria L.

直立灌木或小乔木，稀攀援或缠绕藤本。叶对生，托叶生叶柄内。聚伞花序或丛生花序顶生，花小，两性，花冠漏斗状或近钟状，冠筒短，裂片5片。浆果或核果。本属800~1500种。中国18种。保护区2种。

1. 九节 Psychotria asiatica L.

常绿灌木或小乔木。叶对生，革质，长圆形、椭圆状长圆形等，全缘。聚伞花序通常顶生。核果红色。花果期全年。

分布华南、华东、华中、西南地区。生于平地、丘陵、山坡、山谷溪边的灌丛或林中。保护区禾叉坑偶见。

2. 蔓九节 Psychotria serpens L.

常绿攀援或匍匐藤本。叶对生，纸质或革质，叶形变化很大，常呈卵形或倒卵形。聚伞花序顶生。浆果状核果常白色。花期4~6月，果期全年。

分布华南、华东地区及中国香港。生于平地、丘陵、山地、

山谷水旁的灌丛或林中。保护区镬盖山至斑鱼咀偶见。

22. 假鱼骨木属 Psydrax Gaertn.

灌木。叶对生，通常三角形或卵形；具托叶。聚伞花序腋生；花冠白色或黄色，管状、漏斗状。果实通常黄色，疏松，肉质，近球形到椭圆形或有时球状，萼宿存。本属100种。中国1种。保护区有分布。

1. 假鱼骨木 Psydrax dicocca Gaertn.

无刺灌木至中等乔木。全株近无毛。叶卵形，椭圆形至卵状披针形，上面深绿，下面浅褐色，边微波状或全缘，微背卷。聚伞花序具短总花梗；苞片极小或无；花冠绿白色或淡黄色。核果倒卵形，或倒卵状椭圆形。花期1~8月。

分布华南、西南地区及中国香港。生于疏林或灌丛中。保护区斑鱼咀偶见。

23. 墨苜蓿属 Richardia L.

直立草本。叶对生，托叶与叶柄合生成稍。头状花序无总花梗，有叶状总苞，花萼4裂，镊合状排列。蒴果。本属15种。中国2种。保护区1种。

1. 墨苜蓿 Richardia scabra L.

草本。叶卵形、椭圆形，长 1~5cm，宽 0.5~2cm。头状花序顶生，近无总梗；有 1 或 2 对叶状总苞，若是 2 对时，内侧的较小。分果瓣 3~6 片，长圆形至倒卵形。花果期 2~11 月。

分布华南地区及中国香港。生于旷野。保护区禾叉坑偶见。

24. 丰花草属 Spermacoce L.

一年生或多年生草本或亚灌木。茎和枝通常四棱柱形。叶对生，膜质或薄革质；托叶与叶柄合生而成一截头状的鞘。花微小，无梗；苞片多数，线形。果为蒴果状。本属约 150 种。中国 5 种。保护区 3 种。

1. 阔叶丰花草 Spermacoce alata Aubl.

披散、粗壮草本。茎和枝均为明显的四棱柱形，棱上具狭翅。叶椭圆形或卵状长圆形，边缘波浪形。花数朵丛生于托叶鞘内。蒴果椭圆形。花果期 5~7 月。

分布华南地区。逸为野生。保护区青石坑水库偶见。

2. 丰花草 Spermacoce pusilla Wall.

直立、纤细草本。叶近无柄，革质，线状长圆形，顶端渐尖，基部渐狭，两面粗糙；侧脉极不明显。花多朵丛生成球状生于托叶鞘内，无梗；花冠近漏斗形，白色。蒴果长圆形或近倒卵形。种子狭长圆形。花果期 10~12 月。

分布华南、华东、西南地区及中国香港。生于草地和草坡。保护区青石坑水库偶见。

3. 光叶丰花草 Spermacoce remota Lam.

多年生草本。叶近无柄，纸质，窄椭圆形或披针形，被毛或无毛。花顶生或腋生。蒴果椭圆形。花果期 6 月至翌年 1 月。

分布华南地区及中国台湾。生于草坡。保护区禾叉坑偶见。

25. 乌口树属 Tarenna Gaertn.

灌木或乔木。叶对生，具柄，托叶生叶柄间，基部合生或离生，常脱落。伞房状聚伞花序顶生，花冠漏斗状或高脚碟状，顶部 5 裂。浆果革质或肉质。本属约 370 种。中国 18 种。保护区 2 种。

1. 崖州乌口树 Tarenna laui Merr.

灌木。叶纸质，长圆状椭圆形或长圆状披针形；侧脉 6~8 对。伞房状的聚伞花序顶生，密被灰黄色紧贴的短硬毛；叶柄、花梗、花萼和花冠外面均密被短硬毛；花冠白色。果近球形。种子多数。花期 5~7 月，果期 7 月至翌年 2 月。

分布华南地区。生于山地林中。保护区丁字水库、蛮陂头偶见。

2. 白花苦灯笼 Tarenna mollissima (Hook. & Arn.) B. L. Rob.

灌木或小乔木。叶纸质，披针形、长圆状披针形或卵状椭

圆形。伞房状的聚伞花序顶生。果近球形。花期 5~7 月，果期 5 月至翌年 2 月。

分布华南、华中、华东、西南地区及中国香港。生于山地、丘陵、沟边的林中或灌丛中。保护区大柴堂、五指山山谷偶见。

26. 水锦树属 Wendlandia Bartl. ex DC.

灌木或乔木。单叶对生，托叶生叶柄间，三角形。花小，聚伞圆锥花序顶生，花冠筒状、高脚碟状或漏斗状。蒴果小，球形。种子扁，种皮膜质，有网纹。本属约 90 种。中国 31 种。保护区 1 种。

1. 水锦树 Wendlandia uvariifolia Hance

灌木或乔木。小枝被锈色硬毛。叶纸质，宽椭圆形至长圆状披针形，托叶宿存。圆锥状聚伞花序顶生。蒴果小，球形。花期 1~5 月，果期 4~10 月。

分布华南、西南地区及中国台湾。生于山地林中、林缘、灌丛中或溪边。保护区三牙石偶见。

A353. 龙胆科 Gentianaceae

草本。单叶，常对生，全缘。聚伞花序或复聚伞花序；花两性，辐射对称，4~5 数；花萼筒状、钟状或辐状；花冠筒状、漏斗状或辐状。蒴果 2 瓣裂。本科约 80 属 700 种。中国 20 属 419 种。保护区 4 属 4 种。

1. 穿心草属 Canscora Lam.

一年生草本。茎生叶为呈圆形的贯穿叶，或为对生，卵状披针形。复聚伞花序呈假二叉状分枝或聚伞花序顶生及腋生；花 4~5 数；花萼筒状、钟状或辐状；花冠筒状、漏斗状或辐状。蒴果内藏，成熟后 2 瓣裂。本属约 30 种。中国 3 种。保护区 1 种。

1. 罗星草 Canscora andrographioides Griff. ex C. B. Clarke

一年生草本。无毛，茎四棱形。茎生叶对生，卵状披针形，长 1~5cm，宽 0.5~2.5cm，3~5 脉。复聚伞花序呈假二叉分枝或聚伞花序顶生和腋生。蒴果内藏，矩圆形。种子圆形。花果期 9~10 月。

分布华南、西南地区。生于山谷、田地中、林下。保护区玄潭坑、青石坑水库偶见。

2. 蔓龙胆属 Crawfurdia Wall.

多年生缠绕（极少数例外）草本。叶对生。花通常为聚伞花序，少单花，腋生或顶生，5 数；花萼钟形，萼筒具 10 条脉，无翅；花冠漏斗形，钟形或长筒形。蒴果；种子多数，扁平、盘状，具宽翅。本属约 16 种。中国 14 种。保护区 1 种。

1. 福建蔓龙胆 Crawfurdia pricei (C. Marq.) H. Sm.

多年生缠绕草本。茎生叶卵形、卵状披针形或披针形，稀宽卵形，边缘膜质、微反卷、细波状，叶脉 3~5 条。聚伞花序，腋生或顶生；花萼筒形，具 10 条突起的脉；花冠粉红色、白色或淡紫色。蒴果淡褐色，椭圆形；种子褐色，圆形。花果期 10~12 月。

分布华南、华东地区。生于山坡草地、山谷灌丛或密林中。保护区石排楼偶见。

3. 灰莉属 Fagraea Thunb.

乔木或灌木。叶对生，全缘或有小钝齿；羽状脉通常不明显；叶柄通常膨大；托叶合生成鞘。花通常较大，单生或少花组成顶生聚伞花序；花冠漏斗状或近高脚碟状。浆果肉质，圆球状或椭圆状；种子极多。本属约 37 种。中国 1 种。保护区有分布。

1.* 灰莉 Fagraea ceilanica Thunb.

乔木，有时附生于其他树上呈攀援状灌木。老枝上有凸起的叶痕和托叶痕。叶片稍肉质，叶面深绿色。花单生或组成顶生二歧聚伞花序；花冠漏斗状，白色。浆果卵状或近圆球状；种子椭圆状肾形。花期 4~8 月，果期 7 月至翌年 3 月。

分布华南、西南地区及中国台湾。生于山地密林中或石灰岩地区阔叶林中。保护区有栽培。

4. 双蝴蝶属 Tripterospermum Blume

多年生缠绕草本。叶对生。聚伞花序或单生，花 5 数，花冠钟形，裂片间有褶。浆果或蒴果，2 瓣裂。种子多数，三棱形。本属约 25 种。中国 19 种。保护区 1 种。

1. 香港双蝴蝶 Tripterospermum nienkui (C. Marq.) C. J. Wu

多年生缠绕草本。基生叶丛生，卵形；茎生叶卵形或卵状披针形。花单生叶腋。浆果近圆形至短椭圆形。种子紫黑色。花果期 9 月至翌年 1 月。

分布华南、华东地区。生于山谷密林中或山坡路旁疏林中。保护区帽心尖偶见。

A354. 马钱科 Loganiaceae

乔木、灌木、藤本或草本。单叶对生或轮生，全缘或锯齿，羽状脉。花两性，辐射对称，单生或呈聚伞、圆锥状伞房花序。浆果或蒴果，球形。种子小而扁平。本科 29 属 500 种。中国 8 属 45 种。保护区 3 属 4 种。

1. 蓬莱葛属 Gardneria Wall.

藤本。单叶对生，全缘，羽状脉。花单生、簇生或组成二至三歧聚伞花序，具长花梗；花 4 或 5 数。浆果圆球状。本属 5 种。中国 5 种。保护区 1 种。

1. 蓬莱葛 Gardneria multiflora Makino

攀援灌木。全株均无毛。叶片椭圆形、长椭圆形或卵形；叶柄间托叶线明显；叶腋内有钻状腺体。花很多而组成腋生的二至三歧聚伞花序；花冠辐状，黄色或黄白色。浆果球形。花

期 3~7 月，果期 7~11 月。

分布秦岭淮河以南，南岭以北地区。生丁山地密林下或山坡灌木丛中。保护区螺塘水库偶见。

2. 尖帽草属 Mitrasacme Labill.

一年生或多年生纤细草本。叶在茎上对生或在茎基部莲座式轮生；无托叶。花单生或多朵组成腋生或顶生的不规则伞形花序；花萼钟状，4 裂；花冠钟状或坛状，花冠裂片 4 片。蒴果通常圆球状。种子多颗，卵形、圆球形或椭圆形。本属约 40 种。中国 2 种。保护区 1 种。

1. 水田白 Mitrasacme pygmaea R. Br.

一年生草本。叶对生，在茎基部呈莲座式轮生，叶片草质，卵形、长圆形或线状披针形。花单生于侧枝的顶端或数朵组成稀疏而不规则的顶生或腋生伞形花序。蒴果近圆球状。种子小。花期 6~7 月，果期 8~9 月。

分布华南、华中、华东、西南地区。生于旷野草地。保护区螺塘水库偶见。

3. 马钱属 Strychnos L.

乔木、灌木或本质藤本。叶对生，基出脉 3~5 条。聚伞花序腋生或顶生，花 5 数，花萼钟状，裂片镊合状排列。浆果，果皮坚硬，果肉肉质。种子扁平。本属约 190 种。中国 11 种。保护区 2 种。

1. 牛眼马钱 Strychnos angustiflora Benth.

木质藤本。小枝变态为螺旋状曲钩，老枝有时变硬刺。叶

卵形，长 3~8cm，宽 3~6cm，三至五基出脉。聚伞花序顶生。浆果球状。种子扁圆形。花期 4~6 月，果期 7~12 月。

分布华南、华中、西南地区。生于山地疏林下或灌木丛中。保护区玄潭坑偶见。

2. 华马钱 Strychnos cathayensis Merr.

木质藤本。叶片近革质，对生，全缘，长椭圆形至窄长圆形，无毛，常基三出脉。聚伞花序顶生或腋生。浆果圆球状。花期 4~6 月，果期 6~12 月。

分布华南、西南地区及中国台湾。生于山地疏林下或山坡灌丛中。保护区禾叉坑偶见。

A355. 钩吻科 Gelsemiaceae

木质藤本。单叶对生。花两性，5 基数；花萼裂片覆瓦状排列；花冠裂片覆瓦状排列。蒴果。本科 2 属 11 种。中国 1 属 1 种。保护区有分布。

1. 断肠草属 Gelsemium Juss.

木质藤本。叶对生或有时轮生，全缘，羽状脉，具短柄；具托叶或无。花单生或组成三歧聚伞花序，顶生或腋生；花萼 5 深裂，裂片覆瓦状排列；花冠漏斗状或窄钟状，裂片 5 片。蒴果，2 室，室间开裂。本属约 3 种。中国 1 种。保护区有分布。

1. 钩吻 Gelsemium elegans (Gardner & Champ.) Benth.

常绿木质藤本。除苞片边缘和花梗幼时被毛外，全株均无毛。叶对生，近革质，卵形至卵状披针形。花冠漏斗状。蒴果卵形或椭圆形。花期 5~11 月，果期 7 月至翌年 3 月。

分布华南、华东、华中、西南地区。生于山地路旁灌木丛

中或潮湿肥沃的丘陵山坡疏林下。保护区双孖鲤鱼坑偶见。

A356. 夹竹桃科 Apocynaceae

乔木、直立灌木或木质藤木。单叶对生或轮生，全缘，羽状脉。聚伞花序顶生或腋生，辐射对称；花萼裂片 5 片；花冠合瓣，高脚碟状、漏斗状、坛状等，裂片 5 片。本科 155 属 2000 种。中国 44 属 145 种。保护区 12 属 18 种。

1. 鸡骨常山属 Alstonia R. Br

乔木或灌木。叶轮生；侧脉多数，密生而平行。由多朵花组成伞房状的聚伞花序；花萼片为双盖覆瓦状排列；花冠高脚碟状，冠筒圆筒形，心皮及蓇葖离生，子房上位。蓇葖果 2 颗，离生。本属约 50 种。中国 6 种。保护区 1 种。

1.* 糖胶树 Alstonia scholaris (L.) R. Br.

乔木。叶轮生，长 7~28cm，宽 2~11cm，无毛，顶端短尖，叶柄较短。花白色，多朵组成稠密的聚伞花序；花冠高脚碟状。蓇葖果 2 颗，线形。种子长圆形。花期 6~11 月，果期 10 月至翌年 4 月。

分布华南、西南地区。生于低丘陵山地疏林中、路旁或水沟边。保护区有栽培。

2. 链珠藤属 Alyxia Banks ex R. Br.

藤本。叶对生或轮生。花小；总状式聚伞花序，具小苞片；花萼 5 深裂；花冠裂片 5 片，向左覆盖，无花盘。核果链珠状。本属 70 种。中国 12 种。保护区 3 种。

1. 筋藤 Alyxia levinei Merr.

藤本。具乳汁。老枝节问长 2.5cm。叶对生或 3 叶轮生，长圆形，长 5~8cm，宽 2~3cm，侧脉向下凹陷。聚伞花序单生于叶腋内；雄蕊 5 枚。核果。

分布广东和广西。生于山地疏林下或山谷、水沟旁。保护区玄潭坑、三牙石偶见。

2. 海南链珠藤 Alyxia odorata Wall. ex G. Don

攀援灌木。叶对生或 3 叶轮生，椭圆形至长圆形。花序腋生或近顶生的花束，或集成短圆锥式的聚伞花序；花冠内面、柱头无毛。核果近球形。花期 8~10 月，果期 12 月至翌年 4 月。

分布华南、西南地区。生于山地疏林下或山谷、路旁较荫湿的地方。保护区五指山偶见。

3. 链珠藤 Alyxia sinensis Champ. ex Benth.

乔木。叶 3~8 片轮生，倒卵状长圆形、倒披针形或匙形；侧脉每边 25~50 条，密生而平行；花白色，多朵组成稠密的聚伞花序；花冠高脚碟状。蓇葖果 2 颗，线形。种子长圆形。花期 6~11 月，果期 10 月至翌年 4 月。

分布华南、华东、西南地区。生于矮林或灌木丛中。保护区青石坑水库偶见。

3. 天星藤属 Graphistcmma Champ. ex Bcnth.

木质藤本，其乳汁。叶对生，具叶柄，羽状脉，具托叶。单歧或二歧短总状式的聚伞花序，腋生；花萼 5 裂，裂片双盖覆瓦状排列；花冠近辐状，副花冠生于合蕊冠上。蓇葖果通常单生。单种属。保护区有分布。

1. 天星藤 Graphistemma pictum (Champ. ex Benth.) Benth. & Hook. f. ex Maxim.

种的形态特征与属相同。花期 4~9 月，果期 7~12 月。

分布华南地区。生于丘陵山地疏林或山谷、溪边灌木丛中。保护区五指山偶见。

4. 匙羹藤属 Gymnema R. Br.

木质藤本。叶对生，具柄，羽状脉。聚伞花序伞形状，腋生；花序梗单生或丛生；花萼裂片 5 片；花冠近辐状、钟状或坛状，裂片 5 片。蓇葖果双生，披针状圆柱形，渐尖，基部膨大。本属 25 种。中国 7 种。保护区 1 种。

1. 匙羹藤 Gymnema sylvestre (Retz.) R. Br. ex Sm.

木质藤本。叶倒卵形或卵状长圆形；叶脉上被微毛。伞状聚伞花序腋生；花小，绿白色；花萼裂片卵圆形；花冠绿白色，钟状，裂片卵圆形。蓇葖果卵状披针形，基部膨大，顶部渐尖。花期 5~9 月，果期 10 月至翌年 1 月。

分布华南、华东地区及中国台湾。生于山坡林中或灌木丛中。保护区北峰山偶见。

5. 球兰属 Hoya R. Br.

灌木或半灌木，附生或卧生。叶肉质或革质，稀膜质。聚伞花序腋间或腋外生；花萼五深裂，花冠辐状，五裂，副花冠 5 裂，着生于雄蕊背部而成星状开展。蓇葖果细长，先端渐尖，平滑。本属约 100 种。中国 32 种。保护区 1 种。

1. 球兰 Hoya carnosa (L. f.) R. Br.

攀援灌木，附生于树上或石上。叶对生，卵圆形至卵圆状长圆形。聚伞花序伞形状，腋生，着花约 30 朵；花白色；花冠辐状，副花冠星状。蓇葖果线形，光滑。花期 4~6 月，果期 7~8 月。

分布华南、华东、西南地区。生于平原或山地附生于树上或石上。保护区三牙石偶见。

6. 山橙属 Melodinus J. R. Forst. & G. Forst.

攀援藤本，具乳汁。叶对生，羽状脉。聚伞花序顶生或腋生，花白色，花萼具腺体，花冠高脚碟状，裂片斜镰刀形，花冠筒圆筒形，无花盘。浆果大，肉质。本属约 53 种。中国 11 种。保护区 2 种。

1. 尖山橙 Melodinus fusiformis Champ. ex Benth.

木质藤本。幼枝、嫩叶、叶柄、花序被短柔毛。单叶对生，椭圆形或长椭圆形。聚伞花序生于侧枝的顶端。浆果椭圆形。花期 4~9 月，果期 6 月至翌年 3 月。

分布华南、西南地区。生于山地疏林中或山坡路旁、山谷水沟旁。保护区车桶坑偶见。

2. 山橙 Melodinus suaveolens (Hance) Champ. ex Benth.

木质藤本。叶近革质，卵形，长 5~10cm。花冠白色，副花冠成 5 裂伸出花筒外。浆果球形，熟时橙红色。花期 5~11 月，果期 8 月至翌年 1 月。

分布华南地区。生于丘陵、山谷，攀援树木或石壁上。保护区林场附近偶见。

7. 石萝藦属 Pentasachme Wall. ex Wight

直立草本。叶对生。聚伞花序或总状花序状；花药顶端有膜片，副花冠 1 轮，生于花冠上，副冠裂片非镰刀状，花粉器有花粉块 2 个。蓇葖果圆筒状披针形。本属 4 种。中国 1 种。保护区有分布。

1. 石萝藦 Pentasachme caudatum Wall. ex Wight

直立草本。叶狭披针形，顶端长尖，基部急尖。伞形状聚伞花序腋生；副花冠生于花冠上。蓇葖果双生，圆柱状披针形。花期 4~10 月，果期 7 月至翌年 4 月。

分布华南、华中、西南地区。生于丘陵山地疏林下或溪边、石缝、林谷中。保护区长塘尾偶见。

8. 羊角拗属 Strophanthus DC.

藤本或灌木。具乳汁。叶对生或 3 片轮生，羽状脉。聚伞花序顶生，花大，花冠筒短，喉部宽，裂片向右覆盖。蓇葖果叉生。种子具喙，密被毛。本属约 60 种。中国 2 种。保护区 1 种。

1. 羊角拗 Strophanthus divaricatus (Lour.) Hook. & Arn.

灌木。叶椭圆状长圆形，长 3~10cm。聚伞花序顶生，花黄色，花冠漏斗状，裂片顶端延长成一长尾。蓇葖果叉生，木质。种子有喙。花期 3~7 月，果期 6 月至翌年 2 月。

分布华南、华东、西南地区。生于丘陵山地、路旁疏林中或山坡灌木丛中。保护区林场附近、北峰山、保护区蛮陂头偶见。

9. 夜来香属 Telosma Coville

藤本。具乳汁。叶对生，具长柄，羽状脉。伞形状或总状的聚伞花序腋生花冠高脚碟状，膜质，花药顶端有膜片，副花冠 1 轮，副花冠 5 裂，宽大，高达花药背面，生于合蕊冠基部，花粉器有花粉块 2 个，花粉块直立。蓇葖果圆柱状披针形，无毛。本属约 10 种。中国 3 种。保护区 1 种。

1. 夜来香 Telosma cordata (Burm. f.) Merr.

柔弱藤状灌木。叶卵状长圆形或阔卵形，长 6.5~9.5cm，宽 4~8cm，基部心形。伞形状聚伞花序腋生；花萼裂片长圆状披针形；花冠黄绿色，高脚碟状，裂片长圆形，副花冠 5。花期 5~8 月，极少结果。

分布华南地区。生于山坡灌木丛中。保护区孖鬃水库偶见。

10. 络石属 Trachelospermum Lemaire

木质藤本。具乳汁。叶对生，羽状脉。聚伞花序顶生及腋生，花白或紫色，5 基数，花萼基部具腺体。蓇葖果双生，线形或纺锤形。种子长圆形，被白色绢毛。本属约 15 种。中国 6 种。保护区 2 种。

1. 紫花络石 Trachelospermum axillare Hook. f.

木质藤本。叶对生，厚纸质，倒披针形或倒卵形或长椭圆形，长 8~15cm，先端尖尾状，基部楔形或锐尖；侧脉多至 15 对，在叶背明显。聚伞花序近伞形短小，腋生或有时近顶生；花紫色。蓇葖果圆柱状。花期 5~7 月，果期 8~10 月。

分布华南、华中、华东、西南地区。生于山谷及疏林中或水沟边。保护区孖鬃水库偶见。

2. 络石 Trachelospermum jasminoides (Lindl.) Lem.

常绿木质藤本。叶革质或近革质，椭圆形至卵状椭圆形或宽倒卵形。二歧聚伞花序腋生或顶生；花白色，芳香；苞片及小苞片狭披针形；花萼 5 片，深裂。蓇葖果双生，叉开，无毛，线状披针形。花期 3~7 月，果期 7~12 月。

分布华南、华东、华中地区。生于山野、溪边、路旁、林缘或杂木林中。保护区青石坑水库偶见。

11. 娃儿藤属 Tylophora R. Br.

藤本。叶对生，羽状脉。伞形或短总状式的聚伞花序，腋生；花冠辐状，花药顶端有膜片，副花冠 1 轮，生于合蕊冠背面，裂片与花冠筒不等长而且非镰刀状；花粉器有花粉块 2 个，花粉块平展。蓇葖果双生，长圆状披针形。本属约 60 种。中国 35 种。保护区 2 种。

1. 娃儿藤 Tylophora ovata (Lindl.) Hook. ex Steud.

藤本。叶卵形，顶端急尖，具细尖头，基部浅心形。花冠辐状，花药顶端有膜片，副花冠 1 轮，生于合蕊冠背面，裂片与花冠筒不等长而且非镰刀状。蓇葖果双生，圆柱状披针形。花期 4~8 月，果期 8~12 月。

分布华南、华中、西南地区。生于山地灌木丛中及山谷或向阳疏密杂树林中。保护区扫管塘偶见。

2. 圆叶娃儿藤 Tylophora rotundifolia Buch.-Ham. ex Wight

匍匐性藤状灌木。叶纸质，近圆形或卵形或倒卵形。聚伞花序伞形状，腋生，着花 10~16 朵；花黄色；花萼裂片卵状三角形；花冠辐状，裂片长圆形，副花冠裂片卵状。蓇葖果双生，披针形。花期 5 月，果期 6 月。

分布华南地区。生于旷野灌木丛中。保护区扫管塘偶见。

12. 水壶藤属 Urceola Roxb.

粗壮藤本。具乳汁。叶对生。花萼内面基部有腺体，花冠不对称，近钟状，无副花冠，向右覆盖。蓇葖果双生，或1颗不发育，基部膨大，顶部喙状。种子顶端具种毛。本属约15种。中国2种。保护区2种。

1. 华南杜仲藤 Urceola quintaretii (Pierre) D. J. Middleton

藤本植物。嫩枝深棕色，老枝深灰色。叶片被白霜，背面淡绿色，具散黑色乳突，椭圆形、狭椭圆形、卵形或倒卵形。聚伞花序圆锥状，顶生和腋生。花冠具柔毛。种子长圆形，被绒毛。花期4月至翌年1月，果期8月至翌年2月。

分布华南地区。生于山地密林中。保护区双孖鲤鱼坑、串珠龙等地偶见。

2. 酸叶胶藤 Urceola rosea (Hook. & Arn.) D. J. Middleton

木质大藤本。叶对生，纸质，阔椭圆形，两面无毛，叶背被白粉。聚伞花序圆锥状。蓇葖果2枚叉开近直线。花期4~12月，果期7月至翌年1月。

分布长江以南各地区至中国台湾地区。生于山地杂木林山谷中、水沟旁较湿润的地方。保护区禾叉坑、玄潭坑偶见。

A357. 紫草科 Boraginaceae

草本，稀灌木或小乔木，常被硬毛。单叶，基生叶丛生，茎生叶互生，无托叶。聚伞或镰状聚伞花序，花两性，辐射对称，花冠筒状、漏斗状或高脚碟状。核果。种子1~4颗。本科约156属2500种。中国47属294种。保护区4属4种。

1. 斑种草属 Bothriospermum Bunge

一年生或二年生草本。被伏毛及硬毛。叶互生，多样，卵形、椭圆形、长圆形等。花小，蓝色或白色；裂片旋转排列，子房4裂，花柱自子房裂片间基部生出。小坚果着生面位于基部，无锚状刺，小坚果杯状突起1层。本属5种。中国5种。保护区1种。

1. 柔弱斑种草 Bothriospermum zeylanicum (J. Jacq.) Druce

一年生草本。茎细弱，丛生。叶椭圆形或狭椭圆形，具小尖，基部宽楔形，上下两面被糙伏毛或短硬毛。花序柔弱，细长；苞片椭圆形或狭卵形；花冠蓝色或淡蓝色。小坚果肾形，腹面具纵椭圆形的环状凹陷。花果期2~10月。

分布东北、华东、华南、西南地区以及中国台湾。生于山坡路边、田间草丛等处。保护区螺塘水库偶见。

2. 基及树属 Carmona Cav.

灌木小乔木。多分枝，幼枝疏被短硬毛。叶互生；叶倒卵形或匙形；叶面密生白色斑点。聚伞花序腋生或生于短枝；花萼两面被毛；花冠钟状，白色或稍红色；子房不分裂，花柱自子房顶端生出，花柱2裂达中部，柱头2枚。核果近球形，有数个分核。单种属。保护区有分布。

1.* 基及树 Carmona microphylla (Lam.) G. Don

种的形态特征与属相同。

分布中国台湾及华南地区。生于低海拔平原、丘陵及空旷灌丛处。保护区有栽培。

3. 破布木属 Cordia L.

乔木或灌木。叶互生，稀对生，全缘或具锯齿，稀具小裂片，通常有柄。聚伞花序无苞，呈伞房状排列；花两性；花冠钟状或漏斗状，白色、黄色或橙红色，通常5裂。核果卵球形、圆球形或椭圆形。本属约325种。中国5种。保护区1种。

1. 破布木 Cordia dichotoma G. Forst.

灌木或小乔木。树皮粗糙。嫩枝有毛。叶薄革质，宽卵形或椭圆形，边缘通常微波状或具波状牙齿。聚伞花序生于具叶的侧枝顶端，二叉状稀疏分枝，呈伞房状；花冠白色。核果近球形或倒卵形，黄色或带红色。果柄短。花期2~4月，果期6~8月。

分布华南、西南地区及中国台湾。生于山坡疏林及山谷溪边。保护区螺塘水库偶见。

4. 厚壳树属 Ehretia P. Browne

乔木或灌木。叶互生，全缘或有锯齿；叶面无白色斑点。伞房状聚伞花序或呈圆锥状，花萼小，漏斗状，5深裂；花冠筒状。核果近球形，黄色，无毛；分核2。本属约50种。中国14种。保护区1种。

1. 长花厚壳树 Ehretia longiflora Champ. ex Benth.

乔木。叶椭圆形、长圆形或长圆状倒披针形，顶端急尖，基部楔形，稀圆形，全缘，无毛。聚伞花序生侧枝顶端。核果淡黄色或红色。花期4月，果期6~7月。

分布华南、华东地区及中国台湾。生于山地路边、山坡疏林及湿润的山谷密林。保护区八仙仔、蒸狗坑等地偶见。

A359. 旋花科 Convolvulaceae

草本、亚灌木或灌木。单叶互生，全缘，掌状或羽状分裂或退化成鳞片。花单生叶腋或组成聚伞状、总状、圆锥状或头状花序，花冠漏斗状或高脚碟状。蒴果或浆果。本科约58属1650种。中国20属129种。保护区4属14种。

1. 银背藤属 Argyreia Lour.

攀援灌木或藤本。叶具柄，单叶，形状及大小多变，全缘。花序腋生，聚伞状，少花至多花，散生或密集成头状；花大；萼片5片，草质或近革质。花冠整齐；花柱1枚，柱头球形。浆果，缩萼增大，内面常红色。种子4颗或较少，无毛。本属约90种。中国21种。保护区1种。

1. 头花银背藤 Argyreia capitiformis (Poir.) Ooststr.

攀援灌木。叶、花序被褐色长硬毛。叶卵形至圆形，稀长圆状披针形，侧脉13~15对。聚伞花序密集成头状；苞片总苞状；

萼片披针形；花冠漏斗形，全缘或稍浅裂。果球形，橙红色，无毛。花期9~12月，果期翌年2月。

分布华南、西南地区。生于沟谷密林、疏林及灌丛中。保护区螺塘水库偶见。

2. 丁公藤属 Erycibe Roxb.

木质大藤本或攀援灌木，极少为小乔木。叶卵形或狭长圆形，全缘，革质；叶柄短。花序总状或圆锥状，顶生或腋生；苞片通常很小；花小；花冠白色或黄色，钟状，花冠管短，花冠深5裂。浆果稍肉质，内有1颗种子。本属约66种。中国产11种。保护区2种。

1. 九来龙 Erycibe elliptilimba Merr. & Chun

木质藤本。叶椭圆形至长圆状椭圆形；两面无毛。花序腋生和顶生，总状或狭圆锥状；小苞片长圆形；萼片近圆形，密被2叉状短柔毛；花冠白色。浆果椭圆形，黑褐色。花期8~10月，果期1~4月。

分布华南地区。生于低山路旁、溪畔或海边的疏林中，通常攀援于大树上。保护区瓶尖偶见。

2. 丁公藤 Erycibe obtusifolia Benth.

大型木质藤本。枝、叶无毛。叶革质，椭圆形或倒长卵形，侧脉4~5对；叶柄无毛。聚伞花序腋生和顶生，顶生的排列成总状；花萼球形，外面被毛；花冠白色。浆果卵状椭圆形。花期5月，果期10~11月。

分布华南地区。生于山谷湿润密林中或路旁灌丛。保护区青石坑水库偶见。

3. 番薯属 Ipomoea L.

草本或灌木，茎常缠绕，偶平卧或直立。叶具柄，全缘、浅裂或掌状裂。花单生或组成腋生聚伞、伞形至头状花序；花冠漏斗状或钟状，白色、红色或蓝色，纵带仅2条纵脉。蒴果球形或卵形。本属约500种。中国约29种。保护区8种。

1.* 蕹菜 Ipomoea aquatica Forssk.

草本。叶卵形至长卵状披针形，长3.5~17cm，宽0.9~8.5cm。聚伞花序腋生，花序梗长1.5~9cm。蒴果卵球形至球形。

中国中部和南部地区常见栽培。生于池塘边、路旁。保护区有栽培。

2.* 番薯 Ipomoea batatas (L.) Lam.

草质藤本。有块根。叶片形状、颜色常因品种不同而异，通常为卵形，全缘或角状裂。聚伞花序腋生；花萼外无毛，花紫色或白色。蒴果卵形或扁圆形。花期9~12月。

在中国大部分地区广泛栽培。保护区有栽培。

3. 毛牵牛 Ipomoea biflora (L.) Pers.

攀援或缠绕草本。植株被硬毛。叶心形或心状三角形，全缘或很少为不明显的3裂，两面被长硬毛；侧脉6~7对。花序腋生，短于叶柄，苞片小，线状披针形；萼片5片；花冠白色，狭钟状。蒴果近球形。种子4颗，卵状三棱形。

分布华南、华中、西南地区。生于山坡、山谷、路旁或林下。保护区古兜山林场偶见。

4. 五爪金龙 Ipomoea cairica (L.) Sweet

多年生缠绕草本。全体无毛。叶掌状5~7全裂，裂片卵状披针形。聚伞花序腋生，花紫色或白色。蒴果近球形。花期几全年。

分布华南、西南地区及中国台湾。生于平地或山地路边灌丛。保护区古斗林场偶见。

5. 厚藤 Ipomoea pescaprae (L.) R. Br.

一年生缠绕草本。茎、叶通常被刚毛。叶宽卵形或近圆形，较大，长达9cm，顶端2裂。花腋生；花萼外无毛，花紫色。蒴果近球形。种子卵状三棱形。花期夏秋季。

分布华南、华东地区。生于沙滩上及路边向阳处。保护区偶见。

6.* 茑萝松 Ipomoea quamoclit L.

一年生缠绕草本植物。单叶互生，羽状深裂。聚伞花序腋生；萼片绿色，椭圆形至长圆状匙形；花冠高脚碟状，深红色。蒴果卵圆形。花期 7~10 月。

常作栽培。保护区有栽培。

7. 三裂叶薯 Ipomoea triloba L.

草质藤本。叶宽卵形至圆形，全缘或有粗齿或深 3 裂。聚伞花序，无总苞，花萼外被毛，花冠浅红色，长约 1.5cm。蒴果近球形。

分布华南地区及中国台湾。生于丘陵路旁、荒草地或田野。保护区瓶身偶见。

8.* 丁香茄 Ipomoea turbinata Lag.

一年生粗壮缠绕草本。幼枝绿色，老枝污红色。叶心形，具长的锐尖头或长的尾状尖；具微柔毛或无毛。花紫色，腋生，单一或成腋生少花的卷曲的花序，具短而粗的总花梗。

分布华南、华中、西南地区。生于海拔 580~1200m 的灌丛中或河漫滩干坝。保护区有栽培。

4. 鱼黄草属 Merremia Dennst. ex Endl.

草本或亚灌木，常缠绕。叶全缘或掌状裂。单花腋生或排成聚伞或二歧聚伞花序，花冠漏斗状或钟状，花冠黄色，有 5 条纵脉，花丝基部无鳞片。蒴果，宿萼短于果。本属约 80 种。中国 19 种。保护区 3 种。

1. 肾叶山猪菜 Merremia emarginata (Burm. f.) Hall. f.

多年生草本。叶肾形至宽卵形，顶端钝至宽圆形或微凹，基部心形，边缘有粗锯齿或全缘；叶柄被开展微硬毛。花腋生，

单花或成 2~3 朵花的聚伞花序；苞片小；萼片倒卵形至圆形。蒴果近球形。种子 4 颗或较少。

分布华南地区。生于林内沙质平地。保护区玄潭坑偶见。

2. 篱栏网 Merremia hederacea (Burm. f.) Hall. f.

草质藤本。叶心状卵形，全缘或通常具不规则的粗齿或锐裂齿，无毛。花小，花冠黄色，钟状。蒴果扁球形或宽圆锥形，4 瓣裂。

分布华南地区及中国台湾。生于灌丛或路旁草丛。保护区禾叉坑偶见。

3. 山猪菜 Merremia umbellata (L.) Hall. f. subsp. orientalis (Hall. f.) van Ooststr.

缠绕草本。叶卵形至长圆形，具短尖头，全缘。聚伞花序腋生，花冠白色、黄色或淡红色，漏斗状。蒴果圆锥状球形，4 瓣裂。种子被长硬毛。花期几乎全年。

分布华南、西南地区。生于路旁、山谷疏林或杂草灌丛中。保护区三牙石偶见。

A360. 茄科 Solanaceae

草本、灌木或小乔木。叶互生，单叶或羽状复叶，无托叶。花单生，簇生或为蝎尾式、伞房式、伞状式、总状式、圆锥式聚伞花序；常 5 基数；花冠合瓣。浆果或蒴果。种子盘状或肾形。本科约 95 属 2300 种。中国 20 属 101 种。保护区 3 属 7 种。

1. 番茄属 Lycopersicon Mill.

一年生或多年生草本或为亚灌木。茎直立或平卧。羽状复叶，小叶极不等大，有锯齿，羽状深裂。圆锥式聚伞花序，腋外生；花萼辐状，开展；花冠辐状，筒部短。浆果多汁，扁球状或近球状。种子扁圆形，胚极弯曲。本属 9 种。中国 1 种。保护区有分布。

1.* 番茄 Lycopersicon esculentum Mill.

草本。叶羽状复叶或羽状深裂，小叶极不规则，大小不等，常 5~9 枚，卵形或长圆形。花序常 3~7 花；花萼裂片披针形；花冠辐状，黄色。浆果扁球形、近球形或卵形，橙色或鲜红色。花果期全年。

分布中国大部分地区。常作栽培。保护区有栽培。

2. 碧冬茄属 Petunia Juss.

草本。植物体被腺毛。叶全缘，互生。花单生。花萼 5 深裂或几乎全裂，裂片矩圆形或条形；花冠漏斗状或高脚碟状，裂片短而阔，覆瓦状排列；花盘腺质，全缘或缺刻状 2 裂。蒴果 2 瓣裂。种子近球形或卵球形。本属约 25 种。中国 1 种。保护区有分布。

1.* 碧冬茄 Petunia × hybrida (Hook.) E. Vilm.

一年生草本。被腺毛。叶卵形，顶端急尖，基部阔楔形或楔形，全缘；侧脉不显著，每边 5~7 条。花单生于叶腋，花梗长 3~5cm；花萼 5 深裂，裂片条形；花冠白色或紫堇色，漏斗状。蒴果圆锥状。品种不同而花果期不同。

分布华南地区。常作栽培。保护区有栽培。

3. 茄属 Solanum L.

草本、灌木或小乔木。单叶互生或假双生，全缘或分裂。花两性，数朵成聚伞花序，花冠星状辐形或漏斗状辐形。浆果球形至椭圆形。种子扁平，具网纹状凹穴。本属约 1200 种。中国 41 种。保护区 5 种。

1.* 喀西茄 Solanum aculeatissimum Jacq.

直立草本至亚灌木。茎、枝、叶及化柄多混生黄白色具节的长硬毛，短硬毛，腺毛及淡黄色基部宽扁的直刺。叶阔卵形，

5~7 深裂；侧脉与裂片数相等。蝎臀状花序腋外生；花冠筒淡黄色。浆果球状。花期春夏季，果期冬季。

分布华南地区。常作栽培。保护区有栽培。

2.* 红茄 Solanum aethiopicum L.

一年生草本。茎、叶下面、叶柄及花梗均被 5~9 分枝有柄或无柄的星状绒毛。上部叶常假双生，不相等，叶片卵形至长圆状卵形。花序腋外生，短；花冠白色。浆果橙黄色或猩红色，圆形，顶基压扁。种子肾形，淡黄色。

分布华南、西南地区。常作栽培。保护区有栽培。

3. 少花龙葵 Solanum americanum Mill.

草本。无刺。叶卵状椭圆形或卵状披针形，近全缘，两面被柔毛。花序近伞形，腋外生，花 4~6 朵，花冠白色。浆果球状，黑色。种子近卵形。花果期几乎全年。

分布华南、华中、西南地区。生于溪边、密林阴湿处或林边荒地。保护区古斗林场偶见。

4. 龙葵 Solanum nigrum L.

草本。植株高 0.25~1m，无刺。叶卵形，长 2.5~7cm，宽 2~5cm。花序蝎尾状，有花 4~8 朵；花冠白色。浆果球形。种子两侧压扁。

分布全国各地。生于山坡灌草丛中。保护区古斗林场偶见。

5. 水茄 Solanum torvum Sw.

灌木。叶单生或双生，卵形至椭圆形，边缘半裂或作波状，裂片通常 5~7 片。伞房花序腋外生；花白色；萼杯状。浆果黄色，光滑无毛，圆球形。全年均开花结果。

分布华南、西南地区及中国台湾。生于路旁、荒地、灌木丛中、沟谷等。保护区水保偶见。

A366. 木犀科 Oleaceae

乔木或灌木。叶对生，稀轮生或互生，单叶、三出复叶或羽状复叶，具叶柄，无托叶。花辐射对称，两性；雌雄同株、异株或杂性异株，常聚伞花序排列成圆锥花序，或总状、伞状、头状花序。翅果、蒴果、核果或浆果。本科约 28 属 600 种。中国 11 属 178 种。保护区 4 属 9 种。

1. 梣属 Fraxinus L.

落叶乔木。奇数羽状复叶；小叶叶缘具锯齿或近全缘。花小，单性、两性或杂性，雌雄同株或异株；圆锥花序顶生或腋生于枝端，或着生于去年生枝上。单翅果。本属约 60 种。中国 22 种。保护区 1 种。

1. 光蜡树 Fraxinus griffithii C. B. Clarke

半落叶乔木。树干、小枝灰白色。冬芽无鳞片。羽状复叶；小叶全缘，上面无毛光亮，下面具细小腺点。圆锥花序顶生。果翅下延。花期 5~7 月，果期 7~11 月。

分布华南、华中、西南地区。生于干燥山坡、林缘、村旁、河边。保护区茶寮口至茶寮迳偶见。

2. 茉莉属 Jasminum L.

灌木。单叶或复叶，对生或互生，无托叶。花两性，聚伞花序组成圆锥状、总状、伞房状或头状复花序，花芳香。浆果双生，熟时黑色或蓝黑色。本属 200 余种。中国 43 种。保护区 2 种。

1. 扭肚藤 Jasminum elongatum (Bergius) Willd.

攀援状灌木。小枝密被黄褐色柔毛。单叶，对生，羽状脉，叶两面被柔毛。聚伞花序常生于侧枝之顶；花微香；花冠白色。果卵状长圆形，熟时黑色。花期 4~12 月，果期 8 月至翌年 3 月。

分布华南、华中、西南地区。生于干燥山坡、林缘、村旁、河边等。保护区山麻坑、禾叉坑等地偶见。

2. 清香藤 Jasminum lanceolarium Roxb.

大型攀援灌木。叶革质，三出复叶；小叶片多形，常偏圆形，顶生小叶与侧生叶几等大。花冠白色。果球形或椭圆形。花期 4~10 月，果期 6 月至翌年 3 月。

分布华南、华中、华东、西北地区。生于林中。保护区石墩桥茶场偶见。

3. 女贞属 Ligustrum L.

灌木或小乔木。单叶对生；全缘；羽状脉；叶柄短。聚伞状圆锥花序顶生；花两性；花萼钟状；花冠白色，裂片在花蕾时呈镊合状排列。浆果状核果。种子 1~4 颗。本属约 45 种。中国 29 种。保护区 5 种。

1. 广东女贞 Ligustrum guangdongense R. J. Wang & H. Z. Wen

灌木或小乔木。单叶对生；全缘；羽状脉；叶柄短。聚伞状圆锥花序顶生；花两性；花萼钟状；花冠白色，裂片在花蕾时呈镊合状排列。浆果状核果。种子 1~4 颗。

分布华南地区。生于林中。保护区玄潭坑罕见。

2. 华女贞 Ligustrum lianum P. S. Hsu

灌木或小乔木。叶片革质，椭圆形、长圆状椭圆形、卵状长圆形或卵状披针形，上面深绿色，常具网状乳突，下面淡绿色，密被小腺点。圆锥花序顶生；花序基部苞片小叶状。果椭圆形。花期 4~6 月，果期 7 月至翌年 4 月。

分布华南、华东、西南地区。生于山谷疏、密林中或灌木丛中。保护区玄潭坑偶见。

3. 女贞 Ligustrum lucidum W. T. Aiton

灌木。高可达 25m。枝疏生皮孔。叶长 6~17cm，宽 3~8cm，侧脉 4~9 对。圆锥花序顶生，长 8~20cm，宽 8~25cm。果肾形，被白粉。

分布长江以南各地区。生于林中。保护区玄潭坑偶见。

4. 倒卵叶女贞 Ligustrum obovatilimbum B. M. Miao

灌木。叶片革质，常绿，倒卵状披针形至长圆状披针形，叶背密被小腺点，叶缘反卷；叶柄具窄翅，上面具沟，光滑无毛。果序圆锥状；果椭圆形，被白粉。种子单生。果期 12 月。

分布华南地区。生于开旷地。保护区双孖鲤鱼坑、客家仔行偶见。

5. 小蜡 Ligustrum sinense Lour.

灌木。叶片革质，常绿，倒卵状披针形至长圆状披针形，先端锐尖、钝或圆，基部向叶柄渐窄；有不明显的腺点；叶缘反卷；叶柄具窄翅。果序圆锥状；果椭圆形，被白粉。种子单生。果期 12 月。

分布华南、华中、华东、西南地区。生于山坡、山谷、溪边、河旁、林中。保护区玄潭坑偶见。

4. 木犀属 Osmanthus Lour.

常绿灌木或小乔木。叶对生，单叶，叶片厚革质或薄革质，全缘或具锯齿，两面通常具腺点；具叶柄。花两性，通常雌蕊或雄蕊不育而成单性花，雌雄异株或雄花、两性花异株，聚伞花序簇生于叶腋，或再组成腋生或顶生的短小圆锥花序。果为核果，椭圆形或歪斜椭圆形。

1.*木犀 Osmanthus fragrans (Thunb.) Lour.

乔木。叶长 7~14.5cm，宽 2.6~4.5cm，两面有泡状腺点。聚伞花序簇生于叶腋；花极芳香；雄蕊着生于花冠管近顶部。果歪斜，长 1~1.5cm。

全国各地广泛栽培。生于林内或灌丛中。保护区有栽培。

A369. 苦苣苔科 Gesneriaceae

草本或灌木，稀乔木。叶为单叶，羽状复叶。聚伞花序，或为单歧聚伞花序；花萼（4~）5 全裂或深裂，辐射对称。浆果或蒴果，线形、长圆形、椭圆球形或近球形。本科 133 属 3000 余种。中国 56 属约 442 种。保护区 3 属 5 种。

1. 芒毛苣苔属 Aeschynanthus Jack

附生小灌木。叶对生，或 3~4 枚轮生，全缘，脉不明显。聚伞花序，苞片早落，能育雄蕊 4 枚，子房线形或长圆形，顶端渐变形成花柱。蒴果 2 瓣裂。本属约 140 种。中国 34 种。保护区 2 种。

1. 芒毛苣苔 Aeschynanthus acuminatus Wall. ex A. DC.

多年生肉质草本。叶大，卵形或狭卵形，长 5~17cm，宽 3~9.5cm。苞片大卵形，长 1~4cm。蒴果线形。花期 10 至翌年 3 月，果期 12 月至翌年 5 月。

分布华南、西南地区。生于山谷林中树上或溪边石上。保护区瓶尖偶见。

2.* 毛萼口红花 Aeschynanthus radicans Jack

亚灌木。叶对生，长卵形，全缘。花萼筒状，黑紫色披绒毛，花冠筒状，红色至红橙色，从花萼中伸出。花期夏季。

分布华南地区。常作栽培。保护区有栽培。

2. 唇柱苣苔属 Chirita Hance

多年生或一年生草本。叶基生，莲座状，具羽状脉。聚伞花序腋生，大苞片，对生；花冠紫色、蓝色或白色，漏斗状或筒状，上方能育雄蕊 2 枚。蒴果线形，室背开裂。本属约 140 种。中国约 100 种。保护区 1 种。

1. 牛耳朵 Chirita eburnea Hance

多年生肉质草本。叶大，卵形或狭卵形，长 5~17cm，宽 3~9.5cm，全缘。聚伞花序；花梗密被短柔毛及短腺毛；苞片大卵形，长 1~4cm；花冠紫色或淡紫色，有时白色，喉部黄色，两面疏被短柔毛。蒴果被短柔毛。花期 4~7 月。

分布华南、华中、西南地区。生于石灰山林中石上或沟边林下。保护区孖鬓水库偶见。

3. 马铃苣苔属 Oreocharis Benth.

多年生草本，根状茎短而粗。叶基生。聚伞花序；苞片 2 片；花冠筒长 8~20mm；能育雄蕊 4 枚，花药分离，花药横裂。蒴果倒披形或长圆形。种子卵圆形。本属约 28 种。中国约 27 种。保护区 2 种。

1. 大叶石上莲 Oreocharis benthamii C. B. Clarke

多年生草本。叶丛生，具长柄，椭圆形或卵状椭圆形，叶面被短柔毛，背面被绣色绢毛，网脉于背面不明显。聚伞花序；花小，长 8~12mm，花冠筒钟状，喉部不缢缩。花期 8 月，果期 10 月。

分布华南、华中地区。生于岩石上。保护区客家仔行、笔架山等地偶见。

2. 绵毛马铃苣苔 Oreocharis nemoralis Chun var. lanata Y. L. Zheng & N. H. Xia

草本。叶基生，上面被银白色绵毛，下面被棕色绵毛。聚伞花序 1~2，每花序具 1~3 朵花；苞片 2 片；花冠筒长 8~20mm；能育雄蕊 4 枚。蒴果长圆形。

分布广东。生于丘陵山地、石上。保护区斑鱼咀偶见。

A370. 车前科 Plantaginaceae

草本，稀灌木。叶互生螺旋状，或对生，有时轮生。花序多样；花常两性；萼片 4 或 5 片，合生，花冠二唇形。蒴果；室间开裂，孔裂或周裂。本科 90 属 1900 种。中国 21 属 165 种。保护区 5 属 5 种。

1. 毛麝香属 Adenosma R. Br.

直立或匍匐草本。叶对生；叶背有腺点，边缘有齿。花单生叶腋或排成总状、穗状或头状花序；花冠筒状，二唇形；雄蕊2枚能育，2枚不育。蒴果卵形或椭圆形，具喙。种子小，有网纹。本属约15种。中国4种。保护区1种。

1. 毛麝香 Adenosma glutinosum (L.) Druce

直立草本。叶对生，有柄；叶片披针状卵形至宽卵形，边缘具齿或重齿，两面被毛，下面多腺点。顶生花排成疏散的总状花序。蒴果卵形。花果期7~10月。

分布华南、华东地区。生于荒山坡、疏林下湿润处。保护区古斗林场偶见。

2. 金鱼草属 Antirrhinum L.

一年或多年生草本。叶对生或上部互生，全缘或分裂。总状花序，花冠筒状唇形，基部膨大成囊状，上唇直立，2裂，下唇3裂，外曲开展。蒴果卵形或球形。本属45种。中国1种。保护区有分布。

1.* 金鱼草 Antirrhinum majus L.

多年生直立草本。叶下部的对生，上部的常互生，具短柄；叶片无毛，披针形至矩圆状披针形，长2~6cm，全缘。总状花序顶生，密被腺毛；花萼与花梗近等长，花冠颜色多种。蒴果卵形，被腺毛，顶端孔裂。

华南地区有栽培。常作栽培。保护区有栽培。

3. 水八角属 Gratiola L.

直立或平卧肉质草本。叶卵形至披针形，边缘全缘，掌状三出脉。花单生于叶腋，花梗极短或长而丝状，近萼处有小苞片2枚，形似萼裂片；花萼5深裂；花冠二唇形。蒴果卵珠形；种子多数，小型，具条纹同横网纹。本属约25种。中国2种。保护区1种。

1. 白花水八角 Gratiola japonica Miq.

直立或平卧草本。无毛。叶基部半抱茎，长椭圆形至披针形，顶端具尖头，具短尖头。花单生于叶腋，无柄或近于无柄；小苞片条状披针形；花萼5深裂几达基部。蒴果球形，棕褐色；种子细长，具网纹。花果期5~7月。

分布华南、东北、西南地区。生于稻田及水边带黏性的淤泥上。保护区边缘农田中偶见。

4. 车前属 Plantago L.

草本。叶螺旋状互生，常用排成莲座状；弧形脉3~11条，少数仅有1中脉；叶柄基部常扩大成鞘状。穗状花序狭圆柱状、圆柱状至头状。蒴果。本属200种。中国22种。保护区1种。

1. 车前 Plantago asiatica L.

草本。植株较小，高小于30cm。叶基生呈莲座状，平卧、斜展或直立；宽卵形至宽椭圆形。穗状花序细圆柱状；花冠白色，无毛。蒴果纺锤状卵形、卵球形或圆锥状卵形。花期4~8月，果期6~9月。

分布中国大部分地区地区。生于草地、沟边、河岸湿地、田边、路旁或村边空旷处。保护区瓶身偶见。

5. 野甘草属 Scoparia L.

多分枝草本或小灌木。叶对生或轮生，全缘或有齿，常具腺点。花1~5朵腋生；花白色，小，花冠辐状，雄蕊4枚。蒴果球形或卵圆形。种子倒卵圆形，种皮蜂窝状。本属约10种。中国1种。保护区有分布。

1. 野甘草 Scoparia dulcis L.

直立草本。叶对生或3片轮生，菱状卵形或菱状披针形，具紫色腺点；边缘有齿。叶对生或轮生，花1~5朵腋生，花小，白色，雄蕊4枚。蒴果卵形或球形。花期4~8月，果期5~10月。

分布华南、华东地区。生于荒地、路旁。保护区斑鱼咀常见。

A371. 玄参科 Scrophulariaceae

草本，少为灌木或乔木。叶互生、下部对生而上部互生、或全对生或轮生。花序总状、穗状或聚伞状，常合成圆锥花序；两性；花萼5裂，花冠合瓣，二唇形。蒴果。种子小，有时具翅，种皮常网状。本科9属510种。中国8属68种。保护区1属1种。

1. 醉鱼草属 Buddleja L.

灌木或乔木。单叶对生，羽状脉，常被星状毛或腺毛。聚伞花序呈圆锥状、总状、穗状或头状。蒴果或浆果。种子细小，具翅。本属100种。中国20种。保护区1种。

1. 白背枫 Buddleja asiatica Lour.

直立灌木或小乔木。幼枝、叶下面、叶柄和花序均密被灰白色毛。叶对生，膜质至纸质，狭椭圆形、披针形或长披针形。总状花序窄而长。蒴果椭圆状。花期1~10月，果期3~12月。

分布华南、华中、西南地区。生于向阳山坡灌木丛中或疏林缘。保护区古斗林场偶见。

A373. 母草科 Linderniaceae

常为多年生小草本。茎常四棱形。叶常交互对生，基部常合生。花序多为总状，或单花腋生，无小苞片；花两侧对称；花冠内部常具腺毛。本科约17属253种。中国4属19种。保护区2属3种。

1. 母草属 Lindernia All.

直立、倾卧或匍匐草本。叶对生，具羽状或掌状脉。花单生叶腋或排成顶生总状花序或集成伞形花序，花冠二唇形，紫色、蓝色或白色。蒴果近球形。种子小。本属约70种。中国约29种。

保护区2种。

1. 母草 Lindernia crustacea (L.) F. Muell.

草本。叶片三角状卵形或宽卵形，边缘有浅钝锯齿，两面近无毛或背脉疏被毛。花单生叶腋或在茎枝顶成极短的总状花序。蒴果椭圆形，与宿萼近等长。花果期全年。

分布华南、华东、西南地区及中国台湾。生于田边、草地、路边等低湿处。保护区山麻坑偶见。

2. 圆叶母草 Lindernia rotundifolia (L.) Alston

一年生矮小草本。茎直立，不分枝或有时多枝丛密。叶宽卵形或近圆形，先端圆钝，基部宽楔形或近心形，边缘有齿。花少数，在茎顶端和叶腋成亚伞形，二型；花萼常结合至中部。蒴果长椭圆形。花期7~9月，果期8~11月。

分布华南地区。生于田边、草地等。保护区串珠龙偶见。

2. 蝴蝶草属 Torenia L.

草本。叶对生，边缘有齿。花具梗，排列成总状或伞形花序，抑或单朵腋生或顶生；花萼具5棱或5翅，花冠筒状，檐部二唇形。蒴果矩圆形。本属50属。中国10种。保护区1种。

1. 单色蝴蝶草 Torenia concolor Lindl.

匍匐草本。叶三角状卵形或长卵形；两面光滑无毛。单朵腋生或顶生，稀排成伞形花序；花冠长2~2.5cm。蒴果。花果期5~11月。

分布华南、西南地区及中国台湾。生于林下、山谷及路旁。保护区禾叉坑偶见。

A377. 爵床科 Acanthaceae

草本、灌木或藤本。叶片、小枝和花萼上常有条形或针形的钟乳体。叶对生，极羽裂，无托叶。花两性，总状、穗状、聚伞或头状花序，苞片常较大，花萼5或4裂；花冠高脚碟形、漏斗形或钟形。蒴果室背开裂为2果片。本科约220属4000种。中国约35属304种。保护区6属8种。

1. 白接骨属 Asystasia Blume

草本、灌木或藤本。叶对生，极羽裂，无托叶。花两性，总状、穗状、聚伞或头状花序，苞片常较大，花萼5或4裂，花冠高脚碟形、漏斗形或钟形；花冠5裂，花冠管长，能育雄蕊4枚。蒴果室背开裂为2果片。本科3种。中国1种。保护区有分布。

1.* 小花十万错 Asystasia gangetica (L.) T. Anderson subsp. **micrantha** (Nees) Ensermu

多年生草本。叶对生，叶片呈卵形至椭圆形，全缘或具微小圆齿。基部的花早开及先结果，顶部的花最为晚开，花冠呈一侧膨胀的管状，白色，最下瓣中央有一片紫斑。蒴果长圆形。花果期12月至翌年2月。

分布华南地区。生于林中、路边。保护区有栽培。

2. 钟花草属 Codonacanthus Nees

小草本。叶对生，全缘；侧脉5~7对。花小，具花梗，组成顶生和腋生的总状花序和圆锥花序，花冠5裂，花冠管短，能育雄蕊2枚。蒴果中部以上2室。本属2种。中国1种。保护区有分布。

1. 钟花草 Codonacanthus pauciflorus (Nees) Nees

多年生草本。叶椭圆卵形或狭披针形；两面被微柔毛。花

钟状，5裂，雄蕊2枚，内藏。蒴果。花果期8月至翌年4月。

分布华南、华东、西南地区及中国台湾。生于密林下或潮湿的山谷。保护区牛轭塘坑偶见。

3. 水蓑衣属 Hygrophila R. Br.

灌木或草本，叶对生，全缘或具不明显小齿。花无梗，2至多朵簇生于叶腋；花萼圆筒状，萼管中部5深裂，裂片等大或近等大。蒴果圆筒状或长圆形，2室，每室有种子4至多颗。

1. 水蓑衣 Hygrophila ringens (L.) R. Br. ex Spreng.

草本。茎四棱形。叶纸质，狭披针形，两面无毛或近无毛；近无柄。花簇生叶腋，无梗；花萼5深裂至中部；花小，长约12mm。

分布广东、香港、福建。生于江边湿地上。保护区鹅公髻、笔架山等地偶见。

4. 爵床属 Justicia L.

草本。叶对生，叶面有钟乳体。花无梗，组成顶生穗状花序；苞片交互对生，每苞片中有花1朵；花冠二唇形，能育雄蕊2枚，花药2室，花蕊基部有附属物，无育雄蕊，胚珠每室2枚。果开裂时胎座不弹起。本属700余种。中国43种。保护区2种。

1. 爵床 Justicia procumbens L.

草本。节间膨大。叶小，椭圆形至椭圆状长圆形。密集的穗状花序顶生；苞片1片，小苞片2片，均披针形，有缘毛；花萼裂片4，线形。蒴果。花果期几乎全年。

分布秦岭以南的大部分地区。生于山坡林间草丛中。保护区螺塘水库偶见。

2. 杜根藤 Justicia quadrifaria (Nees) T. Anderson

草本。叶有柄，矩圆形或披针形，基部锐尖，顶端短渐尖，边缘常具小齿。花序腋生；花冠白色，具红色斑点。蒴果无毛。

分布华南、华中、西南地区。生于林中等处。保护区禾叉坑、玄潭坑等地偶见。

5. 叉柱花属 Staurogyne Wall.

草本。常单茎。叶对生或上部互生，全缘，具羽状脉。花序总状或穗状，顶生或腋生；花冠5裂，花冠管短，能育雄蕊4枚，花丝基部有膜片相连，子房每室有胚珠多枚。蒴果胎座无种钩。本属约140种。中国17种。保护区2种。

1. 叉柱花 Staurogyne concinnula (Hance) O. Kuntze

小草本。茎极缩短，被长柔毛。叶对生丛状，成莲座状；匙形至匙状披针形，近全缘，叶面密被粗糙小点。总状花序顶生或近顶腋生。蒴果。花期3~5月，果期7~9月。

分布华南、华东地区及中国台湾。生于林下。保护区孖鬃水库偶见。

2. 中花叉柱花 Staurogyne sinica C. Y. Wu & H. S. Lo

一年生草本。叶基生成莲座状，纸质；叶片卵状长圆形，先端圆，基部圆或宽楔形，被柔毛。总状花序顶生或腋生；小苞片同苞片，着生于花梗中上部；花冠白紫色，花冠管筒状。蒴果卵状长圆桶形，无毛。花期3~5月，果期8月。

分布华南地区。生于密林下。保护区古兜山林场偶见。

6. 马蓝属 Strobilanthes Blume

多年生草本或亚灌木。多为一次性结实，茎幼时四棱形。叶对生。穗状花序；花冠5裂，花冠管长，能育雄蕊4枚，花丝基部有膜片相连，子房每室有胚珠2枚。蒴果。种子被柔毛。本属约250种。中国15种。保护区1种。

1. 四子马蓝 Strobilanthes tetrasperma (Champ. ex Benth.) Druce

直立或匍匐草本。茎细瘦。叶纸质，卵形或椭圆形，两面无毛。穗状花序短而紧密，有花数朵；苞片叶状；花冠淡红色或淡紫色。蒴果，被柔毛。花期秋季。

分布华南、华中、西南地区。生于密林中。保护区水保偶见。

A378. 紫葳科 Bignoniaceae

乔木、灌木或木质藤本，稀为草本。叶对生、互生或轮生，单叶或羽叶复叶；顶生小叶或叶轴有时呈卷须状。花两性，左右对称；组成顶生、腋生的聚伞花序、圆锥花序或总状花序，或总状式簇生；花萼钟状、筒状；花冠合瓣，钟状或漏斗状。蒴果。本科约120属650种。中国12属约35种。保护区3属3种。

1. 哈德木属 Handroanthus Mattos

落叶乔木。叶子和花萼上具毛；花序2分枝，没有发育良好的中央轴；花冠黄色或洋红色；二强雄蕊；子房圆锥形到线形长圆形。种子具翅。本属30余种。中国1种。保护区有栽培。

1.* 黄花风铃木 Handroanthus chrysanthus (Jacq.) S. O. Grose

落叶乔木。叶对生，纸质有疏锯齿，掌状复叶，小叶4~5枚，五叶轮生，卵状椭圆形，全叶被褐色细茸毛；圆锥花序，顶生，花两性，花冠金黄色，漏斗形。果实为蓇葖果。种子具翅。先花后叶，花期3~4月。

华南地区有栽培。常栽培作观赏。保护区有栽培。

2. 炮仗藤属 Pyrostegia C. Presl

攀援木质藤本。无大蒜味。叶对生；小叶 2~3 枚，顶生小叶常变三叉的丝状卷须，卷须 3 裂，无钩。圆锥花序顶生；花橙红色，密集成簇；花萼钟状，平截或具 5 齿；花冠筒状，裂片 5。蒴果线形，室间开裂。种子在隔膜边缘列成覆瓦状排列，具翅。本属约 5 种。中国栽培 1 种。保护区栽培 1 种。

1.* 炮仗花 Pyrostegia venusta (Ker Gawl.) Miers

常绿木质藤本。具有三叉丝状卷须。掌状复叶，小叶 2~3 片，顶生小叶常变成 3 分枝的卷须。圆锥花序着生于侧枝的顶端；花形如炮仗；花萼钟状，有 5 小齿；花冠筒状，橙红色，裂片 5 片。果瓣革质，舟状。花期 1~6 月。

华南地区有栽培。常栽培作观赏。保护区有栽培。

3. 火焰树属 Spathodea P. Beauv.

常绿乔木。一回羽状复叶。伞房状总状花序顶生，密集；花萼佛焰苞状，一侧开裂，花冠宽钟状，橙红色，雄蕊 4 枚。蒴果，细长圆形；果瓣与隔膜垂直。种子多数，具膜质翅。本属约 20 种。中国栽培 1 种。保护区有栽培。

1.* 火焰树 Spathodea campanulata P. Beauv.

乔木。奇数羽状复叶，对生；小叶 13~17 枚，叶片椭圆形至倒卵形，全缘，背面脉上被柔毛。伞房状总状花序，顶生；花序轴被褐色微柔毛，具有明显的皮孔；苞片披针形。蒴果黑褐色。种子具周翅。花期 4~5 月。

华南地区有栽培。常栽培作观赏。保护区有栽培。

A379. 狸藻科 Lentibulariaceae

水生或陆生食虫草本。茎及分枝常变态成根状茎、匍匐枝、叶器和假根。叶基部轮生呈莲座状，羽状分裂，具捕虫囊。花单生或排成总状花序；两性，两侧对称，于花茎排成总状花序，花冠二唇形。蒴果。种子小而多数。本科 4 属 230 余种。中国 2 属 19 种。保护区 1 属 5 种。

1. 狸藻属 Utricularia L.

食虫草本。茎枝变态成假根及叶器。叶莲座状，基生或互生；叶器全缘或细裂成线形至毛发状，无腺毛；捕虫囊存在。花单生或呈总状花序，花萼 2 深裂；花冠具多少隆起的喉凸，喉部闭合，二唇形。蒴果球形或卵形。种子具翅。本属约 180 种。中国 17 种。保护区 5 种。

1. 挖耳草 Utricularia bifida L.

陆生小草本。叶线形或线状倒披针形，全缘。捕虫囊生于叶器及匍匐枝上。花茎鳞片和苞片狭椭圆形，基部着生，花黄色。蒴果室背开裂，果梗弯垂。花果期 6 月至翌年 1 月。

分布华南、华中、华东地区。生于沼泽地、稻田或沟边湿地。保护区大柴堂、北峰山偶见。

2. 短梗挖耳草 Utricularia caerulea L.

湿生小草本。匍匐枝丝状。叶匙形或倒披针形，全缘。捕虫囊生匍匐枝及侧叶。花茎鳞片和苞片长圆状披针形，盾状着生，花紫色。蒴果。种子多数。花期 6 月至翌年春季，果期 7 月至翌年春季。

分布华南、华东、华中地区及中国台湾。生于沼泽地、水湿草地或滴水岩壁上。保护区蒸狗坑偶见。

3. 禾叶挖耳草 Utricularia graminifolia Vahl

陆生小草本。假根、匍匐枝少数，丝状，多分枝。叶线形或线状倒披针形，全缘，具3脉。捕虫囊散生于匍匐枝和侧生于叶器上，球形。花序直立。花冠淡蓝色至紫红色。蒴果长球形。种子多数，椭圆球形。花期5~12月。

分布华南、华东地区。生于潮湿石壁或沼泽地。保护区北峰山偶见。

4. 圆叶挖耳草 Utricularia striatula Sm.

陆生小草本。叶器簇生成莲座状和散生于匍匐枝上，倒卵形、圆形或肾形。捕虫囊散生于匍匐枝上，斜卵球形。花序直立。蒴果斜倒卵球形。花期6~10月，果期7~11月。

分布华南、华东、华中地区及中国台湾。生于潮湿的岩石、树干上或苔藓丛中。保护区鸡嫲三坑、瓶身偶见。

5. 齿萼挖耳草 Utricularia uliginosa Vahl

陆生小草本。叶倒卵形或线形，长达4cm，全缘。花茎鳞片和苞片卵形或狭卵形，基部着生；花蓝色或淡紫色。蒴果宽椭圆球形，果梗直。花期7~10月，果期8~11月。

分布华南地区及中国台湾。生于沼泽地、溪边及潮湿的沙地上。保护区青石坑水库偶见。

A382. 马鞭草科 Verbenaceae

灌木或乔木，稀为藤本。叶对生，单叶或掌状复叶，无托叶。聚伞、总状、穗状、伞房状聚伞或圆锥花序，花两性，左右对称。花冠筒圆柱形。核果、蒴果或浆果状核果。小科32属840种。中国5属8种。保护区3属3种。

1. 假连翘属 Duranta L.

灌木。枝上有刺。单叶对生或轮生，全缘或有锯齿。花序总状、穗状或圆锥状，顶生或腋生；苞片细小；花萼顶端有5齿，宿存，结果时增大；花冠管圆柱形；花萼檐部果时相互聚合，包围果实。核果几完全包藏在增大宿存的花萼内。本属约36种。中国1种。保护区有栽培。

1.* 假连翘 Duranta erecta L.

灌木。枝有刺。叶对生或3叶轮生，卵状椭圆形或卵状披针形；全缘或中上部有齿，有柔毛；叶柄有毛。总状花序顶生或腋生，常排成圆锥状；花萼管状，5裂，有5棱；花冠通常蓝紫色，5裂。核果球形。花果期5~10月。

分布华南地区。常逸为野生。保护区有栽培。

2. 马缨丹属 Lantana L.

直立或蔓生灌木。有强烈气味。茎和枝有刺。单叶对生，叶面多皱。头状花序顶生或腋生，花冠4~5浅裂；小苞片1枚，同一花序有几种颜色。核果，中果皮肉质。本属约75种。中国1种。保护区有栽培。

1. 马缨丹 Lantana camara L.

常绿半藤状灌木。茎直立，有刺。单叶对生，叶片卵形至卵状长圆形，顶端急尖或渐尖，基部心形或楔形。头状花序腋生；花多种颜色。果实圆球形。花期6~10月。

分布华南、华东地区及中国台湾。生于海边沙滩和空旷地区。保护区常见。

3. 假马鞭属 Stachytarpheta Vahl

草本或灌木。单叶对生，少有互生，有柄；基部不裂，边缘有不规则的粗齿。无花梗，多花组成长的穗状花序，花萼管状，膜质，棱4~5；能育雄蕊2枚。果藏于宿萼中，长圆形，成熟后2瓣裂。本属约65种。中国1种。保护区有分布。

1. 假马鞭 Stachytarpheta jamaicensis (L.) Vahl

多年生粗壮草本或亚灌木。叶片厚纸质，椭圆形至卵状椭圆形，边缘有粗锯齿。穗状花序顶生；花单生于苞腋内；苞片边缘膜质；花冠深蓝紫色。果内藏于膜质的花萼内，每瓣有1颗种子。花期8月，果期9~12月。

分布华南、华东、西南地区。生于山谷阴湿处草丛中。保护区古斗林场偶见。

A383. 唇形科 Lamiaceae

草本、半灌木或灌木。茎常具4棱及沟槽。叶为单叶，稀为复叶。花序聚伞式；花两侧对称，稀多少辐射对称，两性，花萼下位；花冠合瓣，管状或向上宽展。果实常裂为4颗小坚果。本科236属7173种。中国96属970种。保护区15属34种。

1. 广防风属 Anisomeles R. Br.

直立粗壮草本。有特殊气味。长穗状轮伞花序多花，花萼檐部裂片等大，裂齿披针形，果时喉部张开，花冠二唇形，上唇较短，雄蕊4枚；子房4全裂，子房无柄，花柱基生，花盘裂片与子房互生。小坚果近圆球形，黑色，具光泽。本属7~8种。中国1种。保护区有分布。

1. 广防风 Anisomeles indica (L.) Kuntze

直立粗壮草本。有特殊气味。茎四棱形。叶阔卵形，长4~9cm，宽3~6.5cm，顶端急尖，基部心形。轮伞花序在茎枝顶部排成长穗状花序。小坚果黑色。花期8~9月，果期9~11月。

分布华南、华中和西南地区。生于林缘或路旁等荒地上。保护区水保偶见。

2. 紫珠属 Callicarpa L.

直立灌木。常被星状毛。叶对生，稀3叶轮生，常被毛及腺点，具锯齿。聚伞花序腋生；花冠紫、红或白色，4裂；萼檐4裂或截平。浆果状核果，熟时紫色、红色或白色。本属140余种。中国约48种。保护区9种。

1. 紫珠 Callicarpa bodinieri H. Lév.

灌木。小枝、叶柄和花序均被粗糠状星状毛。叶卵状长椭圆形或椭圆形，顶端渐尖或尾状尖，基部楔形，背面密被星状毛，两面密生红色腺点。聚伞花序4~5次分歧。果实球形，无毛。花期6~7月，果期8~11月。

分布华南、华东、华中、西南地区。生于林中、林缘及灌丛中。保护区班鱼咀偶见。

2. 短柄紫珠 Callicarpa brevipes (Benth.) Hance

灌木。嫩枝及花序梗被黄褐色毛。叶狭披针形或披针形，背面黄色腺点，叶脉被星状毛，与尖尾枫相似，但花序柄短，叶较小。聚伞花序，花冠白色。果小。花期4~6月，果期7~10月。

分布华南、华东地区。生于山坡林下。保护区偶见。保护区螺塘水库偶见。

3. 杜虹花 Callicarpa formosana Rolfe

灌木。叶卵状椭圆形或椭圆形，顶端渐尖，基部圆，背面密被黄色星状毛和黄色腺点。聚伞花序；花萼杯状，被灰黄色星状毛，萼齿钝三角形；花冠紫色或淡紫色，无毛。果实近球形，紫色。花期5~7月，果期8~11月。

分布华南、华中、西南地区。生于平地、山坡和溪边的林中或灌丛中。保护区黄蜂腰、瓶尖偶见。

4. 全缘叶紫珠 Callicarpa integerrima Champ. ex Benth.

灌木或藤本。嫩枝、叶柄及花序密被灰黄色茸毛。叶片宽卵形、阔卵形或椭圆形，边缘全缘，背面密被茸毛。聚伞花序，花冠紫色。果球形，紫色。花期 6~7 月，果期 8~11 月。

分布华南、华东地区。生于山坡或谷地林中。保护区林场、大柴堂偶见。

5. 藤紫珠 Callicarpa integerrima Champ. ex Benth.var. chinensis (C. P'ei) S. L. Chen

与原种的主要区别：叶片背面密被灰黄色厚茸毛；花柄、花萼、花冠及子房均被星状毛。

分布华南、华中、西南地区。生于山坡林中、林边或谷地溪边。保护区螺塘水库偶见。

6. 枇杷叶紫珠 Callicarpa kochiana Makino

灌木。小枝、叶柄与花序密生黄褐色茸毛。叶长椭圆形、

卵状椭圆形或长椭圆状披针形，边缘有锯齿，两面有腺点。聚伞花序 3~5 次分歧。果实球形。花期 7~8 月，果期 9~12 月。

分布华南、华东、华中地区。生于山坡或谷地溪旁林中和灌丛中。保护区玄潭坑、禾叉坑等地偶见。

7. 广东紫珠 Callicarpa kwangtungensis Chun

灌木。叶片狭椭圆状披针形、披针形或线状披针形，边缘上半部有细齿。聚伞花序 3~4 次分歧，具稀疏的星状毛；花冠白色或带紫红色。果实球形。花期 6~7 月，果期 8~10 月。

分布华南、华东、西南等地区。生于山坡林中或灌丛中。保护区蒸狗坑偶见。

8. 钩毛紫珠 Callicarpa peichieniana Chun & S. L. Chen ex H. Ma & W. B. Yu

灌木。小枝圆柱形，密被钩状小糙毛和黄色腺点。叶卵形或椭圆状卵形，顶端尾状渐尖，基部阔楔形，两面密生黄色腺点。聚伞花序单一。果实球形。花期 6~7 月，果期 8~11 月。

分布华南等地区。生于林中或林边。保护区五指山偶见。

9. 红紫珠 Callicarpa rubella Lindl.

灌木。小枝被黄褐色星状毛及腺毛。叶倒卵形或倒卵状椭圆形,顶端渐尖或尾状尖,基部心形,背面密被星状毛和黄色腺点。聚伞花序被毛。果实紫红色。花期5~7月,果期7~11月。

分布华南、华东、西南地区。生于山坡、河谷的林中或灌丛中。保护区林场、大柴堂偶见。

3. 大青属 Clerodendrum L.

灌木或小乔木。单叶对生,稀3~5叶轮生。聚伞花序或组成伞房状或圆锥状花序,花序腋生兼顶生;花萼色艳,钟状或杯状,花冠高脚杯状或漏斗状,常5裂。浆果状核果。本属约400种。中国34种。保护区5种。

1. 臭牡丹 Clerodendrum bungei Steud.

灌木。植株有臭味。叶长8~20cm,宽5~15cm,边缘具锯齿,基部脉腋有数枚盘状腺体。伞房状聚伞花序顶生;花冠红色。核果。

分布华南、西南、华东、华北、西北。生于山坡、林缘、沟谷、路旁、灌丛润湿处。保护区瓶尖偶见。

2. 灰毛大青 Clerodendrum canescens Wall. ex Walp.

灌木。全株密被灰色长柔毛。叶心形或阔卵形,长6~18cm,宽4~15cm,基部心形,边缘粗齿。聚伞花序密集成头状。核果近球形。花果期4~10月。

分布华南、华东、西南地区。生于山坡路边或疏林中。保护区客家仔行偶见。

3. 重瓣臭茉莉 Clerodendrum chinense (Osbeck) Mabb.

灌木。叶片宽卵形到近心形,背面短柔毛,尤其在脉和具数个大腺体近基部,正面具糙伏毛。花序顶生,密集的伞房花序或聚伞花序。浆果状核果。

分布华南、华东、西南地区及中国台湾。栽培或逸生野生。保护区八仙仔偶见。

4. 白花灯笼 Clerodendrum fortunatum L.

灌木。叶长圆形、卵状椭圆形，长 5~17cm，宽达 5cm，边缘浅波状齿。腋生花序，花萼紫红色，冠白色或淡红色，萼管与冠管等长。核果近球形，熟时深蓝绿色。花果期 6~11 月。

分布华南、华东地区。生于丘陵、山坡、路边、村旁和旷野。保护区青石坑水库偶见。

5. 尖齿臭茉莉 Clerodendrum lindleyi Decne. ex Planch.

灌木。叶片纸质，宽卵形或心形，两面被毛，叶缘有齿；伞房状聚伞花序密集，顶生。核果近球形，大半被紫红色增大的宿萼所包。花果期 6~11 月。

分布华南、华东、西南地区。生于山坡、沟边、杂木林或路边。保护区青石坑水库偶见。

4 . 水蜡烛属 Dysophylla Blume

草本植物。叶 3~10 枚轮生，无柄，线形至倒披针形，全缘或具疏齿，通常近无毛。轮伞花序多花；苞片与花等长或略短。花极小，无梗；花冠筒短；雄蕊 4 枚等长，花盘裂片与子房互生。小坚果近球形，果萼非明显二唇形。本属约 27 种。中国 1 种。保护区有分布。

1. 水虎尾 Dysophylla stellata (Lour.) Benth.

一年生、直立草本。叶 4~8 枚轮生，线形，先端急尖，基部渐狭而无柄，边缘具疏齿或几无齿，两面均无毛。穗状花序极密集；苞片披针形，明显。花萼钟形，密被灰色绒毛。小坚果倒卵形，极小，棕褐色，光滑。花果期全年。

分布华南、华东、华中、西南地区。生于稻田中或水边。保护区山麻坑水库偶见。

5 . 活血丹属 Glechoma L.

草本。叶片多为圆形，心型、肾形；顶端钝或短尖，基部心形；边缘具齿。轮伞花序 2 朵花，花冠二唇形；雄蕊 4 枚，2 对雄蕊平行，后对上升；子房 4 全裂。小坚果长圆状卵形，深褐色。本属约 8 种。中国 5 种。保护区 1 种。

1. 活血丹 Glechoma longituba (Nakai) Kupr.

匍匐草本。叶心形或肾形，长 1.8~2.5cm，宽 2~3cm，顶端圆基部心形。轮伞花序多有花 2 朵；花冠蓝色至紫色。小坚果深褐色，卵形。花期 4~5 月，果期 5~6 月。

分布中国除青海、甘肃、新疆及西藏以外的地区。生于林缘、疏林下、草地中、溪边等阴湿处。保护区林场偶见。

6 . 石梓属 Gmelina L.

乔木或灌木。单叶、对生，通常全缘稀浅裂，基部常有大腺体。花由聚伞花序排列成顶生或腋生的圆锥花序；苞片通常披针形或椭圆形；花大而美丽，具各种颜色；花萼钟状，4~5 裂，花冠漏斗状。核果肉质，具 1~4 颗种子。本属约 35 种。中国 7 种。保护区 2 种。

1. 石梓 Gmelina chinensis Benth.

乔木。小枝无刺。单叶对生，三角状卵形，基部楔形。顶生总状或聚伞圆锥花序；萼 5 裂，三角形，无腺点；花冠黄色；萼檐截平或有 4 小齿。浆果状核果。花期 4~5 月，果期 8 月。

分布华南、西南地区。生于山坡林中。保护区林场水库旁偶见。

2. 苦梓 Gmelina hainanensis Oliv.

乔木。叶阔卵形，长 5~16cm，宽 4~8cm，基部楔形。聚伞花序排成顶生圆锥花序；萼檐 5 裂，花黄色或淡紫红色。核果倒卵形，顶端截平，肉质，着生于宿存花萼内。花期 5~6 月，果期 6~9 月。

分布华南、华中地区。生于山坡疏林中。保护区百足行仔山偶见。国家 II 级重点保护野生植物。

7. 香茶菜属 Isodon (Schrad. ex Benth.) Spach

多年生草本、亚灌木或灌木。叶具齿。聚伞花序 3 至多花，排成总状或圆锥状花序，萼檐二唇形或等大 5 裂，花冠二唇形，上唇 4 裂，下唇 1 裂，雄蕊下倾，卧于花冠下唇上。小坚果近圆球形、卵球形或长圆状三棱形。本属约 100 种。中国 77 种。保护区 3 种。

1. 香茶菜 Isodon amethystoides (Benth.) H. Hara

多年生草本。叶卵圆形或披针形，顶端渐尖，基部骤然收狭，无红色腺点。聚伞花序组成顶生圆锥花序，疏散；花萼钟形，外面疏生极短硬毛或近无毛，满布白色或黄色腺点。成熟小坚果卵形。花期 6~10 月，果期 9~11 月。

分布华南、华中、华东地区。生于林下或草丛中的湿润处。保护区古斗林场偶见。

2. 显脉香茶菜 Isodon nervosus (Hemsley) Kudô

多年生草本。茎四棱形。叶披针形或狭披针形，顶端渐尖，基部楔形，无红色腺点。聚伞花序组成顶生圆锥花序；花萼紫色，钟形，直立。小坚果卵圆形。花期 7~10 月，果期 8~11 月。

分布华南、地区。生于山谷、草丛或林下阴处。保护区古斗林场偶见。

3. 长叶香茶菜 Isodon walkeri (Arn.) H. Hara

草本。叶狭披针形，长 2.5~7.5cm，宽 0.6~2.1cm，背面密被黄色腺点。苞片叶状；萼二唇形；雄蕊外伸。小坚果极小，卵形。

分布广东、广西、云南。生于水边或林下潮湿处。保护区水保偶见。

8. 薰衣草属 Lavandula L.

半灌木或小灌木，稀为草本。叶线形至披针形或羽状分裂。轮伞花序具 2~10 花；苞片形状多样；小苞片小；花蓝色或紫色；子房 4 全裂，子房无柄，花柱基生。子房 4 裂。小坚果外果皮薄而干燥，侧腹面分离，果脐小。本属约 28 种。中国 2 种。保护区 1 种。

1.* 薰衣草 Lavandula angustifolia Mill.

半灌木或矮灌木。全株被灰色星状绒毛。叶线形或披针线形，密被灰白色星状绒毛。轮伞花序通常具 6~10 朵花，多数，在枝顶聚集成间断或近连续的穗状花序；苞片菱状卵圆形；花具短梗，蓝色。小坚果 4 颗，光滑。花期 6 月。

分布华南地区。常作栽培。保护区有栽培。

9. 益母草属 Leonurus L.

一年生、二年生或多年生直立草本。叶 3~5 裂，下部叶宽大，近掌状分裂，上部茎叶及花序上的苞叶渐狭，全缘，具缺刻或 3 裂。轮伞花序多花密集，腋生；花萼檐部裂片等大，裂齿披针形，果时喉部张开，花冠二唇形，上唇外突，雄蕊 4 枚；子房 4 全裂。小坚果有 3 棱。本属约 20 种。中国产 12 种。保护区 1 种。

1. 益母草 Leonurus japonicus Houtt.

直立草本。茎钝四棱形，有倒向糙伏毛。叶卵形，二或三回掌状分裂，裂片长圆状线形。轮伞花序腋生，具 8~15 朵花；花萼管状钟形，显著 5 脉，齿 5；花冠粉红色至淡紫红色，冠檐二唇形。花期 4~7 月，果期 9~10 月。

分布中国大部分地区。喜生于阳处。保护区三牙石偶见。

10. 薄荷属 Mentha L.

芳香草本。直立或卜升。叶具柄或无柄，边缘具齿，先端通常锐尖或为钝形；苞叶与叶相似，变小。轮伞花序稀 2~6 朵花，通常为多花密集，具梗或无梗；苞片通常不显著；化两性或单性。小坚果卵形。本属 30 种。中国 12 种。保护区 2 种。

1. 薄荷 Mentha canadensis L.

多年生草本。叶片长圆状披针形、披针形、椭圆形或卵状披针形，被微柔毛。轮伞花序腋生，轮廓球形；花冠淡紫色。小坚果卵珠形，黄褐色，具小腺窝。花期7~9月，果期10月。

分布中国大部分地区。生于水旁潮湿地。保护区水保偶见。

2. 留兰香 Mentha spicata L.

多年生草本。叶无柄或近于无柄，卵状长圆形或长圆状披针形，边缘具尖锐而不规则的锯齿，草质，上面绿色，下面灰绿色，侧脉6~7对。轮伞花序生于茎及分枝顶端；小苞片线形，花萼钟形；花冠淡紫色。小坚果。花期7~9月。

分布华南、华北、西南地区。生于林中。保护区斑鱼咀偶见。

11. 石荠苧属 Mosla Buch.-Ham. ex Maxim.

草本。叶具柄，具齿，下面有明显凹陷腺点。轮伞花序具2朵花，再组成顶生的总状花序；萼檐部近相等5裂，花冠为不明显二唇形；花冠白色，粉红色至紫红色。小坚果近球形。本属约22种。中国12种。保护区1种。

1. 小鱼仙草 Mosla dianthera (Buch.-Ham.) Maxim.

一年生草本。茎、枝被短柔毛。叶卵状披针形，长1.2~3.5cm，宽0.5~1.8cm，叶背灰白色。总状花序生于枝顶；花冠淡紫色，二唇形。小坚果近球形，灰褐色。花果期5~11月。

分布华南、华中、西南地区。生于山坡、路旁或水边。保护区螺塘水库偶见。

12. 马刺花属 Plectranthus L'Hér.

Plectranthus 过去曾经是一个大范围的属（过去叫香茶菜属），

后被重新分为三个小属: Isodon (Benth.) Kudo [香茶菜属(狭义)]、Skapanthus C. Y. Wu & H. W. Li（子宫草属）、Plectranthus L'Hér.（马刺花属）。本属种数不详。中国无自然分布，常有引种栽培。保护区引种1种。

1.* 彩叶草 Plectranthus scutellarioides (L.) R. Br.

直立或上升草本。叶膜质，其大小、形状及色泽变异很大，通常卵圆形，边缘具圆齿状锯齿或圆齿，下面常散布红褐色腺点。轮伞花序多花；苞片宽卵圆形，花萼钟形；花冠浅紫色至紫色或蓝色。小坚果宽卵圆形或圆形。花期7月。

分布华南地区。常作栽培。保护区有栽培。

13. 鼠尾草属 Salvia L.

草本或亚灌木或灌木。叶为单叶或羽状复叶。轮伞花序具2朵至多朵花，组成总状或总状圆锥或穗状花序；花冠二唇形，雄蕊2枚；子房4全裂，子房无柄，花柱基生，花盘裂片与子房互生。小坚果卵状三棱形或长圆状三棱形，无毛，光滑。本属900~1100种。中国84种。保护区1种。

1. 荔枝草 Salvia plebeia R. Br.

一或二年生草本。单叶，椭圆状卵形或椭圆状披针形，顶端急尖，基部楔形，背面被毛和腺点。茎、枝顶端密集组成总状或总状圆锥花序；花萼钟形；花冠淡红色、淡紫色、紫色、蓝紫色至蓝色。小坚果倒卵圆形。花果期4~7月。

分布中国大部分地区。生于山坡、路旁、沟边、田野潮湿的土壤上。保护区鹅公鬓偶见。

14. 黄芩属 Scutellaria L.

草本或亚灌木。茎生叶常具齿，或羽状分裂或极全缘。总状或穗状花序，花萼短筒形，花冠二唇形，冠筒伸出；子房4，全裂，有柄，花柱基生。小坚果扁球形或卵球形。本属约350种。中国98种。保护区3种。

1. 半枝莲 Scutellaria barbata D. Don

草本。叶长圆状披针形，长1~2.5cm，宽0.4~1.5cm，基部截平。花单生于茎或分枝上部叶腋内，蓝紫色，长9~13mm。坚果具小疣状突起。

分布黄河以南各地区。生于溪边或湿润草地上。保护区螺塘水库偶见。

2. 蓝花黄芩 Scutellaria formosana N. E. Br.

多年生草本。叶或羽状分裂或极全缘，先端钝至渐尖，基部宽楔形，每侧离基部1/3以上有3~4波状浅锯齿。花对生；花梗与序轴均密被短柔毛；苞片长菱形。花冠蓝色。小坚果具瘤。花期8~9月，果期10~11月。

分布华南、华东、西南地区。生于林下阴处。保护区百足行仔山偶见。

3. 南粤黄芩 Scutellaria wongkei Dunn

草本。茎近木质。叶具柄，坚纸质，小，卵圆形，边缘每侧具2~3枚圆齿。花腋生于小分枝叶腋叶；花冠淡蓝色；冠檐二唇形；花盘扁圆形。小坚果。花果期6月。

分布华南地区。生于草地上。保护区林场、五指山、北峰山偶见。

15. 牡荆属 Vitex L.

乔木或灌木。掌状复叶，对生，小叶3~8，稀单叶。聚伞花序，或为聚伞花序组成圆锥状、伞房状以至近穗状花序；花萼钟或管状，花冠白色、淡蓝色、淡蓝紫色或淡黄色，二唇形。核果球形或倒卵圆形。本属约250种。中国14种。保护区2种。

1. 牡荆 Vitex negundo L. var. cannabifolia (Sieb. & Zucc.) Hand.-Mazz.

灌木或小乔木。掌状复叶；小叶5片，小叶片长圆状披针形至披针形，边缘有粗齿，叶背密生灰白色绒毛。圆锥花序顶生，花序梗被毛。核果近球形。花期4~6月，果期7~10月。

分布华南、华东、西南地区。生于山坡路边灌丛中。保护区斑鱼咀偶见。

2. 山牡荆 Vitex quinata (Lour.) F. N. Will.

常绿乔木。掌状复叶；有3~5小叶，小叶片倒卵形至倒卵状椭圆形，两面仅中脉被毛。聚伞花序排成顶生圆锥花序式；花序梗被毛。核果熟后黑色。花期5~7月，果期8~9月。

分布华南、华中地区。生于山坡林中。保护区斑鱼咀、螺塘水库等地偶见。

A387. 列当科 Orobanchaceae

草本，稀灌木。叶互生螺旋状或对生，单叶。无限花序；花萼管状；花冠二唇形。蒴果室背或室间开裂，裂片 2~3 片。本科 99 属 2060 种。中国 35 属 471 种。保护区 2 属 2 种。

1. 来江藤属 Brandisia Hook. f. & Thoms.

直立、攀援或藤状灌木，偶有寄生。嫩枝和叶被星状毛。叶对生，有短柄。花腋生，单个或成对，或形成总状花序；萼钟状，外面有星毛；花冠裂片二唇状，上唇 2 裂，下唇 3 裂；花梗中部有 2 片苞片。蒴果质厚，卵圆形，室背开裂。本属约 11 种。中国 8 种。保护区 1 种。

1. 岭南来江藤 Brandisia swinglei Merr.

攀援灌木。全体密被褐灰色星状绒毛，枝及叶上面渐变无毛。单叶，叶片卵圆形，全缘或具疏齿。花单生于叶腋，花 1~2 朵腋生，萼齿狭长，长显过于宽。蒴果小。花期 6~11 月，果期 12 月至翌年 1 月。

分布华南地区。生于坡地。保护区山麻坑、鹅公鬓等地偶见。

2. 独脚金属 Striga Lour.

草本。茎被基部膨大的刚毛。叶边缘全缘。花单生叶腋或集成顶生穗状花序，花萼管状，有 5~15 条纵棱，花冠高脚杯状。蒴果长圆形。种子多数。本属约 20 种。中国 3 种。保护区 1 种。

1. 独脚金 Striga asiatica (L.) O. Kuntze

寄生小草本。很少分枝。叶基部近对生，狭披针形，其余互生条形或鳞片状。花单生叶腋或排成顶生穗状花序，花冠高

脚碟状，二唇形。蒴果卵状。花期秋季。

分布华南、华中、华东地区及中国台湾。生于庄稼地和荒草地。保护区蒸狗坑偶见。

A392. 冬青科 Aquifoliaceae

乔木或灌木。单叶互生，具柄。花小，辐射对称，单性，雌雄异株，排列成聚伞花序、假伞形花序、总状花序、圆锥花序或簇生；花萼 4~6 枚，覆瓦状排列。浆果状核果。种子富含胚乳。本科 4 属 500~600 种。中国 1 属约 204 种。保护区 1 属 16 种。

1. 冬青属 Ilex L.

乔木或灌木。单叶互生。花小，辐射对称，单性，雌雄异株，聚伞花序、假伞形花序、总状花序、圆锥花序或簇生；花瓣 4~8 片。浆果状核果，球形，熟时红或黑色。本属 400 种以上。中国约 200 种。保护区 16 种。

1. 秤星树 Ilex asprella (Hook. & Arn.) Champ. ex Benth.

落叶灌木。长枝纤细，栗褐色，无毛，具淡色皮孔；短枝多皱，具宿存的鳞片和叶痕。叶倒卵形，长 2~5cm，宽 1~3.5cm，顶端急尖，边缘具齿。花白色。果黑色，球形。花期 3 月，果期 4~10 月。

分布华南、华东、华中地区及中国台湾、中国香港。生于山地疏林中或路旁灌丛中。保护区玄潭坑、禾叉坑等地偶见。

2. 凹叶冬青 Ilex championii Loes.

常绿灌木或乔木。枝具棱，叶卵形、倒卵形，长 2~4cm，

宽 1.5~2.5cm，无毛，顶端圆钝或微凹，全缘。雄花序为聚伞花序；雌花未见。果扁球形，直径 3~4mm，分核 4。花期 6 月，果期 8~11 月。

分布华南、华中地区及中国香港。生于山谷密林中。保护区鸡乸三坑偶见。

3. 黄毛冬青 Ilex dasyphylla Merr.

常绿灌木或乔木。密被黄色短硬毛。叶在枝上互生，在短枝上簇生，卵形或椭圆形，全缘或中上部有小齿。全缘或中上部有小齿，花白色。果黑色，球形，分核 4~6。花期 3 月，果期 4~10 月。

分布华南、华中地区。生于山地疏林或灌木丛中、路旁。保护区北峰山偶见。

4. 厚叶冬青 Ilex elmerrilliana S. Y. Hu

小乔木。无毛。枝具棱。叶厚革质，椭圆形，长 5~9cm，宽 2~3.5cm，无毛，全缘。花序簇生，苞片卵形，无毛。果球形，直径 5mm，分核 6 或 7。花期 4~5 月，果期 7~11 月。

分布华南、华东、华中地区。生丁山地常绿阔叶林中、灌丛中或林缘。保护区笔架山偶见。

5. 榕叶冬青 Ilex ficoidea Hemsl.

常绿乔木。幼枝具纵棱，无毛。叶革质，边缘具锯齿；主脉于叶面凹陷，网脉不明显。聚伞花序或单花簇生于当年生枝的叶腋内；花 4 基数，白色或淡黄绿色，芳香。果红色，球形或近球形。花期 3~4 月，果期 8~11 月。

分布华南、华东、西南地区。生于山地常绿阔叶林、杂木林和疏林内或林缘。保护区瓶尖偶见。

6. 团花冬青 Ilex glomerata King

乔木，枝具棱，叶长圆形，长 6~12cm，宽 2~4cm，无毛，顶端长渐尖，边有锯齿。花序簇生于二年生枝的叶腋内，苞片卵形，具缘毛。果球形，直径 7~8mm，分核 4。花期 4~5 月，果期 9~11 月。

分布华南、华中地区。生于山地常绿阔叶林中、林缘或灌木丛中。保护区螺塘水库偶见。

7. 纤花冬青 Ilex graciliflora Champ. ex Benth.

常绿乔木。叶生于 1~3 年生枝上，叶片厚革质，倒卵状椭圆形或长圆状椭圆形，边缘具疏而小的细锯齿或近全缘；无毛。花序簇生于当年生枝的叶腋内；花白色，4 基数。果球形，分核 4。花期 4 月，果期 6 至翌年 2 月。

分布华南地区及中国香港。生于丛林中。保护区大围山偶见。

8. **海南冬青 Ilex hainanensis** Merr.

乔木。枝具棱。叶椭圆形，长 5~9cm，宽 2.5~5cm，边全缘。聚伞花序簇生或假圆锥花序。果椭圆形，直径 3mm，5~6 分核。

分布华南、西南。生于山坡密林或疏林中。保护区青石坑水库偶见。

9. **江门冬青 Ilex jiangmenensis** L. Jiang & K. W. Xu

乔木或灌木。单叶互生。花小，辐射对称，单性，雌雄异株，聚伞花序、假伞形花序、总状花序、圆锥花序或簇生；花瓣4~8片。浆果状核果，球形，熟时红色或黑色。

分布华南地区。生于林中。保护区特有种，孖鬓水库偶见。

10. **皱柄冬青 Ilex kengii** S. Y. Hu

常绿乔木。叶生于 1~3 年生枝上，叶片薄革质，椭圆形或卵状椭圆形，全缘，叶面绿色，具光泽，背面淡绿色，具褐色腺点，两面无毛，在叶缘附近网结。花序簇生于二年生枝的叶腋内。果球形。果期 6~11 月。

分布华南、华东地区。生于山坡疏林、杂木林或混交林中。保护区孖鬓水库偶见。

11. **大叶冬青 Ilex latifolia** Thunb.

常绿乔木。无毛，枝具棱。叶椭圆形，边缘有疏锯齿，齿尖黑色；叶柄粗壮，近圆柱形。由聚伞花序组成的假圆锥花序生于二年生枝的叶腋内；花淡黄绿色。果球形，成熟时红色。花期 4 月，果期 9~10 月。

分布华南、华东、西南地区。生于山坡常绿阔叶林中、灌丛中或竹林中。保护区孖鬓水库偶见。

12. **谷木叶冬青 Ilex memecylifolia** Champ. ex Benth.

常绿乔木。叶生于 1~2 年生枝上，卵状长圆形或倒卵形。花序簇生于二年生枝的叶腋内；4~6 基数，白色，芳香。果球形，成熟时红色。花期 3~4 月，果期 7~12 月。

分布华南、华中地区。生于山坡密林、疏林、杂木林中或灌丛中、路边。保护区青石坑水库偶见。

13. **毛冬青 Ilex pubescens** Hook. & Arn.

常绿灌木或小乔木。枝具棱，密被硬毛。叶纸质或膜质，椭圆形或长卵形，两面密被硬毛，有锯齿。花序簇生于 1~2 年生枝的叶腋内。果扁球形，分核 6。花期 4~5 月，果期 8~11 月。

分布华南、华东、东北地区。生于山坡常绿阔叶林中或林缘、灌木丛中及溪旁、路边。保护区蛮陂头偶见。

14. 毛叶冬青 Ilex pubilimba Merr. & Chun

常绿乔木。小枝密被暗黄色短硬毛状柔毛。叶椭圆形；叶面绿色，干时灰橄榄色，有光泽，无毛，叶背淡白色，被短柔毛。花序簇生，苞片卵形或半圆形，密被短柔毛；花黄白色。果扁球形，被短柔毛。花期 3 月，果期 8~12 月。

分布华南地区。生于中海拔的密林中。保护区三牙石偶见。

15. 三花冬青 Ilex triflora Blume

灌木。幼枝近四棱形，密被短柔毛。叶椭圆形，长 2.5~10cm，宽 1~4.5cm，背面有腺点，边有圆齿，雄花序 1~3 朵。果球形，直径 6~7mm，分核 4。花期 5~7 月，果期 8~11 月。

分布华南、华东、华中地区。生于山地阔叶林、杂木林或灌木丛中。保护区古兜山林场偶见。

16. 绿冬青 Ilex viridis Champ. ex Benth.

常绿灌木或小乔木。叶革质，倒卵形，倒卵状椭圆形或阔椭圆形，边缘略外折，具齿。雄花、雌花生叶腋。果球形或略扁球形。花期 5 月，果期 10~11 月。

分布华南、华东、西南地区。生于常绿阔叶林下、疏林及灌木丛中。保护区大柴堂、林场附近、北峰山偶见。

A394. 桔梗科 Campanulaceae

草本、灌木或小乔木。叶互生。花大多 5 数，辐射对称或两侧对称；花萼 5 裂，筒部与子房贴生，镊合状排列；花冠为合瓣，浅裂或深裂；雄蕊 5 枚，常用与花冠分离；子房下位，或半上位。果常用为蒴果。本科 86 属 2300 余种。中国 16 属 159 种。保护区 1 属 2 种。

1. 半边莲属 Lobelia L.

草本。叶互生，排成 2 行或螺旋状。花单生叶腋（苞腋），或总状花序顶生，或由总状花序再组成圆锥花序；小苞片有或无；花萼筒卵状、半球状或浅钟状。蒴果，成熟后顶端 2 裂。本属 414 种。中国 23 种。保护区 2 种。

1. 半边莲 Lobelia chinensis Lour.

小草本。高 6~15cm，无毛，茎具棱。叶螺旋状排列，倒卵形、椭圆形或披针形，长 5~20mm，宽 2~4mm。花生分枝的上部叶腋；花冠二唇形。蒴果倒锥状。花果期 5~10 月。

分布中国长江中下游及以南地区。生于水田边、沟边及潮湿草地上。保护区三牙石偶见。

2. 卵叶半边莲 Lobelia zeylanica L.

小草本。植株被毛。叶螺旋状排列，卵形，边缘锯齿状。花单生叶腋，花冠紫、淡紫或白色，二唇形。蒴果倒锥形至长圆形。种子三棱形。花果期全年。

分布华南、华东、西南地区及中国台湾。生于水田边或山谷沟边等阴湿处。保护区孖鬓水库偶见。

A396. 花柱草科 Stylidiaceae

草本或亚灌木。花两性或由于败育而为单性；两侧对称，花萼和花冠 5，花冠合瓣，5（~6）裂，常不规则，其中 4 片裂片近于相似，而前方一片常不同形，向下反折。果为蒴果，常用室间开裂。本科 4 属 320 种。中国 1 属 2 种。保护区 1 属 1 种。

1. 花柱草属 Stylidium Sw. ex Willd.

一年生或多年生草本。常有腺毛。叶小，互生，茎生或基生而排列成莲座状，单叶而且全缘。聚伞花序或总状花序，或疏穗状花序。果为蒴果。本属约 200 种。中国 2 种。保护区 1 种。

1. 花柱草 Stylidium uliginosum Sw. ex Willd.

一年生小草本。基生叶无柄，茎生叶较大，长 6~10mm。疏穗状花序长，花小，无梗；苞片卵形；花冠白色；合蕊柱长 3.5mm，伸出。蒴果细柱状。花期 10~11 月。

分布华南地区。生于丘陵溪边湿草地中。保护区鸡𪨶三坑偶见。

A403. 菊科 Asteraceae

草本或灌木。叶互生，稀对生或轮生，全缘、具齿或分裂。花两性或单性，头状花序单生或排列成总状、聚伞状、伞房状或圆锥状。瘦果。本科 1000 属 25000~30000 种。中国 200 余属 2000 多种。保护区 35 属 53 种。

1. 藿香蓟属 Ageratum L.

一年生或多年生草本或灌木。叶对生或上部叶互生。头状花序小，同型，有多数小花，在茎枝顶端排成紧密伞房状花序；总苞钟状。瘦果有 5 纵棱，冠毛长芒状。本属 40 种。中国 2 种。保护区 1 种。

1. 藿香蓟 Ageratum conyzoides L.

一年生草本。叶互生，有时上部对生，卵形或长卵形，长 3~8cm，宽 2~5cm，基部阔楔形。头状花序排成伞房状花序；总苞钟状或半球形，总苞片 2 层。瘦果黑褐色，5 棱，有白色稀疏细柔毛。果果期全年。

分布华南、华中、华东、西南地区。生于山谷、山坡林下或林缘、河边或山坡草地。保护区古斗林场常见。

2. 兔儿风属 Ainsliaea DC.

多年生草本。叶互生、基生呈莲座状或密集茎中部，全缘、具齿或中裂，被毛。头状花序排成穗状或总状花序，总苞圆筒形，总苞片多层，花冠管状。瘦果圆柱状或纺锤形。本属 50 种。中国 40 种。保护区 1 种。

1. 华南兔儿风 Ainsliaea walkeri Hook. f.

多年生草本。叶呈假轮生状，狭长圆形或线形，长 3~7cm，宽 3~7mm；顶端凸尖，基部楔形，仅中脉。头状花序再排成圆锥花序。瘦果圆柱形，密被粗毛。花期 10~12 月。

分布华南、华东地区。生于溪旁石上或密林下湿润处。保护区车桶坑、北峰山偶见。

3. 蒿属 Artemisia L.

草本或亚灌木。常有挥发性气味。叶互生，一至四回羽裂具锯齿。头状花序于茎或分枝上排成穗状或复头状花序，总苞片 3~4 层，卵形或椭圆状倒卵形。瘦果小，卵形。本属约 380 种。中国 186 种。保护区 2 种。

1. 五月艾 Artemisia indica Willd.

多年生草本。有浓烈的挥发气味。叶卵形或长卵形，一至二回大头羽状分裂，叶面嫩时密绒毛，背面被灰白色蛛丝状毛。头状花序卵形、长卵形或宽卵形，花序直径 2~2.5mm。瘦果长圆形或倒卵形。花果期 8~10 月。

分布中国大部分地区。生于湿润地区的路旁、林缘、坡地及灌丛处。保护区禾叉坑偶见。

2. 牡蒿 Artemisia japonica Thunb.

多年生草本。茎有纵棱。叶纸质，两面无毛或初时微有毛；基生叶与茎下部叶倒卵形或宽匙形。头状花序多数。瘦果小，倒卵形。花果期7~10月。

分布中国大部分地区。生于林缘、林中空地、疏林下、旷野、灌丛等。保护区五指山偶见。

4. 紫菀属 Aster L.

多年生草本，亚灌木或灌木。叶互生。头状花序伞房状或圆锥伞房状排列，或单生，总苞片2至多层，两性花花冠管状。瘦果长圆形或倒卵圆形。本属约600种。中国近93种。保护区4种。

1. 白舌紫菀 Aster baccharoides (Benth.) Steetz.

木质草本或亚灌木。下部叶匙状长圆形，中部叶长圆形或长圆状披针形，上部叶渐小。头状花序排成顶生圆锥伞花序。瘦果窄长圆形。花期7~10月，果期8~11月。

分布华南、华中、华东地区。生于山坡路旁、草地和沙地。保护区禾叉坑偶见。

2. 马兰 Aster indicus L.

多年生草本。开花时基生叶枯萎；茎生叶倒披针形或倒卵状长圆形，边缘从中部以上具小齿或羽状裂。头状花序单生，顶生。瘦果倒卵状长圆形，极扁。花期5~9月，果期8~10月。

分布华南、华东、西南地区。生于田边、路边。保护区大柴堂、北峰山偶见。

3. 钻叶紫菀 Aster subulatus (Michx.) Hort. ex Michx.

多年生草本。茎中部叶长圆形，基部半抱茎小圆耳。头状花序，总苞片5层。瘦果。花期9~11月。

分布华南地区。生于山坡、林缘、路旁。保护区串珠龙偶见。

4. 三脉紫菀 Aster trinervius Roxb. ex D. Don subsp. ageratoides (Turcz.) Grierson

多年生草本。花、叶形态变异大而多变种。茎中部叶椭圆形，长5~10cm，宽1~3.5cm，基部楔形。头状花序排列成伞房或圆锥伞房状；总苞片3层，覆瓦状排列。瘦果倒卵状长圆形。花果期7~12月。

分布华南地区。生于林下、林缘、灌丛等。保护区古斗林场偶见。

5. 鬼针草属 Bidens L.

一至多年生草本。羽状复叶或单叶。头状花序顶生或排成伞房状圆锥花序丛，总苞钟状或半球形，苞片1~2层，花杂性，外围一层舌状花或全为筒状花。瘦果扁平或具 4 棱，有芒刺 2~4 枚。本属 150~250 种。中国 10 种。保护区 1 种。

1. 鬼针草 Bidens pilosa L.

一年生草本。叶中部为三出复叶，小叶常 2~3 片，茎上部叶渐小，3 裂或不裂。头状花序排成顶生疏伞房状花序，总苞片 2 层；无舌状花。瘦果条形，顶端芒刺 3~4 枚。花期 6~11 月。

分布华东、华中、华南、西南地区。生于村旁、路边及荒地中。保护区水保偶见。

6. 艾纳香属 Blumea DC.

一至多年生草本、亚灌木或藤本。常有香味。叶互生，边缘具齿或羽状分裂。头状花序腋生和顶生，排成圆锥花序，有多数异形小花。瘦果圆柱形或纺锤形，冠毛糙毛状。本属 80 余种。中国 30 种。保护区 4 种。

1. 馥芳艾纳香 Blumea aromatica DC.

粗壮草本或亚灌木状。下部叶倒卵形、倒披针形或椭圆形；中部叶倒卵状长圆形或长椭圆形，基部渐狭；上部叶较小，披针形或卵状披针形。头状花序多数，花序柄被柔毛；花黄色。瘦果圆柱形。花期 10 月至翌年 3 月。

分布华南、西南地区。生于低山林缘、荒坡或山谷路旁。保护区八仙仔偶见。

2. 柔毛艾纳香 Blumea axillaris (Lam.) DC.

草本。中下部叶倒卵状，边缘有细齿，两面被柔毛。头状花序多数；花紫红色或花冠下半部淡白色。花期几乎全年。

分布华南、华东、西南地区。生于田野或空旷草地。保护区牛轭塘坑偶见。

3. 七里明 Blumea clarkei Hook. f.

多年生草本。叶长圆状披针形，长 8~14cm，宽 3~5cm，顶端急尖，基部渐狭。头状花序排列成顶生紧密的狭圆锥花序。瘦果圆柱形。花期 10 月至翌年 4 月。

分布华南地区。生于阴湿林谷中或空旷湿润草地。保护区螺塘水库偶见。

4. 东风草 Blumea megacephala (Randeria) C. T. Chang & C. H. Yu ex Y. Ling

攀援状草质藤本。叶草质，叶面有光泽，边缘具齿。头状花序疏散，数个成总状或近伞房状，再排成圆锥花序；花黄色。瘦果 10 棱。花期 8~12 月。

分布华南、华中、西南地区。生于林缘、灌丛或山坡。保护区禾叉坑偶见。

7. 石胡荽属 Centipeda Lour.

一年生匍匐状小草本。头状花序小，单生叶腋，异形；总苞半球形；花托半球形，蜂窝状。瘦果四棱形，棱上有毛，无冠状冠毛。本属 10 种。中国 1 种。保护区有分布。

1. 石胡荽 Centipeda minima (L.) A. Br. & Asch.

一年生匍地小草本。叶互生，倒披针形，长 7~18mm，宽 2~4mm。头状花序腋生，直径约 3mm；总苞半球形；总苞片 2 层，椭圆状披针形。瘦果椭圆形，长约 1 mm，具 4 棱，棱上有长毛，无冠状冠毛。花果期 6~10 月。

分布中国大部分地区。生于路旁、荒野阴湿处。保护区孖鬃水库偶见。

8. 菊属 Chrysanthemum L.

多年生草本。叶不分裂或一回或二回掌状或羽状分裂。头状花序异形,单生茎顶。全部瘦果同形,近圆柱状而向下部收窄。本属 30 余种。中国 17 种。保护区 2 种。

1.* 菊花 Chrysanthemum × morifolium Ramat.

多年生草本,高 60~150cm。茎直立,分枝或不分枝,被柔毛。叶卵形至披针形,长 5~15cm,羽状浅裂或半裂,有短柄,叶下面被白色短柔毛。头状花序直径 2.5~20cm,大小不一;总苞片多层;舌状花颜色各种;管状花黄色。瘦果。因品种不同花果期也不一致。

分布华南地区。常栽培作观赏。保护区鹅公鬃有栽培。

2. 野菊 Chrysanthemum indicum L.

多年生草本。植株高 0.25~1m。叶一回羽状分裂,叶顶端及裂片顶端尖;叶柄长 1~2cm。总苞片约 5 层;舌状花黄色。瘦果。

分布华南、西南、华中、华北、东北。生于山坡草地、灌丛、河边湿地。保护区双孖鲤鱼坑偶见。

9. 野茼蒿属 Crassocephalum Moench.

一至多年生草本。叶互生,近肉质。头状花序盘状或辐射状,小花管状,两性,总苞片 1 层,线状披针形,花冠细管状。瘦果窄圆柱形。冠毛白色,毛状。本属约 30 种。中国仅 1 种。保护区有分布。

1. 野茼蒿 Crassocephalum crepidioides (Benth.) S. Moore

直立草本。叶草质,椭圆形或长圆状椭圆形,两面无或近无毛。头状花序数个在茎端排成伞房状。瘦果狭圆柱形。花果期 7~12 月。

分布华南地区。生于山坡路旁、水边、灌丛中。保护区螺塘水库偶见。

10. 鱼眼草属 Dichrocephala DC.

一年生草本。叶互生或大头羽状分裂。头状花序小,异形,球状或长圆状,形如鱼眼。瘦果压扁,边缘脉状加厚。本属 4 种。中国 3 种。保护区 1 种。

1. 鱼眼草 Dichrocephala integrifolia (L. f.) Kuntze

一年生草本,叶互生,卵状披针形、椭圆形,长 3~12cm,宽 2~4.5cm。头状花序小,球形,生枝端,多数头状花序在枝端或茎顶排列成疏松或紧密的伞房状花序或伞房状圆锥花序。瘦果压扁。花果期全年。

分布华南地区。生于山坡、山谷阴处或山坡林下等。保护区螺塘水库偶见。

11. 鳢肠属 Eclipta L.

一至多年生草本,茎被粗毛。叶对生。头状花序生枝顶或叶腋，总苞钟状，苞片2层，花白色，边花舌状，中央花两性，花冠管状。瘦果三角形或扁四角形。本属4种。中国1种。保护区有分布。

1. 鳢肠 Eclipta prostrata (L.) L.

一年生草本。叶长圆状披针形或披针形，边缘具齿或波状，两面被密硬糙毛。头状花序。瘦果三棱形或扁四棱形。花果期6~9月。

分布华南地区。生于河边，田边或路旁。保护区古斗林场常见。

12. 地胆草属 Elephantopus L.

多年生草本，被柔毛。叶互生，具羽状脉。头状花序密集成团球状复头状花序，在茎和枝端单生或排成伞房状，总苞圆柱形或长圆形。瘦果长圆形。本属30余种。中国2种。保护区1种。

1. 白花地胆草 Elephantopus tomentosus L.

多年生草本。叶非莲座状，被长柔毛，叶散生于茎上，基生叶花期常凋萎；叶具锯齿。花白色，头状花序12~20个排成球状的复头状花序，基部有3个卵状心形的叶状苞片。瘦果长圆状线形。花期8月至翌年5月。

分布华南地区。生于山坡旷野、路边或灌丛中。保护区孖鬓水库偶见。

13. 一点红属 Emilia Cass.

一至多年生草本，茎具白霜。叶互生，通常密集于基部，具叶柄，茎生叶少数，羽状浅裂。头状花序盘状。瘦果近圆柱形，两端截形。本属100种。中国3种。保护区2种。

1. 黄花紫背草 Emilia praetermissa Milne-Redh.

一年生草本。高140cm。茎直立或上升。叶片宽卵形，基部近心形，边缘具牙齿，顶部钝。花冠奶油色、淡黄色或淡橙色。瘦果有短柔毛。花期夏季。

分布华南地区及中国台湾。常生于山地、田野。保护区五指山偶见。

2. 一点红 Emilia sonchifolia (L.) DC.

一年生草本。叶倒卵形、阔卵形或肾形，长5~10cm，宽2.5~6.5cm，边缘琴状分裂或不裂。上部叶线形。小花粉红色或紫色。瘦果具5棱。花果期7~10月。

分布华南地区。生于山坡荒地、田埂、路旁。保护区螺塘水库、玄潭坑等地偶见。

14. 鹅不食草属（球菊属） Epaltes Cass.

直立或铺散草本。叶互生，全缘，有锯齿或分裂。头状花序小，盘状，单生或排成伞房花序，各有多数异形小花。瘦果近圆柱形。单种属。保护区偶见。

1. 鹅不食草 Epaltes australis Less.

种的形态特征与属相同。

分布华南、西南地区。生于旱田中或旷野沙地上。保护区石排楼偶见。

2. 小蓬草 Erigeron canadensis L.

一年生草本。根纺锤状，具纤维状根。茎直立有条纹。基部叶花期常枯萎，下部叶倒披针形，长 6~10cm，宽 10~15mm。花序直径 3~4mm，雌花有小舌片。瘦果线状披针形。花期 5~9 月。

分布华南地区。生于田缘，路旁。保护区五指山、扫管塘等地偶见。

15. 菊芹属 Erechtites Raf.

一年生或多年生草本。叶互生，近全缘具据齿或羽状分裂，无毛或被柔毛。头状花序盘状，具异形小花；花序托平或微凹。瘦果近圆柱形。本属 15 种。中国 2 逸生种。保护区 1 种。

1. 败酱叶菊芹 Erechtites valerianifolius (Link ex Spreng.) DC.

一年生草本。叶具长柄，长圆形至椭圆形，顶端尖或渐尖，基部斜楔形，边缘有不规则的重锯齿或羽状深裂。总苞圆柱状钟形。瘦果圆柱形。花期 5 月。

分布华南地区。生于路旁，田野边缘。保护区螺塘水库偶见。

16. 飞蓬属 Erigeron L.

多年生，稀一年生或二年生草本。或半灌木。叶互生，全缘或具锯齿。头状花序辐射状，单生或数个，伞房或圆锥状花序；花全部结实。瘦果长圆状披针形。本属 200 余种。中国 35 种。保护区 2 种。

1. 香丝草 Erigeron bonariensis L.

一年生或二年生草本。叶密集，下部叶倒披针形或长圆状披针形，长 3~5cm，宽 3~10mm。花序直径 8~10mm；雌花无小舌片。瘦果线状披针形；冠毛 1 层，淡红褐色。

分布中国华南、西南、华中、华东。生于林下、路边。保护区螺塘水库偶见。

17. 泽兰属 Eupatorium L.

多年生草本、半灌木或灌木。叶对生，少有互生的，全缘、锯齿或 3 裂。头状花序小或中等大小，在茎枝顶端排成复伞房花序或单生于长花序梗上，花两性，管状，结实，花多数。瘦果 5 棱，顶端截形。冠毛多数，刚毛状，1 层。本属约 600 种。中国约 14 种。保护区 1 种。

1. 多须公 Eupatorium chinense L.

多年生草本。无叶柄；叶对生，卵形，长 4.5~10cm，宽 3~5cm，边缘圆齿，两面粗糙，被长短柔毛和腺点。头状花序组成复伞房花序。瘦果具 5 棱。

分布中国东南及西南部。生于山谷、山坡林缘、林下、灌丛或山坡草地上。保护区禾叉坑偶见。

18. 大吴风草属 Farfugium Lindl.

多年生草本或常绿多年生草本。有极长的根状茎，被一圈密的长毛。叶全部基生，被密毛，莲座状，叶柄基部膨大成鞘状，叶片肾形或近圆肾形，叶脉掌状。头状花序辐射状，排列成疏的伞房状花序。瘦果圆柱形，被成行的短毛。单种属。保护区有分布。

1. 大吴风草 Farfugium japonicum (L. f.) Kitam.

种的形态特征与属相同。

分布华南地区。生于低海拔的森林、草坡、山谷。保护区帽心尖偶见。

19. 合冠鼠麴草属 Gamochaeta Wedd.

草本。叶互生，全缘，两面被绒毛。头状花序假盘状，多数排成团伞花序、穗状花序或圆锥花絮；花托平，无苞叶；总苞片褐色，纸质；缘花紫色，细管状，中央花两性，紫色；花药顶端附属物平；花柱分枝顶端截形，有毛。果椭圆形，被毛。本属 43 种。中国 8 种。保护区 1 种。

1. 匙叶合冠鼠麴草 Gamochaeta pensylvanica (Willd.) Cabrera

草本。植株被白绵毛。叶倒披针形或匙形，长 6~10cm，宽

1~2cm，侧脉 2~3 对。头状花序多数，长 3~4mm。瘦果有乳头状突起。

分布中国东南及西南部。生于林下、路旁。保护区螺塘水库偶见。

20. 茼蒿属 Glebionis Cass.

一年生草本，直根系。叶互生，叶羽状分裂或边缘锯齿。头状花序异形，不明显伞房花序；边缘雌花舌状；总苞宽杯状。总苞片硬草质；舌状花黄色，两性花黄色；花药基部钝，顶端附片卵状椭圆形；两性花。瘦果，无冠状冠毛。本属 3 种。中国 3 种。保护区 1 种。

1.* 南茼蒿 Glebionis segetum (L.) Fourr.

一年生草本。茎直立，富肉质。中下部茎叶长椭圆形或长椭圆状倒卵形，无柄，二回羽状，基部抱茎而有耳；上部叶小，叶边缘有不规则粗锯齿或羽状浅裂。瘦果有 1~3 条突起的狭翅肋。花果期 6~8 月。

分布南方地区。常作蔬菜栽培。保护区有栽培。

21. 鼠麴草属 Gnaphalium L.

一年生稀多年生草本。茎直立或斜升，草质或基部稍带木质，被白色棉毛或绒毛。叶互生，全缘，无或具短柄。植物被白色绵毛或绒毛。头状花序边缘雌花多数。瘦果无毛或罕有疏短毛或有腺体；冠毛 1 层，分离或基部联合成环，易脱落，白色或污白色。本属 200 种。中国 19 种。保护区 1 种。

1. 鼠麴草 Gnaphalium affine D. Don

一年生草本。被白绵毛。叶匙状倒披针形，长 5~7cm，宽 1~1.5cm。花序呈黄绿色。

分布华南地区。生于路旁、田埂、疏林下。保护区螺塘水库偶见。

22. 三七草属 Gynura Cass

多年生，草本，有时肉质，稀亚灌木，无毛或有硬毛。叶互生，具齿或羽状分裂，稀全缘，有柄或无叶柄。头状花序盘状，小花全部两性，结实。瘦果圆柱形。本属40种。中国10种。保护区2种。

1. 红凤菜 Gynura bicolor (Roxb. ex Willd.) DC.

多年生草本。叶具柄或近无柄。叶片倒卵形或倒披针形，边缘粗锯齿或琴状裂，背面紫红色。头状花序多数；总苞片线状披针形或线形；小花橙黄色至红色。瘦果圆柱形，淡褐色。花果期5~10月。

分布华南地区。生于森林、河流岩石等地方。保护区蛮陂头偶见。

2. 白子菜 Gynura divaricata (L.) DC.

多年生草本。高30~60cm，茎直立，或基部多少斜升。叶质厚，通常集中于下部，叶片卵形、椭圆形或倒披针形，边缘波状齿或琴状裂，背面浅绿色。小花橙黄色，有香气。瘦果圆柱形，褐色。花果期8~10月。

分布华南、西南地区。常生于山坡草地、荒坡和田边潮湿处。保护区古斗林场偶见。

23. 旋覆花属 Inula L.

多年生，稀一或二年生草本，或亚灌木。叶互生或基生，全缘或有齿。头状花序伞房状或圆锥状排列，雌雄同株，外缘雌花，花冠舌状，黄色，中央两性花。瘦果圆柱形。本属100种。中国14种。保护区1种。

1. 羊耳菊 Inula cappa (Buch.-Ham. ex D. Don) Pruski & Anderb.

亚灌木。叶长圆形或长圆状披针形；边缘有齿长10~16cm，宽4~7cm，叶面被疣状糙毛，背面被绢质绒毛。舌状花极短小；头状花序倒卵圆形。瘦果长圆柱形。花期6~10月，果期8~12月。

分布华南地区。生于荒地、草地。保护区古斗林场偶见。

24. 假泽兰属 Mikania Willd.

灌木或攀援草本，通常光滑无毛。叶对生，通常有叶柄。头状花序小或较小，排列成穗状总状伞房状或圆锥状花序。瘦果有4~5棱，顶端截形。本属60余种。中国1种。保护区有分布。

1. 微甘菊 Mikania micrantha Kunth

多年生草质或木质藤本。叶三角状卵形，长4~10cm，宽2~7cm，边缘具数个粗齿或浅波状圆齿，无毛；花序长4~5.5mm，头状花序多数花顶生。瘦果长1.5~2.5mm，黑色。花期几全年。

分布中国华南地区。生于山坡、荒地。保护区玄潭坑偶见。

25. 阔苞菊属 Pluchea Cass.

灌木或亚灌木。茎直立，被绒毛或柔毛。叶互生，有锯齿，稀全缘或羽状分裂。有异形花，总苞卵形、阔钟形或近半球状；瘦果小，略扁，4~5棱，冠毛1层，毛状。本属50种。中国3种。保护区1种。

菊科 Asteraceae

1. 翼茎阔苞菊 Pluchea sagittalis (Lam.) Cabrera

亚灌木。茎直立有翅。全株具芳香气味，被绒毛，翼自叶基部向下延伸到茎部。叶互生。顶生或腋生呈伞房花序状，花托扁平，光滑，花冠白色。瘦果褐色，退化。

分布华南地区。生于田边、草地等。保护区扫管塘偶见。

26. 假臭草属 Praxelis Cass.

多年生草本、半灌木或灌木。叶对生，少有互生的，全缘、锯齿或 3 裂。头状花序小或中等大小。瘦果 5 棱，顶端截形。本属 600 余种。中国 14 种。保护区 1 种。

1. 假臭草 Praxelis clematidea (Griseb.) R. M. King & H. Rob.

一年生草本。叶对生，卵形至菱形，不裂，卵形，长 3~5cm，宽 2.5~4.5cm，顶端渐尖，基部楔形，边缘圆齿，三出脉，两面粗糙，被粗毛。头状花序生于茎、枝端，蓝紫色。瘦果黑色，具白色冠毛。

分布华南地区。生于路边、荒地和草地等地。保护区青石坑水库偶见。

27. 千里光属 Senecio L.

一至多年生草本，亚灌木或小乔木。叶互生，形态变异大。头状花序排成顶生复伞房或圆锥聚伞花序，总苞半球形、钟状或圆柱形，舌片、花冠黄色。瘦果圆柱形。本属 1000 种。中国 63 种。保护区 2 种。

1. 千里光 Senecio scandens Buch-Ham. ex D. Don

多年生攀援草本。叶具柄，卵状披针形至长三角形，两面

被短柔毛至无毛；有叶柄，基部不抱茎。头状花序排列成顶生复聚伞圆锥花序。瘦果被毛。花果期 4~8 月和 10~12 月。

分布华东、华中、华南、西南等地区。生于森林、灌丛，攀援于灌木、岩石上或溪边。保护区山麻坑偶见。

2. 闽粤千里光 Senecio stauntonii DC.

多年生草本。茎常曲折。基生叶在花期迅速枯萎；茎叶无柄，卵状披针形至狭长圆状披针形，基部具圆耳。头状花序，排列成顶生疏伞房花序；总苞钟状，总苞片线状披针形；舌状花 8~13，舌片黄色。花期 10~11 月。

分布华南地区。生于灌丛、疏林中、干旱山坡或河谷。保护区车桶坑偶见。

28. 豨莶属 Sigesbeckia L.

一年生草本。叶对生，具叶柄，密被短柔毛。小顶生和腋生的同步花期，通常多头伞房。花序梗；总苞 2 片至串联，钟状；外部叶 5 片，长于内，具厚的腺毛；花托平具粗糙的古生物，包围瘦果。花冠黄色，边缘小花单列，短边缘，雌花花冠舌状，两性。瘦果长圆状、倒卵形。本属 4 种。中国 3 种。保护区 1 种。

1. 腺梗豨莶 Sigesbeckia pubescens (Makino) Makino

一年生草本。叶卵状披针形，长 3.5~12cm，宽 1.8~6cm。总花梗较长，密被褐色具柄腺毛。

分布华南地区。生于潮湿地、山谷林缘、河谷、溪边、灌丛林下的草坪中。保护区螺塘水库偶见。

29. 裸柱菊属 Soliva Ruiz & Pavon.

矮小草本。叶羽状深裂。花序生茎基部近地面处。雌花瘦果扁平，边缘有翅，顶端有宿存的花柱，无冠状冠毛。本属 8 种。中国 8 种。保护区 1 种。

1. 裸柱菊 Soliva anthemifolia (Juss.) R. Br.

一年生小草本。茎极短。叶呈莲座状，二至三回羽状分裂。花序无总梗，几乎近地面生。瘦果倒披针形，扁平，有厚翅。花果期全年。

分布华华南、西南地区。生于荒地、田野。保护区螺塘水库偶见。

30. 苦苣菜属 Sonchus L.

一年生、二年生或多年生草本。叶互生。头状花序稍大，同形，舌状，含多数舌状小花，通常 80 朵以上，在茎枝顶端排成伞房花序或伞房圆锥花序；花后常下垂；总苞片 3~5 层，覆瓦状排列，草质；花托平，无托毛；舌状小花黄色，两性，结实，舌状顶端截形，5 齿裂。瘦果卵形或椭圆形，常有横皱纹，无喙。本属 50 种。中国 8 种。保护区 1 种。

1. 苣荬菜 Sonchus wightianus DC.

一年生草本。高 40~100cm。根有分支。茎下部叶不羽裂，基部楔形。头状花序少数，伞状花序。瘦果长椭圆形，稍压扁。花果期 7~10 月。

分布华中、华南、西南等地区。生丁山坡荒地或林下、林缘或灌丛中或田边。保护区青石坑水库偶见。

31. 蟛蜞菊属 Sphagneticola O. Hoffm.

草本或藤本，被短糙毛。叶对生、具齿。头状花序单生或 2~3 个生于叶腋或枝端，总苞钟形或半球形，总苞片 2 层。瘦果倒卵形或楔状长圆形，无冠毛或退化成冠毛环。本属 60 余种。中国 5 种。保护区 2 种。

1. 蟛蜞菊 Sphagneticola calendulacea (L.) Pruski

多年生匍匐草本。叶对生，叶椭圆形，全缘或有疏齿，两面被糙毛，长 3~7cm，宽 0.7~1.3cm，托片顶端渐尖。花序直径 1.5~2cm，总花梗长 3~10cm。果有具细齿的冠毛环。花期 3~9 月。

分布华南、西南地区。生于路旁、田边、沟边或湿润草地上。保护区偶见。

2. 三裂叶蟛蜞菊 Sphagneticola trilobata (L.) Pruski

多年生匍匐状草本。叶型分单裂或 3 裂，叶缘有锯齿，叶对生，厚革质，卵状披针形，两侧有刚毛。头状花黄色，单生于茎顶，舌状花短而宽，仅数朵，鲜黄色。瘦果有棱，先端有硬冠毛。花期极长，几乎全年见花。

分布华南等地区。生于路旁、田边、沟边或湿润草地上。保护区笔架山多见。

32. 金腰箭属 Synedrella Gaertn.

一年生草本。茎直立，分枝，被短或长柔毛。叶对生，具柄，边缘有不整齐的齿刻。头状花序小，异形；总苞卵形或长圆形。两性花的瘦果狭。本属 50 种。中国仅 1 种。保护区有分布。

1. 金腰箭 Synedrella nodiflora (L.) Gaertn.

一年生草本。下部和上部叶具翅柄，阔卵形至卵状披针形，长 6~11cm，宽 3.5~6.5cm。舌状花少，小，黄色，头状花序常 2~6 个簇生于叶腋。两性花瘦果无翅具棱；果冠毛刺状。花果期 6~10 月。

分布华南地区。生于旷野、耕地、路旁及宅旁。保护区古斗林场偶见。

33. 斑鸠菊属 Vernonia Schreb.

草本、灌木或乔木，有时藤本。叶互生。头状花序排成圆锥状、伞房状、总状，总苞钟状或近球形，总苞片多层覆瓦状。瘦果圆柱状或陀螺状，具棱，冠毛 2 层。本属 1000 种。中国 27 种。保护区 6 种。

1. 扁桃斑鸠菊 Vernonia amygdalina Delile

灌木或小乔木。树皮粗糙。叶绿色椭圆形，长达 20cm。头状花序排列成伞房状或总状花序。瘦果纺锤形。

分布华南地区。生于湿处。保护区山麻坑偶见。

2. 夜香牛 Vernonia cinerea (L.) Less.

一年生或多年生草本。中下部叶具柄，菱状卵形，菱状长圆形或卵形，长 2~7cm，宽 1~5cm，两面被毛及腺点。头状花序排成伞房状圆锥花序。瘦果无肋。花期全年。

分布华南地区。生于山坡旷野、荒地、田边、路旁。保护

区山麻坑偶见。

3. 毒根斑鸠菊 Vernonia cumingiana Benth.

攀援灌木或藤本。叶具短柄，厚纸质，卵状长圆形，全缘，长 7~21cm，宽 3~8cm，两面均有腺点；顶端尖，基部楔形。头状花序较多数。瘦果近圆柱形。花期 10 月至翌年 4 月。

分布华南地区。生于河边、溪边、山谷阴处灌丛或疏林中，常攀援于乔木上。保护区螺塘水库偶见。

4. 台湾斑鸠菊 Vernonia gratiosa Hance

攀援藤本。茎长达 3m，多分枝。叶长圆形或长圆状披针形，长 6~12cm，宽 1.5~4.8cm，顶端渐尖，基部近圆形。花果期 8 月至翌年 2 月。

分布华南地区。生于山坡林缘。保护区青石坑水库偶见。

5. 咸虾花 Vernonia patula (Dryand.) Merr.

一年生草本。叶卵形，卵状椭圆形，长 2~9cm，宽 1~5cm，背面有腺点；基部宽楔状狭成叶柄，上面被疏短毛或近无毛，下面被灰色绢状柔毛。总苞扁球状，总苞片披针形；花淡红紫色。瘦果近圆柱状，具 4~5 棱。花期几全年。

分布华南、西南等地区。生于荒坡旷野、田边、路旁。保护区斑鱼咀、笔架山等地偶见。

6. 茄叶斑鸠菊 Vernonia solanifolia Benth.

灌木或小乔木。叶具柄，卵形或卵状长圆形，长 6~16cm，宽 4~9cm，基部圆形或近心形，叶面粗糙，两面被毛及腺点。头状花序多数。瘦果无毛。花期 11 月至翌年 4 月。

分布华南地区。生于山谷疏林中或攀援于乔木上。保护区林场玄潭坑偶见。

34. 黄鹌菜属 Youngia Cass.

一至多年生草本。叶羽状分裂或不裂。头状花序在茎枝顶端或沿茎排成总状、伞房或圆锥状伞房花序；总苞圆柱状或钟形，总苞片 3~4 层。瘦果纺锤形。本属 40 种。中国 31 种。保护区 1 种。

1. 黄鹌菜 Youngia japonica (L.) DC.

一年生直立草本，被毛。基生叶多形，大头羽状深裂或全裂；无茎叶或有茎叶 1~2 片，同形并分裂。头花序含 10~20 枚舌状小花。瘦果无喙纵肋。花果期 4~10 月。

分布华南、西南地区。生于山坡、山谷及山沟林缘、林下、林间草地及潮湿地、河边沼泽地、田间与荒地上。保护区螺塘水库偶见。

35. 百日菊属 Zinnia L.

一年或多年生草本，或半灌木。叶对生，全缘。头状花序小或大，单生于茎顶或二歧式分枝枝端。雌花瘦果扁三棱形；雄花瘦果扁平或外层的三棱形，上部截形或有短齿。本属 25 种。中国 1 种。保护区有分布。

1.* 百日菊 Zinnia elegans Jacq.

一年生草本。叶宽卵圆形或长圆状椭圆形，两面粗糙，下面被密的短糙毛，基三出脉。头状花序单生枝端；管状花黄色。橙色瘦果倒卵状楔形，长 7~8mm，宽 3.5~4mm，极扁，被疏毛，顶端有短齿。花期 6~9 月，果期 7~10 月。

分布华南等地区。常作栽培。保护区有栽培。

A408. 五福花科 Adoxaceae

灌木，较少为多年生草本或小乔木。叶对生，单生，一至二回三出复叶或奇数羽状复叶。花序顶生，呈伞形、圆锥状、穗状，或紧缩呈头状；花两性。核果。本科 4 属 220 种。中国 4 属 81 种。保护区 1 属 2 种。

1. 荚蒾属 Viburnum L.

灌木或小乔木。落叶或常绿，常被簇状毛，茎干有皮孔。单叶，对生，稀 3 片轮生，全缘或有锯齿或牙齿。花冠辐射对称，雄蕊 5 枚，等长；子房 1 室；萼裂片花后不增大。核果。本属约 200 种。中国 73 种。保护区 2 种。

1. 绣球荚蒾 Viburnum macrocephalum Fort.

灌木。叶对生，倒卵形或阔椭圆形，顶端骤尖，基部钝圆或阔楔形，边缘具粗齿。伞房状聚伞花序近球形，花密集，绝大多数不育；孕性花极少数。花期 5~8 月。

分布华南、华东部分地区。生于丘陵、山坡林下或灌丛中。保护区牛轭塘坑偶见。

2. 常绿荚蒾 Viburnum sempervirens K. Koch

常绿灌木。冬芽有鳞片。叶对生，嫩枝四棱形，叶椭圆形，长 4~12cm，宽 2.5~5cm，背面有灰黑色小腺点，侧脉 3~4 条。复伞形式聚伞花序顶生。果核扁圆，长 3~4mm。花期 5 月，果期 10~12 月。

分布华南地区。生于山谷密林或疏林中。保护区客家仔行偶见。

A409. 忍冬科 Caprifoliaceae

乔木、灌木或木质藤本。叶对生，单叶或羽状复叶，全缘、具齿、羽状或掌状分裂。聚伞或圆锥花序，花两性，花冠合瓣，裂片 4~5 片。浆果、核果或蒴果。本科 13 属 500 种。中国 12 属 200 余种。保护区 1 属 6 种。

1. 忍冬属 Lonicera L.

灌木、藤本，稀小乔木。单叶，对生，稀轮生，全缘稀波状或浅裂，无托叶。花常成对腋生，每双花有苞片和小苞片各 1 对，花 5 基数，整齐或唇形。浆果红色、蓝黑色或黑色。本属 200 种。中国 98 种。保护区 6 种。

1. 华南忍冬 Lonicera confusa (Sweet) DC.

半常绿藤本。枝、叶柄、花梗、花萼密被卷曲黄色短柔毛，叶卵状长圆形，长 3~6cm，宽 2~4cm，基部近心形，两面嫩时被柔毛，叶柄长 2~5mm。雄蕊和花柱伸出花冠外。果实黑色，椭圆形或近圆形。花期 4~5 月，果期 10 月。

分布华南地区。生于山坡杂木林或灌丛。保护区茶寮口至茶寮迳偶见。

2. 菰腺忍冬 Lonicera hypoglauca Miq.

落叶藤本。枝、叶柄、花梗被短柔毛和糙毛。叶卵形，纸质，长 6~9cm，宽 2.5~3.5cm，背被红色蘑菇状腺体。果熟时黑色，近圆形，有时具白粉。花期 4~5（~6）月，果期 10~11 月。

分布华南地区。生于灌丛疏林。保护区螺塘水库、青石坑水库等地偶见。

3. 忍冬 Lonicera japonica Thunb.

半常绿藤本。嫩枝密被开展糙毛，叶对生，卵形至矩圆状卵形，长 3~5cm，宽 1.3~3.5cm，叶面脉被毛，背面被毛，边缘被长睫毛。苞片叶状，长 2~3cm。浆果蓝黑色。花期 4~6 月，果期 10~11 月。

分布东北、华中、华南等地区。生于灌丛、疏林、山坡、路旁。保护区螺塘水库偶见。

4. 长花忍冬 Lonicera longiflora (Lindl.) DC.

藤本。幼枝、叶柄有时稍被黄褐色糙毛。叶近薄革质，长圆状披针形，长 5~8cm，宽 2~4cm；总状花序疏散；雌雄蕊伸出花冠外。果实成熟时白色。花期 3~6 月，果期 6~10 月。

分布西南地区。生于疏林，路旁。保护区螺塘水库、玄潭坑等地偶见。

5. 大花忍冬 Lonicera macrantha (D. Don) Spreng.

半常绿藤本。嫩枝密被短柔毛和长糙毛，叶卵状椭圆形，长 5~12cm，宽 2~7cm，基部圆形或近心形，叶面脉和背被糙毛和腺毛，花冠长 4.5~7cm。果熟时黑色。花期 4~5 月，果期 7~8 月。

分布华中、华南、西南等地区。生于山谷和山坡林中或灌丛中。保护区蒸狗坑偶见。

6. 皱叶忍冬 Lonicera reticulata Champ. ex Benth.

藤本。嫩枝密被黄褐色茸毛状短糙毛。叶椭圆形，长 3~10cm，宽 1~4cm，被毡毛，背脉隆呈蜂窝状。伞房或圆锥状花序。浆果蓝黑色。

分布华南、西南、华中地区。生于山地灌丛或林中。保护区青石坑水库、玄潭坑等地偶见。

A413. 海桐科 Pittosporaceae

乔木或灌木。单叶互生，革质，全缘，无托叶。花两性，稀单性或杂性，常辐射对称。蒴果或浆果。种子多数，有黏质或油质包被。本科 9 属 360 种。中国 1 属 50 种。保护区 1 属 6 种。

1. 海桐花属 Pittosporum Banks

常绿乔木或灌木。叶互生，常簇生枝顶。花两性，稀杂性，单生、簇生或圆锥花序。蒴果 2~5 瓣裂，果瓣革质或木质。种子具柄，有黏质或油质包被。本属 300 种。中国 49 种。保护区 6 种。

1. 聚花海桐 Pittosporum balansae DC.

常绿灌木。叶簇生于枝顶，长圆形。伞形花序单独或 2~3 枝簇生于枝顶叶腋内，每个花序有花 3~9 朵。蒴果扁椭圆形，2 片裂开，果片薄。种子长 4~8mm。花期 3~5 月，果期 6~12 月。

分布华南地区。生于森林、灌丛、河岸、溪边。保护区大柴堂偶见。

2. 光叶海桐 Pittosporum glabratum Lindl.

常绿灌木。叶聚生枝顶，薄革质。伞形花序 1~4 个簇生枝顶叶腋；心皮 3 枚，子房无毛，多花。蒴果椭圆形，长 2~2.5cm，果 3 片开裂。种子近圆形，长 6mm，红色。花期 4 月，果期 9 月。

分布华中、华南、西南地区。生于森林、灌丛、山坡、山谷、河边。保护区蛮陂头偶见。

3. 海金子 Pittosporum illicioides Makino

常绿灌木。叶倒卵状披针形或倒披针形，5~10cm，宽 2.5~4.5cm，顶端渐尖，基部窄楔形；侧脉 6~8 对。伞形花序顶生，有花 2~10 朵，花梗长 1.5~3.5cm。花期 3~5 月，果期 6~11 月。

分布华南、西南地区。生于森林、灌丛、山谷、溪边。保护区孖鬓水库偶见。

4. 薄萼海桐 Pittosporum leptosepalum Gowda

常绿灌木或小乔木。幼枝无毛。叶簇生枝顶，薄革质，狭长圆形。心皮 2 枚，伞形花序，子房被毛。果球形，直径 7~8mm，2 片开裂。种子长 3mm。花期 3~5 月，果期 6~11 月。

分布华南地区。生于森林中。保护区玄潭坑偶见。

5. 少花海桐 Pittosporum pauciflorum Hook. & Arn.

灌木。叶革质，背脉密而明显，狭长圆形或倒披针形。伞形花序，花 3~5 朵生于枝顶叶腋内，子房被毛，心皮 3 枚。果球形，长 1~1.2cm，3 片开裂。种子长 4mm。花期 4~5 月，果期 5~10 月。

分布华南地区。生于灌丛、山谷、溪边、路旁。保护区大柴堂偶见。

6. 海桐 Pittosporum tobira (Thunb.) W. T. Aiton

常绿灌木或小乔木。叶革质，狭倒卵形。伞形花序生于枝顶，花具香气；心皮 3 枚，子房被毛。果球形，长 1~1.2cm，3 片开裂，果片木质。种子红色，长 4mm。花期 5~8 月，果期 5~10 月。

分布华南地区。生于森林、山坡。保护区镀盖山至斑鱼咀偶见。

A414. 五加科 Araliaceae

乔木、灌木或木质藤本，稀多年生草本。叶互生，单叶、掌状或羽状复叶，托叶常与叶柄基部连成鞘状。花两性或杂性，稀单性异株。核果或浆果状。种子侧扁。本科 80 属 900 余种。中国 22 属 160 余种。保护区 5 属 9 种。

1. 楤木属 Aralia L.

小乔木、灌木或多年生草本。常具刺。一至数回羽状复叶，托叶和叶柄基部合生。花杂性，伞形花序再排成圆锥花序。果实球形，5 棱。种子白色。本属 30 余种。中国 30 种。保护区 2 种。

1. 黄毛楤木 Aralia chinensis L.

灌木或小乔木。小枝、叶、叶柄、花序密生黄棕色茸毛，枝、叶轴、伞梗有皮刺。二回羽状复叶，小叶革质。伞形花序再组成圆锥花序，二回羽状。果球形。花期 10~11 月，果期 12 月至翌年 2 月。

分布华南、西南地区。生于森林中的溪流、山坡上的灌木丛。保护区客家仔行偶见。

2. 长刺楤木 Aralia spinifolia Merr.

灌木。高 2~3m。小枝灰白色。枝、叶轴、伞梗有扁长刺，刺长 1~10mm，及长 1~4mm 的刺毛。二回羽状，薄纸质。圆锥花序大，花瓣 5 片。果卵球形，黑褐色，具 5 棱。花期 8~10 月，果期 10~12 月。

分布华南地区。生于山坡或林缘阳光充足处。保护区古斗林场偶见。

2. 树参属 Dendropanax Decne. & Planch.

灌木或乔木，无刺，无毛。单叶，具半透明红褐腺点。花两性或杂性，复伞形花序，花梗无关节；萼筒全缘或5裂，花瓣5片。果球形或长圆形。本属80种。中国16种。保护区2种。

1. 树参 Dendropanax dentiger (Harms) Merr.

乔木或灌木。叶厚纸质或革质，叶片不裂至2~5深裂，叶背有粗大半透明红棕色腺点。伞形花序顶生，子房5室，果有5棱，每棱有3纵脊。果实长圆形。花期8~10月，果期10~12月。

分布华南地区。生于常绿阔叶林或灌丛中。保护区帽心尖偶见。

2. 变叶树参 Dendropanax proteus (Champ. ex Benth.) Benth.

直立灌木。叶片革质、纸质或薄纸质，无腺点，叶不裂至2~5深裂。叶形变异很大。伞形花序单生或2~3个聚生。果实球形。花期8~9月，果期9~10月。

分布华南地区。生于山谷溪边较阴湿的密林下，也生于向阳山坡路旁。保护区玄潭坑偶见。

3. 五加属 Eleutherococcus Maxim.

直立或藤状灌木，小枝具皮刺。掌状复叶具3~5小叶，花两性或杂性，花瓣4~5片。果近球形或扁球形，有纵棱。本属40种。中国18种。保护区1种。

1. 白簕 Eleutherococcus trifoliatus (L.) S. Y. Hu

常绿灌木。掌状复叶，小叶3片；小叶纸质，稀膜质，椭圆状卵形至椭圆状长圆形，稀倒卵形。复伞形或圆锥花序。果

扁球形。花期8~11月，果期9~12月。

分布华南、西南等地区。生于山坡路旁、林缘和灌丛中。保护区螺塘水库偶见。

4. 天胡荽属 Hydrocotyle Lam.

多年生草本。单叶膜质，心形、圆形、肾形或五角形，有裂齿或掌状分裂，叶柄细长，无叶鞘，托叶小。单伞形花序，细小，无萼齿，花瓣卵形，镊合状排列。果心形。本属75种。中国10余种。保护区2种。

1. 天胡荽 Hydrocotyle sibthorpioides Lam.

多年生小草本。叶圆肾形，直径0.5~2cm。头状花序单生于茎节上，花梗无毛。果近心形，两侧扁，中棱隆起，幼时草黄色，熟后有紫色斑点。花果期4~9月。

分布华东、华南、西南等地区。生于草地、河沟边、林下。保护区螺塘水库偶见。

2.* 南美天胡荽 Hydrocotyle verticillata Thunb.

多年生挺水或湿生草本。高5~15cm。植株具有蔓生性，节上常生根。叶互生，圆盾形，缘波状。伞形花序，花两性，小花白色。果为分果。花期6~8月。

分布华南地区。常栽培用于公园、绿地、庭院水景绿化。保护区蛮陂头偶见。

5. 鹅掌柴属 Schefflera J. R. Forst. & G. Forst.

乔木、灌木或藤状灌木，枝无刺。掌状复叶，托叶与叶柄合生成鞘状。伞形花序组成圆锥或总状花序，花梗无关节，花瓣5~11片。果球形或卵球形。本属200种。中国37种。保护区2种。

1. 鹅掌柴 Schefflera heptaphylla (L.) Frodin

常绿乔木或灌木。掌状复叶；小叶片纸质至革质，椭圆形、长圆状椭圆形或倒卵状椭圆形。圆锥花序顶生。果球形。花果期11~12月。

分布华南、西南地区。生于热带、亚热带地区常绿阔叶林。保护区禾叉坑、山茶寮坑等地偶见。

2. 星毛鸭脚木 Schefflera minutistellata Merr. ex H. L. Li

常绿灌木或小乔木。掌状复叶有小叶7~15片；小叶片纸质至薄革质，宽4~6cm，基部钝形至圆形，边缘全缘，稍反卷。圆锥花序顶生。果球形，有5棱。花果期9~10月。

分布华南地区。生于山地密林或疏林中。保护区玄潭坑、黄蜂腰等地偶见。

A416. 伞形科 Apiaceae

一至多年生草本。叶互生或基生，叶柄基部扩大成鞘，一回掌状或一至多回羽状分裂。花小，两性或杂性，复伞形花序，具总苞片和小总苞片。双悬果，外果皮内有油管。本科250~455属3300~3700种。中国100属600余种。保护区3属3种。

1. 积雪草属 Centella L.

匍匐草本。单叶具长柄，圆形、肾形或马蹄形，基部扩大成叶鞘。伞形花序，苞片2片，膜质，花瓣5片，白色、黄色至紫红色，覆瓦状排列。悬果5棱，具网纹。本属20种。中国1种。保护区有分布。

1. 积雪草 Centella asiatica (L.) Urb.

多年生草本。单叶，膜质至草质，圆形、肾形或马蹄形，直径2~4cm，边缘有钝锯齿。伞形花序聚生于叶腋。果圆球形。花果期4~10月。

分布华中、华南等地区。生于水边。保护区孖鬃水库偶见。

2. 芫荽属 Coriandrum L.

直立草本，有强烈气味。叶数回羽状深裂或三出分裂。伞辐或小花梗长近等长。果球形，果棱非木栓质，油管不明显。本属2种。中国1种。保护区有分布。

1.* 芫荽 Coriandrum sativum L.

一或二年生草本。有强烈气味。叶数回羽状深裂。伞形花序顶生或与叶对生；花白色。果圆球形，背面主棱及相邻的次棱明显。花果期4~11月。

分布多个地区。常作栽培。保护区笔架山偶见。

3. 刺芹属 Eryngium L.

多年生草本。茎直立，无毛。叶革质，叶脉平行或网状；叶柄有鞘，无托叶。头状花序，非明显的伞形花序，总苞片和叶有针刺状齿；雄蕊与花瓣同数而互生，花丝长于花瓣，花药卵圆形；花柱短于花丝，直立或稍倾斜。果卵圆形或球形，侧面略扁，表面有鳞片状或瘤状凸起，果棱不明显。本属 220 种。中国 2 种。保护区 1 种。

1.* 刺芹 Eryngium foetidum L.

多年生草本。高达 40cm。茎无毛。叶基生叶披针形或倒披针形，边缘有锐刺。花序头状；小总苞片宽线形，边缘膜质。果卵圆形或球形，有鳞状或瘤状突起。

分布西南地区。生于丘陵、山地林下、路旁、沟边等湿润处。保护区有栽培。

参考文献

陈封怀. 广东植物志（1~2 卷）[M]. 广州：广东科学技术出版社，1987~1991.

黄戈晗，颜小凯，郝刚. 广东常山，广东绣球花科一新种 [J]. 热带亚热带植物学报，2018，26(4)：429~432.

李德铢. 中国维管植物科属词典 [M]. 北京：科学出版社，2018.

廖文波，叶华谷. 广东植物鉴定技巧 [M]. 北京：科学出版社，2019.

王瑞江. 广东维管植物多样性编目 [M]. 广州：广东科学技术出版社，2017.

吴德邻. 广东植物志（3~10 卷）[M]. 广州：广东科学技术出版社，1995~2011.

夏念和，韦发南，邓云飞. 香港樟科一新种——腺叶琼楠 [J]. 热带亚热带植物学报，2006，14(1)：78~80.

叶华谷，邢福武. 广东植物名录 [M]. 广州，广东世界图书出版公司，2005.

叶华谷，邢福武，廖文波，等. 广东植物图鉴（上下册）[M]. 武汉：华中科技大学出版社，2018.

中国科学院生物多样性委员会. 中国生物物种名录（2020 版）[CD]. 北京：中国科学院生物多样性委员会，2020.

中国植物志编辑委员会. 中国植物志（1~80 卷）[M]. 北京：科学出版社，1959~2004.

Christenhusz MJM, Reveal JL, Farjon A, *et al.*. A new classification and linear sequence of extant gymnosperms[J]. Phytotaxa, 2011, 19: 55~70.

Jiang L, Wu LF, Huang GY, *et al.*. A new species of *Ilex* sect. *Ilex* (Aquifoliaceae) from Guangdong, China[J]. Phytotaxa, 2020, 428(2): 153~158.

Liu KW , Xie GC, Chen LJ, *et al.*. *Sinocurculigo*, a new genus of Hypoxidaceae from China based on molecular and morphological evidence[J]. PLOS ONE, 2012, 7(6): e38880.

Luo SX, Esser HJ, Zhang DX *et al.*. Nuclear ITS sequences help disentangle *Phyllanthus reticulatus* (Phyllanthaceae), an Asian species not occurring in Africa, but introduced to Jamaica[J]. Systematic Botany, 2011, 36(1): 99~104.

Ma ZX, Huang YJ. A new species of *Arisaema* sect. *Attenuata* (Araceae) with an amended key to its species in mainland China[J]. Journal of the International Aroid Society, 2018, 41(2~3): 4~14.

The Angiosperm Phylogeny Group. An update of the Angiosperm Phylogeny Group classification for the orders and families of flowering plants: APG IV[J]. Botanical Journal of the Linnean Society, 2016, 181(1): 1~20.

The Pteridophyte Phylogeny Group. A community-derived classification for extant lycophytes and ferns[J]. Journal of Systematics and Evolution, 2016, 54(6): 563~603.

Wang GT, Shu JP, Jiang GM, *et al.*. Morphology and molecules support the new monotypic genus *Fenghwaia* (Rhamnaceae) from south China[J]. Phytokeys, 2021, 171: 25~35.

Wang GT, Zhang Y, Liang D, *et al.*. *Hedyotis taishanensis* (Rubiaceae): A new species from Guangdong, China[J]. Phytotaxa, 2018, 367(1): 38~44.

Wen HZ & Wang RJ. *Ligustrum guangdongense* (Oleaceae), a new species from China[J]. Novon, 2012, 22(1): 114~117.

Wu ZY, Raven PH, Hong DY. Flora of China, vols. 1~25 [M]. Beijing & St. Louis: Science Press & Missouri Botanical, 1994~2013.

中文名索引

拉丁名索引